如今已经是 Cortex-A8 的时代

ARM Cortex-A8嵌入式系统开发与实践

——WinCE与Android平台

上海怡鼎信息科技有限公司
倪旭翔　计春雷　编著

中国水利水电出版社
www.waterpub.com.cn

内 容 提 要

本书以飞思卡尔应用处理器 i.MX51 为例，全面系统地讲述基于新一代高性能 ARM Cortex-A8 内核应用处理器以及 WinCE 6.0 和 Android 系统的软硬件系统开发指导。具体内容包括：以 i.MX51 应用处理器为例介绍基于 Cortex-A8 内核的高性能应用处理器典型的功能模块，开发系统的主要硬件功能模块的结构与工作原理，典型硬件系统与典型应用；WinCE 6.0 在 Cortex-A8 系统上的移植与开发，系统地讲述 Windows Embedded CE 6.0 的体系结构、系统安装、环境设置，在 i.MX51 开发系统下的软件包的编译和调试，主要功能模块驱动程序的详细描述与开发指导，以及典型的嵌入式系统 WinCE 6.0 应用开发例程；Android 2.2 在 Cortex-A8 系统的移植与开发，系统讲述 Android 体系结构、开发环境与编译，Android BSP 的移植与开发（包含 Bootloader、内核移植、HAL 实现等），以及 Android 应用程序开发指导。

本书可作为工程技术人员学习最新的 Cortex-A8 高端嵌入式系统软硬件开发技术的入门教材，掌握 WinCE 6.0 以及 Android 系统在高端应用处理器系统上的实战演练，也可作为工程技术人员在实际工作中针对智能手持设备（平板电脑、智能手机）、高端嵌入式设备、汽车信息娱乐设备等系统开发的参考书。

图书在版编目（CIP）数据

ARM Cortex-A8嵌入式系统开发与实践 : WinCE与Android平台 / 上海怡鼎信息科技有限公司，倪旭翔，计春雷编著. -- 北京 : 中国水利水电出版社，2011.1

ISBN 978-7-5084-8177-7

Ⅰ. ①A… Ⅱ. ①上… ②倪… ③计… Ⅲ. ①微控制器 Ⅳ. ①TP332.3

中国版本图书馆CIP数据核字(2010)第245184号

策划编辑：杨庆川　　责任编辑：宋俊娥　　封面设计：YOLEN'S

书　　名	ARM Cortex-A8 嵌入式系统开发与实践——WinCE 与 Android 平台
作　　者	上海怡鼎信息科技有限公司　倪旭翔　计春雷　编　著
出版发行	中国水利水电出版社 （北京市海淀区玉渊潭南路 1 号 D 座　100038） 网址：www.waterpub.com.cn E-mail：mchannel@263.net（万水） sales@waterpub.com.cn 电话：（010）68367658（营销中心）、82562819（万水）
经　　售	全国各地新华书店和相关出版物销售网点
排　　版	北京万水电子信息有限公司
印　　刷	北京市天竺颖华印刷厂
规　　格	184mm×260mm　16 开本　20.75 印张　537 千字
版　　次	2011 年 1 月第 1 版　2011 年 1 月第 1 次印刷
印　　数	0001—5000 册
定　　价	45.00 元（赠 1DVD）

I

序

2010年的嵌入式产业，最令人印象深刻的事件恐怕是“苹果”现象，来自Apple公司的一系列嵌入式创新产品——iPod、iTouch、iPhone和iPad受到了广大“果粉”狂热追捧，在市场上真正是“一机难求”，可以说2010年，没有哪家公司能像Apple公司一样“名利双收”。那么，“苹果”现象给中国的系统厂家带来什么样的启迪呢？——唯有创新才是生存之本，才是企业核心竞争力的体现。特别是在中国嵌入式产业从“中国制造”到“中国设计”转型的时候，提高中国嵌入式产业的创新能力显得更加迫在眉睫。

对于一个嵌入式产品而言，创新既体现在硬件上，更多地也体现在软件的创新和差异化上。以iPhone 4为例，iPhone 4用到的硬件，除了应用处理器外其他的并不是苹果公司专有的，任何公司和企业都可以在市场上采购到。但是软件的差异和创新是iPhone 4热卖的重要原因之一，比如：全新的iOS4、数以万计的Apple Store应用程序和用户体验至上的设计理念。目前，中国系统厂家的嵌入式产品大多数还在采用ARMv4架构的ARM7及ARMv5架构的ARM9处理器，这意味着我们首先在硬件上落后，进而使得软件创新难上加难。在全球产业大踏步进入ARMv7架构Cortex时代的同时，中国的嵌入式系统厂家更应该迎难而上，积极地做出调整和改变，抓住新一轮发展热潮，真正实现“中国设计”的目标！

值得欣慰的是，中国的半导体产业已经走到前面，目前国内有多家芯片设计公司获得了最新的ARMv7架构处理器授权，包括Cortex-A9、Cortex-A8、Cortex-M3等，这些芯片设计公司，有的正在SoC设计过程中，有的已经开始量产。从产业链上下游的角度来看，未来1~2年，国内市场上会有越来越多“中国设计”的Cortex系列处理器，分别面向微控制器（MCU）应用和其他诸如移动计算、通信市场、数字家庭和网络应用等中高端应用。

Cortex-A8作为第一个ARMv7a处理器，自2005年发布至今有近5年的时间，已经被业界广泛接纳。本土和国际半导体公司已经有成熟量产的、基于Cortex-A8的应用处理器，被国内系统厂家选中进行嵌入式产品开发。但是国内的嵌入式软硬件工程师急需一本系统地介绍Cortex-A8开发指南的书籍，来帮助他们在短时间内从ARM7/ARM9到Cortex的无缝升级，最终推动“中国设计”的创新产品尽早上市。本书的出版正是抓住了这样的契机，是目前国内第一本系统介绍Cortex-A8处理器、硬件设计、Android/WinCE操作系统开发和软件开发的权威教材，希望本书能帮助中国嵌入式工程师和企业早日实现他们的创新梦想！

吴雄昂

ARM中国区总经理&销售副总裁

2010年12月

II

序

当我看到这本书时，掩饰不住兴奋之情，在此感谢金玉丽老师和中国水利水电出版社。在我任职于 ARM 的六年间，经常去书店徘徊，看看新涌现出的 ARM 相关书籍。不得不说的是，尽管 ARM 书籍数不胜数，但真正与时俱进的并不多见，大多数书籍还停留在介绍 ARM7 和 ARM9 的开发原理上。ARM 公司在 2005 年起就已经跨入全新的 Cortex 指令体系，而书籍作为广大读者获取真知的重要渠道，必须要走在技术的前沿。

在 Cortex 体系结构里，Cortex-R 系列应用于特殊的实时运算领域，受到的关注较少；Cortex-M 系列专注于微控制器 MCU 领域，已有相关中文书籍进行普及；而应用最广泛、最重要的 Cortex-A 系列，我们称之为应用处理器，到今天终于等到了第一本布道书籍的面世。我真心希望每一个技术爱好者，在使用着当下最流行电子设备的同时，能通过本书了解到技术发展的历史、现状，并从中学习 ARM 开发的实战方法。

最让我感到兴奋和惊讶的是本书回顾了从最古老的 ARM1 到最新的 Cortex 系列的历史，堪称 ARM 的履历。爱好者从中可以领会 ARM 从无到有的发展历程。人们常说，ARM 强就强在生态系统。然而，ARM 并不是在第一天就成为业界领袖的，但凭着难以想象的热情和执着，始终能保持领先至少一代产品于竞争对手。就是凭借这样的领先，ARM 有时间从容地构架自己健全的生态系统。而健全的生态系统，让每个用户都能从中找到自己需要的资源，这样乐意围绕在 ARM 周围的伙伴越来越多，又促进了生态系统的进一步完善。所以当有人羡慕 ARM 的生态系统时，我总是说，罗马不是一日建成的，事情有其必然的因果。

对于今天的 SoC，CPU 只是其中的一小部分。GPU、VPU、总线，大量的外围设备和物理设计，以及软件构成了最终产品的差异化。读者可以从本书 Freescale 的芯片例子中体会到设计的不同方面，一个好的规格定义会直接影响到芯片在市场上的成败。

硬件设计千变万化、殊途同归，如何能让用户体会到其中的价值呢？——软件，软件，还是软件。软件的根本又在操作系统，及对应用的创新与优化。本书很大一部分的章节讲述了如何在芯片上开发 WinCE 和 Andriod 系统。这两个系统来自大名鼎鼎的两个软件提供商 Microsoft 和 Google。Google 的 Android 如日中天，受到广大中外设计厂家的亲睐，希望大家都能了解它。Microsoft 的 WinCE，卷土重来也未可知，在国际大厂的应用前景也是非常重要的。大家在了解这两个操作系统移植的基础上，可以更多关注如何用 ARM 的 Cortex 指令集优化软件应用。相信这是在光明的前途上能为大家带来“钱途”的技术。

2010 年是 ARM 公司成立 20 周年，2011 年是 ARM 中国公司成立 10 周年。这本书在此时的推出也契合了新的意义，Cortex 体系作为新的平台，让我们的中国企业、中国工程师和国外公司站在同一个新的起点上。这个平台承载着中国嵌入式的新希望，将和中国人的创造力一起飞翔。

刘　澍

ARM China

2010 年 12 月

前言

ARM Cortex-A8 是 ARM 公司针对高端嵌入式系统新推出的高性能内核，性能与其前代 ARM9、ARM11 相比有了质的飞跃，处理能力几乎可以与 X86 系统媲美，而功耗却同 ARM9/ARM11 系统几乎维持在同一数量级。于是，这个市场风起云涌，各种划时代的产品纷纷推出。Apple 公司的智能手机 iPhone 4、平板电脑 iPAD 所采用的处理器内核都是基于 Cortex-A8。国际上的半导体大腕，如飞思卡尔、高通、Ti 等也都纷纷推出了各自基于 Cortex-A8（ARMv7）的应用处理器，如飞思卡尔的 i.MX51，高通的 Snapdragon 8250，Ti 的 OMAP3 等。我们迅速进入了一个 ARM 叫板 Intel 的时代。

嵌入式平台正是因为有了这样一个强劲的“芯”，也催生了各种开源软件系统在 ARM 体系上安营扎寨，如 Ubuntu、Android、MeeGo 等。这里我们来说一说 Android。Android 原本是 Google 针对智能手机推出的基于 Linux 内核的开源系统。由于开源，所以包含完整的中间件及丰富的上层应用程序，同时针对 ARM 内核做了大量的优化，执行效率非常高，再加上 Google 这杆大旗的号召力，不仅有 Google Search、融入 Web 应用，还推出 Android 市场（Android Market）让广大的程序员加入到 Android 应用程序开发这个大市场中来，于是原本 Linux 阵营一盘散沙、各据山头的局面得到了迅速的改观。最有意思的是，Android 不但在智能手机领域攻城略地，迅速成为智能手机排名前三的操作系统，在非手机领域，如平板电脑、上网本、车载信息娱乐系统，甚至是智能家电领域也得到了迅速发展。从某种程度上来说，Android 成为近年来高端嵌入式领域最时髦的词汇。

当然我们也不能忽略 Microsoft。Windows Embedded CE 6.0 在 Cortex A8 平台上运行也是如虎添翼。（我们更期待 CE 7.0 的早日推出。）

正因为如此，上海怡鼎信息科技有限公司（由一群在半导体与嵌入式领域从业多年的“老”工程师，以及若干“海外回流人员”创办成立），与浙江大学的倪旭翔教授、上海电机学院的计春雷教授一起，策划并编纂了本书。本书的编写也得到了 ARM（中国）以及飞思卡尔半导体公司相关人员的大力支持。参加本书部分章节内容编写的还有李文浩、周文瑞、周芃、昝婷婷、李信音、顾冬平、李宾，在此还要特别感谢中国水利水电出版社万水分社杨庆川总经理和豆芽为本书的出版付出的努力。我们希望通过本书，让国内的广大嵌入式系统开发人员尽快了解和掌握高端嵌入式领域的最新最前沿技术（Cortex-A8、i.MX51、Android 2.2 等），摆脱目前国内嵌入式学习与设计参考仍然普遍以 ARM9 系统为主的局面。

由于编者水平有限，加之时间仓促，书中疏漏之处在所难免，恳请广大读者批评指正，以期再版时修订。

编　者
2010 年 11 月

IV

ARM 产品背景和 ARM 处理器系列介绍

在当今社会中，各式各样的电子产品、多媒体应用、移动互联的应用正使人们的生活越来越丰富，越来越便捷。这些嵌入式系统的应用有很多都与 ARM 公司的技术相关。

ARM 公司是世界领先的半导体知识产权供应商，其提供的产品是数字电子产品的核心。今天 ARM 为世界上四分之一的电子产品提供技术基础。ARM 公司被半导体及电子业界评为过去 30 年全球最有影响力的 10 家公司之一。世界上领先的原始设备制造商（OEM）将基于 ARM 知识产权的芯片用于各种各样的应用，例如，移动电话和数字机顶盒，汽车制动系统和网络路由器。

2009 年 ARM 全球营收约 4.89 亿美元，专利授权数量持续增长，目前已超过 660 个。2009 年有 39 亿个基于 ARM 架构的芯片被用于产品中。2009 年有 25 亿个基于 ARM 的芯片用于各类手机及移动产品中。

下面介绍 ARM 公司的发展史及 ARM 架构的发展。

一、ARM 公司的历史

1990 年 11 月 ARM 成立于英国，原名 Advanced RISC Machine 有限公司，是苹果电脑、Acorn 电脑集团和 VLSI Technology 的合资企业。Acorn 曾推出世界首个商用单芯片 RISC 处理器，而苹果电脑当时希望将 RISC 技术应用于自身系统，ARM 的微处理器新标准因此应运而生。ARM 成功地研制了首个低成本 RISC 架构，迅速在市场上崭露头角，与此同时 RISC 结构的竞争对手都着眼于提高性能发展高端工作站处理器的 RISC 结构。

1991 年 ARM 推出首个嵌入式 RISC 核心——ARM6™ 系列处理器，不久 VLSI 率先获得授权，一年后夏普和 GEC Plessey 也成为授权用户，1993 年德州仪器和 Cirrus Logic 亦签署了授权协议。从此 ARM 的知识产权产品和授权用户急剧扩大，1993 年 Nippon Investment and Finance（NIF）成为 ARM 股东后，ARM 开始向全球拓展，分别在亚洲、美国和欧洲设立了办事处。1998 年 4 月 ARM 在伦敦证券交易所和纳斯达克交易所上市。

ARM Holdings 在半导体革新过程中初露峥嵘，被 Dataquest 誉为世界第一的知识产权供应商。20 世纪 90 年代初 ARM 率先推出 32 位 RISC 微处理器芯片系统（SoC）知识产权公开授权概念。

ARM 通过出售芯片技术授权，而非生产或销售芯片，建立起新型的微处理器设计生产和销售商业模式。更重要的是 ARM 开创了电子新纪元：采用 ARM 技术的微处理器遍及各类电子产品，在汽车、消费、娱乐、成像、工业控制、网络、存储、安保和无线等市场中，ARM 技术无处不在。

二、ARM 架构发展史

ARM 的设计历史起源是 Acorn 电脑公司（Acorn Computers Ltd）于 1983 年开始的开发计划。这个团队由 Roger Wilson 和 Steve Furber 带领，着手开发一种新架构，类似进阶的 MOS Technology 6502 处理器。设计团队在 1985 年时开发出 ARM1 Sample 版，而首颗"真正"的产能型 ARM2 于次年量产。ARM2 具有 32 位的数据总线、26 位的寻址空间，并提供 64MB 的寻址范围与 16 个 32 位的寄存器。这些寄存器其中有一个作为程序计数器，其前面 6 位和后面 2 位用来保存处理器状态标记(Processor Status Flags)。ARM2 可能是全世界最简单实用的 32 位微处理器，其仅容纳了 30,000 个晶体管（相较于 Motorola 六年后的 68000，其包含 70,000 个晶体管）。之所以精简的原因在于它不含微码（microcode），这表示大概只有 68000 的 1/3 至 1/4，而与现今大多数的 CPU 不同，它没有包含任何的高速缓存。这个精简的特色使它只需消耗很少的电能，却能发挥比 Intel 80286 更好的效能。后继的处理器 ARM3 更备有 4KB 的高速缓存，使它能发挥更佳的效能。

1991 年，ARM6 技术首次发布，然后苹果电脑使用 ARM6 架构的 ARM610 当作其 Apple Newton PDA 的基础。1994 年，Acorn 使用 ARM610 作为其 RISC PC 电脑内的 CPU。

随着 ARM2 到 ARM6 的技术进阶发展，内核部分却大多维持一样的大小。ARM2 有 30,000 个晶体管，但 ARM6 只增长到 35,000 个。主要概念是以 ODM 的方式，使 ARM 核心能搭配一些选配的零件而制成一颗完整的 CPU，而且可在现有的晶圆制造厂里制作并以低成本的方式达到很大的效能。

随着技术的不断发展，ARM 公司不断推陈出新，发展至今最新的是 ARMv7 架构，该架构采用 Thumb-2 技术，是在 ARM 的 Thumb 代码压缩技术的基础上发展起来的，并且保持了对现存 ARM 解决方案的完整的代码兼容性。Thumb-2 技术比纯 32 位代码少使用 31％的内存，减小了系统开销。同时能够提供比已有的基于 Thumb 技术的解决方案高出 38％的性能。ARMv7 架构还采用了 NEON 技术，将 DSP 和媒体处理能力提高了近 4 倍，并支持改良的浮点运算，满足下一代 3D 图形、游戏物理应用以及传统嵌入式控制应用的需求。此外，ARMv7 还支持改良的运行环境，以迎合不断增加的 JIT（Just In Time）和 DAC（Dynamic Adaptive Compilation）技术的使用。

ARM 架构发展版本如表 0-1 所示。

表 0-1　ARM 架构发展版本

ARM 版本系列	架构	内核名	特色	高速缓存（I/D)/MMU	常规 MIPS 与 MHz	代表芯片与应用
ARM1	ARMv1	ARM1		无		
ARM2	ARMv2	ARM2	Architecture 2 加入了 MUL（乘法）指令	无	4 MIPS @ 8MHz	Acorn Archimedes，Chessmachine
	ARMv2a	ARM250	集成 MEMC（MMU），图像与 I/O 处理器。Architecture 2a 加入了 SWP 和 SWPB（置换）指令	无，MEMC1a	7 MIPS @ 12MHz	Acorn Archimedes
ARM3	ARMv2a	ARM2a	首次在 ARM 架构上使用处理器高速缓存	均为 4KB	12 MIPS @ 25MHz	Acorn Archimedes
ARM6	ARMv3	ARM610	v3 架构首创支援寻址 32 位的内存（针对 26 位）	均为 4KB	28 MIPS @ 33MHz	Acorn Risc PC 600，Apple Newton
ARM7	ARMv3					

续表

ARM 版本系列	架构	内核名	特色	高速缓存（I/D)/MMU	常规 MIPS 与 MHz	代表芯片与应用
ARM7TDMI	ARMv4T	ARM7TDMI (-S)	三级流水线	无	15 MIPS @ 16.8 MHz	Game Boy Advance，Nintendo DS，iPod
		ARM710T		均为 8KB，MMU	36 MIPS @ 40 MHz	Acorn Risc PC 700，Psion 5 series，Apple eMate 300
		ARM720T		均为 8KB，MMU	60 MIPS @ 59.8 MHz	Zipit
		ARM740T		MPU		
	ARMv5TEJ	ARM7EJ-S	Jazelle DBX	无		
StrongARM	ARMv4					
ARM8	ARMv4					
ARM9TDMI	ARMv4T	ARM9TDMI	五级流水线	无		
		ARM920T		16KB/16KB，MMU	200 MIPS @ 180 MHz	Armadillo，GP32，GP2X（第一颗内核），Tapwave Zodiac（Motorola / Freescale i. MX1）
		ARM922T		8KB/8KB，MMU		
		ARM940T		4KB/4KB，MPU		GP2X（第二颗内核）
ARM9E	ARMv5TE	ARM946E-S		可变动，tightly coupled memories，MPU		Nintendo DS，Nokia N-Gage Conexant 802.11 chips
		ARM966E-S		无高速缓存，TCMs		ST Micro STR91xF
		ARM968E-S		无高速缓存，TCMs		
	ARMv5TEJ	ARM926EJ-S	Jazelle DBX	可变动，TCMs, MMU	220 MIPS @ 200 MHz	移动电话：Sony Ericsson（K、W 系列），Siemens 和 Benq（x65 系列）
	ARMv5TE	ARM996HS	无振荡器处理器	无高速缓存，TCMs，MPU		
ARM10E	ARMv5TE	ARM1020E	(VFP)，六级流水线	32KB/32KB，MMU		
		ARM1022E	(VFP)	16KB/16KB，MMU		
	ARMv5TEJ	ARM1026EJ-S	Jazelle DBX	可变动，MMU，可包含 MPU		
XScale	ARMv5TE	80200/IOP310/IOP315	I/O 处理器			
		80219			400/600MHz	Thecus N2100
		IOP321			600 BogoMips @ 600 MHz	Iyonix
		IOP33x				
		IOP34x	1～2 核，RAID 加速器	32K/32K L1，512K L2，MMU		
		PXA210/PXA250	应用处理器，七级流水线			Zaurus SL-5600

续表

ARM 版本系列	架构	内核名	特色	高速缓存 (I/D)/MMU	常规 MIPS 与 MHz	代表芯片与应用
XScale	ARMv5TE	PXA255		32KB/32KB，MMU	400 BogoMips @ 400 MHz	Gumstix，Palm Tungsten E2
		PXA26x			可达 400 MHz	Palm Tungsten T3
		PXA27x			800 MIPS @ 624 MHz	HTC Universal，Zaurus SL-C1000，3000，3100，3200，Dell Axim x30，x50 和 x51 系列
		PXA800(E)F				
		Monahans			1000 MIPS @ 1.25 GHz	Mavell PXA300/PXA310/PXA320, Max frequency: PXA300@624MHz，PXA310/PXA320@806 Mhz
		PXA900				Blackberry 8700，Blackberry Pearl (8100)
ARM11	ARMv6	ARM1136J (F)-S	SIMD，Jazelle DBX，(VFP)，八级流水线	可变动，MMU	532-665MHz (i.MX31 SoC)	Nokia N93，Microsoft Zune (Freescale i.MX31)，Nokia N800
	ARMv6T2	ARM1156T2 (F)-S	SIMD，Thumb-2，(VFP)，九级流水线	可变动，MPU		
	ARMv6KZ	ARM1176JZ (F)-S	SIMD，Jazelle DBX，(VFP)	可变动，MMU+TrustZone		Freescale i.MX37
	ARMv6K	ARM11 MPCore	1～4 核对称多处理器，SIMD，Jazelle DBX，(VFP)	可变动，MMU		
Cortex	ARMv7-A	Cortex-A8	Application profile，VFP，NEON，Jazelle RCT，Thumb-2，13-stage pipeline	可变动(L1+L2)，MMU+TrustZone	2.0 DMIPS/MHz 从 600 MHz 到超过 1 GHz 的速度）	Freescale i.MX51，Texas Instruments OMAP3
		Cortex-A9				
		Cortex-A9 MPCore				
	ARMv7-R	Cortex-R4(F)	Embedded profile，(FPU)	可变动高速缓存，MMU 可选配	600 DMIPS	
	ARMv7-M	Cortex-M3	Microcontroller profile	无高速缓存，(MPU)	120 DMIPS @ 100MHz	Luminary Micro 微控制器家族
	ARMv6-M	Cortex-M0				
		Cortex-M1				
	ARMv7-ME	Cortex-M4		Optional 8 region MPU with sub regions and background region	1.25 DMIPS/MHz	

三、ARM 专有技术

1. Thumb

ARM 处理器的一种 16 位指令模式，称为 Thumb，这个跟每个条件式执行指令均耗用 4 位的情形有关。在 Thumb 模式下，较小的 opcode 有更少的功能性。例如，只有分支可以是条件式的，且许多 opcode 无法存取所有 CPU 的寄存器。然而，较短的 opcode 提供整体更佳的编码密度（注：意指程序码在内存中占的空间），即使有些运算需要更多的指令。特别在内存埠或总线宽度限制在 32 位以下的情形时，更短的 Thumb opcode 能更有效地使用有限的内存带宽，因而提供比 32 位程序码更佳的效能。

典型的嵌入式硬件仅具有较小的 32 位 datapath 寻址范围以及其他更窄的 16 位寻址（例如 Game Boy Advance）。在这种情形下，通常可行的方案是编译成 Thumb 程序码，并自行最佳化一些使用（非 Thumb）32 位指令集的 CPU 相关程序区，因而能将它们置入受限的 32 位总线宽度的内存中。

首颗具备 Thumb 技术的处理器是 ARM7TDMI。所有 ARM9 和后来的家族，包括 XScale 都纳入了 Thumb 技术。

2. Jazelle

Jazelle 是 ARM 开发出的一项技术，Jazelle DBX (Direct Bytecode eXecution)，允许它们在某些架构的硬件上加速执行 Java bytecode，就如其他执行模式一样，当呼叫一些无法支持 bytecodes 的特殊软件时，能提供某些 bytecodes 的加速执行。它能在现存的 ARM 与 Thumb 模式之间互相执行。

首颗具备 Jazelle 技术的处理器是 ARM926EJ-S，Jazelle 以一个英文字母 J 标示于 CPU 名称中。它用来让手机制造商能够加速执行 Java ME 的游戏和应用程序，也因此促使了这项技术的不断开发。

3. Thumb-2

Thumb-2 技术首见于 ARM1156 核心，并于 2003 年发表。Thumb-2 扩充了受限的 16 位 Thumb 指令集，以额外的 32 位指令让指令集的使用更广泛。因此 Thumb-2 的预期目标是要达到近乎 Thumb 的编码密度，但能表现出近乎 ARM 指令集在 32 位内存下的效能。

Thumb-2 至今也从 ARM 和 Thumb 指令集中派生出多种指令，包含位端（bit-field）操作、分支跳转（table branches）和条件执行等功能。

4. Thumb Execution Environment（ThumbEE）

ThumbEE 也就是所谓的 Thumb-2EE，业界称为 Jazelle RCT 技术，于 2005 年发表，首见于 Cortex-A8 处理器。ThumbEE 提供从 Thumb-2 而来的一些扩充性，在所处的执行环境（Execution Environment）下，使得指令集能特别适用于执行阶段（Runtime）的编码产生（例如即时编译）。Thumb-2EE 是专为一些语言设计的，如 Limbo、Java、C#、Perl 和 Python，并让即时编译器能够输出更小的编译码却不会影响到效能。

ThumbEE 提供的新功能，包括在每次存取指令时自动检查是否有无效指标，以及一种可以执行阵列范围检查的指令，并能够分支到分类器（handlers），其包含一小部分经常呼叫的编码，通常用于高阶语言功能的实作，例如对一个新对象做内存配置。

5. 高级 SIMD（NEON）

高级 SIMD 延伸集，业界称为 NEON 技术，它是一个结合 64 位和 128 位的 SIMD（Single Instruction Multiple Data，单指令多重数据）指令集，其针对多媒体和信号处理程序具备标准化加速的能力。NEON 可以在 10 MHz 的 CPU 上执行 MP3 音效解码，且可以执行 13MHz 频率以下的 GSM AMR（Adaptive Multi-Rate）语音编码。NEON 具有一组广泛的指令集、各自的寄存器阵列，以及独立执行的硬件。NEON 支援 8 位、16 位、32 位和 64 位的整数及单精度浮点数据，并以 SIMD 的方式运算，执行图形和游戏处理中关于语音／视频的部分。SIMD 在向量超级处理机中是一个决定性的要素，它具备同时多项处理功能。在 NEON 技术中，SIMD 最高可支持同时有 16 个运算。

6. VFP

VFP（向量浮点）是在协同处理器中针对 ARM 架构的衍生技术。它提供低成本的单精度和双精度浮点运算能力，并完全相容于 ANSI/IEEE Std 754-1985 二进制浮点运算标准。VFP 提供大多数适用于浮点运算的应用，例如 PDA、智能手机、语音压缩与解压、3D 图像以及数字音响、打印机、机顶盒和汽车应用等。VFP 架构也支持 SIMD（单指令多重数据）平行化的短向量指令执行。这在图像和信号处理等应用上非常有助于降低编码大小并增加输出效率。

在 ARM-based 处理器中，其他可见的浮点或 SIMD 的协同处理器还包括 FPA、FPE、iwMMXt。它们提供类似 VFP 的功能，但在 opcode 层面上来说并不具有相容性。

7. 安全性扩充（TrustZone）

TrustZone(TM) 技术出现在 ARMv6KZ 以及较晚期的应用核心架构中。它提供了一种低成本的方案，针对系统单芯片（SoC）内加入专属的安全核心，由硬件建构的存取控制方式支持两颗虚拟的处理器。这种方式可使得应用程序核心能够在两个状态之间切换（通常改称为领域（worlds），以避免和其他功能领域的名称混淆），在此架构下可以避免信息从较可信的核心领域泄露至较不安全的领域。这种内核领域之间的切换通常是与处理器的其他功能完全无关联的（orthogonal），因此各个领域可以各自独立运作，但却仍能使用同一颗内核。内存和周边装置也可因此得知目前内核运作的领域是什么，并能针对这个方式来提供对装置的机密和编码进行存取控制。

典型的 TrustZone 技术应用是要能在一个缺乏安全性的环境下完整地执行操作系统，并在可信的环境下能有更少的安全性的编码。

四、Cortex-A8 介绍

数字娱乐和移动通信技术的迅速融合对系统性能和安全提出了全新的要求，并且需要以有限的费用和功耗实现。Cortex-A8 处理器给消费和低功耗移动产品带来了重大变革，使得最终用户可以享受到更高水准的娱乐和创新。全新的 ARM Cortex-A8 处理器及其背后提供支持的技术为家庭和移动市场带来了前所未有的性能和功耗水平，同时也将为消费者带来具有丰富媒体应用的创新设备。

Cortex-A8 处理器是第一款基于下一代 ARMv7 架构的应用处理器，使用了能够带来更高性能、功耗效率和代码密度的 Thumb-2 技术。它首次采用了强大的 NEON 信号处理扩展集，对 H.264 和 MP3 等媒体编解码提供加速。Cortex-A8 解决方案还包括 Jazelle-RCT Java 加速技术，对实时（JIT）和动态调适编译（DAC）提供最优化，同时减少内存占用空间高达 3 倍。此外，新处理器还配置了用于安全交易和数字版权管理的 TrustZone 技术以及实现低功耗管理的 IEM 功能。

Cortex-A8 处理器配置了先进的超标量体系结构管线，能够同时执行多条指令，并且提供超过 2.0DMIPS/MHz。处理器集成了一个可调尺寸的二级高速缓冲存储器，能够同高速的 16KB 或者 32KB 一级高速缓冲存储器一起工作，从而达到最快的读取速度和最大的吞吐量。Cortex-A8 处理器使用了先进的分支预测技术，并且具有专用的 NEON 整型和浮点型管线，以进行媒体和信号处理。在使用小于 4mm^3 的硅片及低功耗的 65nm 工艺的情况下，Cortex-A8 处理器的运行速度高于 600MHz（不包括 NEON、追踪技术和二级高速缓冲存储器）。在高性能的 90nm 和 65nm 工艺下，Cortex-A8 处理器的运行速度最高可达到 1GHz，从而满足高性能消费产品设计的需要。

支持智能能源管理（Intelligent Energy Manager，IEM）技术的 ARM Artisan 库以及先进的泄露控制技术，使得 Cortex-A8 处理器实现了非凡的速度和功耗效率。在 65nm 工艺下，ARM Cortex-A8

处理器的功耗不到 300mW，能够提供业界领先的性能和功耗效率。ARM Cortex-A8 处理器第一次为低费用、高容量的产品带来了台式机级别的性能。

ARM Cortex-A8 处理器最高能达到 2000 DMIPS，使它成为运行多通道视频、音频和游戏应用的要求越来越高的消费产品的最佳选择。

Cortex-A8 处理器得到了大量 ARM 技术的支持，从而能够实现快速的系统设计。这些支持包括：RealView DEVELOPOER 软件开发工具、RealView ARCHITECT ESL 工具和模型，CoreSight 调试和追踪技术，以及对 OpenMAX 多媒体处理标准的软件库支持。

目 录

1

基于 Cortex-A8 的 Freescale i.MX51 体系构架

1.1 i.MX51 系统框图与功能简介

i.MX51 多媒体应用处理器是飞思卡尔半导体公司近年来新推出的高性能多媒体应用处理器，该处理器采用了 ARM Cortex-A8™核心，最高运行速度高达 800MHz。i.MX51 应用处理器采用多内核的体系结构，除了 Cortex A8 CPU 单元之外，芯片还集成了视频处理单元（Video Processing Unit）、图形处理单元（Graphics Process Unit）、图像处理单元（Imaging Processing Unit），以及各种各样的输入输出接口。高达 200 MHz 的 DDR2 和 mobile DDR 的时钟频率，确保了系统对内存总线带宽的需求。该处理器在保持极高处理性能的同时，对系统功耗也做了很多优化，静态功耗（待机）与动态功耗（系统执行处理任务时）指标都非常优异，系统的典型待机功耗在 1～2mW 级别，处理 720P@30fps 的 H.264 视频解码时的芯片功耗在 130～150mW 之间。图 1-1 表示了 i.MX51 应用处理器的系统框图。

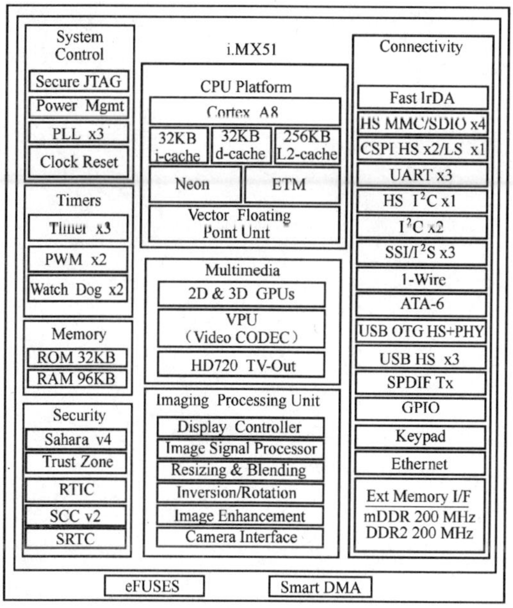

图 1-1 i.MX51 系统框图

1.1.1 i.MX51 应用处理器的应用

i.MX51 应用处理器适用于许多电子设备，相当于那些电子设备的心脏与大脑控制系统。

- 上网本与平板电脑。
- 智能嵌入式控制系统与终端。
- 智能手机。
- 汽车导航和娱乐系统。
- 便携式媒体播放器与导航设备（PND）。
- 电子书。
- 掌上电脑与游戏机。
- 工业控制系统。
- POS 机。

1.1.2 i.MX51 应用处理器 CPU 的结构

- 800MHz ARM Cortex-A8 CPU。
- 32KB 的指令和数据缓存。
- 统一的 256KB 的二级缓存。
- NEON SIMD 媒体加速器。
- 矢量浮点协处理器。

1.1.3 i.MX51 应用处理器的多媒体能力

- OpenGL® ES 2.0 和 OpenVG™ 1.1 硬件加速器（GPU 图形处理单元）。
- 多格式 HD 720p 视频解码器和视频编码硬件引擎（VPU 视频处理单元）。
- 24 位主显示器支持高达 WXGA 的分辨率。
- 18 位备用显示器支持。
- 模拟 HD 720p 分量电视输出。
- 高质量硬件视频去交织器。
- 图像和视频大小调整、反转及旋转硬件。
- α 混合和色彩空间转换。
- 视频/图形组合：4 个图层加硬件光标。
- 显示器质量提高：颜色校准、色域映射及伽玛校正。

1.1.4 i.MX51 应用处理器的物理性能及扩展能力

1. 外部存储接口

- mDDR 和 DDR2 SDRAM，16/32 位，200 MHz。
- SLC/MLC NAND 闪存，8/16 位。

2. 高级电源管理

- 多个独立的电源域。
- 动态电压和频率调整。

- 动态制程和温度补偿。
- 专有的功率门控技术。

3. 连接

- 带有物理层（PHY）的高速 USB OTG。
- 3 个额外高速 USB 控制器。
- 广泛的串行接口阵列，包括 SDIO、SPI、I2C 和 UART。
- I2S 和 S/PDIF 音频接口。
- 10/100 以太网控制器。
- P-ATA

4. 安全性

- 安全控制器，包括安全 RAM 和安全监控器。
- 高保障启动，JTAG 控制器和实时时钟。
- 加密和随机编码生成器、加速器。
- 运行时完整性校验器。
- 通用唯一标识。
- 防篡改检测。

5. 芯片封装与工艺级别

- 19mm×19mm，0.8mm 栅距，MAPBGA 封装，或者，13mm×13mm，0.5mm 栅距，MAPBGA 封装。
- 消费级、工业级或者汽车级芯片级别可选。

1.1.5 i.MX51 应用处理器的特点

- 智能速度（Smart Speed）技术。i.MX51 处理器的核心是贯穿这个芯片设计理念的先进电源管理技术，系统可以在各种运行模式之间实现丰富的多媒体性能以及运行外围高速连接设备，并实现最低的系统功耗。智能速度技术使设计人员在提供一个功能丰富的产品设计时，需要考虑的功率水平远远比一般业界预期少。
- 多媒体动力源泉。i.MX51 处理器的多媒体性能由支持多种视频标准的硬件视频编解码器、自主管理的图像处理单元、NEON 协处理器、矢量浮点协处理器及可编程智能 DMA（SDMA）控制器共同推动。
- 强大的图形加速功能。3D 图形是移动游戏设计的关键。i.MX51 处理器提供了集成的 3D 图形处理单元（3D GPU），该单元提供令人难以置信的每秒 2700 万三角形和每秒有效处理 6.64 亿像素（带有超量绘制功能）的处理能力。此外，i.MX51 融合了一个 2D 图形处理单元（独立的 2D GPU），以加速 Adobe® Flash®和操作系统的窗口化系统功能。
- 丰富的外设接口选择。i.MX51 处理器的接口支持所有流行的外部存储器：DDR2、Mobile DDR、NOR 型闪存、PSRAM、RAM、NAND 闪存（MLC 和 SLC）和 OneNAND。当设计师寻求可提供产品丰富的多媒体体验的时候，他可以在 i.MX51 处理器上找到全系列的片上外设接口：LCD 控制器和 CMOS 传感器接口，一个高速 USB OTG 和三个高速 USB HOST 接口，多扩充卡接口（高速 MMC/SDIO HOST 接口），10/100 以太网控制器，PATA、UART、I2C、I2S 的串行音频接口，SIM 卡接口等。

- 增加了安全性。因为对移动和手持设备的高度安全性的需求不断增加，i.MX51 处理器交付由硬件支持的安全特性，这些特性支持安全电子商务、数字权限管理（DRM）、信息加密、安全启动和安全软件下载等。

i.MX51 应用处理器目前已成为一个家族，由 i.MX512、i.MX513、i.MX514、i.MX515、i.MX516 等数颗管脚排列兼容但是内部功能有所增减的芯片组成。其中 i.MX515 是这一家族中最具代表性的一颗全功能芯片，在本书其他章节中所提到的 i.MX51，除非特别说明，都将以 i.MX515 为例。

注：更多关于 i.MX51 芯片的具体资料请查阅飞思卡尔官方网站（www.freescale.com.cn）。

1.2 ARM Cortex-A8 内核（CPU、Cache、NEON、VFP 和 ETM）

i.MX51 的 CPU 单元采用的是 ARM 最新一代的 IP 内核：Cortex-A8。

Cortex-A8 处理器是第一款基于下一代 ARMv7 架构的应用处理器，使用了能够带来更高性能、功耗效率和代码密度的 Thumb-2 技术。它首次采用了强大的 NEON 信号处理扩展集，对 H.264 和 MP3 等媒体编解码提供加速。Cortex-A8 解决方案还包括 Jazelle-RCT Java 加速技术，对实时（JIT）和动态调适编译（DAC）提供最优化，同时减少内存占用空间高达 3 倍。此外，新处理器还配置了用于安全交易和数字版权管理的 TrustZone 技术以及实现低功耗管理的 IEM（Intelligent Energy Manager）功能。

Cortex-A8 处理器配置了先进的超标量体系结构管线，能够同时执行多条指令，并且提供超过 2.0 DMIPS/MHz 的性能。处理器集成了一个可调尺寸的二级高速缓冲存储器（i.MX51 为 256KB），能够同高速的 16KB 或者 32KB 一级高速缓冲存储器一起工作，从而达到最快的读取速度和最大的吞吐量。Cortex-A8 处理器使用了先进的分支预测技术，并且具有专用的 NEON 整型和浮点型管线进行媒体和信号处理。

在这里需要特别指出，与 ARM Cortex-A8 配合使用的、面向多媒体数据处理的信号处理器——NEON。这是在 Cortex-A8 架构上非常重要的一个单元，有许多人将它等同为一个 DSP 结构。NEON 包含对一组 64 位和 128 位的 SIMD（Single Instruction Multiple Data，单指令多重数据）指令集的支持，针对多媒体与信号处理进行加速。除了进行 ALU、整数乘法和转换计算外，NEON 还配备浮点数据的积和运算及加法计算等管道。各管道均为 10 段，支持使用 64 位寄存器的 SIMD 计算。单指令/多数据 NEON 引擎包括其自身的浮点单元，并可利用到一级缓存和二级缓存的共享通道。通过利用 NEON 和 ARM Cortex-A8，在进行 MPEG-4 的解码处理时，每个周期的计算性能达到 ARM926EJ-S（基于 ARMv5 架构）的 4 倍以上。这样一来，便可以 107MHz 的工作频率对相当于 MPEG-4 Simple Profile 的 30 帧/秒的影像进行解码；或者，在 10MHz 的 CPU 时钟上执行 MP3 音效解码。NEON 的引入使得 ARM Cortex-A8 级别的应用处理器在多媒体性能上突飞猛进。

其中还有另一个重要的硬件结构——VFP（Vector Floating Point Unit，矢量浮点协处理器），它提供了低成本的单精度和双精度浮点运算能力。精密坐标变换、语音压缩与解压、3D 图像以及数字音效处理等非常多的场合需要浮点运算。VFP 架构也支持 SIMD 平行化的短向量指令执行，这在图像和信号处理等应用上非常有助于降低编码大小并增加输出效率（指令取址与解码的开销）。

如果要进行代码的实时跟踪就要引入嵌入式跟踪宏 ETM。它提供了 ARM 处理器系列的指令和数据跟踪。ETM 能捕获指令和数据序列，访问并把它们的记录发送给芯片上或芯片外的缓冲器，ARM 的 ETM 既可设置成允许触发器工作，也可设置成允许跟踪结果被滤出。

ETM 由如下两部分组成：①跟踪端口，用于实时执行的跟踪。代码执行时，CPU 发送串行的，经过编码、压缩的分支目标地址、管线状态、读写数据给 ETM。②触发装置。软件调试器提供与 ETM 的接口。调试器允许所有的 ETM 装置通过 JTAG 接口来配置。若跟踪口已实现，调试器就可以用容易理解的格式显示捕获的跟踪信息。

ETM 压缩跟踪信息并通过跟踪口输出。外部跟踪口分析器（Trace Port Analyzer，TPA）用于捕获跟踪信息。当跟踪信息已被捕获时，调试器从 TPA 提取压缩信息，并将其解压缩以提供执行代码的完整反汇编。调试器还可以将其与原高级代码连接，以提供代码如何在目标系统执行的信息。

在实际的调试系统中 ETM 用于实时指令追踪以控制寄存器、总线和存储器。触发点和过滤功能由调试软件配置并通过标准 JTAG 接口传输到 ETM 上。同时在仿真时外设和中断程序依然能够继续运行。

ARM Cortex-A8 CPU 核心，在性能上与 ARM 前几代的 ARM9、ARM11 相比，有了质的突变。正因为如此，ARM 在上网本/智能本领域开始和 Intel 较劲，在 2009 年中国台湾的 Computex 上，ARM 公开展示了基于飞思卡尔 i.MX51 以及高通公司 Snapdragon 8250 的智能本原型机，这两种芯片都是基于 Cortex-A8 内核的应用处理器。这些原型机运行 Linux 系统，无论是上网、多媒体播放还是移动办公，性能都让人刮目相看。2010 年 Apple 推出 iPad 平板电脑之后，业界更是一窝蜂地竞相效仿。iPad 所用的 A4 处理器的内核也是一颗 800MHz 的 Cortex-A8。我们暂且不去评价 ARM 与 Intel 之战最后的输赢，但是 Cortex-A8 系列应用处理器脱胎换骨的性能提升，使得 ARM 应用处理器的应用不再局限于传统的嵌入式控制领域，可以预见在未来的几年，移动互联网、云计算、移动办公、智能控制与显示等，在许多新兴的领域都可以看到 Cortex-A8 内核的应用处理器的身影。

1.3　i.MX51 应用处理器中的 IPU 与 VPU 单元

i.MX51 卓越的视频处理性能，离不开两个单元：IPU（Imaging Processing Unit）和 VPU（Video Processing Unit）。这是内嵌在 i.MX51 应用处理器中，与 CPU 协同工作的两个非常重要的单元。

1.3.1　图像处理单元 IPU

图像处理单元（IPU）的目标是提供从图像输入（摄像头传感器/电视信号输入等）到显示设备（LCD 显示屏/TV 输出/外部图像处理单元等）端到端的数据流信号处理的全面支持。IPU 功能包含：

- 提供连接相关设备的物理端口：连接照相机接口、显示器控制器接口、图形加速器接口、电视编码器和解码器接口。
- 进行相关的图像处理和操作：传感器图像信号处理、显示处理、图像转换等。
- 图像输入输出的同步和控制功能（例如，避免图形撕裂等）。

IPU 提供了两组显示器输出接口，24 位主显示器支持高达 WXGA 的分辨率，另有一个 18 位备用显示器接口，两组显示器可各自独立工作。

在图像处理方面，IPU 提供硬件支持的图像和视频大小调整、反转及旋转操作；提供高质量硬件视频去交织器；提供图像的 α 混合和色彩空间转换，以及显示器质量的颜色校准、色域映射及伽玛校正。IPU 在执行这些操作时，基本上是自主执行的，CPU 的参与度降至最低。由此产生的好处是减少软件开销，释放 CPU 来执行其他任务，并减少功耗（当 CPU 处于闲置状态，可降低工作频率和电压，直至断电）。这种设计使得 i.MX51 应用处理器在性能和功耗上都达到最优化。

1.3.2 视频处理单元 VPU

视频处理单元（VPU）是一个高性能多标准的硬件视频编解码处理单元，能执行 H.264 BP/MP/HP、VC-1 SP/MP/AP、MPEG4 SP/ASP、DivX、RV8/9 和 MPEG2 MP 的解码。 可以在高达 20Mbps 的码流下进行 720P@30fps 的无掉帧高质量解码。在低码流（<10Mbps）或者降低帧率（10～15 帧/秒）的情况下解码的最高分辨率可以为 1920×1088。视频处理单元的实时视频编码（支持 H.264/H.263/MEPG4 格式）也可以达到 D1@30fps（标准清晰度数字电视标准）。它支持多种视频编解码器同时运行。

VPU 有两个总线接口：IP 总线访问控制寄存器，以及 AXI 总线用于高吞吐量的数据传输。它将外部存储空间划分为工作缓冲区、帧缓冲区、参数缓冲区，位处理器程序缓冲区和比特流缓冲区。VPU 有自己私有的 51KB 内部存储器用于实现高性能解码。表 1-1 列出了 VPU 支持的视频格式与指标。

表 1-1 i.MX51 VPU 支持的视频格式与指标

	Standard	Profile	Level	Resolution
Encoder	H.264	Baseline	3.0	720×576
	MPEG-4	SP		720×576
	H.263	Profile 3		720×576
	MJPEG	Baseline		8192×8192
Decoder	H.264	BP/MP/HP	4.0	1920×1088
	MPEG-4	ASP		1280×720
	H.263	Profile 3		1280×720
	VC-1	SP/MP/AP		1920×1088
	MPEG-2	Main	High	1920×1088
	Divx(Xvid)	Home theater		800×600
	RV	8/9/10		1920×1088
	MJPEG	Baseline		8192×8192

VPU 除了具有视频编辑码操作功能之外，还有以下功能：

- 硬件支持视频图像的旋转和镜像同步。
- 内置振铃过滤器（De-Ringing），以提高视频输出质量。
- 内置 MPEG-2/MPEG-4/Divx 宏块过滤器（De-Blocking），用于提高视频输出质量。
- 多码流（Multi-stream）和多视频标准（Multi-standard）的同步处理能力。
- 码流的错误检测/纠错。

VPU 有自有的嵌入式视频处理子系统内部控制块，在视频编解码操作时同样对 CPU 资源占用非常低。举例来说，i.MX51 在进行 720P@30fps H.264 HP 解码时，系统对 CPU 资源的占用不会超过 30%。VPU 与 IPU 相结合并自主执行，可以在支持高品质的视频处理的同时，系统（CPU）还可以做多任务操作。

1.4 i.MX51 应用处理器的图形处理（GPU）功能

应用处理器的图形性能正在变得越来越重要。图像界面（GUI）、多媒体、游戏、导航地图、网页浏览等都需要大量的 2D 和 3D 图形处理。

i.MX51 处理器集成了两颗图形处理单元，分别进行 2D 以及 3D 图形处理。

1.4.1 3D 图形处理单元（3D GPU）

3D 图形处理单元（3D GPU）基于 AMD Z430 IP 核，该单元提供令人难以置信的每秒 2700 万三角形和每秒有效处理 6.64 亿像素（带有超量绘制功能）的处理能力，支持 DirectX 9 Shader Model 3.0+程序的运行。该 IP 核也用于微软 Xbox 360，还有许多个人电脑视频卡中的 GPU 芯片采用了相同的 IP 核。

3D 图形处理单元（3D GPU）的主要功能与特点如下：

- 硬件加速 OpenGL ES 2.0 和 Direct3D Mobile 1.2。
- 统一渲染架构：在顶点处理（Vertex Shader）与片元处理（Pixel Shader）之间使用动态共享的 ALU（Shader ALU）/内存资源。
- 顶点处理（Vertex Shader）和片元处理（Pixel Shader）有到系统内存的通用出口。
- 支持 2 取样和 4 取样的 MSAA。
- 图形内存控制器和图形存储器（GMEM）：可配置片上存储器用于加速 3D 渲染，使用分级架构显著地减少外部系统带宽要求。
- 集成的电源管理：单元内置的模块级自动管理。
- 32 位浮点精度内部着色。
- 从顶点处理（Vertex Shader）中使用索引顶点数据作为一个高带宽的数据通道。
- 通过 FIFO 和多线程实现延迟隐藏。
- 先进的 Shader 支持。
  - 512 4-Component constants
  - 1024 shader 指令
  - 16 Texture
  - 16 4-Component Interpolants
  - 64 general purpose registers
- 丰富的纹理格式和类型。
  - 压缩（compressed）
  - 16 位浮点
  - Cube map
  - Volume textures
  - Non power-of-2
  - 各向异性

1.4.2 2D 图形处理单元（2D GPU）

i.MX51 还整合了一个独立的 2D 图形处理单元（2D GPU），以加速 Adobe® Flash®和操作系统的窗口化系统功能。其内核（IP）基于 AMD Z160，支持 OpenVG 1.0 图形 API 和功能集，并可提供高品质的字体和图形缩放的 16 倍反锯齿功能（16x antialiasing）。该 GPU 拥有 166 万像素/秒的原始处理能力。

许多时候我们往往会忽略 2D 图形处理的重要性，而把所有的注意力集中到 3D 图形上。其实 2D 图形的使用也非常广泛。OpenVG 带来的矢量图形支持、平滑缩放无锯齿、支持多个软图层，在许多场合有广泛的应用。有许多图形界面（比方 iPod 的 Music Album 切换）中，看上去像 3D 的界面其实是用 2D 图形来实现的（也就是通常说的 2.5D）。2D 图形性能的增强，常常会在“不经意”之间给客户带来更好的用户体验。

像 i.MX51 这样使用两颗独立的 GPU 分别处理 3D 和 2D 图形，非常有特点。在惯常的应用处理器设计中，往往只有一颗 3D GPU（或者 3D 图形加速器），这些处理器在进行 2D 图形处理时，需要 3D GPU（或者图形加速器）与 CPU 共同工作来实现 2D 图形的运算，但是这样一来，系统功耗会显著增加(CPU 与 GPU 全速运行时的功耗往往都不会太小)，系统的多任务调度和执行也会受影响(CPU 的资源在 2D 运算中会被大量占用)。而 i.MX51 的这种设计很好地解决了这些问题。当然，一颗应用处理器中有两个独立的 GPU，会给芯片设计带来挑战，好在我们已经有了 i.MX51，飞思卡尔半导体已经解决了这种芯片设计上的挑战。所以，尽情地利用它们带给我们的便利吧！

1.5 i.MX51 应用处理器的输入输出接口

目前应用处理器的设计，要求的是所谓的片上系统（SoC）。除了 CPU 等内部模块之外，各种各样的外部存储设备和通用的传输接口，音视频输入输出接口，传感器接口，系统 I/O 接口等都集成到单芯片中。其实也只有这样，才能将设备做小，降低系统成本，缩短设计时间。在实际产品设计中，应用处理器是否提供充裕的硬件资源，是产品架构师选择应用处理器平台时衡量的一个重要方面。

从图 1-1 所示的系统框图可以了解到，i.MX51 集成了非常丰富的硬件资源。

- 硬盘驱动器
  - 1x CE-ATA，高达 416 Mbps。
  - 1x P-ATA，高达 66 兆字节/秒（66MB/s）。
- 显示控制器与端口
  - 两种显示端口，每个端口可以驱动显示器使用下列接口之一（或两者）。
  - 并行接口：高达 24 位数据总线，高达 100 MHz。
  - DSI 的快速串行接口：最多 2 个数据通道，高达 1600 Mbps。
  - NTSC/PAL 电视输出，通过集成的视频解码器的接口。
  - 像素色彩深度高达 24 位。
- 相机传感器
  - 两个摄像头端口（每个可以使用并行或串行接口）。
- 扩展卡
  - 4x SD/MMC 卡接口，每路最高 416 Mbps。其中至少有一个支持 8 位 MMC 卡。
- 外部存储器接口
  - 16/32 位的 DDR、Mobile DDR 和 DDR2。
  - 8/16 位的 NAND SLC/MLC 闪存，高达 33MHz。
  - 16 位 NOR 闪存，在多路复用地址/数据模式中支持 32 位宽度。
  - PSRAM，Cellular RAM。
  - - MDOC NAND 闪存和 OneNAND。

- USB 端口
  - USB 2.0 OTG 接口，最高可达 480 Mbps，集成高速 USB 物理层。
  - 3 个 USB 2.0 主机，每个高达 480 Mbps。
- 其他
  - One-Wire（OWIRE）
  - 3x I2S/SSI/AC97，每路最高 1.4Mbps。
  - 3x UART，每路最高 4.0Mbps。
  - 1x CSPI。
  - 2x eCSPI，每路最高 52Mbps。
  - 1x HS-I2C，支持 3.4Mbps。
  - 2x I2C，支持 400kbps。
  - 一个快速以太网控制器，10/100Mbps。
  - 2x PWM。
  - 一个 JTAG 口。
  - GPIO 口，带中断功能。
  - 一组 8×8 键区。
  - 1x SIM 卡接口，最高 33 Mbps。
  - 1x SPDIF（多声道音频输出）。
  - Audio MUX。

1.6 i.MX51 应用处理器的时钟、电源与 JTAG 口

i.MX51 处理器 CPU 的主频最高可以达到 800MHz，同时由于是片上系统，对于 RAM、Cache、IPU/GPU、各种低速或高速的输入输出接口，系统都需要提供不同频率的时钟源，而且出于功耗管理的考虑，CPU 及其周边模块要考虑到动态的电源频率调整（DVFS）；还要考虑到信号的同步性以及电源管理，系统非常复杂。幸运的是，在实际应用中，由于 i.MX51 内嵌了时钟控制模块（Clock Control Module，简称 CCM 模块），在系统硬件设计中只需提供两组时钟输入（32.768kHz 钟频给 RTC，或者 24MHz 主时钟晶振），系统便可以正常工作。表 1-2 表示了 i.MX51 系统时钟频率和对应的运行电压。图 1-2 列出了 i.MX51 系统的时钟框架。

表 1-2 i.MX51 系统时钟频率和对应的运行电压

Device/Domain	High Operating Condition		Low Power Operation Condition	
	Frequency	Nominal Vcc	Frequency[1]	Low Vcc (Nom)
ARM Cortex A8™ (GP domain)	800 MHz	1.0V	400 MHz	0.8V
			200 MHz	0.7V
IP Bus	66 MHz	1.2V	16.5 MHz	1.0V
AHB Bus	133 MHz		33.25 MHz	
AXI Bus	166 MHz		41.50 MHz	
External Memory	32 位，200MHz		50 MHz (66 MHz desired)	

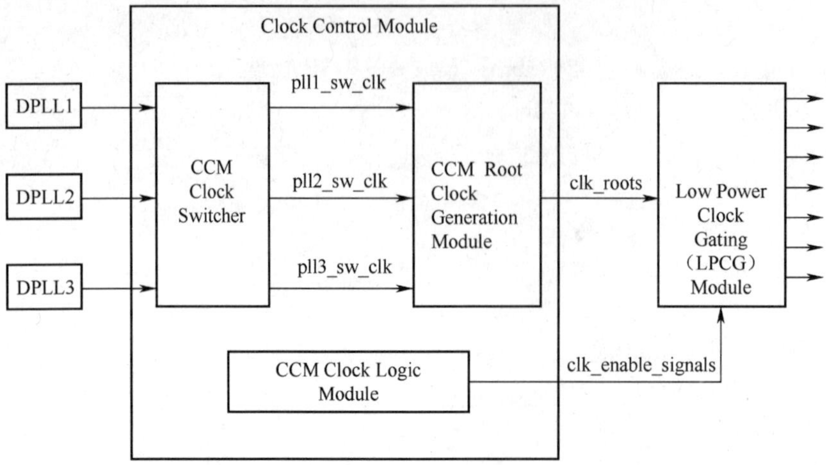

图 1-2 i.MX51 系统时钟框架

如图 1-2 所示，i.MX51 应用处理器有三组内部的数字锁相环（DPLL），这些数字锁相环输出时钟给时钟控制模块 CCM。而 DPLL 自身的参考时钟来自 RTC 32.768kHz 钟频或者 24MHz 系统晶振。CCM 的时钟切换模块（CCM Clock Switcher）接收来自数字锁相环 DPLL 的输出时钟，并产生三组切换时钟（PLLx_sw_clk）并发送给 CCM 基准时钟发生器模块（CCM Root Clock Generation Module）。CCM 基准时钟发生器模块生成各种基准时钟（Root Clocks）给 i.MX51 内部的各种模块与单元。

典型的切换时钟（PLL_SW_CLK）如下所示。

- PLL1_sw_clk，典型值为 800MHz，用于输出给 ARM 内核。
- PLL2_sw_clk，典型值为 600MHz，用于输出给内部总线 AXI/AHB 和 IP BUS。
- PLL3_sw_clk，典型值为 216MHz，用于提供给通用串行总线（USB）、同步串行接口（SSI）等。

时钟控制模块 CCM 内部还有一个时钟逻辑模块（Clock Logic Module），这个模块生成时钟使能信号（clk_enable_signals），控制低功耗时钟门控（LPCG）模块开启/关闭各路时钟输出。在 i.MX51 处理器中，当某个模块或单元不工作时，其供电电源会关闭，同时输出给这个模块使用的时钟也会被关闭，以达到充分节电的目的。

i.MX51 应用处理器提供了各种电源管理技术，用于降低动态及静态功耗。通用的动态电压频率调整技术（DVFS）以及飞思卡尔特有的动态制成温度补偿技术（DPTC），在保证程序正确运行的前提下积极降低系统的核电压以及周边模块的供电电压来降低系统动态功耗。i.MX51 的 CPU 核电压会在 0.7～1.0V 之间动态调整，其周边系统的供电电压也会在 1.0～1.2V 之间做相应的调整。

i.MX51 可以在软件的控制下在几个不同的电源模式上切换运行。

- 运行（RUN）模式：ARM 内核处于运行状态；周边模块在需要使用的时候也是处于运行状态，但是，如果不需要使用，也可以用软件将其关闭（包含供电电源与时钟）。
- 等待（WAIT）模式：ARM 内核被关闭，它的时钟门控也关闭，但是外设总线时钟处于运行状态。周边设备根据使用状况处于相应的关闭、状态保持或运行开启状态。
- 停止（STOP）模式：ARM 内核被关闭，外设被关闭，总线时钟也处于关闭状态，时钟锁相环停止工作。
- 低功耗屏幕刷新（LPSR）状态：这是在 STOP 模式下的一个子集。只有与屏幕显示相关的外围设备（IPU、EMI 内存接口、安全模块 SCC）处于保持状态，其他模块全部关停。

i.MX51 电源分域管理（Power Domains）共有 5 个独立的电源域，如图 1-3 所示，分别为：内核（Core）、周边设备（Peripherals）、内存（Memory）、锁相环（PLL）、安全实时时钟 SRTC（Secure Real-Time Clock）。这些电源域是相对独立的，根据不同的电源模式与状态，它们被相应地开启或关闭，以达到最佳的节电效果。

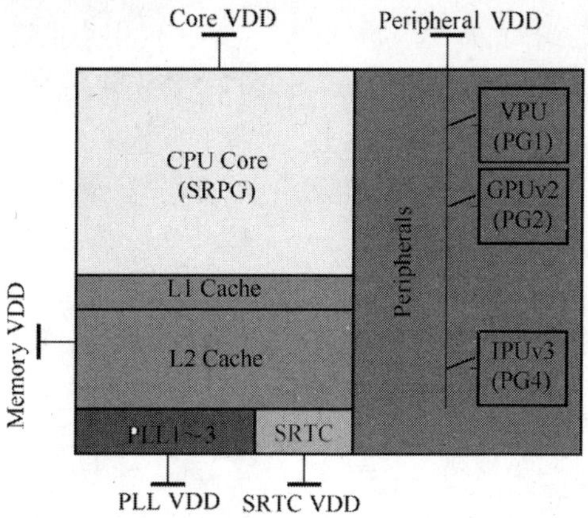

图 1-3　i.MX51 电源分域管理示意图（不同的颜色表示不同的电源域）

鉴于系统电源管理的复杂性，飞思卡尔公司还提供了一颗与 i.MX51 配套的电源管理芯片 MC13892。MC13892 与 i.MX51 一起使用，可以简化系统设计的挑战，缩短产品上市时间。MC13892 系统框图如图 1-4 所示。

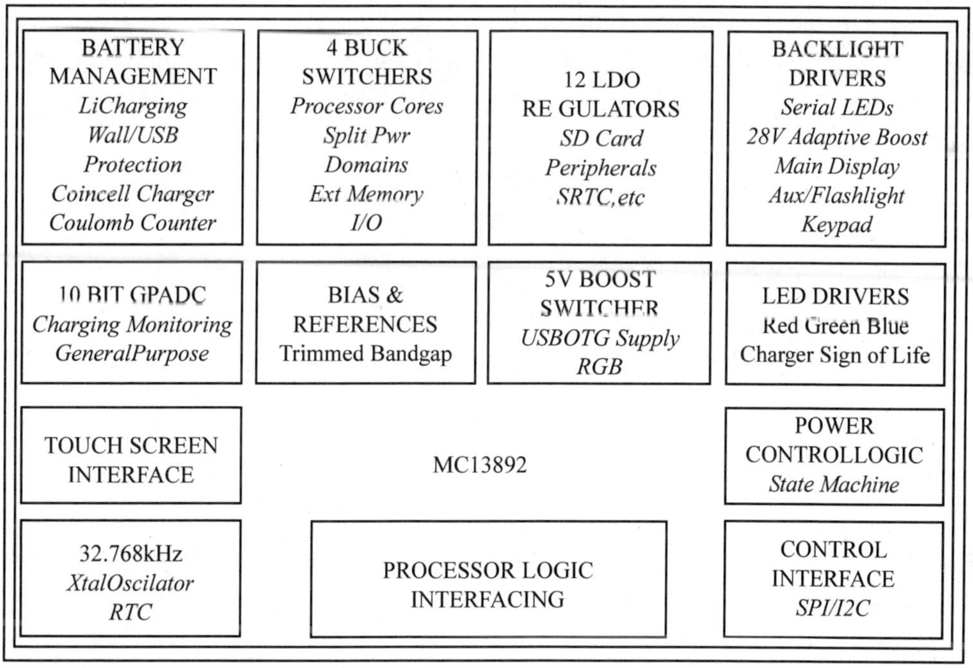

图 1-4　MC13892 系统框图

i.MX51 处理器的 JTAG 端口是完全兼容电子学工程师联合会（IEEE）标准 JTAG 规范的接口，

是用于调试设备对芯片做边界扫描的标准接口，可以执行与调试相关的控制与状态检查。例如，对选定单元做复位（Reset）或设置 Debug 状态，以及获取系统状态信息等。同时，i.MX51 的 JTAG 口还能够根据设计的需要，通过芯片内部的电子融丝（e-Fuse）来设定 JTAG 口的功能等级（分四级）：从具备完全调试功能的 JTAG 口，到设定为完全禁止使用（废除 JTAG 功能）。所以 i.MX51 的 JTAG 口也被称为安全的 JTAG 口（Secure JTAG）。这样做的原因是因为在工程师做产品设计与调试的时候，需要用 JTAG 口来调试，但是在产品出货以后，保留 JTAG 口会带来骇客探测程序代码、扫描敏感信息（比方说证书签名）等安全隐患的“后门”。为安全起见，完全禁止使用为上策。由于电子融丝的控制是不可逆的操作，所以在产品出厂模式设置时将 JTAG 口设成“禁止使用”后，JTAG 口的功能将不复存在，这样一来，骇客窥探的“后门”也被完全地关上。

1.7 i.MX51 应用处理器的典型系统

图 1-5 显示了基于 i.MX51 应用处理器的典型开发系统，i.MX51 本身具有很高的集成度，集成了各种外设接口，所以典型应用框图非常简洁。

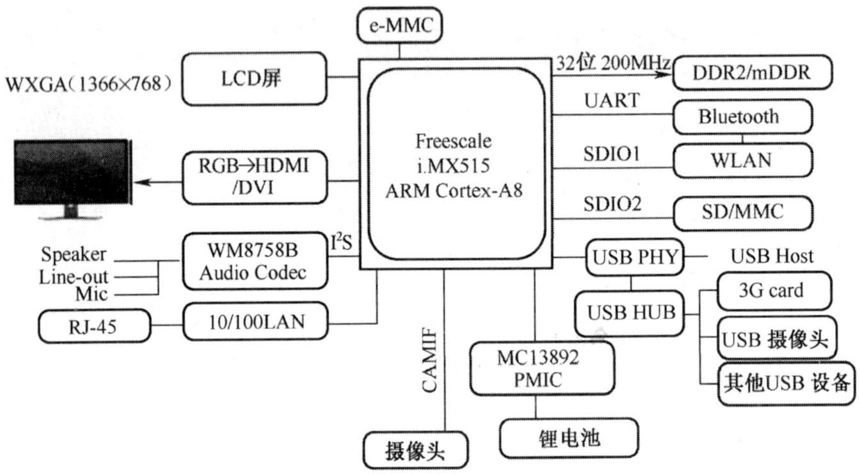

图 1-5　i.MX51 典型系统框图

在图 1-5 中可以看到飞思卡尔公司提供了与 i.MX51 配套的 MC13892 电源管理芯片。3.7V 锂电池以及 5V DC 输入直接连接在 MC13892 上，MC13892 本身提供了锂离子电池的充电管理，同时，也负责给 i.MX51 主芯片提供各路电流，并提供动态电压频率调整等电源管理。此部分电路与驱动是系统开发的重点，在本书的后续部分会详细介绍。

音频编解码器（Audio Codec）WM8758B 是 Wolfson 公司的一颗低成本音频编解码器，Apple 的几款 iPod 也选用了同一颗芯片。它负责实现音频的模/数及数/模转换，这颗芯片以 I2S 口与 i.MX51 主芯片相连，作为数据传输通道。另外，它与主芯片 i.MX51 的连接还有 I2C，用于控制寄存器的设置，控制 WM8758B 的工作状态，包括音量控制、输出音效等等设置。话筒、耳机、喇叭可以直接连接到 WM8758B 芯片上。

系统内存（RAM）可以由 mobile DDR 或者低成本的 DDR2 组成，i.MX51 支持达最高 512MB 的内存管理，总线为 32 位，最高时钟为 200MHz。大容量的内存和高速的总线数据吞吐量对于 Linux

或 WinCE 等系统的多任务以及多媒体处理至关重要。

i.MX51 支持多种存储介质：NAND Flash、NOR Flash、e-MMC、SD Card，采用 P-ATA 接口的硬盘，以及采样标准 MMC/SDIO 接口的 i.NAND，MoviNAND。Boot Loader 代码、操作系统代码、文件和数据可以存储在这些不挥发性(系统掉电不会丢失)的存储介质里。i.MX51 支持系统从 NAND、NOR、SD/MMC Card 和 i.NAND/MoviNAND 直接启动，所以在一个典型的 i.MX51 系统中，只要有其中的一种存储介质便足够了（当然，系统也可以同时有多种存储介质共存，如 Boot Loader 和操作系统存放在 NAND Flash，而其他文件和数据存储在 SD 卡中，等等)。这里特别要指明的一点是，当系统需要海量存储时(几十 GB 或更多)，可以用 NOR+HDD 的方式来处理：Boot Loader 存放在 NOR Flash 里，一般 2MB 足够，其他的全部存储在 HDD（P-ATA，或者通过 USB 桥接的 S-ATA HDD）中。这种系统配置方式不仅单位存储成本低，而且非常实用，性能也非常不错。

对于系统的显示输出，i.MX51 处理器可以直接驱动 24 位 RGB 接口的 LCD，支持最大分辨率为 1366×768。系统还可以通过 RGB 转 DVI/HDMI 桥接芯片来推动带 DVI/HDMI 接口的显示器。

i.MX51 内嵌 10/100M 以太网控制器，外部简单加 PHY 芯片后便具备了全功能的以太网口。i.MX51 也可以通过 UART 口和 SDIO 口来挂接蓝牙（Bluetooth）和 WiFi。其他的外围设备，如 3G 通信调制解调器（3G Modem)、USB 摄像头、USB 鼠标及键盘等，可以直接接在 i.MX51 的 USB 口上，也可以在系统中用 USB HUB 芯片扩展出更多 USB 接口来连接更多的 USB 设备.

摄像头更标准的接法是通过 i.MX51 的 CSI 接口（支持 BT656 标准）与 i.MX51 连接。i.MX51 可以同时支持两路符合 BT656 标准的视频信号。电视信号（CVBS、分量输出等）可以通过外围转换芯片转为 BT656 格式后输入 i.MX51 做视频录制和处理。

1.8 参考文献

- 维基百科
- ARM 官方资料（www.arm.com）
- 飞思卡尔官方资料（www.freescale.com）
- 飞思卡尔 i.MX51 数据手册

2 基于 i.MX51 的系统硬件介绍

2.1 内容概述

本章是基于 i.MX51 的系统硬件介绍，本章的学习，可以了解和掌握以下知识与技能：

- 基于 Freescale i.MX51 系统的硬件基本构架以及功能模块的组成。
- ARM Cortex-A8 系统的硬件工作原理。
- 基于 Freescale i.MX51 系统硬件模块之间协同工作、相互配合的方式。
- 硬件功能模块之间的接口设计方法。
- 开放硬件接口的定义及功能，在开放硬件接口的基础上做二次开发的方法。

在本章的学习过程中，需要参考相关的硬件接口规范文档，查阅各个硬件器件的数据手册。本章将以 ARM Cortex-A8 为内核的应用处理器 Freescale i.MX51 所组建的最小核心系统为基础，通过实际的应用实例把所有的周边硬件设备和标准硬件接口有机地结合起来，通过本章的阅读和学习，不仅可以学习和了解 ARM Cortex-A8 本身，还可以学习和了解整个硬件系统的组成以及各个周边硬件设备的规范和工作原理。

本章以怡鼎 MX51 开发板为典型应用实例，学习基于 Freescale i.MX51 嵌入式开发系统硬件模块的组成与协同工作。

建议读者在学习本章之前，先阅读本书光盘中的 “怡鼎 MX51 说明书”。说明书详细地介绍了怡鼎 MX51 开发板的形态、接口，以及如何使用。对怡鼎 MX51 开发板的了解有助于读者对本章内容的学习。

欢迎读者访问怡鼎信息科技有限公司的网站，了解和下载关于 MX51 开发系统的技术资料，包括原理图、更新的 BSP 软件包、使用手册等。怡鼎的网址：www.idinginfo.com。

本章内容如下：

- 硬件系统的总体框图和功能组成
- i.MX51 处理器的启动模式设置
- 系统电源模块以及电源分布方式及电源管理
- 存储器的组成以及存储器接口设计
- 系统外围器件接口

2.2 硬件系统的总体框图和功能组成

作为一个完整的系统，怡鼎 MX51 嵌入式开发系统的整个硬件组成比较繁杂，牵涉到多种不同的硬件接口和各种不同的硬件周边设备。

表 2-1 是怡鼎 MX51 开发板的硬件输入输出接口及功能说明。

表 2-1 怡鼎 MX51 开发板硬件输入输出接口

开发板输入输出接口	器件	描述
调试串口	UART DCE	10 管脚 USB/UART 串口（需要转换电缆连接到 PC USB 口）
无线网络和蓝牙	提供无线网络和蓝牙接口	使用 SDIO、UART 和 SSI 音频数据接口
以太网接口	100M 以太网接口	10/100Mbps 自适应接口 MII 接口开放，可以连接自选芯片
USB 接口	高速 On-the-Go（OTG）	直接由 i.MX51 输出 Mini-AB USB 接头
	高速主模式	标准 USB Host 接头
接口	SD/MMC 存储卡	两套存储卡卡槽 卡检测 卡写保护功能
	3G 接口	USB 接口 UART 口 I2S 音频接口
	GPS 功能模块接口	提供串行 PS/2 接口
	JTAG 调试接口	软件调试
	S/PDIF 数字音频接口	直接由 i.MX51 输出
终端接口	TV 信号输出	直接由 i.MX51 输出 支持复合视频，分量输出连接头
	音频接口	立体声耳机 麦克风 音频输出
	喇叭	立体声 单声道
显示输出	显示屏	带 LED 背光的 7 英寸触摸屏
	DVI 输出	DVI 转 HDMI 输出
	LVDS 输出	LVDS 输出
周边设备	键盘	开发板上提供
	USB Hub	4 口 USB Hub
	音视频采集	由 Camera 总线输入
	摄像头	200 万像素的摄像头

整个完整的硬件开发系统可以大致分为最小硬件系统和外围周边设备。

所谓最小硬件系统是指实际的操作系统所能运行的最小的硬件构成，从现实的硬件角度来讲就是包含应用处理器，供电以及电源管理，存储器三个主要的硬件部分，其中应用处理器作为核心器件，所起的功能是具体程序代码和数据的读取、执行、存储的操作；电源管理模块提供不同的电压给应用处理器和各个周边设备，产生系统启动初始化信号，负责电池充放电管理，维持系统时钟的运行；存储器存储程序代码和数据，其中数据包括永久数据和执行过程中所产生的临时数据。

外围设备由人机交互设备、通信接口设备、扩展设备等组成。

对应于怡鼎 MX51 开发板，最小硬件系统包括：基于 ARM Cortex-A8 内核的 i.MX51 应用处理器，供电和电源管理的 MC13892，512MB 的 DDR2 SDRAM。外围周边设备实现用户人机界面（MMI）（如视频、音频输入输出接口，键盘鼠标输入，Camera 输入）；设备与设备通信（设备与网络通信的标准接口，如 USB、UART、WiFi、3G 模块接口、以太网接口）。理论上的整体系统框图如图 2-1 所示。

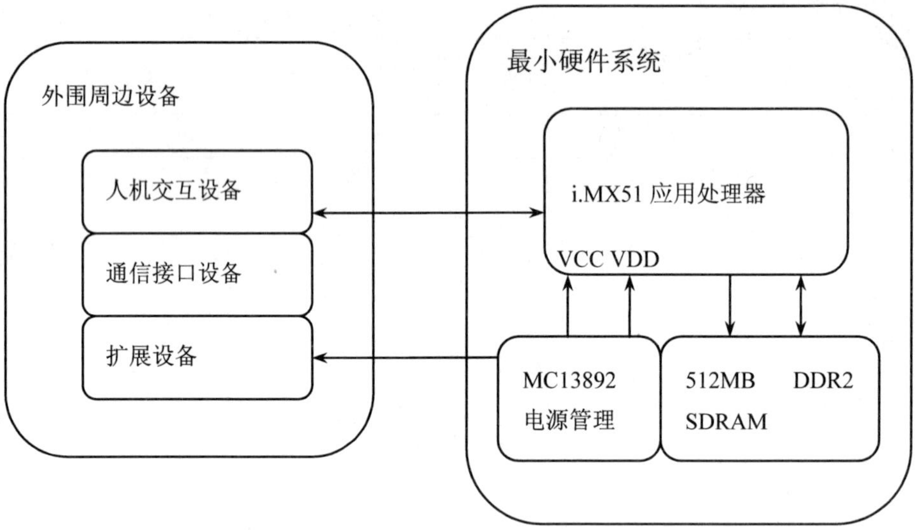

图 2-1 硬件开发系统框图

怡鼎 MX51 开发板的最小核心系统我们称之为 CPU 板，CPU 板内部的存储器连接包括 32 位宽度 200MHz 时钟速度的 DDR2 SDRAM 存储器总线，8 位 NAND Flash Memory 总线，4/8 位宽度最高 52MHz 时钟速度的 SDIO/MMC 接口。MC13892 通过 SPI 总线和 Freescale i.MX51 应用处理器连接，通过 SPI 配置电源管理模块并读取电源管理模块的工作状态。同时 CPU 板也加上了外围接口，包括 USB OTG Device/Host 接口、UART 接口、JTAG 调试接口。

怡鼎 MX51 开发板的主要外围设备的功能是在 Mother 板上实现的，CPU 板和 Mother 板通过两个 120 管脚的连接器连接在一起，实现周边扩展功能，包括通过 Display 显示接口连接 7 英寸触摸显示屏，DVI 数字视频接口，LVDS 视频输出接口；立体声音频功放和耳机接口；USB Hub 扩展接口；以太网接口；3G 模块接口；无线网络/蓝牙接口。

怡鼎 MX51 开发板的应用系统连接框图如图 2-2 所示，可以看到核心系统与外围设备是如何连接的。随后的章节将对系统框图中的各模块功能与模块间的连接做系统详细的介绍。

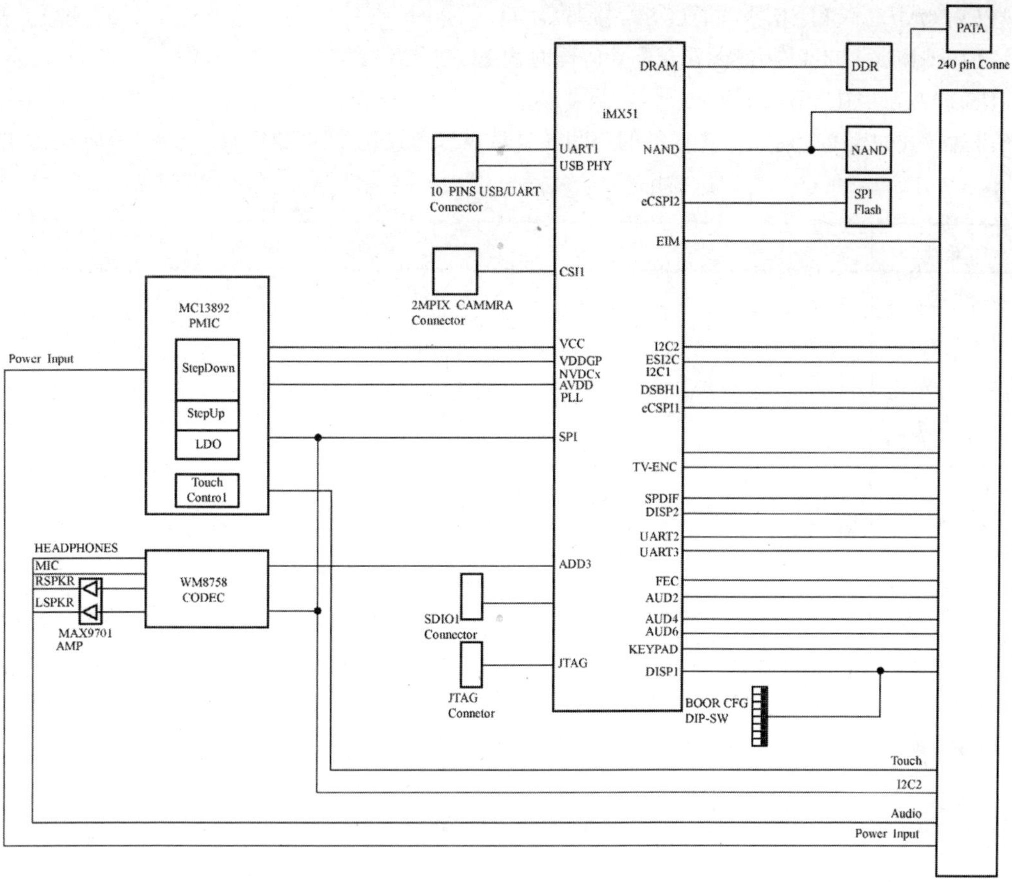

图 2-2　怡鼎 MX51 开发板的应用系统连接框图

2.3　i.MX51 应用处理器的启动模式设置

怡鼎 MX51 开发板支持多种不同的启动模式，启动模式的切换是通过外部的拨动开关（CPU 板上的 SW700、SW701、SW702、SW703）切换上拉/下拉，在系统上电启动时由处理器读入并判断不同的启动模式。

Freescale i.MX51 应用处理器的系统启动模式由 SRC（System Reset Controller，系统启动控制器）设置，系统启动流程由 BMOD（Boot Mode）管脚的设置值决定，在系统全局复位 RESET 信号取消时，启动管脚的值会被采样并锁定到 SBMR（SRC Boot Mode Register，SRC 启动控制寄存器）寄存，并由 SBMR 的值来决定系统的启动模式。

系统启动时启动镜像文件的来源有：

- NOR Flash 通过 WEIM（Wireless External Interface Memory）接口，CS#0。
- OneNAND 通过 WEIM 接口，CS#0。
- NAND Flash 通过 NFC（Nand Flash Memory Controller）、SLC 和 MLC。
- LBA NAND 器件通过 NAND Flash 接口也可以提供支持。
- SD/MMC 卡通过四个 eSDHC 接口中的任意一个。

- EEPEOM/串行 Flash 器件通过 SPI 接口启动。
- EEPROM 通过 I2C 接口，并且配置码同时由 EEPROM 提取。
- USBOTG/UART 串行下载。

系统启动模式如表 2-2 所示，更详细的启动模式可以参考飞思卡尔 i.MX51 的数据手册。

表 2-2　系统启动模式

BOOT_MODE [1:0]	启动类型	启动详细信息
00	内部启动由 GPIO 启动管脚	执行 ROM 代码，由其处理以下启动源： ● NOR Flash ● OneNAND ● SPI/I2C ● NAND Flash ● SD/MMC/MoviNAND 启动
01	FSL 测试模式	Freescale 测试模式，为器件测试预留
10	内部由熔丝启动	类似于 00，但是启动熔丝始终会使用确定的启动源
11	USB/UART Boot Loader	通过串行器件载入并执行代码 USB UART

在怡鼎 MX51 开发板的设计中，启动模式的选择可以通过拨动开关来配置，具体的配置电路如图 2-3 所示。通过拨动开关，可以配置启动 GPIO 的上拉或者下拉，配置到希望的启动模式。

2.4　存储器部分（DDR2、SPI NOR、NAND Flash）

2.4.1　DDR2 SDRAM

DDR2 SDRAM（Double-Data-Rate Two Synchronous Dynamic Random Access Memory，第二代双倍数据率同步动态随机存取存储器），是一种电脑存储器规格。它属于 SDRAM 家族的存储器产品，提供了相较于 DDR SDRAM 更高的运行效能与更低的电压，是 DDR SDRAM（双倍数据率同步动态随机存取存储器）的后继者，也是现时流行的存储器产品。

Freescale i.MX51 应用处理器支持标准的 DDR2 SDRAM，在怡鼎 MX51 开发板中，使用了 4 片 64Mb×16，构成 128Mb×32 位数据总线的 DDR2 SDRAM 架构，是标准的 DDR2 总线连接。DDR2 SDRAM 的关键问题在于 PCB 板的布局布线上，布局上 DDR2 器件采用双面对称的布局方式，PCB 布线时 DDR2 SDRAM 走线设计上的原则必须遵循，如数据线的等长设计，时钟，DQS 信号线的差分走线设计。系统运行的稳定性和 DDR2 SDRAM 部分的布局走线密切相关。DDR2 Memory 的生产厂商和飞思卡尔有相应的布局布线指导规范，PCB 设计时应当尽量满足相应的要求。i.MX51 应用处理器在芯片设计的角度上也做了一些相应的考虑，如数据线的相互交换，相应管脚驱动能力的调整，总线时序上也可以通过寄存器配置调整。

怡鼎 MX51 的 CPU 板的 DDR2 Memory 部分的电路设计和 PCB 布线完全遵循了处理器厂商和存储器厂商的设计规范要求，并且通过了存储器读写压力测试。图 2-4 是怡鼎 MX51 开发板的 DDR2 SDRAM 连接框图。

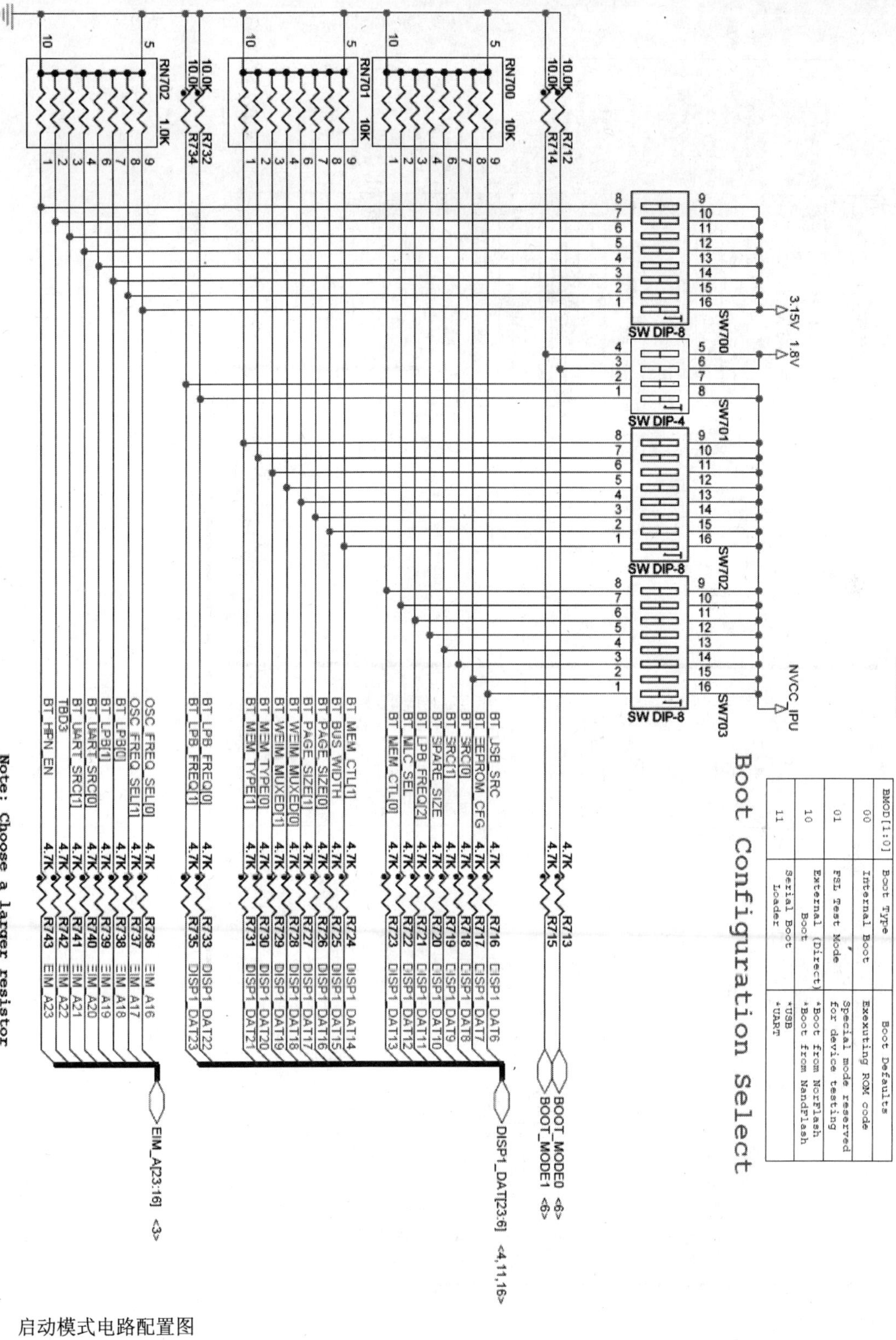

图 2-3　启动模式电路配置图

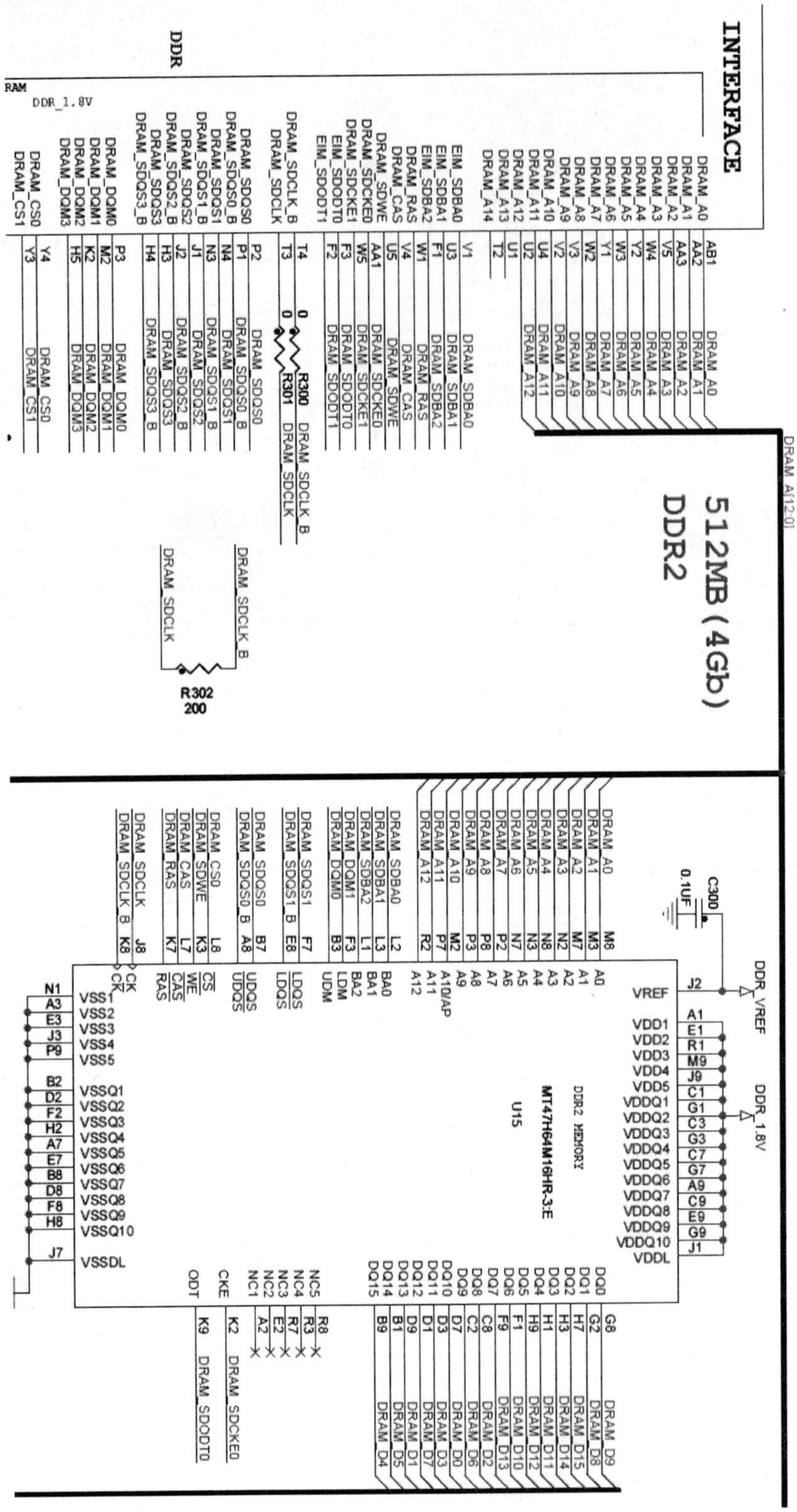

图 2-4　DDR2　SDRAM 连接框图

2.4.2 NAND Flash

NAND Flash 类似于 DDR2 SDRAM，Freescale i.MX51 处理器内部有一个 NFC（NAND Flash Memory Controller，NAND Flash 存储器控制器），提供标准的接口，用于支持 NAND Flash 存储器。Nand Flash 存储器的连接框图如图 2-5 所示，在参考板的默认设计中，没有焊接 NAND Flash Memory，用户可以按照需求和软件的配置来选择 NAND Flash Memory，在实际的系统设计中，可以支持多种不同类型的 NAND Flash Memory。

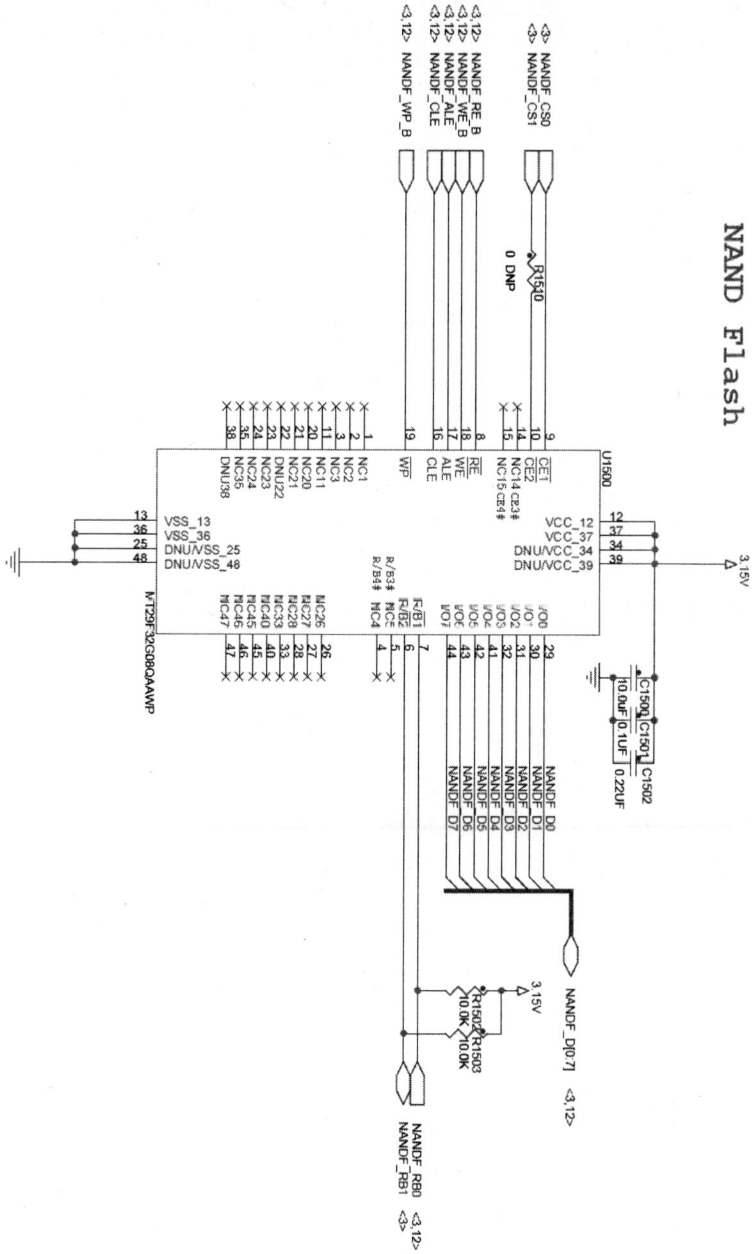

图 2-5　Nand Flash 的存储器连接框图

- x8/x16（Pin configurable）NAND Flash 接口
- SLC/MLC 类型的 NAND Flash Memory

2.4.3 SPI NOR

通过 SPI 接口，i.MX51 支持 SPI 接口的 NOR 闪存，由于芯片管脚复用的原因，CSPI2 被用作 SPI NOR 闪存的接口总线，信号连接方式和 SPI 总线的连接方式一致，CSPI2_SS1 用于器件的选通，CSPI2_CLK 由 i.MX51 产生，是数据同步时钟，CSPI_MOSI2 和 CSPI_MISO2 分别是输入、输出数据线。

图 2-6 所示为 SPI NOR 闪存连接框图。

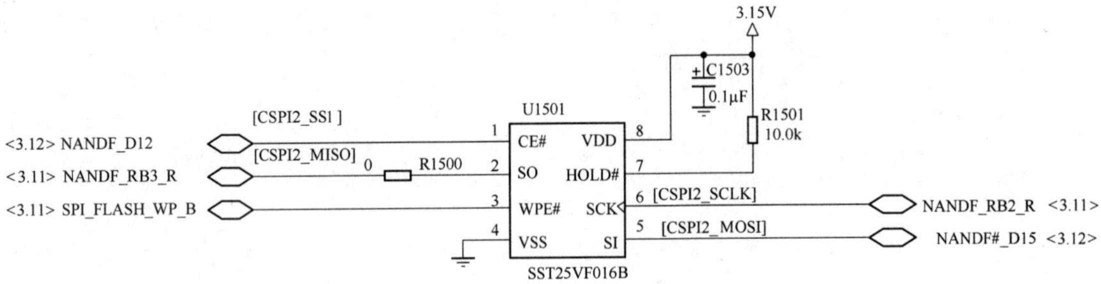

图 2-6 SPI NOR 闪存连接框图

2.5 电源管理

在怡鼎 MX51 开发板的设计中，MC13892 电源管理芯片为整个系统提供多组电源输出，实现系统电源管理方案，是与 i.MX51 配套使用的整体套片。

MC13892 的功能有：

（1）通过开关和线性稳压器提供系统电源输出树，电源的输出关闭时序已经按照系统要求设定好。

（2）电池/后备电池的充放电管理。

（3）实时时钟/日历/闹钟管理。

（4）串行背光 LED/闪光 LED 的驱动。

（5）四线电阻触摸屏驱动。

MC13892 和 i.MX51 通过 SPI 总线连接，并为 i.MX51 提供数字 32.768kHz 实时时钟信号 CKIL 和系统启动初始化信号 POR_B/RESET_INI_B。通过中断申请信号 PMIC_INT_REQ 向 i.MX51 申请中断并报告 PMIC 异常/非异常信息。i.MX51 通过通用 GPIO 连接到 MC13892 的 WDI（WatchDog Input）和 STANDBY 输入管脚提供快速即时的控制。

2.5.1 MC13892 的电源输出

MC13892 共提供了 4 路多模式背越式开关稳压器，一路的输出能力达到 1.05A，另外三路的输出能力是 800mA。线性 LDO 稳压器共有 12 路。电源的初始输出电压值由 PUMS1 和 PUMS2 控制，在参考板的设置中，PUMS1=Vcoredig，PUMS2 开路。

- 电源初始输出如表 2-3 所示。
- 电源的上电输出顺序按表 2-4 排列。

表 2-3　电源输出表

应用处理器：i.MX51	PUMS1=Vcoredig PUMS2=OPEN
SW1	1.05V
SW2	1.25V
SW3	1.25V
SW4	1.80V
SWBST	OFF
VUSB	3.3V
VUSB2	2.6V
VPLL	1.8V
VDIG	1.25V
VIOHI	2.775V
VGEN2	3.15V

表 2-4　电源上电输出顺序表

上电节拍×2ms	PUMS1=Vcoredig PUMS2 = OPEN
0	SW2
1	SW4
2	VIOHI
3	VGEN2
4	SW1
5	SW3
6	VPLL
7	VDIG
8	
9	VUSB (3)，VUSB2

- MC13892 对应用处理器 i.MX51 的供电如图 2-7 所示。

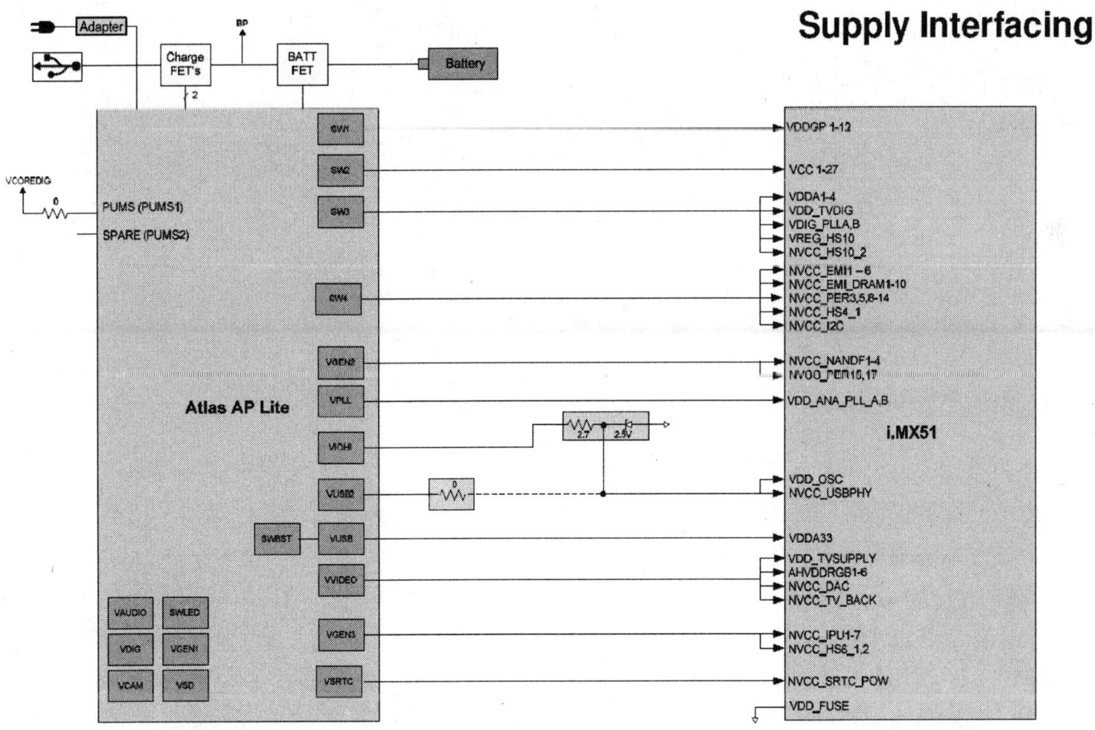

图 2-7　i.MX51 供电图

2.5.2 i.MX51 与 MC13892 之间的信号接口控制

MC13892 在怡鼎 MX51 开发板设计中工作于 SPI 总线模式，SPI 总线模式的设定由 CS 管脚下拉到低电平决定。实际电路设计中，i.MX51 的 CSPI1 被用作 MC13892 的控制总线，通过控制总线，处理器可以配置 MC13892 的内部寄存器，更改电源电压输出值，设置实时时钟，接收来自 MC13892 的中断之后，处理器通过控制总线读取中断寄存器来判断中断来源。

同时 MC13892 还为应用处理器和周边设备提供 32.768kHz 的数字时钟信号，数字时钟可以作为应用处理器的低功耗时钟源，也可作为其他设备的参考时钟源。上电复位信号也由 MC13892 提供给应用处理器和外围周边设备，供系统上电复位时使用。i.MX51 与 MC13892 之间的信号接口控制如图 2-8 所示。

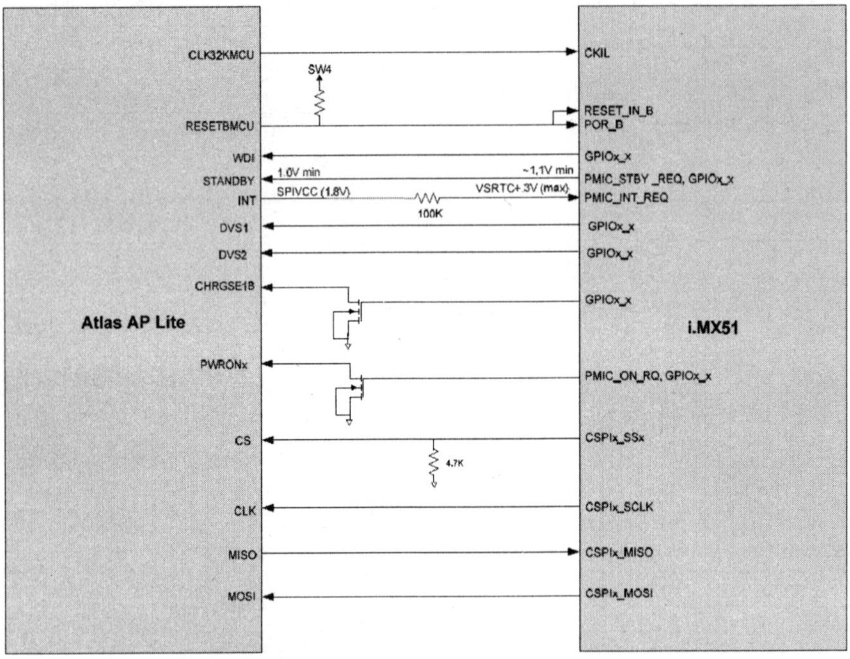

图 2-8 i.MX51 与 MC13892 之间的信号接口控制图

2.5.3 电池充放电电路

作为设计方向为手持式设备的应用处理器，电池的充放电管理也是电源管理芯片的主要功能之一，电池的充放电管理功能由 MC13892 和相应的外围分离器件共同实现，可以独立地或者通过软件控制的方式实现电池的充放电功能。

如图 2-9 所示，充电输入端为 CHRGRAW，这是一个具有过压检测保护功能的输入管脚，当输入充电电压超过 16V 时，MOSFET M1 被关闭，电源管理芯片产生一个中断通知应用处理器。MOSFET M1 和 M2 用于控制充电电流并提供一个恒定的充电电压，充电电流的大小通过 R2 电阻上产生的压降判断，充电电压在 BP 管脚处检测。MOSFET M3 的功能是切换过放电电池和正常电池的充电电路，在过放电电池涓流充电的情况下，M3 完全关闭，由 BP 和 BATTISNS 之间芯片内部的通路实现过放电电池的涓流充电。在正常充电情况下，M3 完全导通连接正常的充电通路。R1

电阻两端的压降也将被检测，用于检测计算系统工作时电池的放电电流。电池电压在 BATT 管脚输入端检测，用于判断电池的状态：过放电、正常、充电完成等。如果需要检测电池温度，ADIN5 端的电压将由于电池内部 NTC 阻值的变化而变化，通过模拟 NTC 的温度/阻值曲线，可以计算出电池温度值。

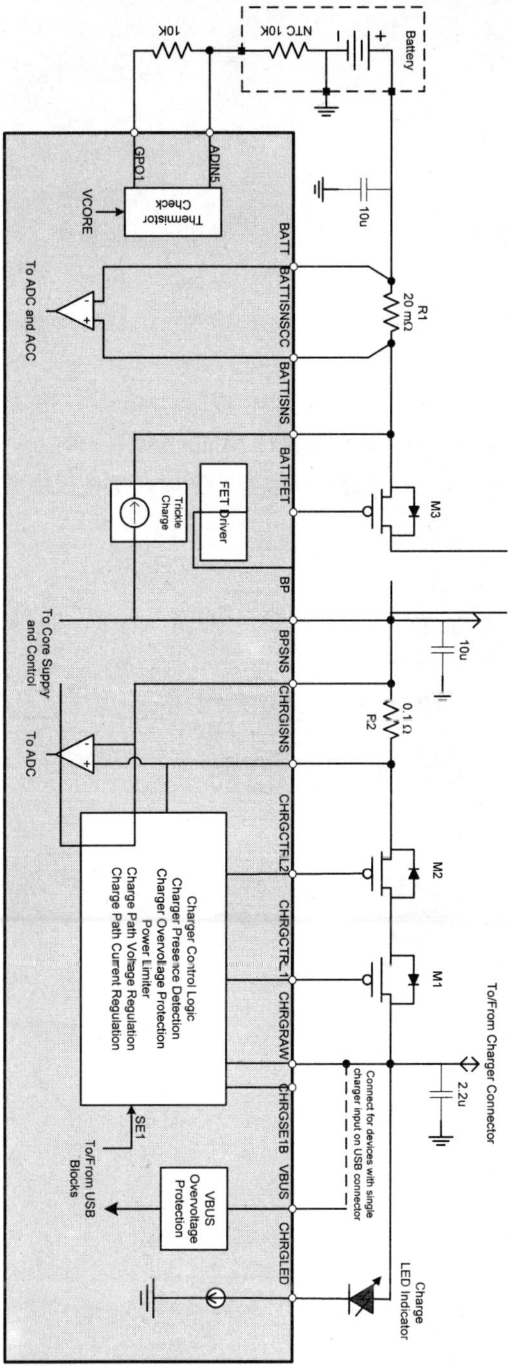

图 2-9　电池充电放电电路图

2.5.4 电阻触摸屏接口电路

MC13892 提供了 4 线电阻触摸屏驱动接口，直接连接到触摸屏的相应接口，就可以完成电阻触摸屏的电路连接。如图 2-10 所示，电阻触摸屏的 X 平面连接到 TSX1 和 TSX2，电阻触摸屏的 Y 平面连接到 TSY1 和 TSY2，就完成了相应的电路连接。

2.6 USB 接口

2.6.1 USB 的定义

USB 是 Universal Serial Bus 的缩写，意为“通用串行总线”接口，它是一种串行总线系统，带有 5V 电压，支持即插即用功能，支持热插拔，最多能同时连入 127 个 USB 设备，由各个设备均分带宽。USB 是连接计算机系统与外部设备的一个串口总线标准，也是一种输入输出接口技术规范，广泛应用于个人电脑和移动设备等通信产品中，并扩展至摄影器材、数字电视（机顶盒）、游戏机等其他相关领域。USB 接口按电气规范分为标准 USB 接口与 Mini USB 接口；Micro USB 是 Mini USB 的下一代规格，是 USB 2.0 标准的一个便携版本，Micro USB 是比 Mini USB 更小的一种接口，主要用于手机、MP4、数码相机等各种便携设备。USB 接口的排线方式不同，又在后缀中分为 A、B、AB 三种。图 2-11 显示了各类 USB 的标准接口。

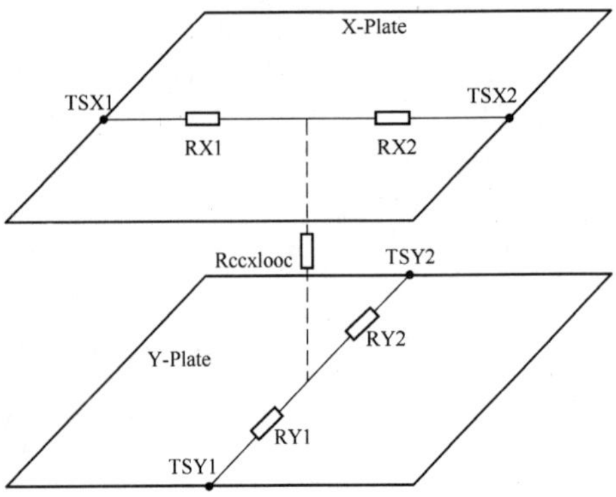

图 2-10 电阻触摸屏接口电路

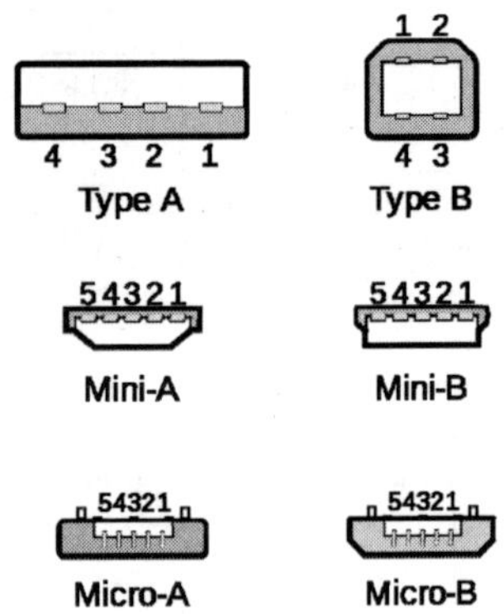

图 2-11 USB 标准接口

USB 信号使用分别标记为 D+和 D-的双绞线传输，它们各自使用半双工的差分信号并协同工作，以抵消长导线的电磁干扰。下面介绍几种 USB 的电气规范。

标准 USB 接口，触点 1 提供电压，触点 2、3 传输信号，触点 4 接地。表 2-5 显示了标准 USB 的触点的电气规范。

表 2-5 标准 USB 电气规范

标准 USB 连接器触点		
触点	功能（主机）	功能（设备）
1	V_{BUS}（4.75～5.25 V）	V_{BUS}（4.4～5.25 V）
2	D−	D−
3	D+	D+
4	接地	接地

Mini USB 除了第 4 针外，其他接口功能都与标准 USB 相同。第 4 针称为 ID，在 Mini-A 上连接到第 5 针，在 Mini-B 上可以悬空也可连接到第 5 针。ID 脚在 OTG 功能中才使用。如果你的系统仅仅是用作 Slave，那么就使用 B 接口，系统控制器会判断 ID 脚的电平以确定是什么样的设备插入，如果是高电平，则是 B 接头插入，此时系统就作为主模式，如果 ID 为低电平，则是 A 接口插入，系统就会使用 HNP 对话协议来决定哪个用作 Master，哪个用作 Slave。Micro USB 的电气规范与 Mini USB 的电气规范相同，只是接口更小。表 2-6 表示了 Mini USB 电气规范。

表 2-6 Mini USB 电气规范

Mini USB 连接器触点		
触点	功能	颜色
1	V_{BUS}（4.4～5.25 V）	红
2	D−	白
3	D+	绿
4	ID	
5	接地	黑

2.6.2 USB 标准简介

USB 发展到今天，总共有四种标准：第一版 USB 1.0 是在 1996 年出现的，速度只有 1.5Mb/s；两年后升级为 USB 1.1，速度也大大提升到 12Mb/s，如今在部分旧设备上还能看到这种标准的接口；2000 年 4 月，推出目前广泛使用的 USB 2.0，速度达到 480Mb/s，是 USB 1.1 的 40 倍；2008 年 11 月，推出 USB 3.0，最大传输带宽高达 5.0Gb/s，也就是 625MB/s，同时在使用 A 型接口时向下兼容。

USB 2.0 基于半双工二线制总线，只能提供单向数据流传输，而 USB 3.0 采用对偶单纯形四线制差分信号线，因而支持双向并发数据流传输，这也是新规范速度猛增的关键原因。除此之外，USB 3.0 还引入了新的电源管理机制，支持待机、休眠和暂停等状态。表 2-7 显示了 USB 不同标准的传输速率。

表 2-7 USB 传输速率

USB 版本	速率称号	传输速率范围	最大值传输速率
USB 3.0	SuperSpeed	> 4.8Gb/s	5Gb/s
USB 2.0	高速 Hi-Speed	25Mb/s～400Mb/s	480Mb/s
USB 1.1	全速 Full-Bandwidth	500kb/s～10Mb/s	12Mb/s
USB 1.0	低速 Low-Bandwidth	10kb/s～100kb/s	1.5Mb/s

2.6.3 USB-OTG 设计

USB On-The-Go（USB OTG，当前版本为 1.0a）作为 USB 2.0 规范的补充标准，能够用于在便携设备之间直接交换数据。

i.MX51 应用处理器支持一个片内 USB-OTG 和三个 USB-HS（需要加片外 USB-PHY），所有的 USB 接口都兼容 USB 2.0 规范，支持高速/全速接口，可以设置成为主/从设备。

片上 USB-OTG 的外围原理图如图 2-12 所示。所有的 USB 信号线和应用处理器直接连接，

USB_VBUS 和 USB_ID 和 MC13892 连接，以产生应用处理器 i.MX51 USB 功能内部模块需要的 3.3V 电压。作为主设备时，需要一个电源开关输出+5V 的 USB-VBUS 到 USB 连接口，如果用作从设备时，这个电源开关不再需要。

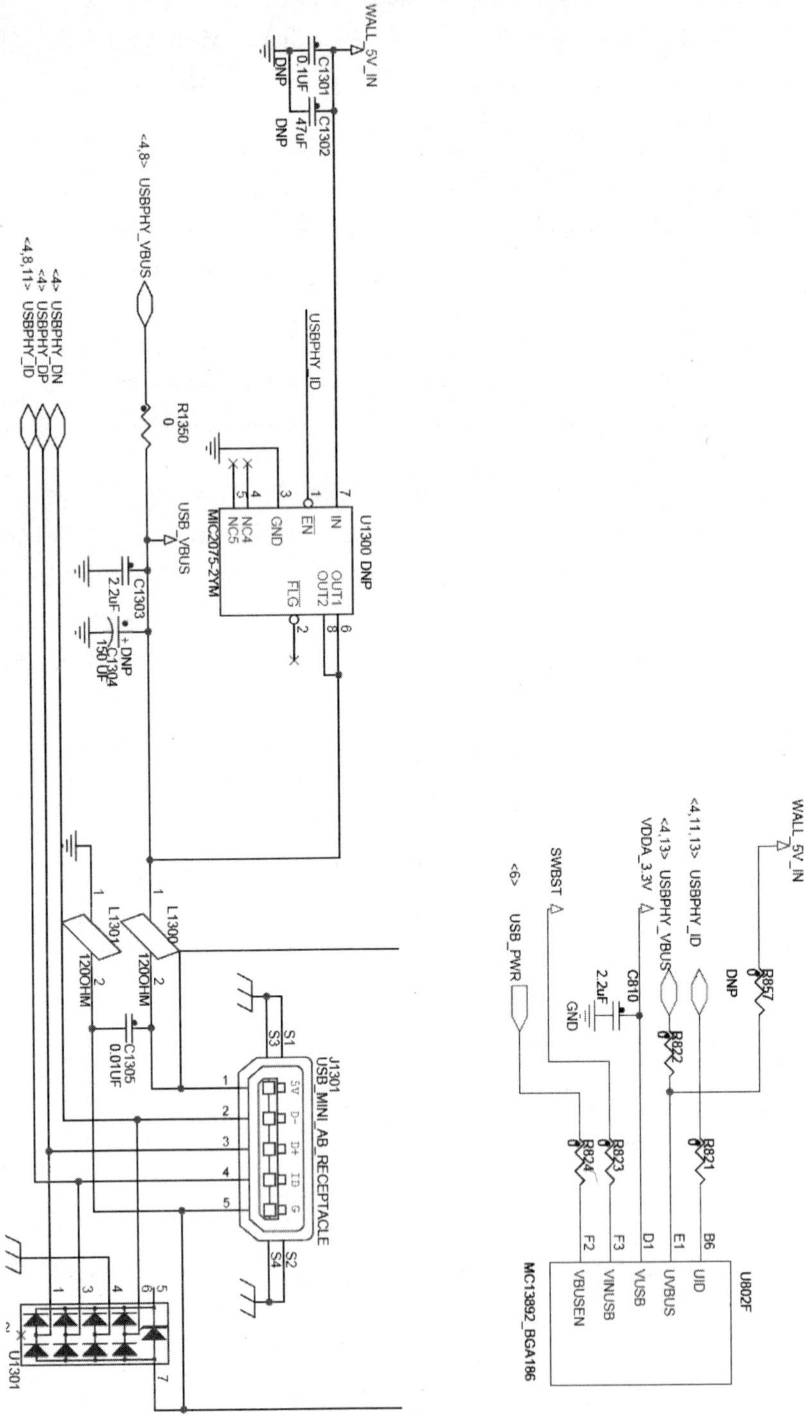

图 2-12　USB-OTG 的外围原理图

2.6.4 USB-HS 设计

怡鼎 MX51 开发板的电路设计中，使用了 SMSC 公司 USB3317 的高速 USB 收发器，支持 USB 主设备接口，USB3317 通过标准的 ULPI 接口连接到 i.MX51 应用处理器，ULPI 接口的连接框图 2-13 所示。

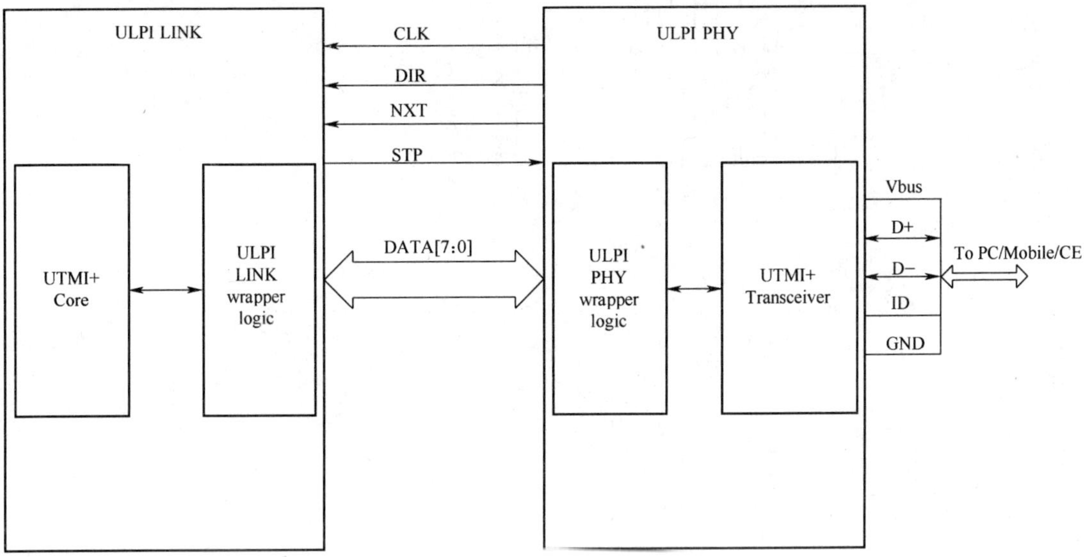

图 2-13 ULPI 接口的连接框图

USB-HS 的 USB 电源输出类似于 USB-OTG，作为主设备的 USB_VBUS 电源输出通过一个电源开关来控制。

USB-HS 相关电路原理图如图 2-14 所示，具体的电路工作原理建议参考 SMSC USB3317 的器件手册。

2.6.5 USB 扩展接口

在怡鼎 MX51 开发板上使用了一片 4 口的 USB HUB 控制器 USB2514，用来扩展 USB 接口。USB2514 的 USB 输入接到 USB3317 的输出管脚：USB_DP，USB_DN，USB_VBUS，由 USB2514 的 HUB 功能扩展到 4 口的输出。要注意的是芯片配置管脚的设置：CFG_SEL0/CFG_SEL1=00，在芯片复位信号上升沿时读入并配置芯片的工作模式。图 2-15 表示了 4 扩展口 HUB 原理图。

扩展口输出的 USB_VBUS 电源由如图 2-16 所示的电路完成。MIC2026 是一个电源切换开关，由 ENA 管脚控制 OUTA 的电源输出，并由 FLGA 报告电流输出过流报警。

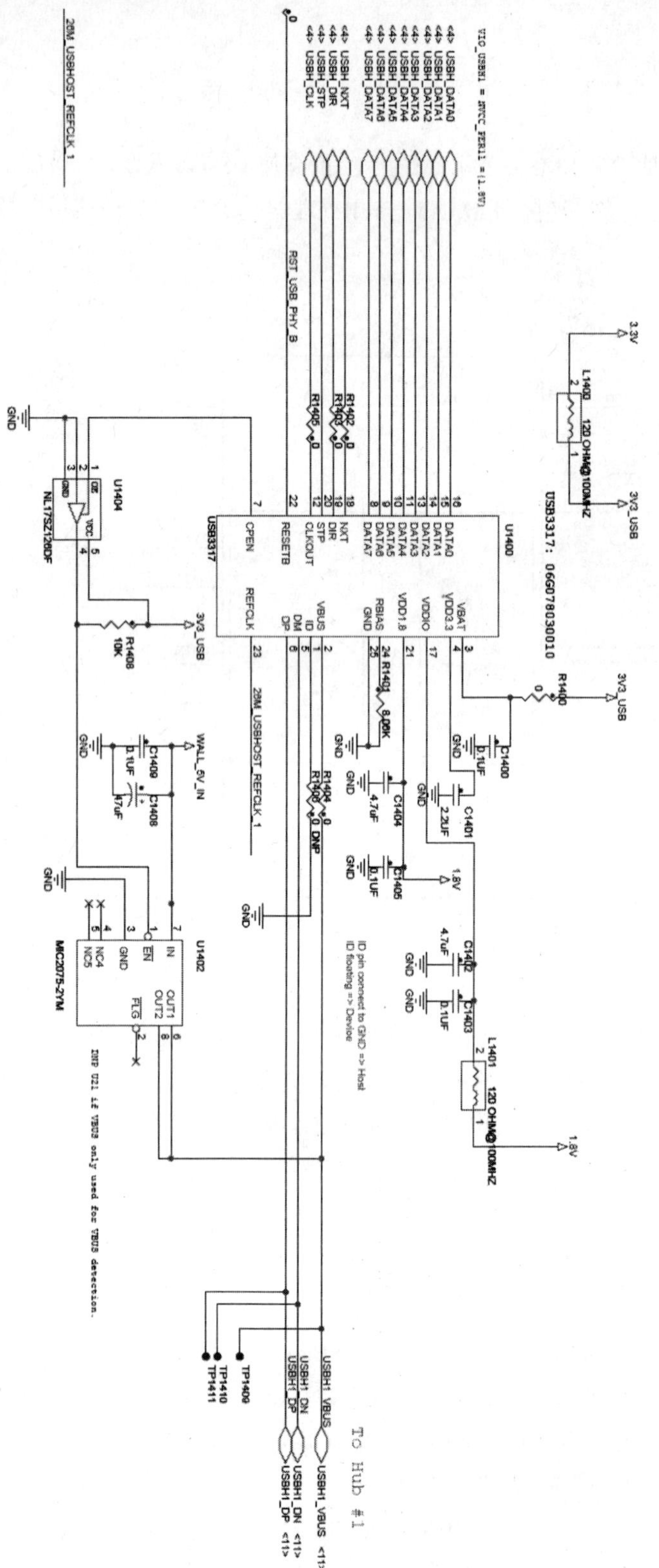

图 2-14　USB-HS PHY 电路原理图

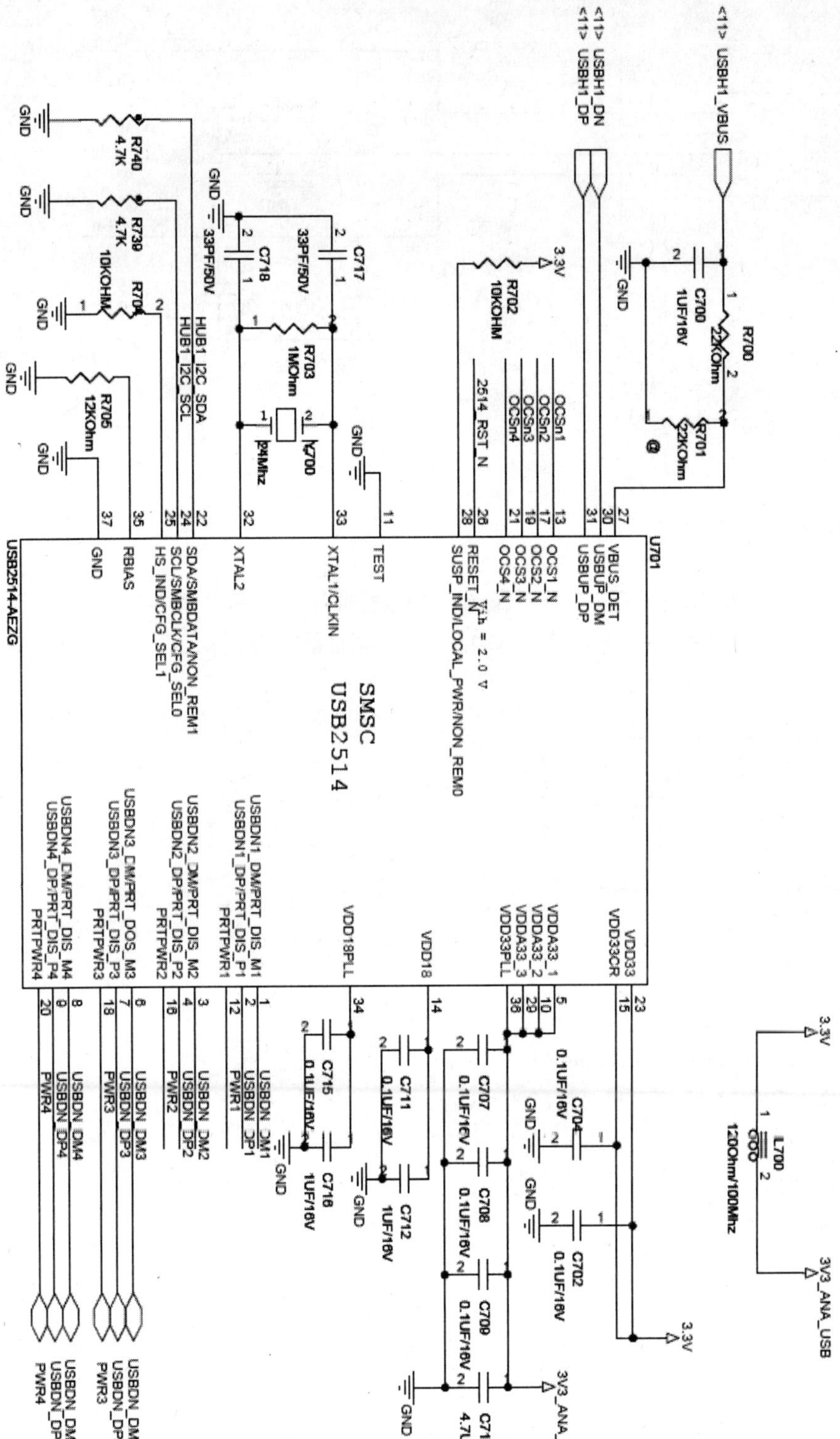

图 2-15　4 扩展口 HUB 原理图

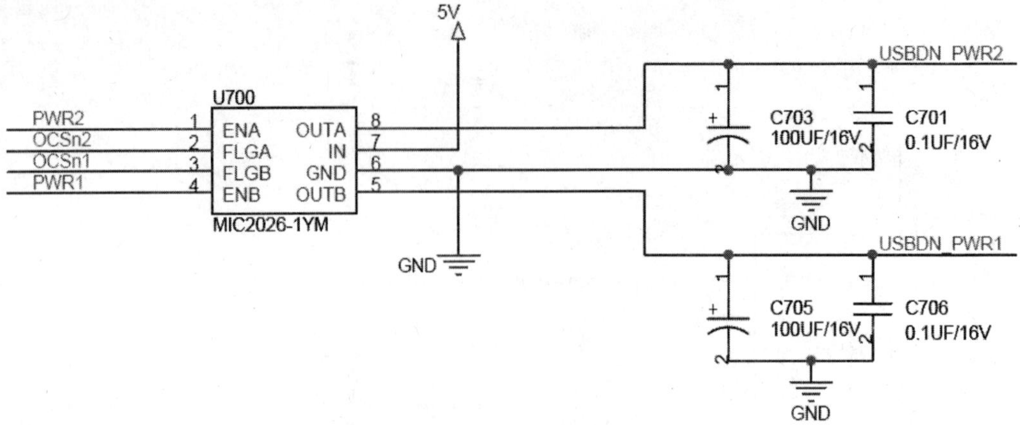

图 2-16 输出 USB_VBUS 电源开关原理图

2.7 DVI 显示接口

DVI 的英文全名为 Digital Visual Interface，中文称为“数字视频接口”，是一种视频接口标准，设计目标是通过数字化的传送来强化个人电脑显示器的画面品质。目前 DVI 广泛应用于 LCD、 数字投影机等显示设备上。DVI 接口如图 2-17 所示。

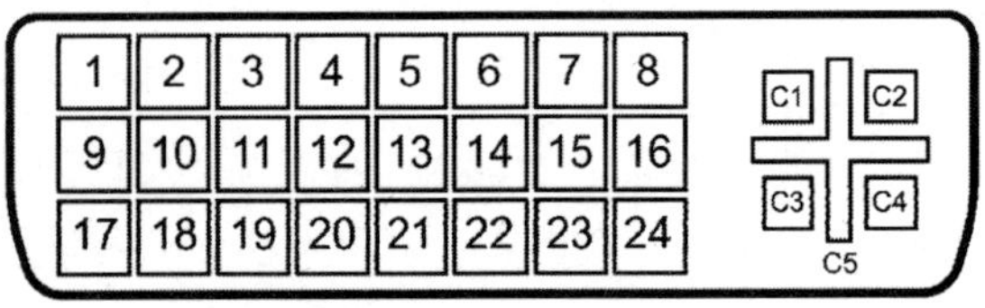

图 2-17 DVI 接口

信号定义如下：

- Pin 1 TMDS Data 2- Digital red - (Link 1)
- Pin 2 TMDS Data 2+ Digital red + (Link 1)
- Pin 3 TMDS Data 2/4 shield
- Pin 4 TMDS Data 4- Digital green - (Link 2)
- Pin 5 TMDS Data 4+ Digital green + (Link 2)
- Pin 6 DDC clock
- Pin 7 DDC data
- Pin 8 Analog vertical sync
- Pin 9 TMDS Data 1- Digital green - (Link 1)
- Pin 10 TMDS Data 1+ Digital green + (Link 1)
- Pin 11 TMDS Data 1/3 shield
- Pin 12 TMDS Data 3- Digital blue - (Link 2)
- Pin 13 TMDS Data 3+ Digital blue + (Link 2)
- Pin 14 +5V Power for monitor when in standby

- Pin 15 Ground Return for pin 14 and analog sync
- Pin 16 Hot plug detect
- Pin 17 TMDS data 0- Digital blue - (Link 1) and digital sync
- Pin 18 TMDS data 0+ Digital blue + (Link 1) and digital sync
- Pin 19 TMDS data 0/5 shield
- Pin 20 TMDS data 5- Digital red - (Link 2)
- Pin 21 TMDS data 5+ Digital red + (Link 2)
- Pin 22 TMDS clock shield
- Pin 23 TMDS clock+ Digital clock + (Links 1 and 2)
- Pin 24 TMDS clock- Digital clock - (Links 1 and 2)
- C1 Analog red
- C2 Analog green
- C3 Analog blue
- C4 Analog horizontal sync
- C5 Analog ground Return for R，G and B signals

在怡鼎 MX51 开发板的 DVI 显示接口的设计中，使用了 TI 的 TFP410PAP DVI 信号发送器，与应用处理器显示接口的连接中，采用了以下信号线：RGB 数据线 DISP1_DAT[0:23]，RGB 时钟线 DI1_DISP_CLK，数据使能线 DI1_DRDY，RGB 行列同步线 DI1_HSYNC 和 DI1_VSYNC。

TFP410PAP 的工作方式是通过外部配置管脚的上拉/下拉来实现的，具体来说就是：ISEL=0，BSEL=1，DSEL=0，DKEN=0，VREF=3.3V，设置的实际意义是：不使用 I2C 总线进行器件配置，使用 24 位的数据总线，总线信号摆率为 3.3V 全摆率，使用默认的信号反转斜率，使用单端的时钟输入方式。所有这些设置的目的在于与应用处理器 i.MX51 的显示输出接口匹配。具体的内容参考 TI TFP410PAP 的器件手册。如图 2-18 所示是 DVI 显示接口原理图。

在这里要特别说明的是：由于 HDMI 向下兼容 DVI 信号，所以在怡鼎 MX51 开发板上使用了 HDMI 接口来传输 DVI 信号。（事实上是在 HDMI 线缆上传输 DVI 信号。）我们可以用任何具备 HDMI 接口的显示设备来接收 MX51 开发板经过 HDMI 接口输出的视频信号并完整地显示在显示器上。当然，这样的 HDMI 传输并没有音频信号交织其间，所以 MX51 开发板的音频信号需要使用其音频通道单独输出（耳机或喇叭输出，或者是 SPDIF 数字多声道输出）。如果需要，也可以用一根 DVI-HDMI 转换线缆将视频输出转换回 DVI 接口去与 DVI 显示设备相连接。

2.8 MMC/SD 卡接口

在 i.MX51 应用处理器内部有 eSDHC 功能模块，用于支持 MMC/SD 卡，可以支持的卡的类型有 MMC、MMC Plus、MMC RS、SD、miniSD、SDIO、miniSDIO、SD Combo、CE-ATA 卡，符合相应的卡的规范。可以支持 1 位、4 位、8 位 MMC 模式，1 位和 4 位 SD 和 SDIO 模式，还可以支持 1 位、4 位和 8 位的 CE_ATA 器件。卡的总线时钟频率可以达到 52MHz，对应于 8 位 MMC 卡，是 416Mb/s 的数据传输率，对应于 4 位的 SD 和 SDIO 卡，数据传输率达到 200Mb/s。

怡鼎 MX51 开发板电路设计中，SDIO1 设计成为 4 位/8 位可选模式，支持卡的写保护和卡的插入检测。SDIO2 设计成为 4 位模式，同样支持卡的写保护和插入检测。图 2-19 是 MMC/SD 卡接口原理图。

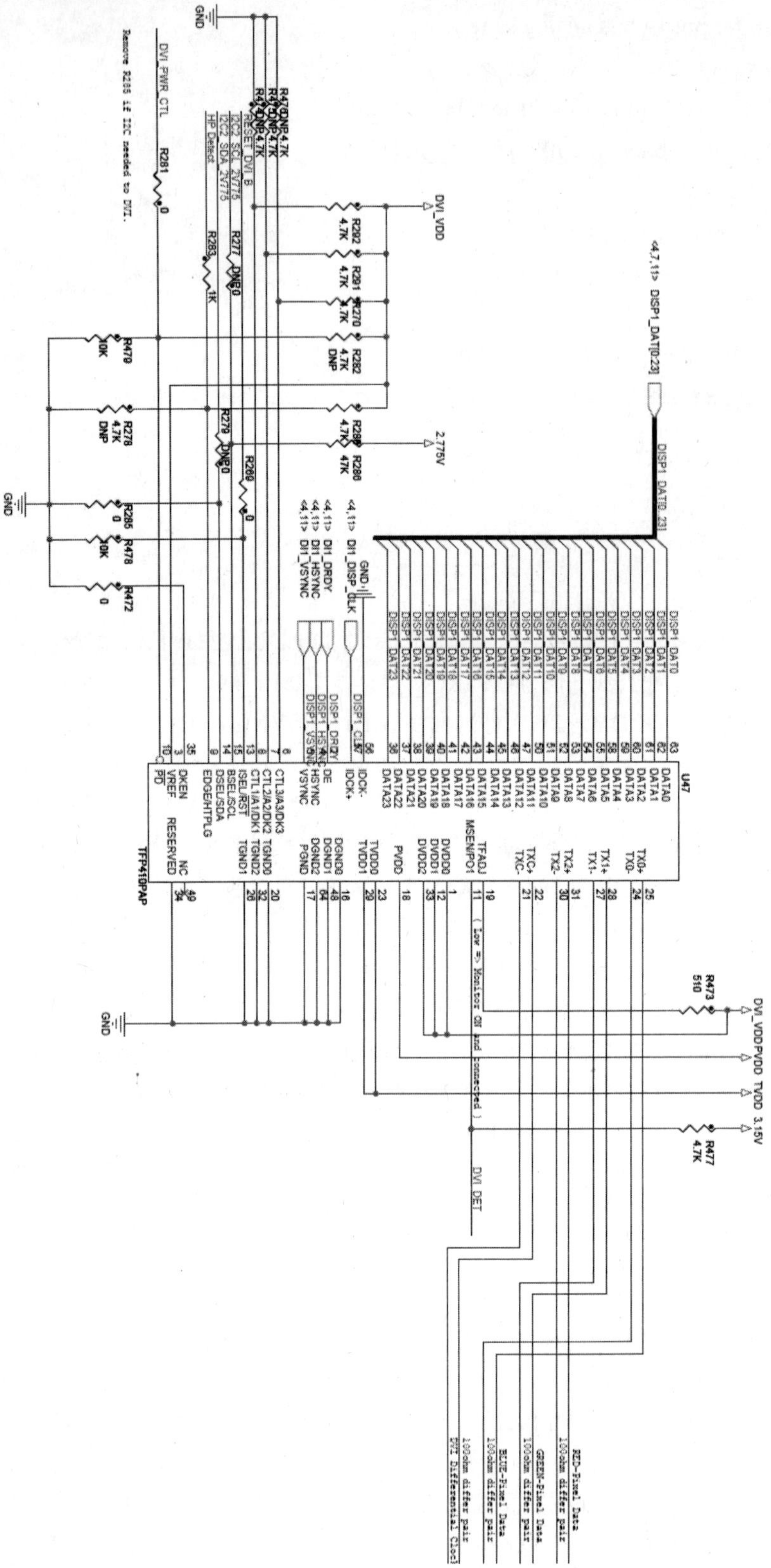

图 2-18 DVI 显示接口原理图

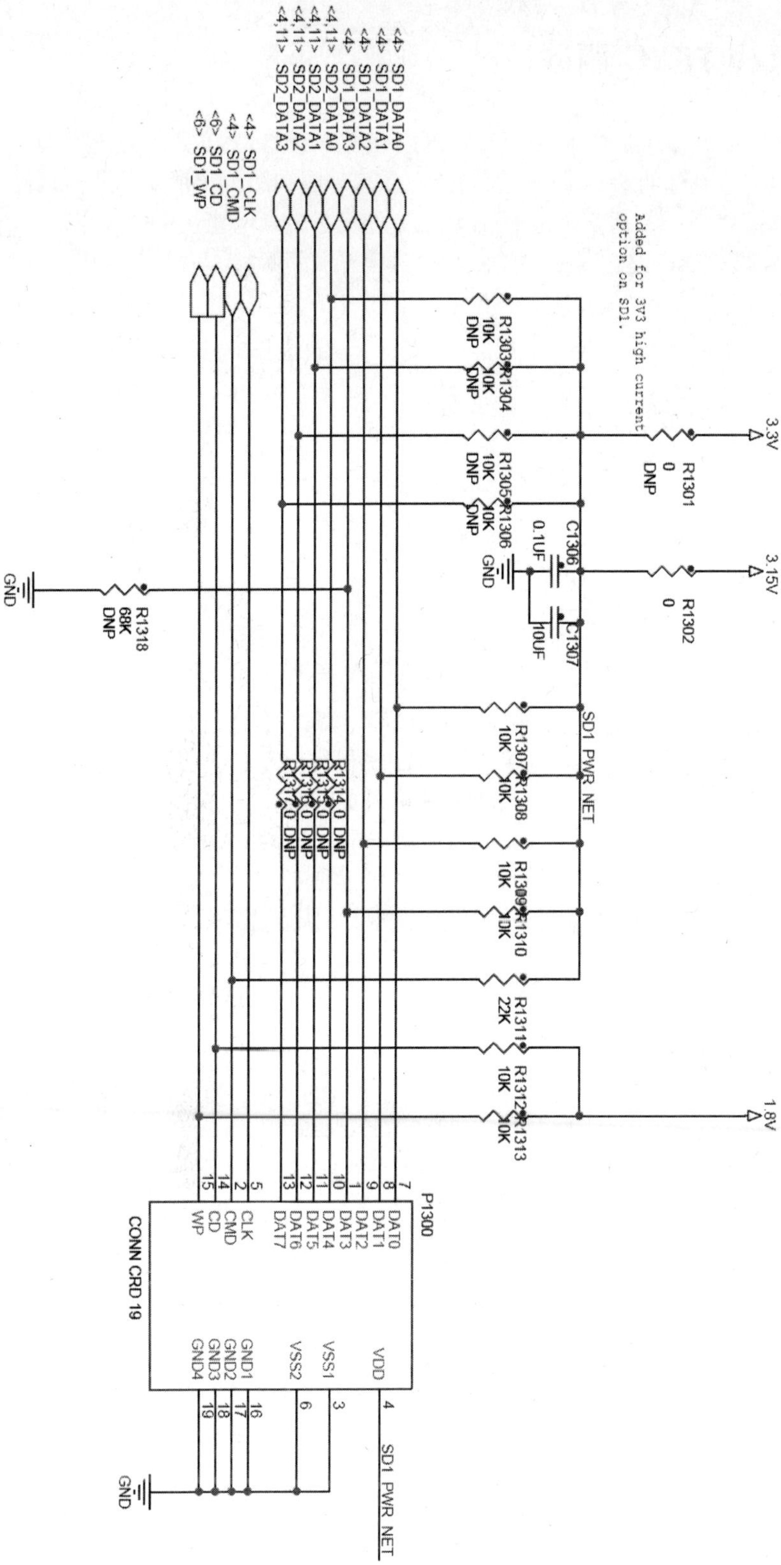

图 2-19 MMC/SD 卡接口原理图

2.9 UART 调试串口和 JTAG 调试口

UART 调试串口和 JTAG 调试口全部在 CPU 板上，UART1 的接口位号是 J1300，是一个 10 个管脚的Mini-USB/UART复用接口，具体的信号接口定义可以参看原理图和图2-20所示的硬件框图，通过接口连接到 PC 机的 RS232 接口时，需要一根 USB-UART 的信号转换电缆。由转换电缆实现 USB 接口到 UART 接口的转换，也由电缆实现 UART 接口信号电平的匹配。

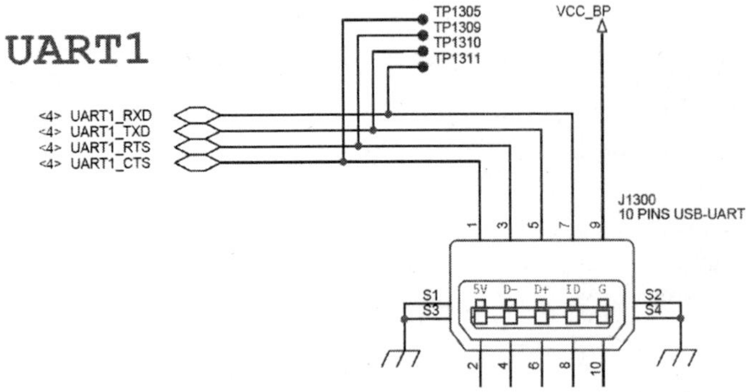

图 2-20 UART 连接框图

UART1 串口被用作软件的调试口，实际的应用中作为调试串口调试软件时，只用到 TX 和 RX 信号线，与外部的串口线相连时，只需要接 TX、RX 和 GND 三根线。需要注意的是信号电平为 1.8V，要注意电平的匹配。电平匹配由外部 USB/UART 转换电缆实现。

JTAG 调试口是标准的 20 管脚 JTAG 接口，信号定义和管脚排布完全参照 ARM 的规范，需要注意的是信号的电平值为 1.8V 的电平标准，供电和参考电平输入管脚应当连接到 1.8V 的电源输入。JTAG 接口的信号定义及引脚说明如表 2-8 所示，JTAG 调试口在原理图中，具体的电路实现如图 2-21 所示。

表 2-8 JTAG 接口信号定义表

序号	信号名	方向	说明
1	Vref	Input	接口电平参考电压，由这个电压确认 JTAG 接口信号电压，通常可直接接电源，参考板电平是 1.8V
2	Vsupply	Input	电源，1.8V 的电源输入
3	nTRST	Output	（可选项）JTAG 复位。在目标端应加适当的上拉电阻以防止误触发
4	GND	--	接地
5	TDI	Output	Test Data In from ICE device to target
6	GND	--	接地
7	TMS	Output	Test Mode Select
8	GND	--	接地
9	TCK	Output	Test Clock output from ICE device to the target
10	GND	--	接地
11	RTCK	Input	（可选项）Return Test Clock。由目标端反馈给 ICE device 的时钟信号，用来同步 TCK 信号的产生。不使用时可以直接接地
12	GND	--	接地
13	TDO	Input	Test Data Out from target to ICE device
14	GND	--	接地
15	nSRST	Input/Output	（可选项）System Reset，与目标板上的系统复位信号相连。可以直接对目标系统复位，同时可以检测目标系统的复位情况。为了防止误触发，应在目标端加上适当的上拉电阻

续表

序号	信号名	方向	说明
16	GND	--	接地
17	NC		保留
18	GND	--	接地
19	NC	--	保留
20	GND	--	接地

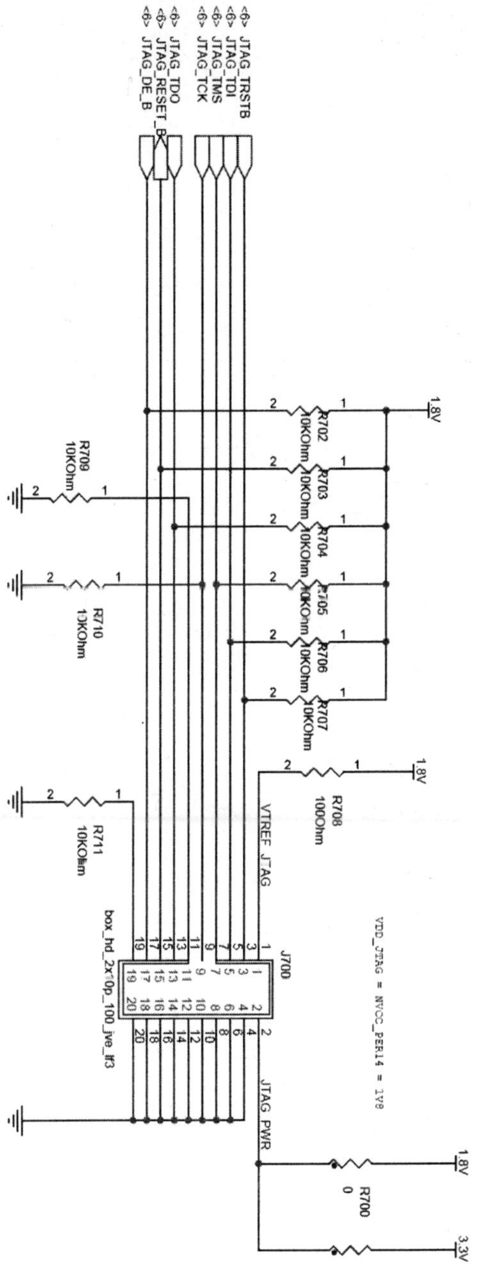

图 2-21　JTAG 电路图

2.10 Ethernet 网口

Ethernet 是一种计算机局域网组网技术。IEEE 制定的 IEEE 802.3 标准给出了以太网的技术标准。它规定了包括物理层的连线、电信号和介质访问层协议的内容。以太网是当前应用最普遍的局域网技术。其中最常用的标准有：

- 10BASE-T：使用 3 类双绞线、4 类双绞线、5 类双绞线的 4 根线（两对双绞线），100 米的传输距离，传输速率为 10Mb/s。
- 100BASE-TX：类似于星型结构的 10BASE-T。使用 2 对电缆，但是需要 5 类电缆以达到 100Mb/s。

怡鼎 MX51 开发板支持 100BASE-TX 和 10BASE-T 全双工自适应的以太网传输标准，符合 IEEE802.3－2005 标准。

以太网的电路组成在母板上实现，以太网 RJ45 网口的标号在母板上是 P900，通过双绞线的连接，怡鼎 MX51 开发板可以作为网络设备连接到以太网中，实现网络信息的接收和交换。

具体的硬件实现和组成是这样的：在 Freescale i.MX51 应用处理器的内部集成了 FEC（Fast Ethernet Controller，高速以太网控制器），要实现完整的以太网接口功能，还需要一个外部的物理层收发器。怡鼎 MX51 开发板设计使用了 SMSC 公司的 LAN8700 以太网收发器。FEC 和 LAN8700 以太网收发器之间使用 100M/10M MII 标准接口连接，硬件架构连接的实现如图 2-22 所示。MAC 层由 Freescale i.MX51 内部硬件电路实现，通过 MII 接口与物理层器件 LAN8700 连接，LAN8700 又通过传输变压器连接到以太网络侧。其中 MII 接口的信号定义如表 2-9 所示。

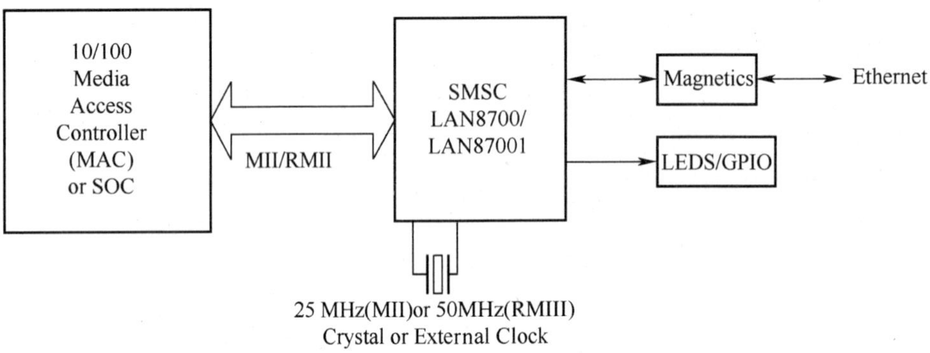

图 2-22 以太网硬件架构图

表 2-9 以太网 MII 接口的信号定义

序号	信号名	相对于 i.MX51 的信号方向	说明
1	TXD[3:0]	Output	4 位 MII 数据传输信号，由 i.MX51 输出到 LAN8700
2	TX_EN	Output	传输数据选通信号，i.MX51 拉高 TX_EN 表示正在传输有效数据
3	TX_CLK	Input	传输数据同步时钟信号，i.MX51 在 TX_CLK 上升沿输出传输数据

续表

序号	信号名	相对于 i.MX51 的信号方向	说明
4	TX_ER	Output	高电平表示传输数据错误
5	RXD[3:0]	Input	4 位 MII 数据接收信号，由 LAN8700 输入到 i.MX51
6	RX_DV	Input	LAN8700 拉高 RX_DV 表示正在输入有效接收数据
7	RX_CLK	Input	接收数据同步时钟信号，i.MX51 在 RX_CLK 的上升沿输入接收数据
8	RX_ER	Input	接收数据错误信号
9	COL	Input	冲突显示信号
10	CRS	Input	载波检测信号
11	MDIO	Input/Output	串行管理接口数据输入输出
11	MDC	Output	串行管理接口时钟

由于 LAN8700 可以工作在 MII 和 RMII 两种模式，所以对于 LAN8700 的模式控制管脚，需要加合适的上拉/下拉电阻，以使 LAN8700 工作在正常的接口模式。具体的配置是：COL/RMII/CRS_DV 通过下拉电阻拉低使 LAN8700 工作于 MII 接口模式。另外的设置是 RXD3/nINTSEL 通过下拉电阻拉低使 nINT/TX_ER/TXD4 管脚工作于 TX_ER/TXD4 复用模式。RXD/MODE[2:0]的设置模式是 111，使 LAN8700 工作于自动交互协议方式，以上设置在 LAN8700 Reset 复位管脚的上升沿读入，为了保证配置信息的正确，要保证 Reset 信号的上升沿的稳定和信号幅度有效，也要避免配置管脚在 Reset 上升沿置位时受到外部信号的干扰，具体的电路设计细节可以参考 SMSC 公司 LAN8700 的数据手册。图 2-23 所示是以太网原理图和 LAN8700 管脚配置图。

2.11　Audio CODEC 与音频输入输出

Freescale i.MX51 应用处理器为了支持音频和语音功能，芯片内部提供了数字音频复用器（AUDMUX），AUDMUX 为外部音频编解码芯片提供了可编程的数字音频/语音接口。通过这个接口，可以和外部音频编解码器实现 PCM 或者 I2S 规范的音频或者语音的连接。

为了配置外部音频编解码器件的工作方式，i.MX51 使用 I2C 接口与编解码器连接，通过 I2C 接口，进行配置寄存器的写入设置和工作状态寄存器的读入判断。

在怡鼎 MX51 开发板上，使用了 Wolfson 的 WM8758B 立体声音频编解码芯片，使用 I^2S/PCM 接口与 i.MX51 音频接口连接，控制上通过 I2C 接口，提供一路麦克风输入接口，一路音频 Line-in 输入接口，一路立体声耳机输出接口，一路立体声输出到外部音频功放。

图 2-24 是 WM8758B 的功能和接口框图。

在实际的电路图中，WM8758B 的模拟电源由 3.3V 电源提供，数字输入电源和接口电路电源由 1.8V 电源提供，时钟输入由 26MHz 的外部晶振提供。控制接口模式管脚接地，配置使用 I2C 控制接口，I2S/PCM 接口直连到 i.MX51 的数字音频输入输出接口。麦克风由 LIN/LIP 输入，耳机由 LOUT1/ROUT1 输出。为了驱动 8Ω喇叭，使用了一个 D-class 的音频功放 MAX9701，并由 MAX9701 输出驱动内部/外部喇叭，功放增益由管脚 GAIN1/GAIN2 的电平决定，参考板的设计中使用的是 GAIN1/GAIN2=1/0，对应于 6dB 的增益输出。如图 2-25 所示是 MAX9701 功放框图。

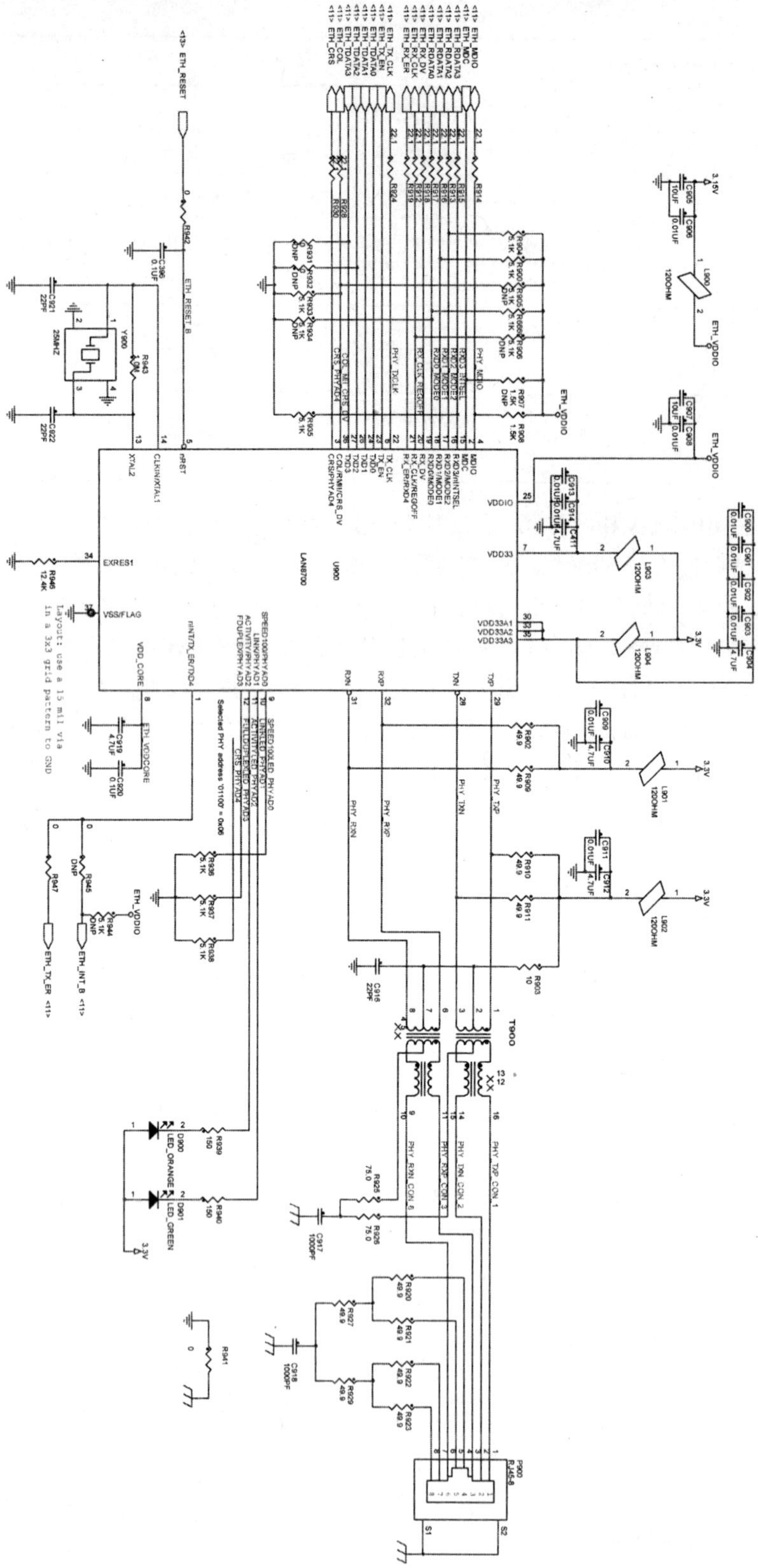

图 2-23　原理图和 LAN8700 管脚配置图

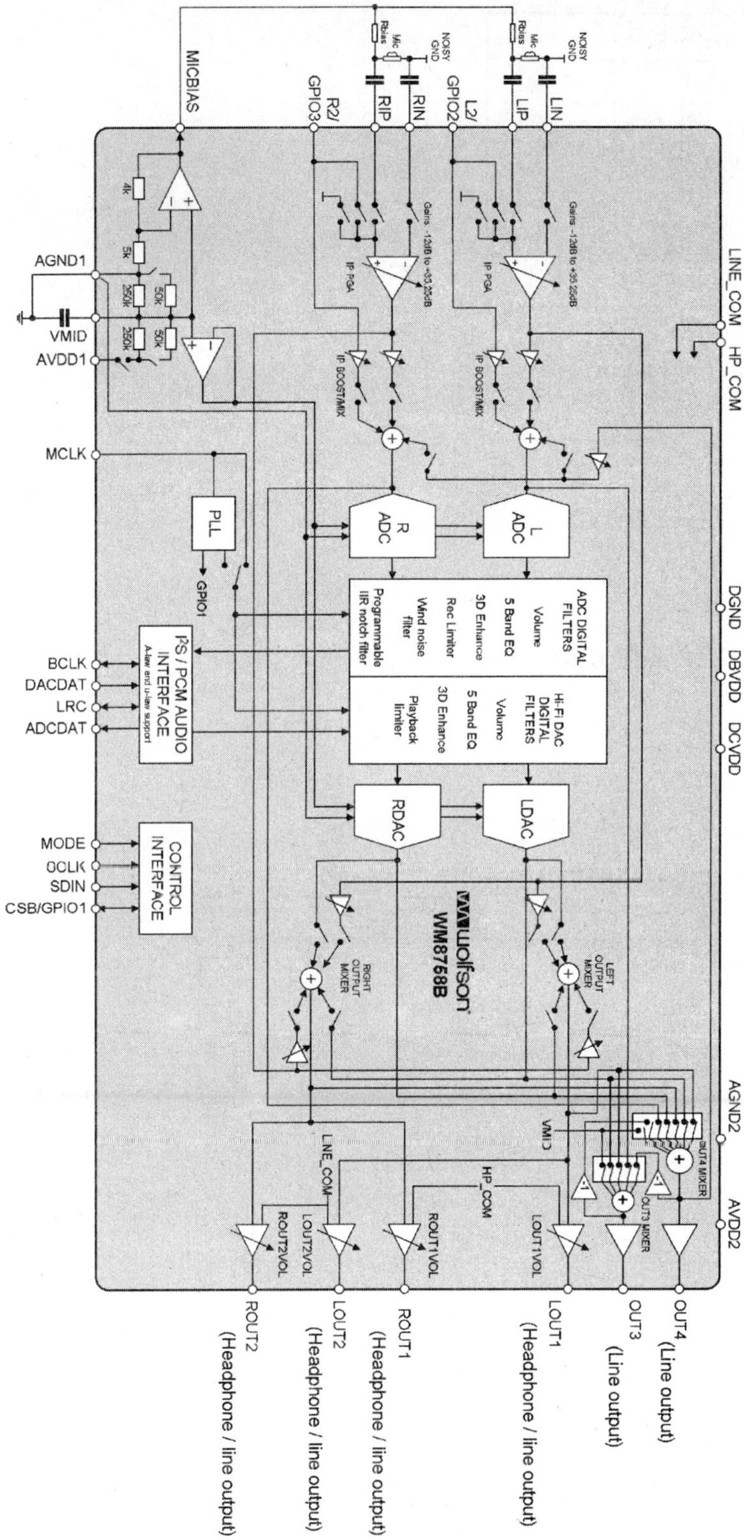

图 2-24　WM8758B 的功能和接口框图

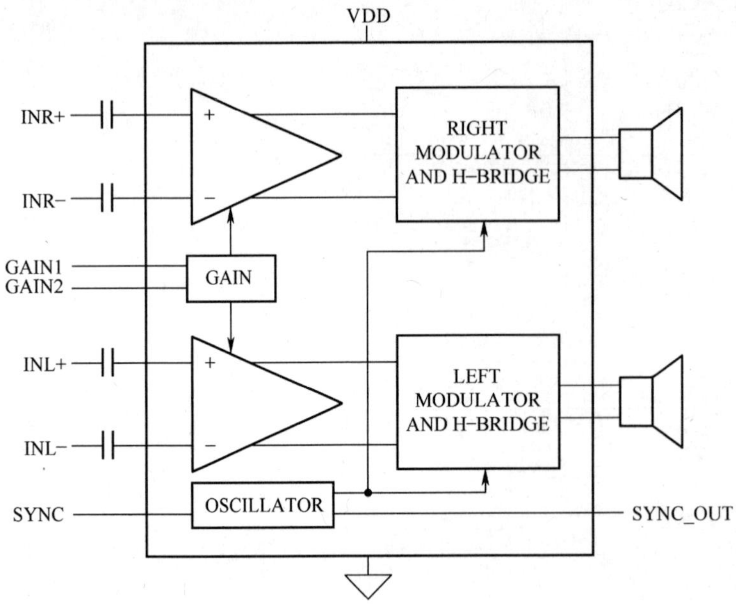

图 2-25 MAX9701 功放框图

具体的细节可以参考详细的器件数据手册和原理图。

2.12 Camera 接口

在怡鼎 MX51 开发板的设计中，使用了 OMNIVISON 公司一颗 200 万像素的 OV2640 CMOS Camera 来做图像拍摄。OV2640 的器件框图如图 2-26 所示。

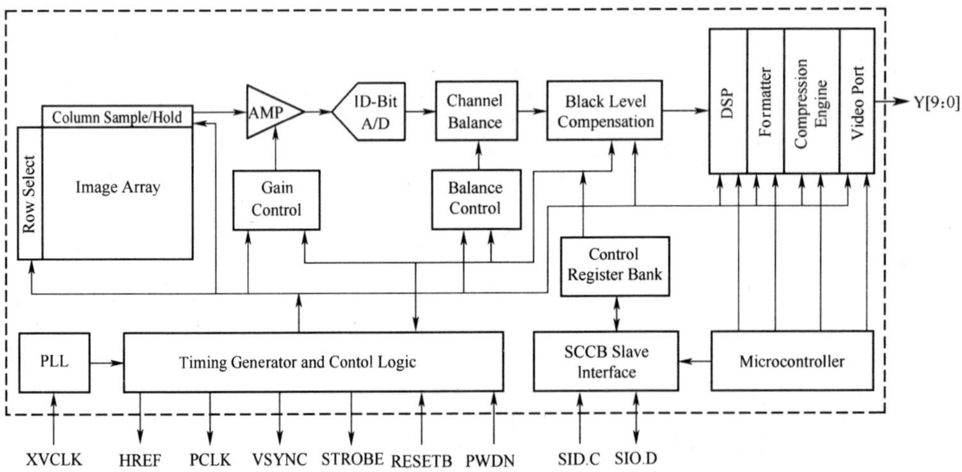

图 2-26 OV2640 的器件框图

从外部管脚连接的角度看，OV2640 支持 10 位的 YUV/RGB 图像输出，XVCLK 是由 Freescale i.MX51 处理器输出的，用来作为 OV2640 的时钟输入，并由内部的 PLL 和时序与控制逻辑生成像素时钟 PCLK、行列同步信号 HREF 和 VSYNC。模块的复位和省电模式的控制分别由 RESETB 和

PWDN 输入。OV2640 的寄存器写入由 I2C 接口写入。

电源供电上，OV2640 的内部核电压是 1.3V，接口电压与 i.MX51 的 Camera 接口电压一致，是 1.8V，模拟电路输入电压是 2.8V。在开发板上，1.3V 电源由一个三端稳压器生成，1.8V 和 2.8V 来自于 MC13892 的输出。图 2-27 所示是 1.3V 三端稳压电路。

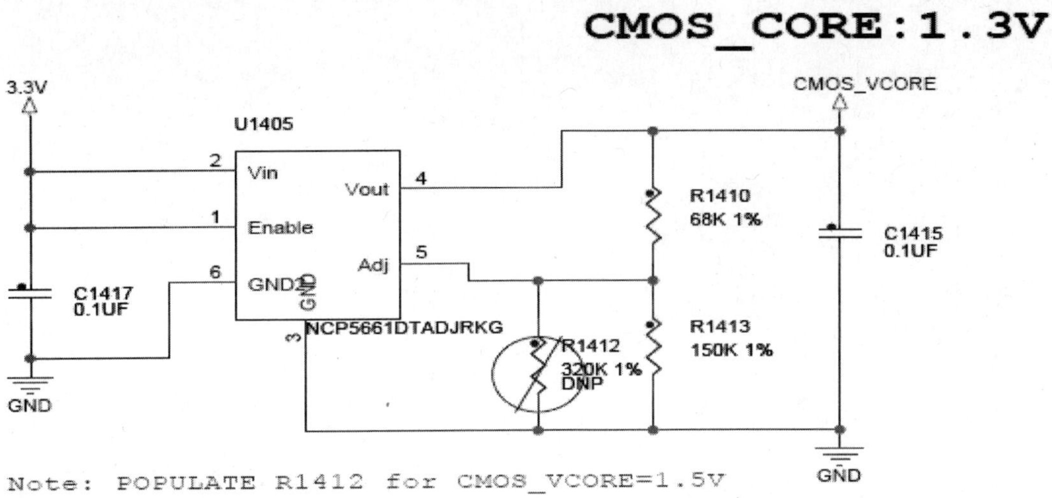

图 2-27 1.3V 三端稳压电路图

具体的电路连接可以参考 OV2640 的器件手册和参考板电路。

2.13 键盘功能

开发板的键盘功能完全由 GPIO 信号实现，由 4 根行扫描信号和 4 根列扫描信号组成 16 个（4×4）键盘按键，键盘行列信号 GPIO 口的配置有一定的要求：列信号 GPIO 口需要配置成为漏极开路的输出方式，行信号要配置成为输入方式，并且要配置为有中断检测功能的输入方式，且要在行信号上加上拉电阻。图 2-28 所示是 4×4 键盘原理图。

具体的实现方式如键盘防抖、行列判断请参看相关的软件实现章节。

2.14 扩展接口

在怡鼎 MX51 的设计中，考虑到用户的扩展功能，在参考板的母板上还开放了相应的扩展接口，包括 Bluetooth 和 WIFI 扩展接口、3G 扩展接口、LCD 屏接口，用户可以按照接口信号的定义设计自己的硬件功能模块，通过扩展接口的连接，实现功能模块的快速调试开发。

2.14.1 Bluetooth 和 WIFI 扩展接口

Bluetooth 接口需要使用标准的 UART 接口用于数据的传输，使用 PCM 接口用于数字语音的传输，WiFi 接口使用 SDIO 标准的接口，信号线的连接如图 2-29 所示。其中信号线 FPGA_BT_RST_B 和 FPGA_WIFI_RST_B 是 GPIO 接口，分别用作 Bluetooth 模块和 WIFI 模块的复位信号。

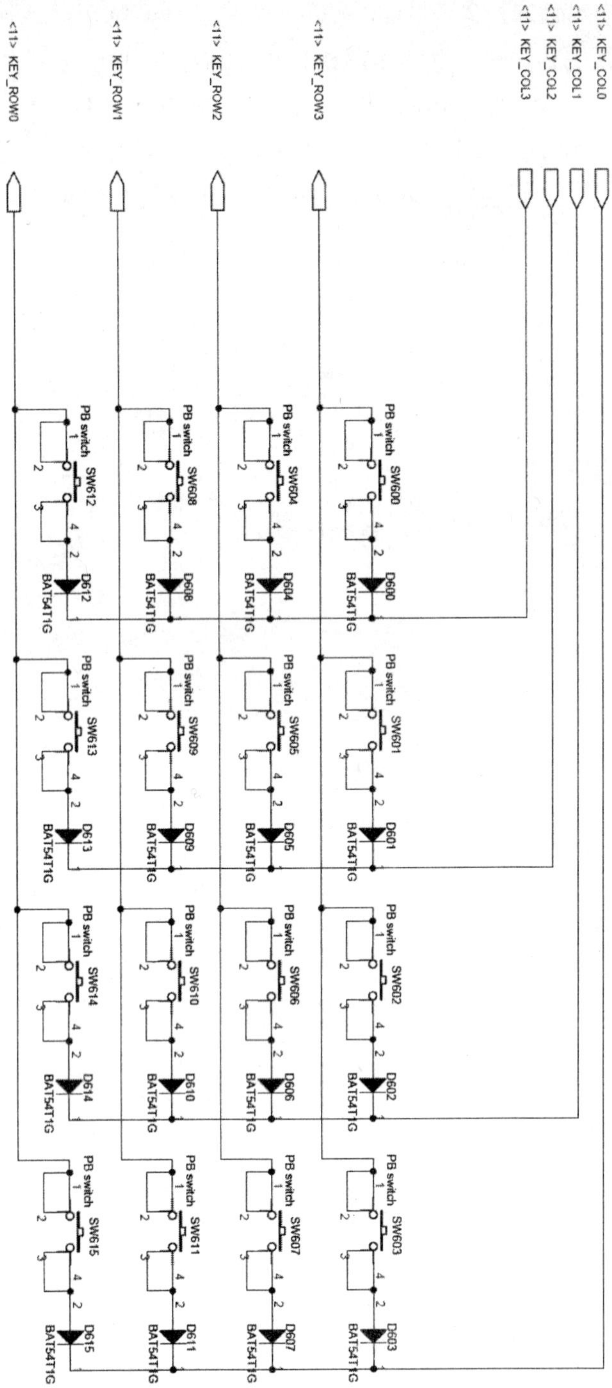

图 2-28　4×4 键盘原理图

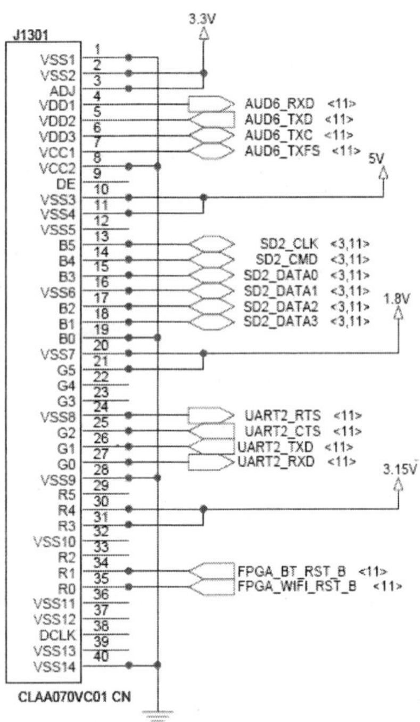

图 2-29　Bluetooth 和 WiFi 扩展接口的信号线连接

2.14.2　3G 扩展接口

在 3G 智能手机的设计中，i.MX51 作为应用处理器，需要与基带处理器连接，数据和数字语音交换需要的接口包括 UART 口、USB 接口和 PCM/I2S 接口，另外还需要 2 个 GPIO 接口作为唤醒和 RESET 复位用。在怡鼎 MX51 开发板上还为 3G 模块提供了 SIM 卡的接口插槽。如图 2-30 所示是 3G 扩展接口的连线图。

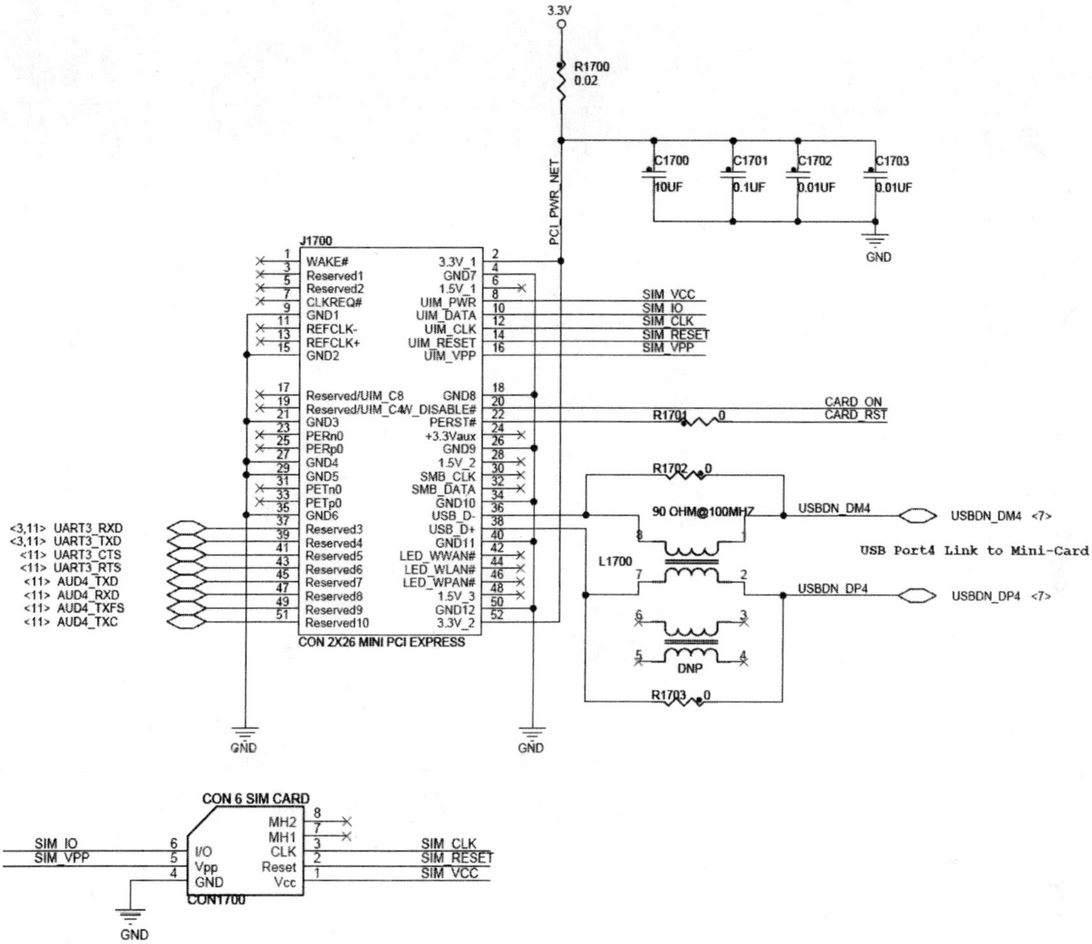

图 2-30　3G 扩展接口及 SIM 卡接口

2.15　参考文献

- 飞思卡尔 i.MX51 数据手册
- 维基百科网

3

基于 Cortex-A8 i.MX51 的 WinCE 6.0 系统移植与开发

3.1 Windows Embedded CE 6.0 介绍

微软 Windows CE 针对小型设备的通用操作系统而设计。

1996 年微软发布了 CE 1.0，主要用于 Pocket PC 市场。1997 年微软发布了 CE 2.0，扩展了其支持的处理器种类。2000 年微软发布了 CE 3.0，可以支持实时系统并扩展了如 DirectDraw、DirectShow 和媒体播放器等多媒体功能。

2001 年发布了 CE 4.0，可以支持 Direct3D、Universal Disc File System（UDFS）、Simple Object Access Protocol（SOAP）、电源管理、SQL Server CE 数据库。在其后的 4.1、4.2 版本中支持 Viewing file、Bluetooth Profiles，与 IPv6、VoIP、TFAT 和.NET Compact Framework 1.0。

2005 年，微软发布了 CE 5.0，支持 USB 2.0、SDIO、Windows Media 9、Microsoft Internet Explorer 6。Windows CE 5.0 另外一个不得不提到的变化就是增加了对精简版 DirectX 的支持。Windows CE 5.0 平台可以提供相应的 DirectX 8 和 DirectX 3D 硬件加速能力，这对于导航设备的画面显示，应用程序的图形界面或者游戏开发等都带来了崭新的视觉体验，极大地提高了用户的使用感受。

2006 年发布的 CE 6.0，对操作系统进行了重新设计，每个进程都可以支持 2GB 虚拟内存（以往支持 32MB），可以同时运行的进程数达到 32000 个（以往为 32 个）。以往的 CE 操作系统的部分内核模块是使用单独进程，而 CE 6.0 之后将这些模块以 DLL 的形式内建到内核之中，以便提高性能，减少系统开销，统一内核接口。在 Windows Embedded CE 6.0 中，微软首次提出了 ExFAT 文件系统这一概念，ExFAT 在 Windows CE 6.0 中担当了管理所有外接存储的中介层的角色。它一改传统 FAT 文件系统 32GB 单一容量的限制，同样也改变了单一文件只能在 2GB 以下的限制，这对于硬件厂商以及 Windows CE 高性能应用都具有相当大的帮助。

VoIP 也是 Windows Embedded CE 6.0 持续加强的另一个重点，在 Windows Embedded CE 6.0 中，系统直接支持 802.11i、WAP2、802.11e（无线 QoS）、蓝牙 A2DP/AVRCP 的 AES 加密等，为无线通信建立了一个稳定、安全以及可靠的应用环境。

从用户角度来看，Windows Embedded CE 6.0 还更新了多媒体方面的功能。加入了对 Windows Media 10/11 的支持，在 Platform Builder for CE 6.0 开发工具中，也加入了对便携式播放器的支持，并且借助其强大的多媒体文件处理性能，系统可以很好地与其他微软操作系统或硬件装置进行无缝连接。这些功能主要包含以下内容：

- 对 TIFF 编解码器的支持
- 对 HD-DVD 解码器的支持

- 对 MPEG-2 解码器的支持
- 对更多的影音编码与格式的支持
- 对 UDF 2.5 格式的支持
- 对虚拟环绕声道的支持
- 对多轨音效的支持
- 强化了 DirectDraw，可支持电视使用的交织显示模式
- 加入 USB OTG 功能，可作为 USB 的控制端

虽然在核心部分做出这么大的更新，但是 Windows Embedded CE 6.0 在系统“体积”上并没有如微软其他操作系统般的飞涨（Vista 甚至需要超过 10GB 的初始存储安装空间）。相比 5.0 版，6.0 版在体积上也不过增加了 5%左右。

正是由于微软公司对 Windows Embedded CE 6.0 做了如此重大的升级，因此在不改变原有硬件架构的基础上，使用 Windows CE 6.0 可以大幅改善原有程序的执行效率，并且也容许同时有更多程序同步执行，同时，由于每个程序都具备独立的执行空间，当某一程序出现特定错误的时候，也不会影响到其他应用程序或系统的运行，因此 Windows Embedded CE 6.0 具备了更高的稳定性。目前 Windows Embedded CE 6.0 在物流、仓储管理、公共服务、RFID 运用、GPS 导航仪等方面都有很好的应用。

3.1.1 WinCE 6.0 简介

Windows CE 除了应用于 Pocket PC 外，还包括汽车电脑、消费类电子、通信设备、工业自动化与机器人。Windows CE 支持大多数 32 位处理器，包括 ARM、MIPS、SH4 和 x86。Windows CE 包括 600 余个模块，可以方便用户灵活地定制内核镜像。Windows CE 支持标准 Win32 API 的一个子集，所以在 PC 桌面版本的应用程序中需要进行一定的修改及重新编译后才能在 Windows CE 上使用，Windows CE 使用的可执行文件为 Portable Executable（PE）格式。Windows CE 支持的模块包括：

1. 快速的系统与应用程序开发

- ARM 模拟器与多个平台的模板。
- AYGShell API 与 Windows Mobile 应用程序兼容。
- NET Compact Framework 2.0 与 3.5，ATL，MFC，WTL，STL，ActiveSync，Exchange Server Client，GPS 驱动，Speech API 5.0，Windows Message，POOM，XML 和微软的 SQL Server Compact 3.5。
- Simple Network Management Protocol（SNMP）。
- 390 万条开源源代码，内核全部开源。
- 产品级 OAL（PQOAL），包括一系列库文件与源代码。
- BLCOMMON，包括一系列库文件与源代码，用于创建 Bootloader。
- 产品级别的驱动与 BSP 包。
- 多语言支持。

2. 网络与无线连接支持

- TCP/IP，IPv4，IPv6，NDIS5.1，Winsock 2.2，IPSecv4。
- PAN，LAN，WAN，蓝牙，802.11。
- SOAP，OBEX，LDAP 客户端，RDP。
- VoIP，RTC，SIP。

- RIL，SMS，WAP，SIM 卡接口。
- RAPI/RAPI2，PPPoE，TAPI，VPN。

3. 服务器端

- Telnet，FTP，SMB，CIFS，MSMQ，RAS，PPTP，UPnP。
- ASP。
- Parental Control。
- 打印机服务，Web 代理。

4. 多媒体

- DirectDraw，DirectShow，Direct3D。
- Windows 媒体播放器，WMA，MP3。
- 网络浏览器。
- DVD 视频 API 接口。
- 数字版权管理。

5. 存储与文件系统支持

- FAT，TFAT，exFAT，BinFS，对象存储。
- CDFS/UDFS。
- FSD 管理，Cache 管理。
- CEDB、EDB 数据库。

3.1.2 WinCE 6.0 的安装

Windows Embedded CE 6.0 可以灵活配置操作系统镜像、开发驱动、服务与应用程序。WinCE 6.0 的 Platform Builder 是微软 Visual Studio 2005 的一个插件，所以必须先安装 Visual Studio 2005 及 SP1 包，再安装 WinCE 6.0。安装步骤如下：

（1）安装 Visual Studio 2005，插入安装光盘，选择 Install Visual Studio 2005，安装界面如图 3-1 所示。

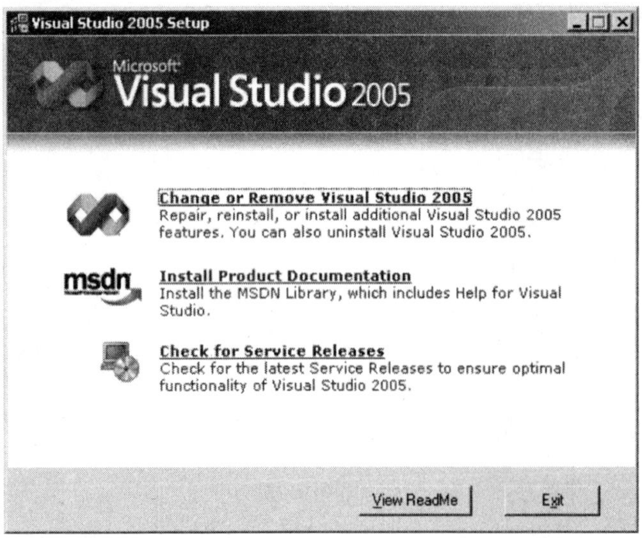

图 3-1　WinCE 6.0 安装界面

单击第一项后，显示欢迎界面，如图 3-2 所示。

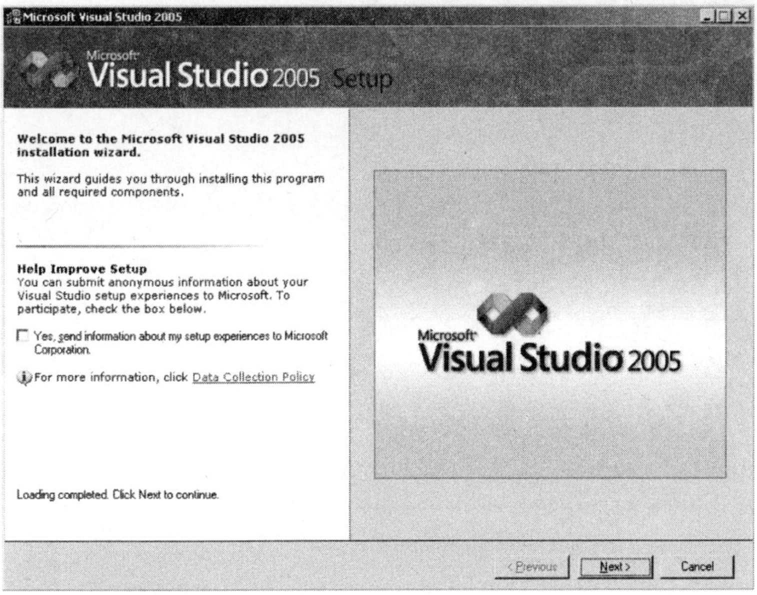

图 3-2　安装欢迎界面

单击 Next 按钮，勾选同意项，并输入验证码，如图 3-3 所示。

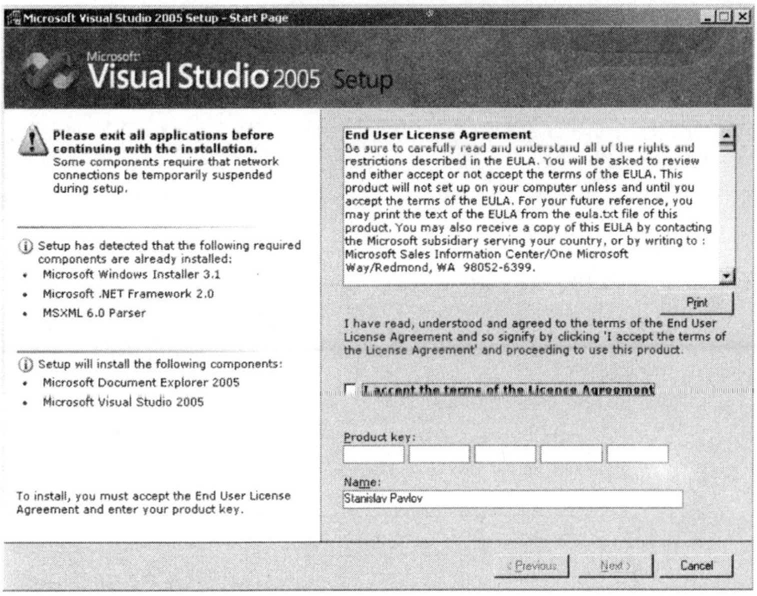

图 3-3　验证输入界面

Visual Studio 2005 安装向导会提示选择安装类型：Default（默认）、Full（全部）或 Custom（定制），如图 3-4 所示。

选择 Custom（定制），并取消不需要的相关安装包，这样可以确保安装包所占磁盘空间较小。单击 Next 按钮，安装过程中，向导可能提示插入第二张安装盘，安装结束后显示界面如图 3-5 所示。

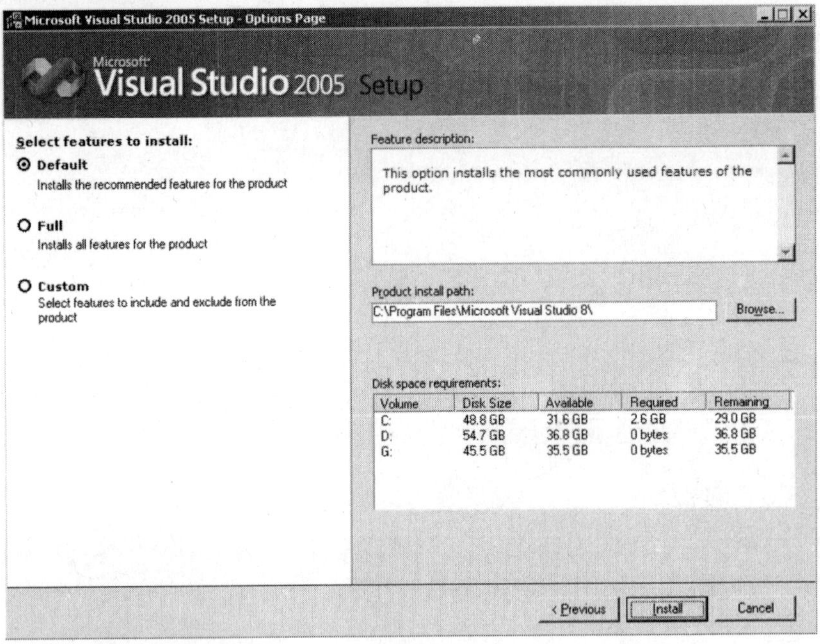

图 3-4　选择安装类型

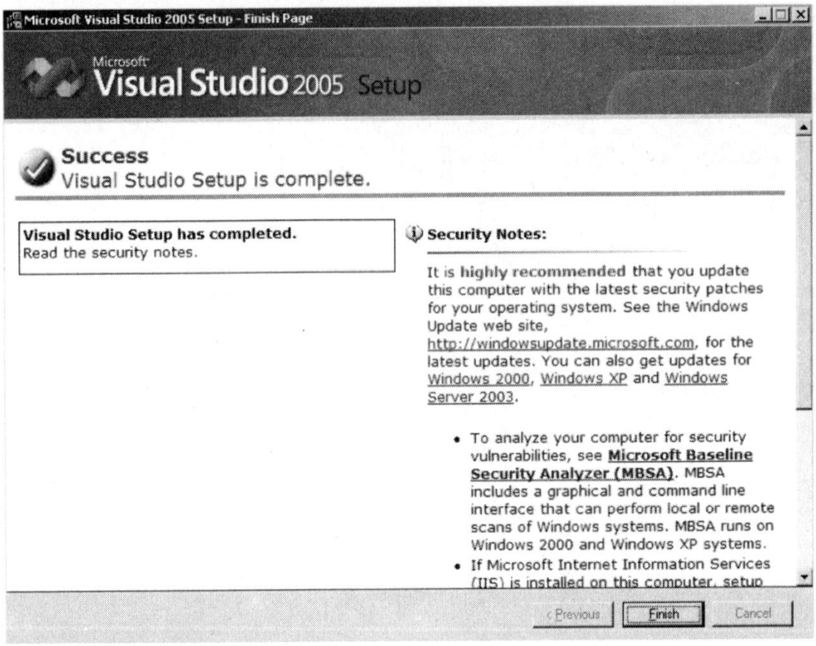

图 3-5　安装成功

（2）安装完 Visual Studio 2005 后，需要再安装 Visual Studio 2005 的 SP1 包，下载地址为：http://www.microsoft.com/downloads/details.aspx?familyid=BB4A75AB-E2D4-4C96-B39D-37BAF6B5B1DC&displaylang=en，双击 VS80sp1-KB926601-X86-ENU.exe 后，显示解压对话框，如图 3-6 所示。

解压结束后，显示安装对话框，如图 3-7 所示。

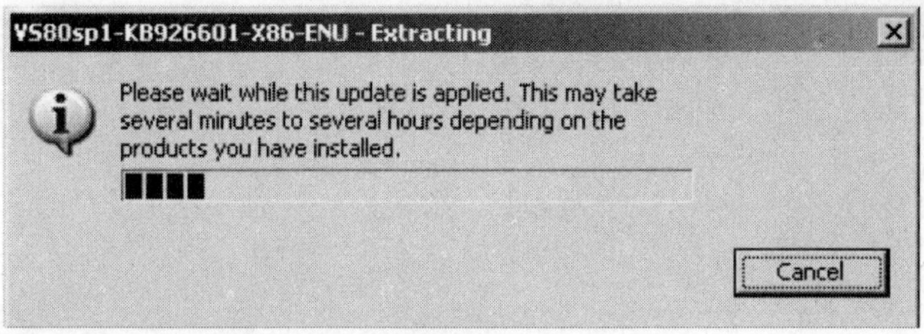

图 3-6 Visual Studio 2005 SP1 解压

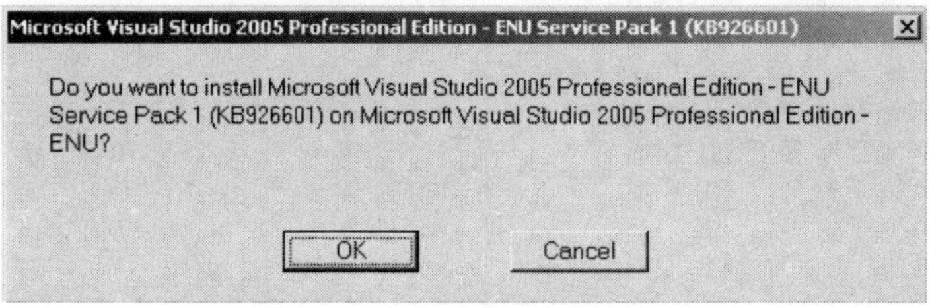

图 3-7 Visual Studio 2005 SP1 安装对话框

单击 OK 按钮继续，显示版本认证对话框，如图 3-8 所示。

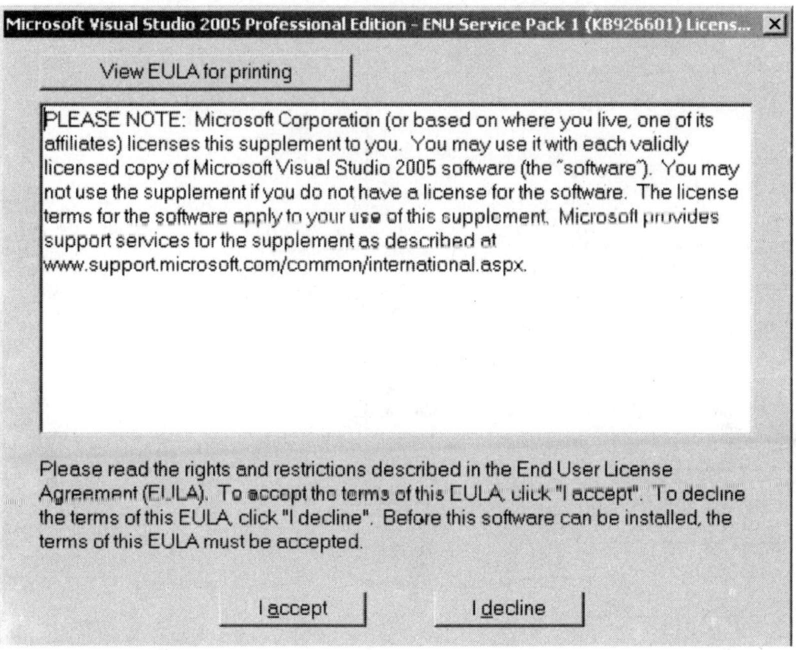

图 3-8 版本认证对话框

单击 I accept 选择接受，开始安装，安装结束后显示提示对话框，如图 3-9 所示，单击 OK 按钮，完装成功。

（3）安装 WinCE 6.0 Platform Builder 插件。插入 WinCE 6.0 光盘，显示 WinCE 6.0 Platform Builder 安装向导，如图 3-10 所示。

单击 Next 按钮，输入验证码，如图 3-11 所示。

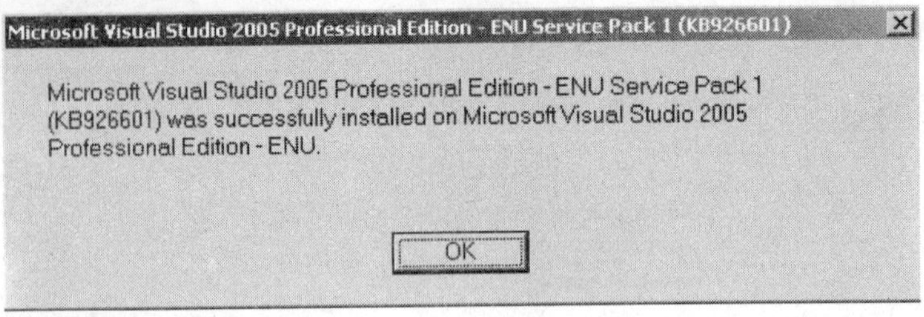

图 3-9　安装完成

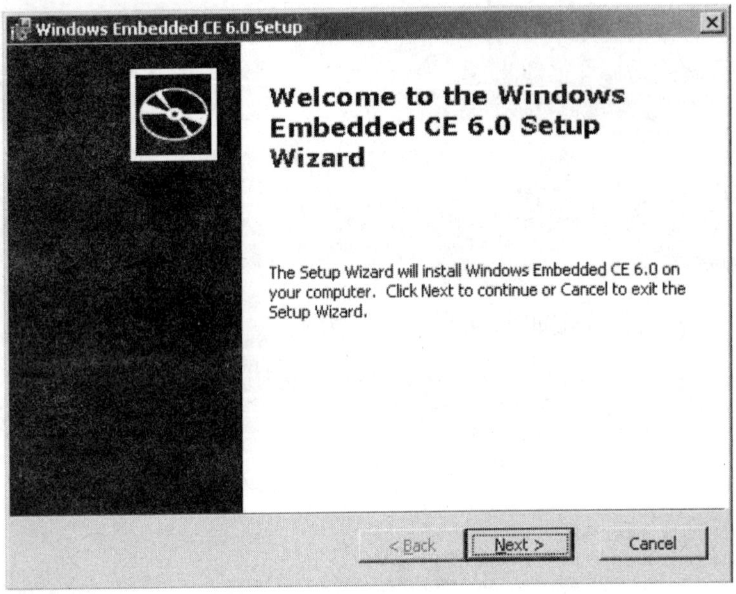

图 3-10　WinCE 6.0 Platform Builder 安装向导

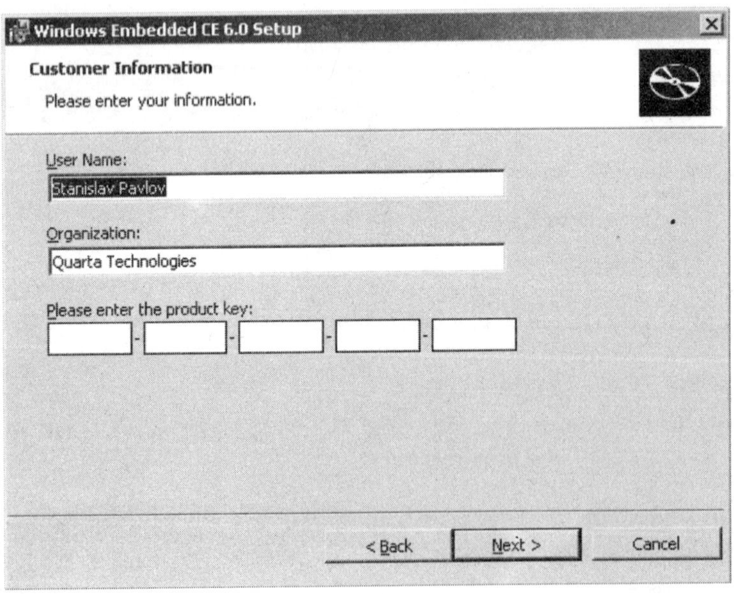

图 3-11　输入验证码

单击 Next 按钮，接受版本控制协议，如图 3-12 所示。

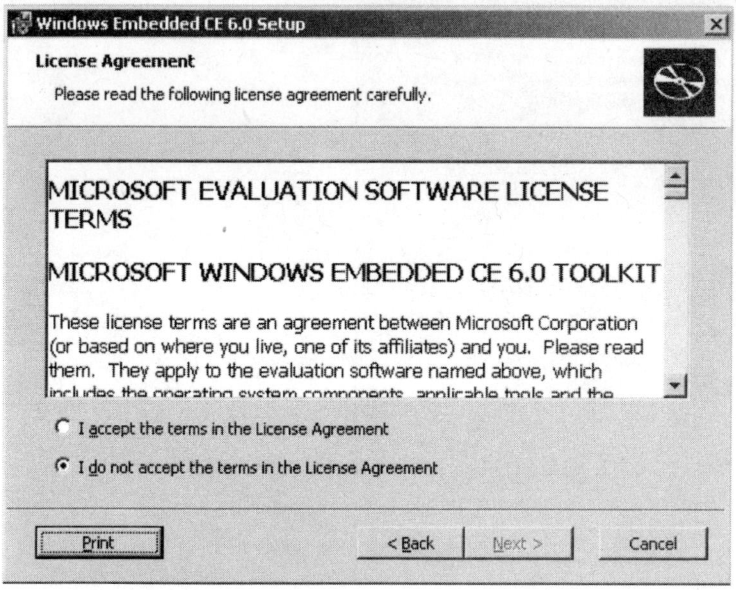

图 3-12　接受版本控制协议

单击 Next 按钮，选择安装包，必须选择安装 WinCE 6.0 源代码，如图 3-13 所示。

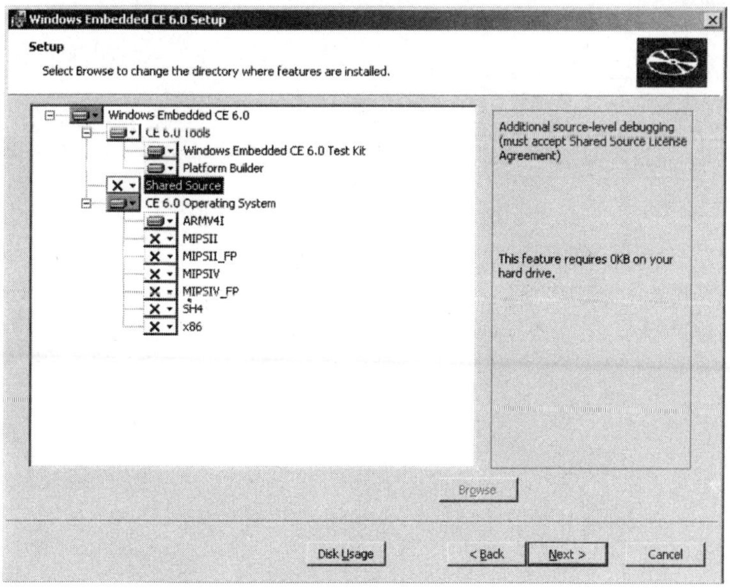

图 3-13　选择安装 WinCE 6.0 源代码

单击 Next 按钮完成安装。第一次运行 Visual Studio 2005 时，系统会提示选择默认环境设置，此处选择 Platform Builder Development Settings，如图 3-14 所示。

（4）安装 WinCE 6.0 SP1，下载地址为 http://www.microsoft.com/downloads/details.aspx?familyid=BF0DC0E3-8575-4860-A8E3-290ADF242678&displaylang=en，单击 Windows Embedded CE 6.0 Platform Builder Service Pack 1.msi，显示安装向导，如图 3-15 所示。

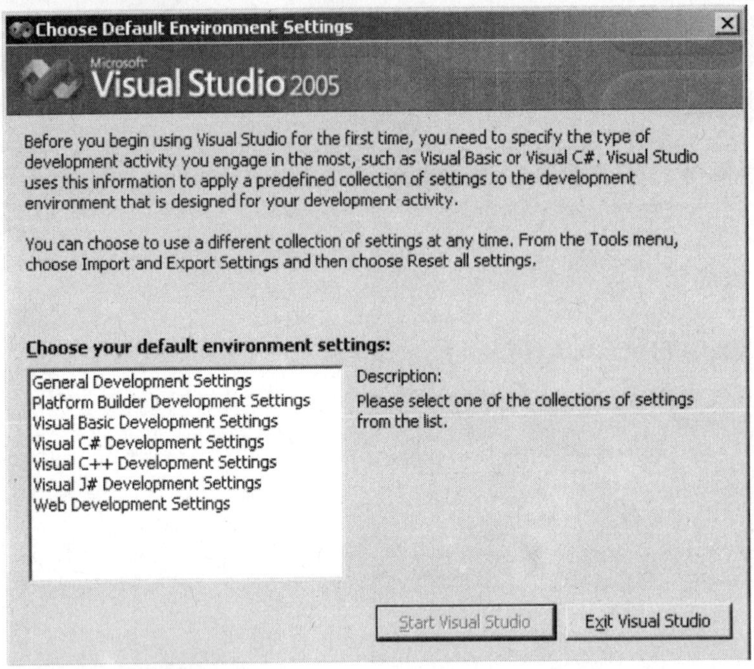

图 3-14　选择选择默认环境设置

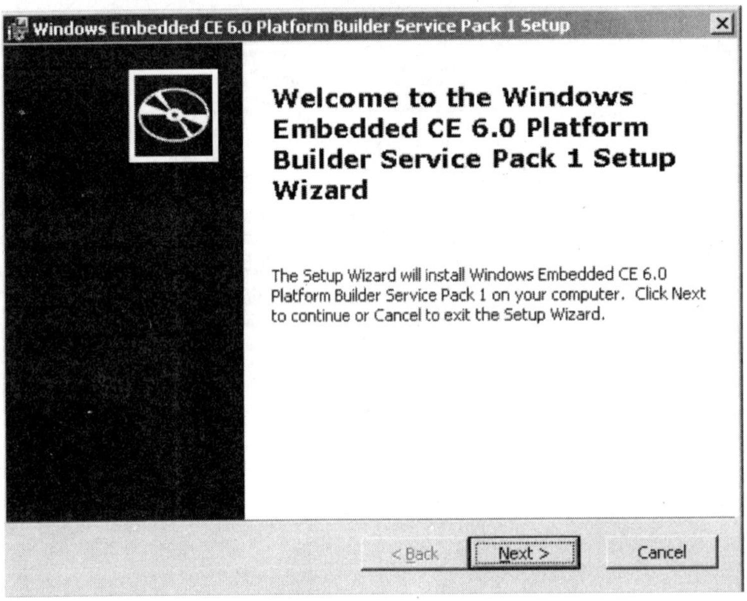

图 3-15　WinCE 6.0 SP1 安装界面

单击 Next 按钮，显示版本认证窗口，如图 3-16 所示。

选择同意，单击 Next 按钮，开始安装。安装结束后，显示提示对话框，如图 3-17 所示。

（5）安装 WinCE 6.0 R2，下载地址为 http://www.microsoft.com/downloads/details.aspx?FamilyID=f41fc7c1-f0f4-4fd6-9366-b61e0ab59565&displaylang=en，单击 Windows Embedded CE 6.0 R2.msi，进入安装界面，如图 3-18 所示。

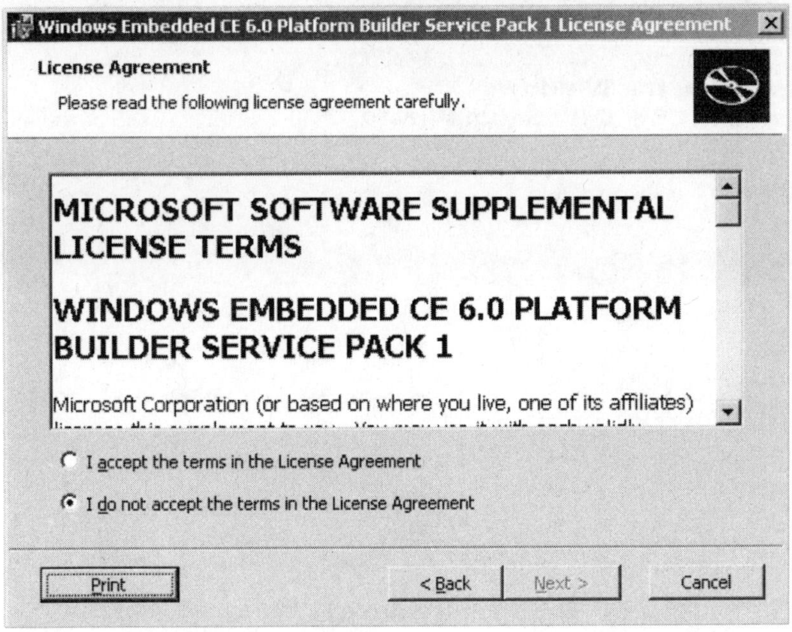

图 3-16　WinCE 6.0 SP1 认证对话框

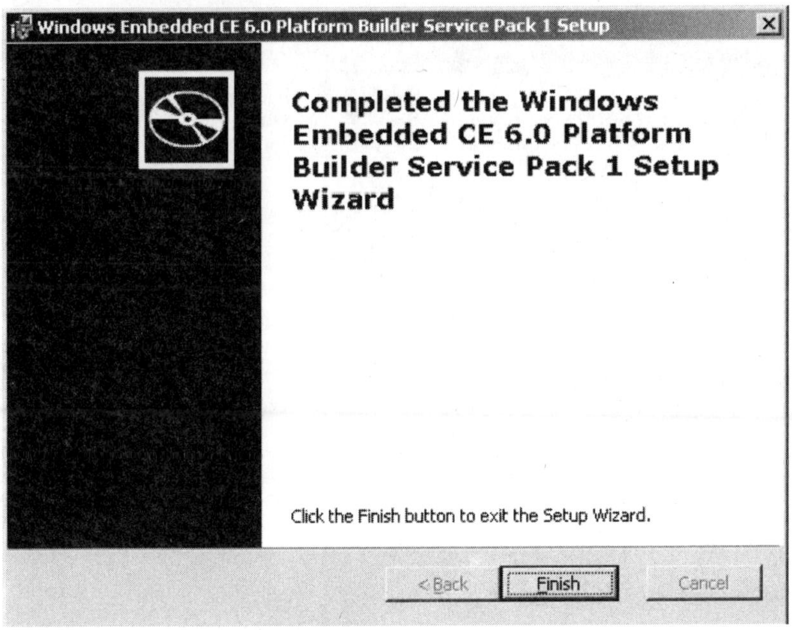

图 3-17　WinCE 6.0 SP1 安装完成

显示版本认证信息，如图 3-19 所示。

选择同意，并单击 Next 按钮，如图 3-20 所示。

单击 Next 按钮，在下一界面中单击 Install 按钮，开始安装，安装结束后显示结束信息，如图 3-21 所示，单击 Finish 按钮，完成安装。

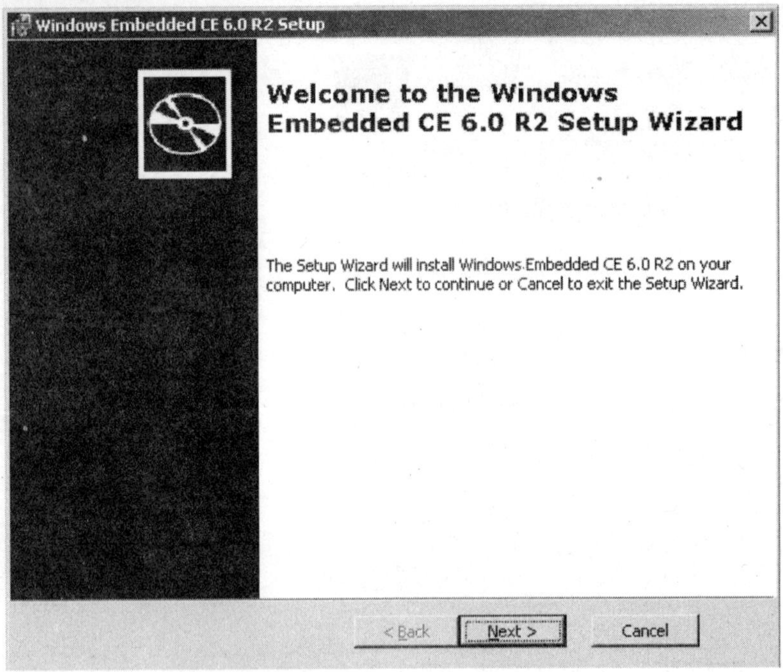

图 3-18　WinCE 6.0 R2 安装界面

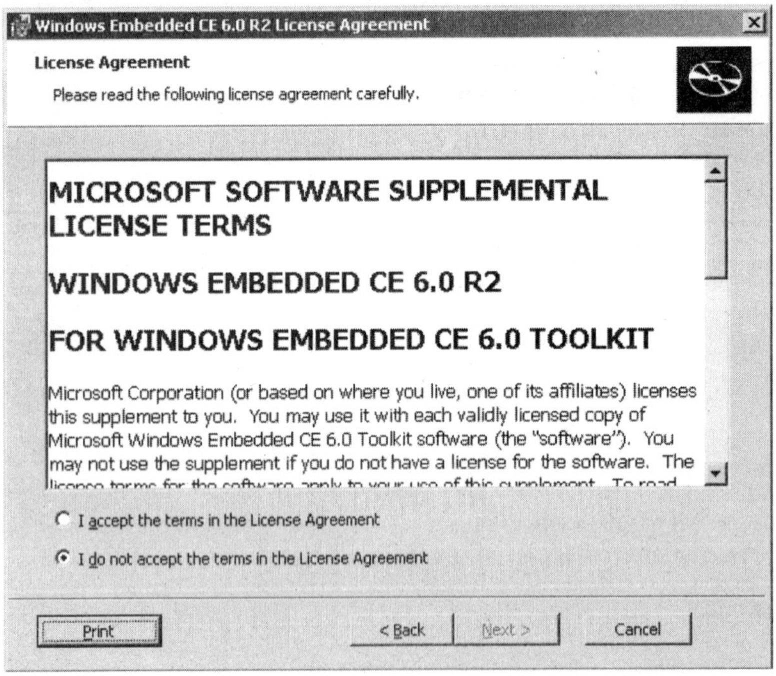

图 3-19　WinCE 6.0 R2 认证对话框

（6）安装 WinCE 6.0 R3。下载地址为 http://www.microsoft.com/downloads/details.aspx?displaylang=en&FamilyID=bc247d88-ddb6-4d4a-a595-8eee3556fe46，安装过程与 R2 类似。

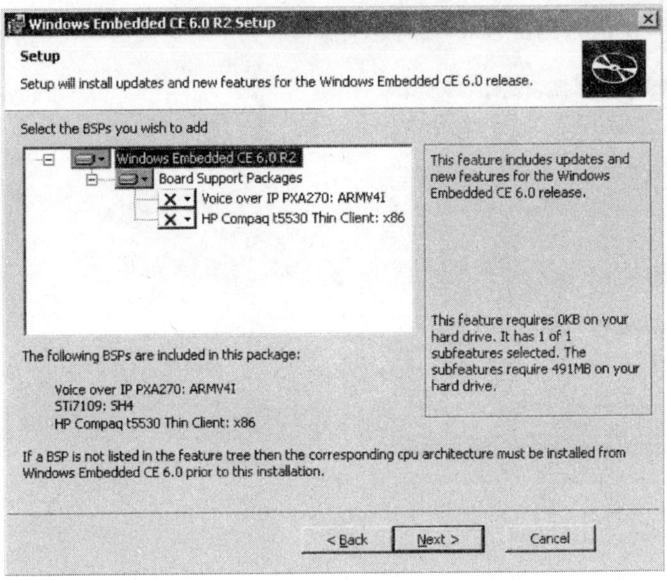

图 3-20　选择 WinCE 6.0 R2 安装

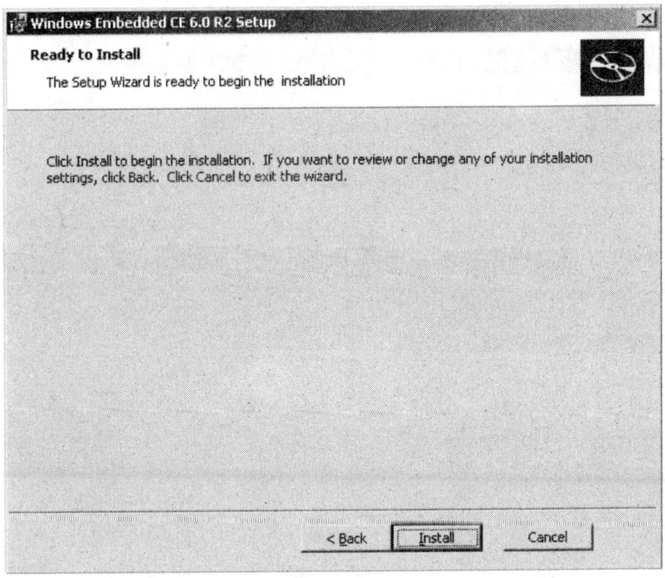

图 3-21　WinCE 6.0 R2 安装完成界面

3.1.3　WinCE 6.0 编译环境

3.1.3.1　WinCE 6.0 的集成开发环境主界面

打开或创建一个操作系统设计项目后，会出现 Visual Studio 2005 的主界面窗口，如图 3-22 所示。

屏幕的上半部包含菜单栏和工具栏的设置，如图 3-23 所示。

屏幕的左侧区域是一个包含几个视图的工作区。默认情况下，它具有以下三个视图：解决方案资源管理器视图、目录项目视图和类视图。在屏幕的右侧区域包含源代码编辑器。底部包含各种窗口，包括输出窗口（WinCE 调试信息和 WinCE 的日志）、代码定义窗口和调用浏览视窗。

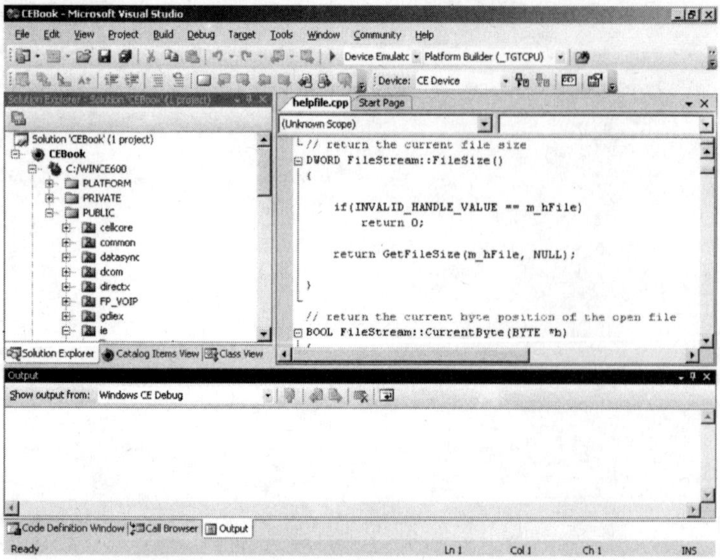

图 3-22　Visual Studio 2005 主界面窗口

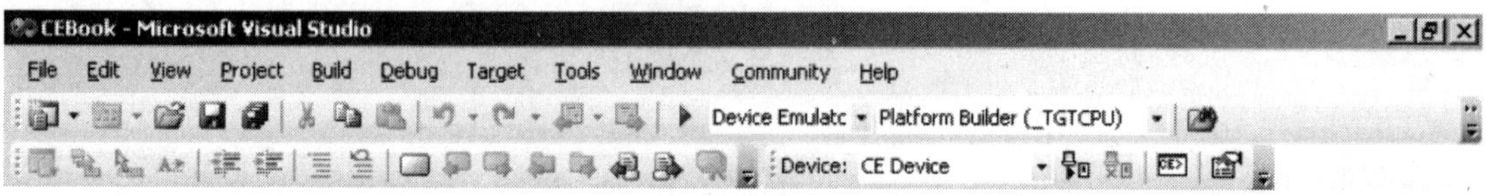

图 3-23　菜单栏和工具栏选项

WinCE 6.0 集成开发环境还包含一个注册表编辑器的图形界面和 bin 文件编辑器。双击设计窗口的注册表配置时，注册表图形编辑器会自动打开，如图 3-24 所示。

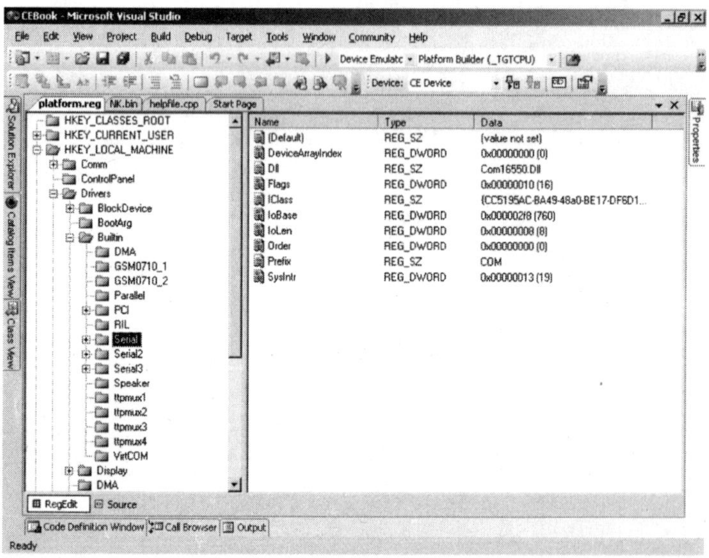

图 3-24　注册表图形编辑器

为了打开视图的 bin 文件和部分编辑，选择文件（File）菜单。在出现的菜单中，单击打开文件（Open->File），会显示一个打开文件的标准 Windows 对话框，选择.bin 文件并单击打开。图 3-25 显示了 NK.bin 文件的内容。

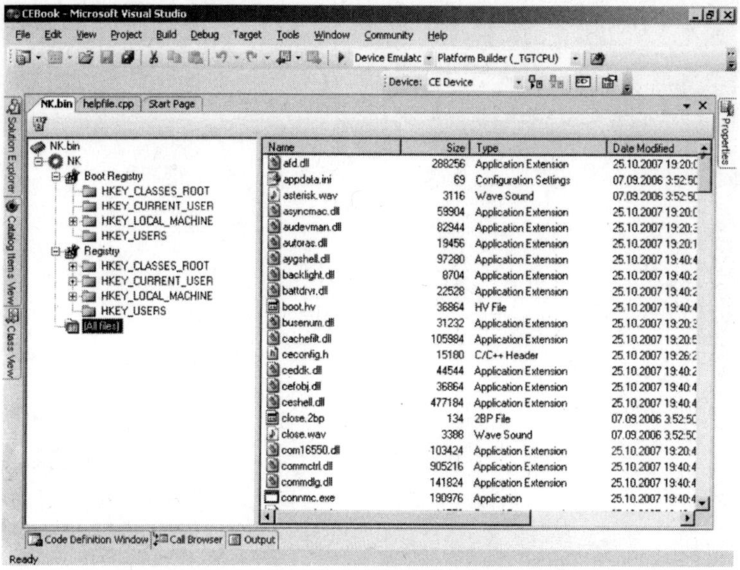

图 3-25 .bin 文件内容

如果把.bin 文件作为一个工程打开（Project->Add New Subproject…），镜像可以被加载到设备中调试。现在让我们更进一步的看看主要工作区域中的视图。

3.1.3.2 WinCE 6.0 的集成开发环境工作区视图

在解决方案资源管理器视图中，可以看到 WinCE 操作系统的目录层次、配置文件、操作系统设计子工程、软件开发工具集等。这个解决方案资源管理器视图也显示出用户最常访问的文件夹，在这里可以添加链接到经常使用的 WinCE 6.0 源代码，如图 3-26 所示。

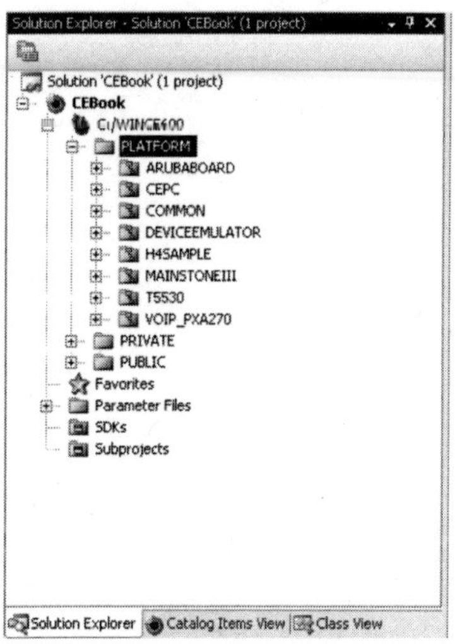

图 3-26 WinCE 嵌入式系统的目录层次

一旦从解决方案资源管理器视图中选择了某个文件夹选项，可以执行下面的操作，如图 3-27 所示。

（1）编译 BSP、系统组件、子项目等（编译、重新编译、系统生成、编译和系统生成、重新编译和清空系统生成）。

（2）打开目录或者源文件，取决于所选类型的文件夹目录或文件。

（3）启动源码的图形编辑器或者目录文件，取决于所选类型的文件夹目录或文件。

（4）打开编译命令窗口等。

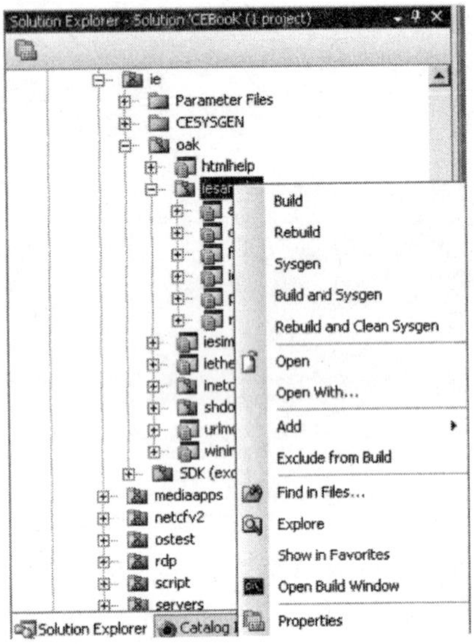

图 3-27　在解决方案资源管理器视图中可以进行的操作

目录项目视图如图 3-28 所示，可以添加，也可以移除操作系统设计组件或 BSP 组件。

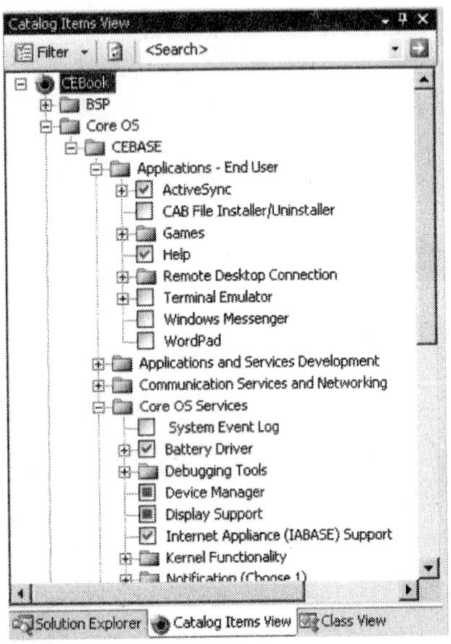

图 3-28　目录项目视图

目录项目视图中的空复选框意味着那些是没有被选中的选项;选中的复选框意味着那些选项已经被选中；方框表示该选项已经因为系统其他组件的依赖关系而自动加入了。

可以使用过滤器设置只显示选中的操作系统及 BSP 组件项目，或显示包括其依赖的组件项目，默认显示所有组件项目，如图 3-29 所示。

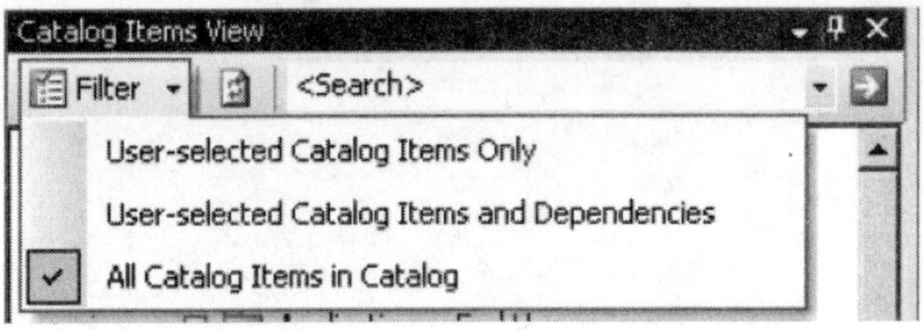

图 3-29　过滤选项

类视图可以显示源代码导航，如图 3-30 所示。

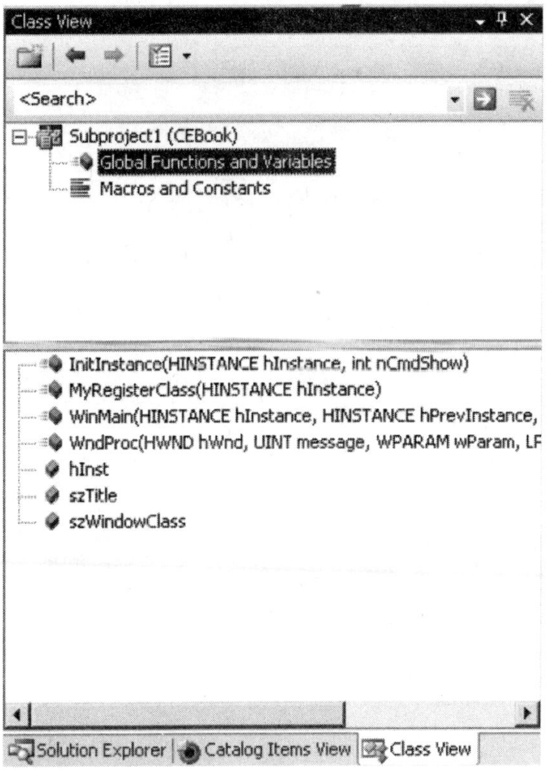

图 3-30　类视图

3.1.3.3　WinCE 6.0 的底部窗口

通过 Call Graph（调用浏览）窗口能很快地确定特定功能调用的是哪一个函数，如图 3-31 所示，并且有查询功能。

Code Definition Window（代码定义）窗口显示了函数代码的定义，如图 3-32 所示。

可以向设计环境中添加额外的工具视图窗口。从 Visual Studio 2005 的 View 菜单的 Other Windows 菜单中选择，如图 3-33 所示。

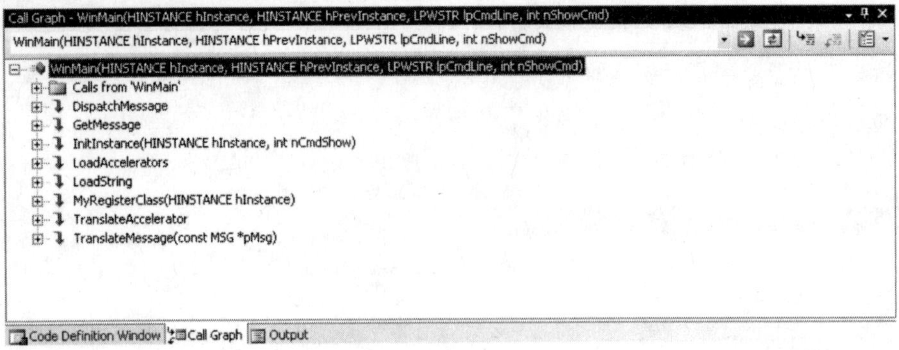

图 3-31　调用 Web 视窗

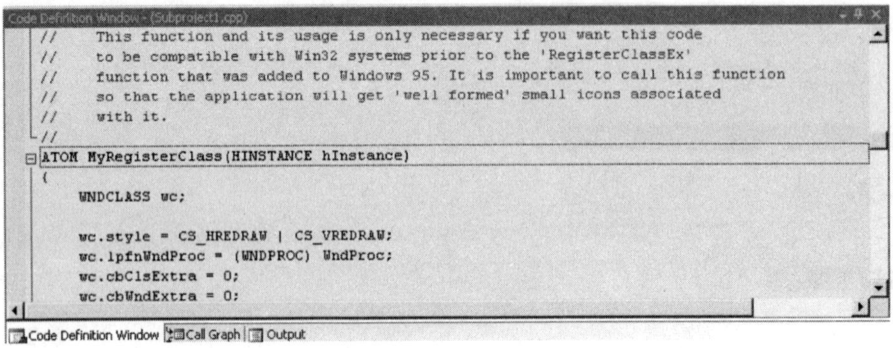

图 3-32　代码定义窗口

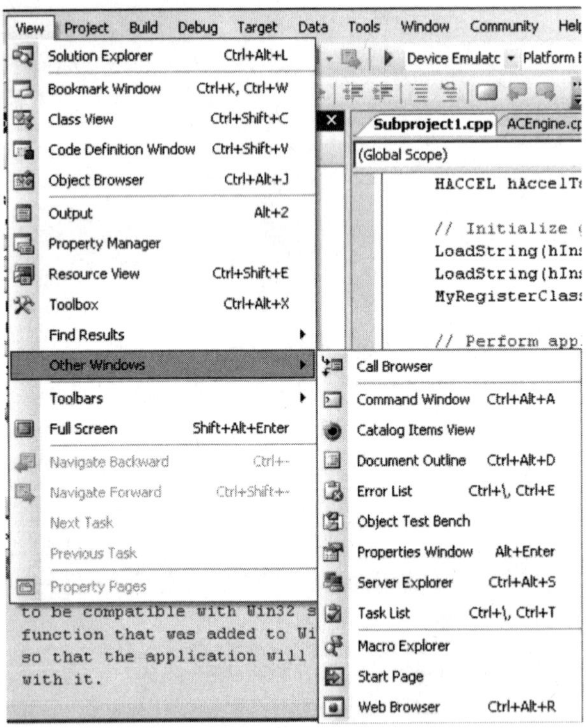

图 3-33　View（视图）菜单

3.1.3.4　WinCE 6.0 集成开发环境的菜单

Project（工程）菜单如图 3-34 所示，可以添加或者编辑系统设计中的子工程、编辑 SDK 等。

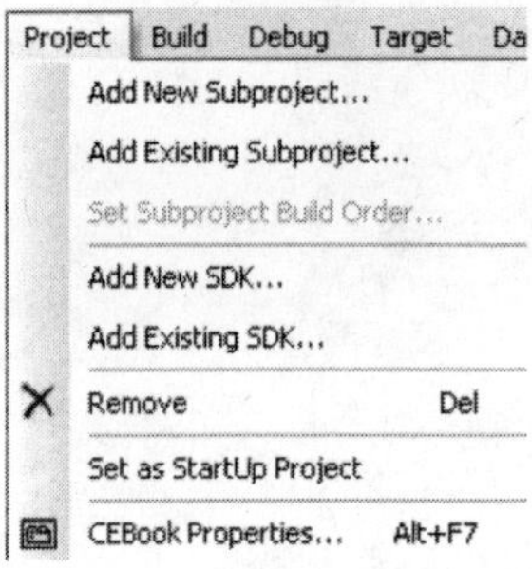

图 3-34　Project（工程）菜单

操作系统设计属性页如图 3-35 所示。

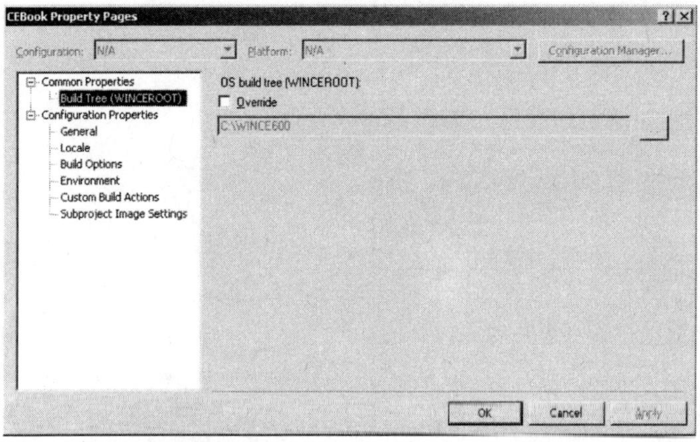

图 3-35　操作系统设计属性而

通用属性适用于整个操作系统的设计。这里只有一个设置，就是指定 OS 构建树中的 WinCE 6.0 的安装位置。

在通用设置属性页中，可以设置发布目录的位置、编译镜像的类型（调试或者发布）、镜像目标名等，如图 3-36 所示。

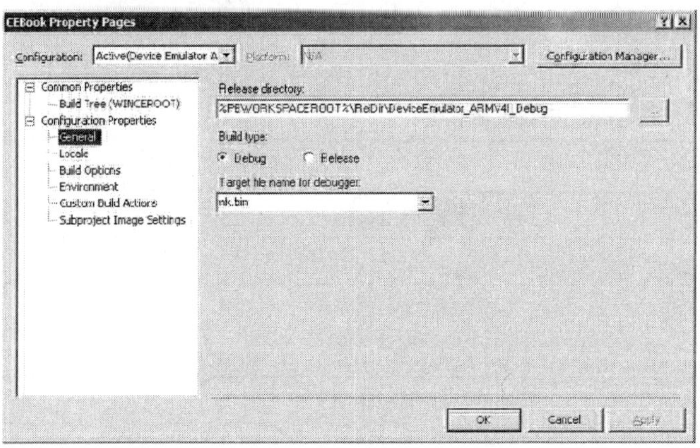

图 3-36　操作系统设计的通用配置属性

区域设置属性页中可以指定支持的语言环境和代码页。可以设置默认语言环境，如图 3-37 所示。

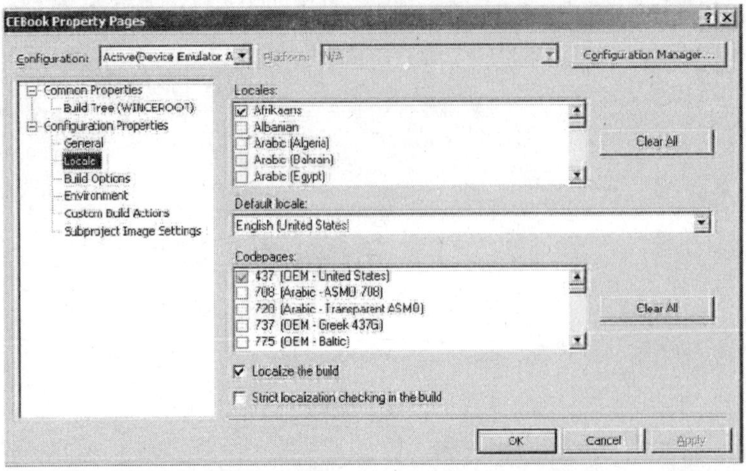

图 3-37　操作系统设计的区域选项

编译选项包括操作系统镜像链接所需要的链接变量，如图 3-38 所示。

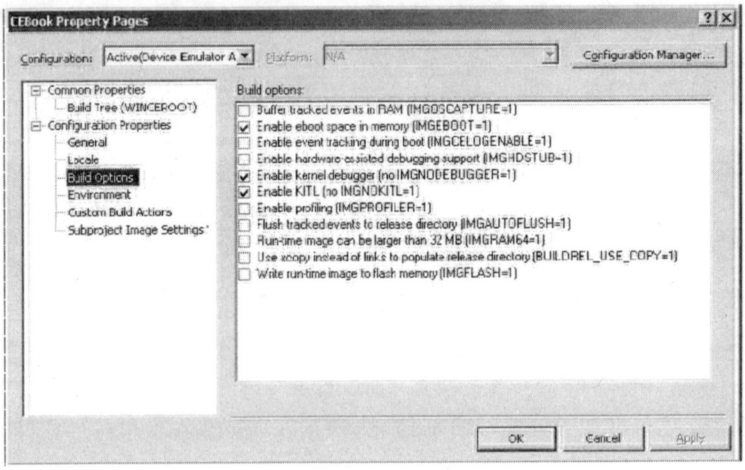

图 3-38　操作系统设计的链接选项

链接变量的具体定义如表 3-1 所示。

表 3-1　编译链接变量名和值

编译变量设置	变量名	描述
在内存中保存跟踪信息	IMGOSCAPTURE	向内核镜像中添加 oscapture.exe 应用
在内存中留出 Eboot 空间	IMGEBOOT	在内存中保存 eboot 的空间
在启动时保存内核事件	IMGCELOGENABLE	向镜像里添加 celog.dll
支持硬件辅助调试	IMGHDSTUB	支持硬件调试
内核调试	IMGNODEBUGGER	在镜像中支持内核调试
内核独立传输层	IMGNDKITL	支持内核独立传输层

续表

编译变量设置	变量名	描述
程序性能分析	IMGPROFILER	支持内核性能分析器
编译发布版本	WINCESHIP	编译发布内核镜像版本
在发布目录中保存跟踪到的内核事件	IMGAUTOFLUSH	在发布目录中保存跟踪到的内核事件
运行镜像超过 32MB	IMGRAM64	支持超过 32MB 的运行镜像
使用 xcopy 命令将所有镜像拷贝到发布目录中，可以不使用文件链接	BUILDREL_USE_COPY	使用 xcopy 命令将所有镜像拷贝到发布目录中，可以不使用文件链接
内核镜像保存在闪存中	IMGFLASH	内核镜像保存在闪存中

用户可以定制自己的编译链接变量，如图 3-39 所示。

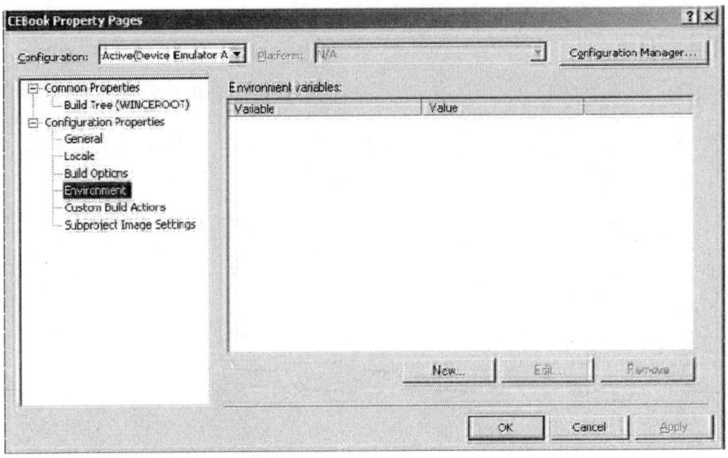

图 3-39　操作系统设计的额外环境变量详述

可以自定义编译操作，如图 3-40 所示。

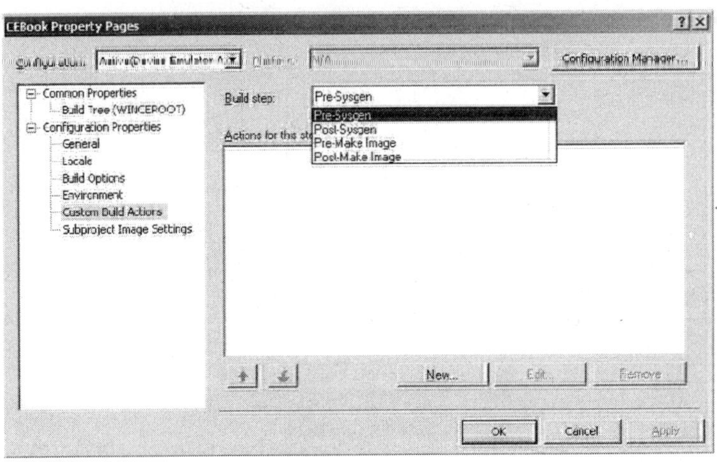

图 3-40　操作系统设计的通用编译操作

最后的选项是操作系统设计的子工程镜像设置，如图 3-41 所示。

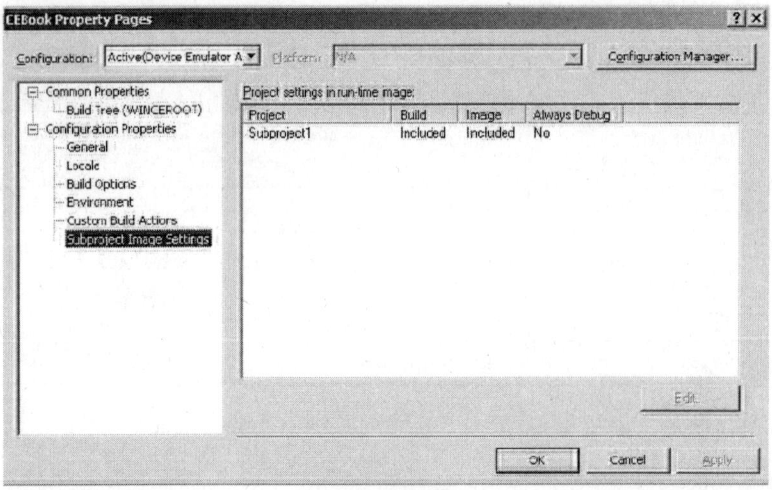

图 3-41　操作系统设计的子工程镜像设置

Build（编译）菜单包含操作系统的各种编译操作，编译子工程或 SDK，如图 3-42 所示。编译菜单的具体内容如表 3-2 所示。

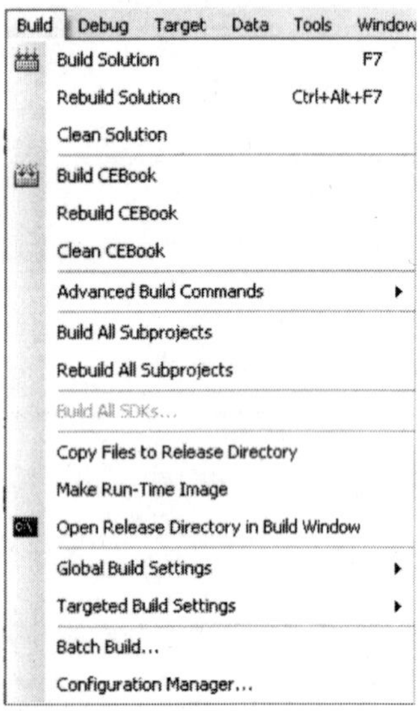

图 3-42　Build（编译）菜单

表 3-2　编译菜单描述

菜单选项	菜单说明	操作
Build Solution	编译源码	编译系统及工程，并且链接为内核镜像
Rebuild Solution	重新编译源码	删除先前系统创建的中间文件。然后创建内核镜像
Clean Solution	清除目标文件	删除先前系统创建的目标文件
Advanced Build Commands	高级编译命令	提供高级编译命令

续表

菜单选项	菜单选项	操作
Build All Subprojects	编译所有的子工程	编译所有的子工程
Rebuild All Subprojects	重新编译所有子工程	删除先前创建的二进制文件，然后编译所有子工程，创建运行镜像
Build All SDKs	创建所有的软件开发工具集	在当前系统设计工程启动创建软件开发工具集
Copy Files to Release Directory	向发布目录中拷贝镜像文件	向发布目录中拷贝镜像文件
Make Run- Time Image	编译内核镜像	编译内核镜像
Open Release Directory in Build Window	打开编译命令行窗口	打开编译命令行窗口
Global Build Settings	全局编译设置	设置全局编译操作
Targeted Build Settings	目标编译设置	设置目标编译操作
Batch Build	批量编译设置	批量编译设置选项
Configuration Manager	配置管理	编译配置选项

高级编译子命令菜单提供了一些高级编译选项，如图 3-43 所示。其具体内容如表 3-3 所示。

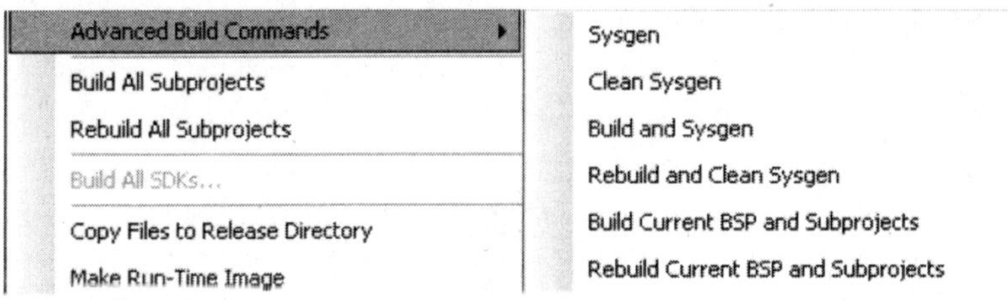

图 3-43　高级编译命令子菜单

表 3-3　高级编译操作命令的子菜单

菜单选项	菜单说明	操作
Sysgen	系统生成	编译源代码
Clean Sysgen	清空系统生成	重新编译源代码
Build and Sysgen	编译和系统生成	创建微软支持的源码组件，然后编译源码
Rebuild and Clean Sysgen	重新编译然后清空系统生成	移除先前创建的组件。之后创建微软支持的源码组件，然后编译源码
Build Current BSP and Subprojects	编译当前 BSP 和子工程	创建当前 BSP 和子工程，完成命令
Rebuild Current BSP and Subprojects	重新编译当前 BSP 和子工程	删除先前创建的 BSP 中间文件和子工程并重新编译它们

全局编译设置子菜单中，可以设置是否在编译后拷贝镜像到发布目录，以及是否在编译后链接，如图 3-44 所示。

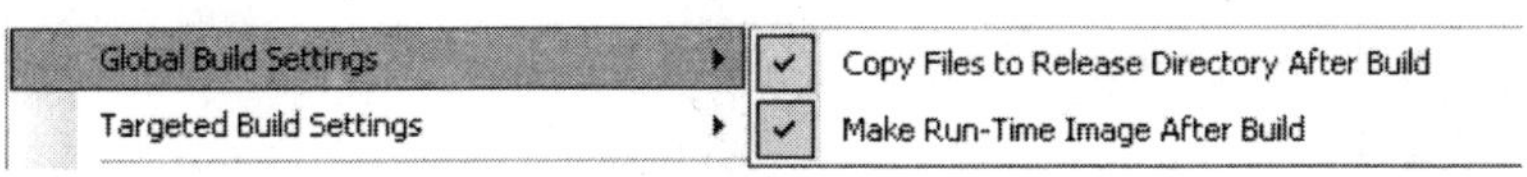

图 3-44　全局编译设置子菜单

全局编译设置子菜单的具体内容如表 3-4 所示。

表 3-4　提供全局创建设置的描述

菜单选项	菜单说明	操作
Copy Fles to Relcaso Direcbory After Build	编译结束后将所有镜像拷贝到发布目录	编译结束后将所有镜像拷贝到发布目录
Make Run Time Image After Build	编译结束后链接为内核镜像	编译结束后链接为内核镜像

目标编译设置子菜单如图 3-45 所示，可以选择 BSP 的配置、操作系统的组件、子工程等，从解决方案资源管理器视图中为目标创建启动。其具体内容如表 3-5 所示。

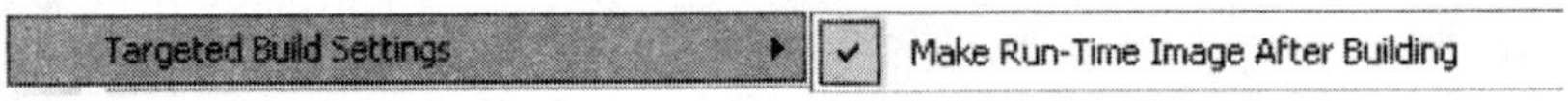

图 3-45　目标创建设置子菜单

表 3-5　提供目标创建配置的描述

菜单选项	菜单	操作
Make Run Time Image After Building	编译结束后链接为内核镜像	编译结束后链接为内核镜像

如果操作系统编译已经启动，大部分编译菜单项会自动切换到不可用状态，可以使用取消选项（Cancel）停止当前的编译，如图 3-46 所示。

图 3-46　编译的取消菜单

Target（目标）菜单如图 3-47 所示。它列出了与设备连接时可以进行的操作。

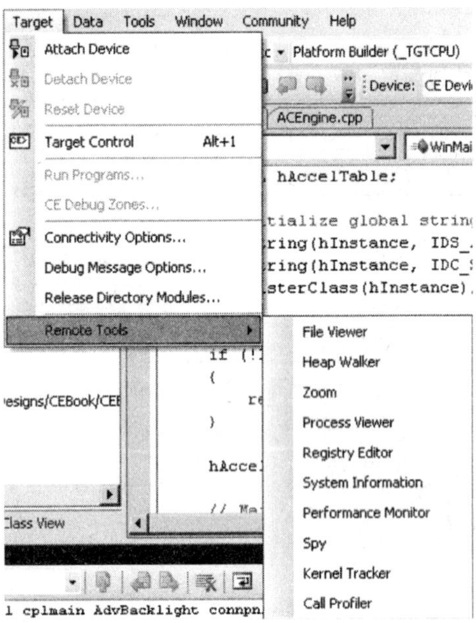

图 3-47　Target（目标）菜单

表 3-6 提供了该菜单项目的操作描述。

表 3-6　目标菜单描述

菜单选项	菜单说明	操作
Attach Device	连接硬件	根据设置连接设备，下载内核镜像到设备
Detach Davice	断开设备	断开已经连接的设备
Reset Device	重启设备	重启已经连接的设备
Target Control	目标控制	打开目标窗口的控制窗口，接收设备的特殊信息，同时启动或者停止程序
Run Programs	运行程序	在目标设备运行程序
CE Debug Zones	WinCE 调试区域	为加载组件确定调试区域
Connectivity Options	连接选项	打开连接选项的配置窗口
Debug Message Options	调试信息选项	打开调试信息选项的配置窗口
Release Directory Modules	发布目录组件	打开配置组件的配置窗口并加载更新目录
Remote Tools	远程工具	远程工具子菜单
File Viewer	文件视图	文件视图软件
Heap Walker	单步调试	调试跟踪程序
Zoom	屏幕快照	捕捉屏幕快照
Process Viewer	进程视图	进程视图公用程序
Registry Editor	注册表编辑器	编辑注册表
System Information	系统信息	显示系统信息程序
Performance Monitor	操作监控	操作监控程序
Spy	侦测	显示窗口信息软件
Kernel Tracker	内核跟踪	执行系统跟踪软件，如线程、同步目标、中断等
Call Profiler	调用测量仪	远程调用测量仪程序

目标菜单选项包括：

（1）安装/分开/重启设备：可以从设备框中选择一个设备。默认情况下在连通选项复选框中选择最后的设备。

（2）目标控制：当前设备控制窗口的视图设计工具。使能这些公用程序，镜像包括操作系统源码/操作系统服务源码/内核/目标控制。窗口列出各种调试操作。这是主要的调试程序。许多系统信息只能通过该公用程序获取。

（3）执行程序：打开会话窗口，可以选择一个程序加载到该设备里，如图 3-48 所示。也可以存储许多程序到镜像里，同时更新系统镜像的目录。

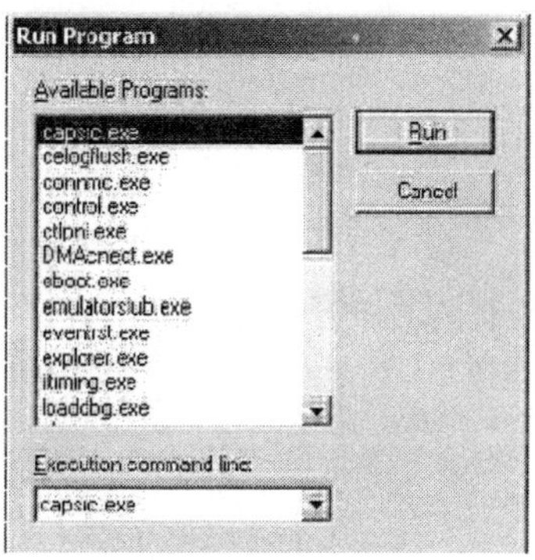

图 3-48　执行程序对话框

（4）WinCE 调试区域：使能该菜单项目，可以看到调试区域的控制窗口。如果想调试，需要先选择一种加载模式。调试区域提供了一个时机以便接收调试信息，除非中断系统操作，如图 3-49 所示。

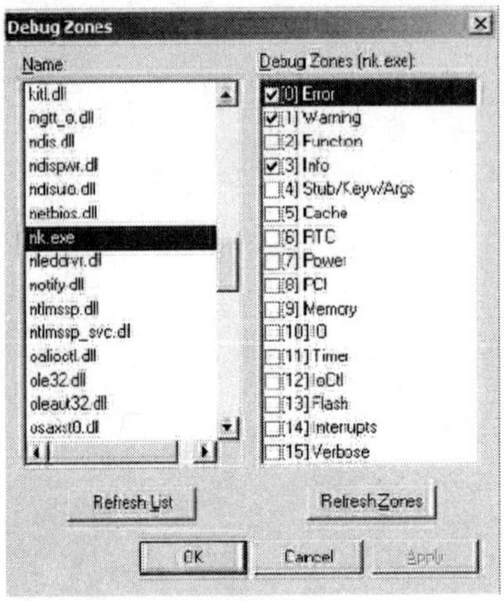

图 3-49　调试区域

（5）连接选项：该菜单选项打开一个会话窗口，列出各种选项，使能该选项可以连接一个设备。会话窗口包括执行许多任务的子窗口。默认情况下，打开目标设备连通选项窗口，如图 3-50 所示。

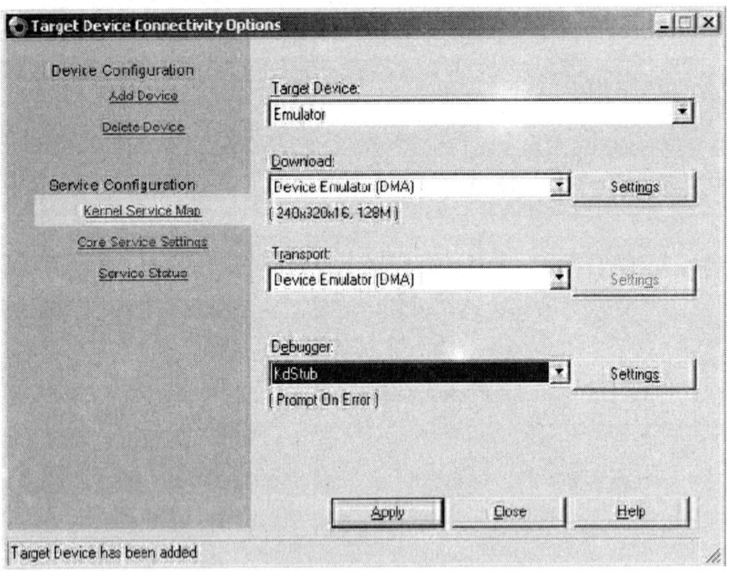

图 3-50　连接选项

当会话窗口出现时，会看到一个当前设备配置列表框（Target Device）。如果需要，可以选择其他配置或者创建一个新的配置（通过添加设备选项）。使能下载列表框（Download）后可以加载镜像到设备中。如果选择了该服务，可以配置它的设置。

使能传输列表框（Transport）后，可以使目标设备与（Visual Studio）进行内核级别的传输。通过调试框（Debugger）可以选择调试手段。

核心服务设置窗口如图 3-51 所示，包含操作系统连接设备的信息。也可以配置镜像加载到设备的方法和 KITL 的设置。

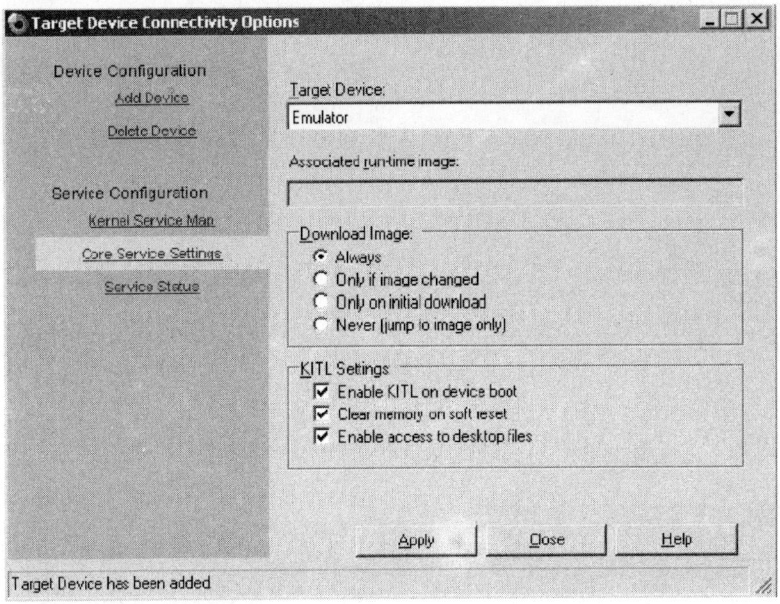

图 3-51　核心服务设置窗口

服务器状态窗口如图 3-52 所示，提供服务器与加载器连接的当前状态视图、调试信息、传输信息等。

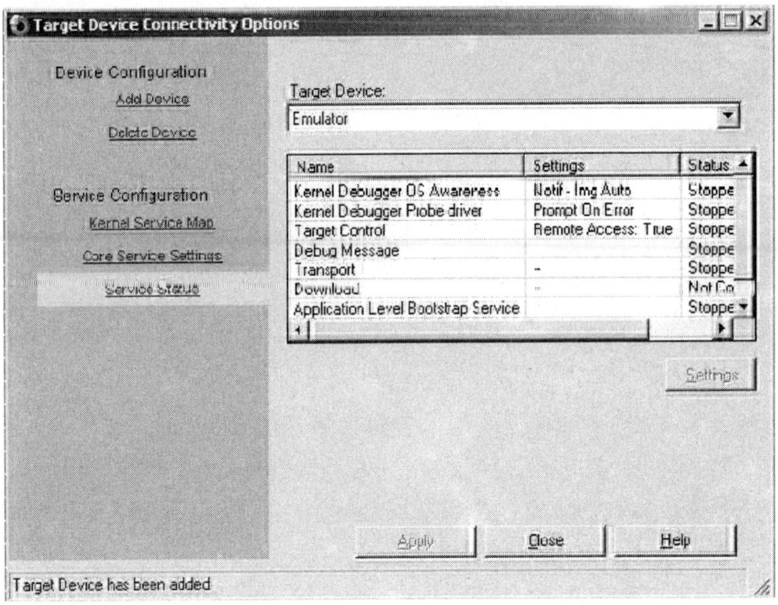

图 3-52　服务器状态

添加设备窗口如图 3-53 所示，为连接设置添加一个新的配置文件，或者通过平台创建器添加一个设备。

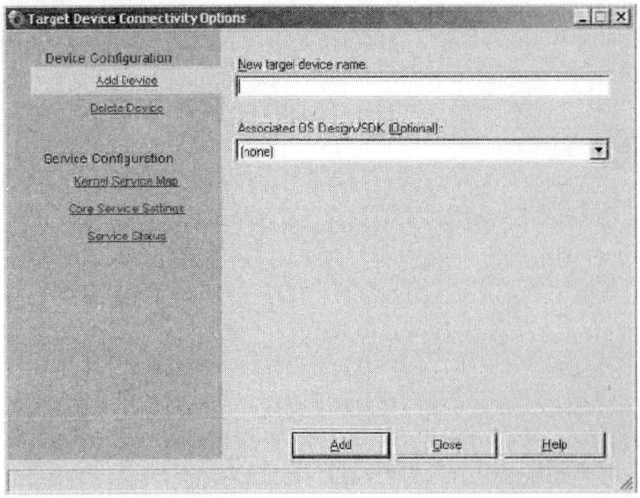

图 3-53　添加设备窗口

删除设备窗口如图 3-54 所示，通过该窗口可以去除最新创建的设备。

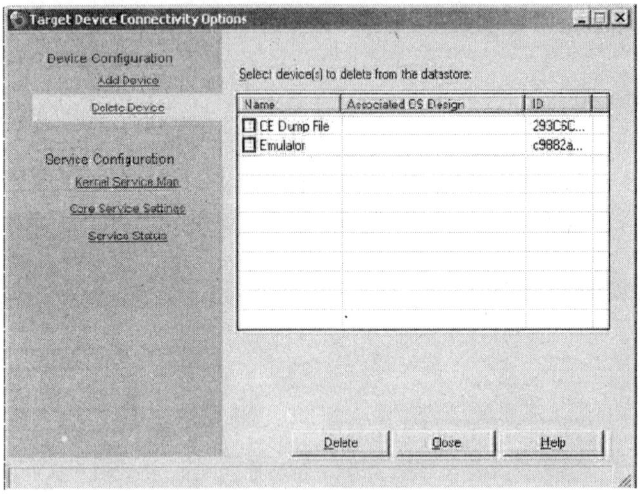

图 3-54　删除设备窗口

调试信息选项对话框，通过该对话框可以设置调试信息的格式和输出方式。更新目录模式对话框如图 3-55 所示，通过该对话框可以告诉调试者镜像更新目录中的哪些组件必须加载，可以调试和重新编译驱动。

单击 Add 按钮可以从更新目录中显示一列组件。图 3-56 显示了部分列表。

Tools（工具）菜单包含几个 WinCE 公用程序：硬件 BSP、CE 更新检测。

Debug（调试）菜单增加了一些新的操作，如图 3-57 所示，这些操作为开发者提供了额外的调试时机，具体如下：

（1）符号搜索路径。

（2）Windows CE 调试扩展。

（3）去指定地点。

（4）抓取 dump 文件。

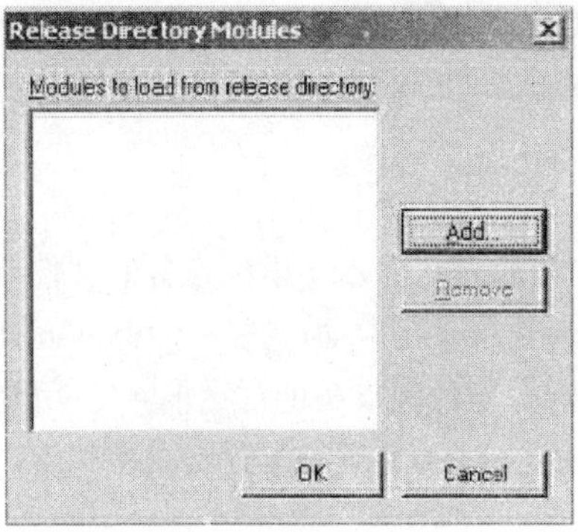

图 3-55　更新目录模式对话框

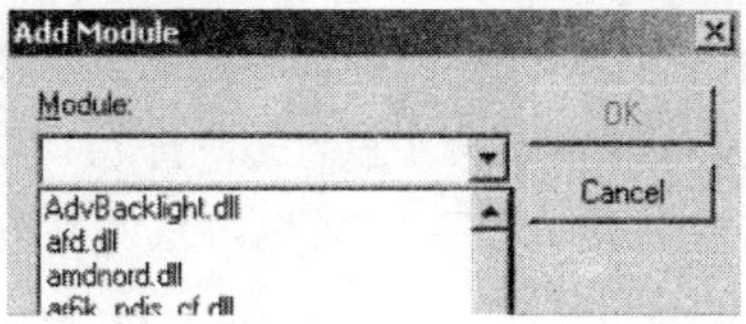

图 3-56　有效模式

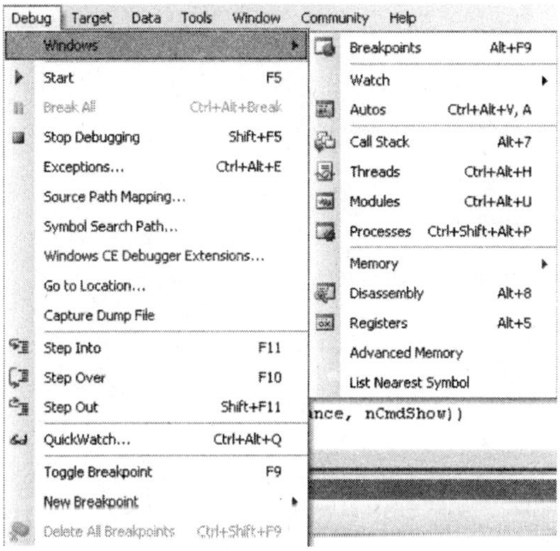

图 3-57　调试选项

3.1.3.5　WinCE 6.0 集成开发环境的目标菜单的远程调试工具

下面列出了 WinCE 6.0 的远程调试工具。

- 文件视图（File Viewer）。
- 程序堆（Heap Walker）。
- 摄像机移动（Zoom）。
- 进程查看器（Process Viewer）。
- 注册表编辑器（Registry Editor）。
- 系统信息（System Information）。
- 性能监测器（Peformance Monitor）。
- 侦测（Spy）。
- 内核跟踪器（Kernel Tracker）。
- 调用测量仪（Call Profiler）。

为了使摄像机移动和侦测应用程序正确地使用，镜像必须包含以下内容：Core OS\CEBASE\Shell、User Interface\Graphics，windowing 和 Event\Minimal GWES 配置、Minmal GDI 配置，调用测量仪程序需要镜像包含以下内容：Core OS\CEBASE\International\National 语言支持

或者 Core OS\CEBASE\International\English(US)National 语言支持。这些语言的支持必须打开以下内容 Core OS\CEBASE\Application、Service Development\C Libraries 和 Runtimes\Standard String Functions。

1. 文件视图

使能文件视图应用程序可以看到文件系统设备的内容，设备的输入文件，导出到设备的文件，浏览文件的属性，目录，创建目录，重命名文件及存储在设备上的目录。在启动这些应用程序的时候，选择主菜单中的远程工具，主程序窗口就会出现，在屏幕的上方是目标设备的对话框。如果设备已经与平台生成器连接了，可以跳过所有的配置设置选择默认设备，使用最近的配置与设备相连，如图 3-58 所示。

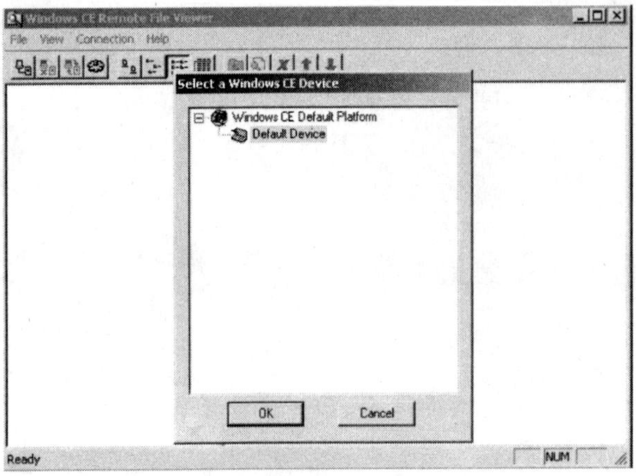

图 3-58　WinCE 远程文件视图

如果想添加额外的配置和新的设备，可以选择取消然后添加新的配置连接设备。这些配置方法和远程公用程序的配置方法一样。

在连接菜单中选择平台管理者的配置来建立配置，接着会出现如图 3-59 所示的对话框。

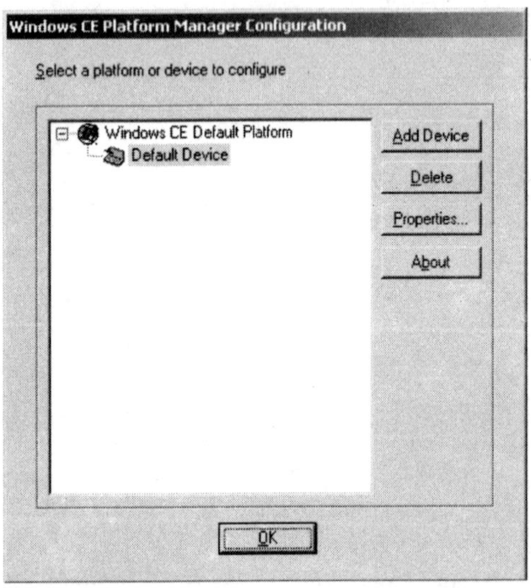

图 3-59　配置对话框

在对话框中添加新的配置，在平台生成器中可以添加、删除设备等信息。可以选择添加设备按钮添加一个新的设备到列表中，也可以重命名。添加了新的设备后可以在设备列表中选择设备进行编辑，如图 3-60 所示。

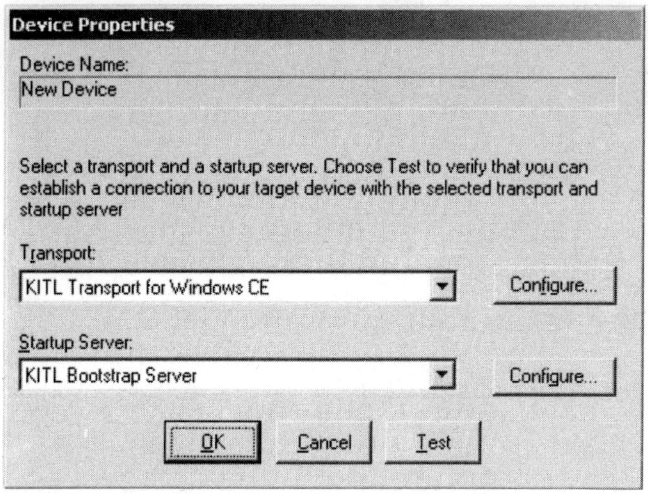

图 3-60　设备属性

设备与远程公用程序的传输是在应用层完成的。程序支持以下传输方式：

- ActiveSync
- KITL
- TCP/IP

通过 ActiveSync 传输时需要开发者的工作站的设备支持 ActiveSync 才行。KITL 传输使用相同的 KITL 连载作为内核调试器，TCP/IP 传输使用 TCP/IP 协议连接设备，设备必须支持网络协议才能使用 TCP/IP 传输。如果想配置额外的传输属性则单击 Configure 按钮进行配置。

启动服务器文件管理器复制所需的平台设备，运行这些文件，开始传输，并建立一个设备连接工作站和开发者之间的目标。该方案包括以下启动服务器类型：

- ActiveSync Startup
- CESH Startup
- KITL Startup
- Manual Startup

ActiveSync Startup 服务器使用 ActiveSync 拷贝和加载目标设备；CESH 和 KITL Startup 服务器通过目标控制服务器。服务器打开一个带有列表文件的对话框，这个文件必须拷贝到设备中，同时为了连接到开发者的工作站必须在拷贝完所有文件后执行程序。

在传输成功且开启服务器被选中后，可以测试设备的连通性。出现一个显示设备连通性的对话框，如图 3-61 所示。

当连接的设备存在时，将会出现一个对话框，单击 OK 按钮连接设备，如图 3-62 所示。

当需要连接一个设备时，选中连接然后添加连接。连接成功后，将会在目录中看到这些连接的信息，如图 3-63 所示。

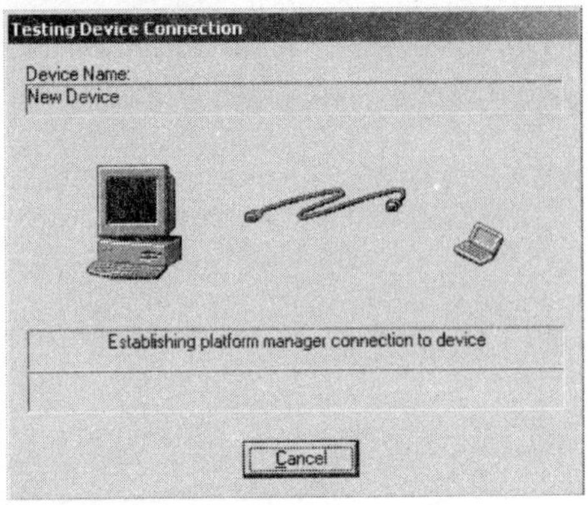

图 3-61　测试设备连通性

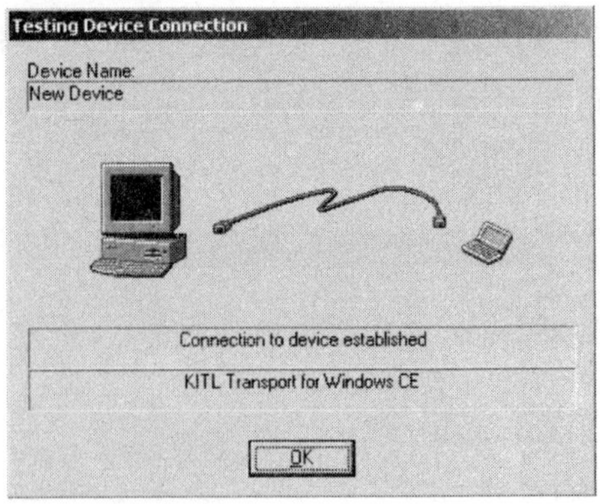

图 3-62　设备连接成功

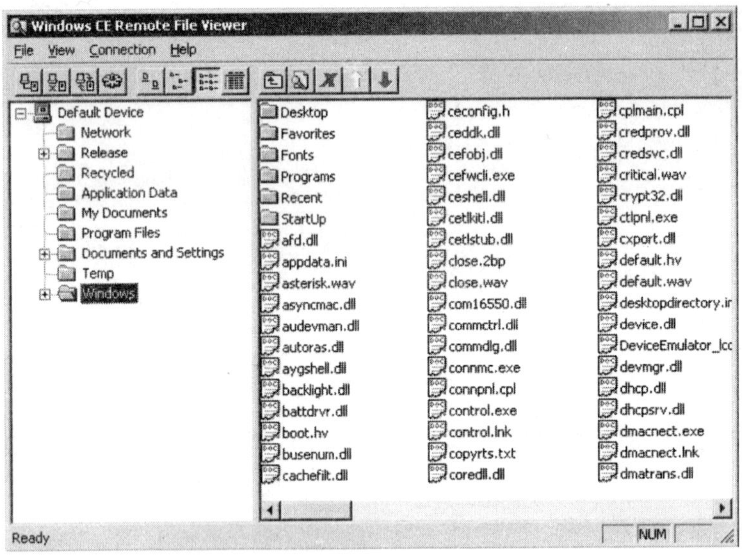

图 3-63　WinCE 6.0 远程文件视图连接

通过使用菜单和工具栏可以执行以下操作：

（1）浏览设备的文件系统。

（2）从设备输入文件。

（3）导出文件到设备中。

（4）文件和目录的视图属性。

（5）创建目录。

（6）在设备中重命名文件和目录。

2. Heap Walker

通过 Heap Walker 应用程序可以查看进程的堆、定义、标志以及堆的内容。在主菜单中选择远程工具上的 Heap Walker 打开该程序，打开程序后出现一个会话窗口，通过该会话窗口，进行各种各样的设置。

在配置额外的设置或者增加其他设备时通过单击取消按钮配置设备的连接设置来完成。

选择连接设备单击 OK 按钮，当连接成功后用一个列表展示出进程和它的堆。这个程序会显示三个窗口：Precess_List、Heap_List 和 Heap_Dump，如图 3-64 所示。

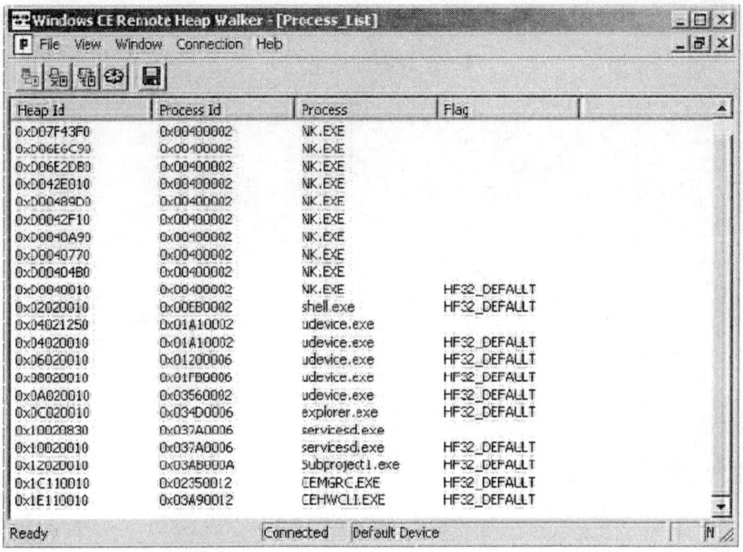

图 3-64　WinCE 远程 Heap Walker 进程列表

双击堆打开一个窗口，窗口中包含内存块、地址信息、块大小、块标志，如图 3-65 所示。

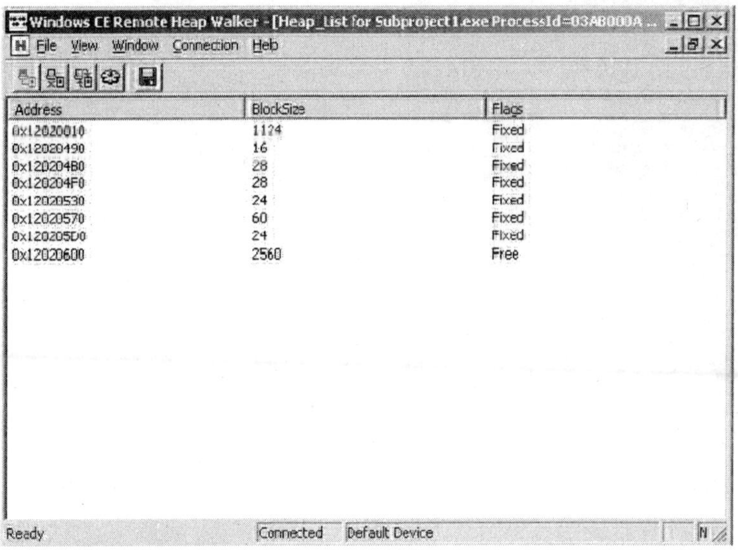

图 3-65　WinCE 远程 Heap Walker 堆列表

双击一个块将会出现一个窗口，里面包含所选内存块的内容，如图 3-66 所示。

3．Zoom

Zoom 应用程序可以捕捉到目标设备的快照。通过主菜单中远程工具的 Zoom 按钮来启动，启动后会出现一个对话框，通过该对话框进行各种各样的配置。

选择连接命令来连接一个设备，设备连接成功后会出现一个对话框，在对话框中会出现连接成功的设备，如图 3-67 所示。

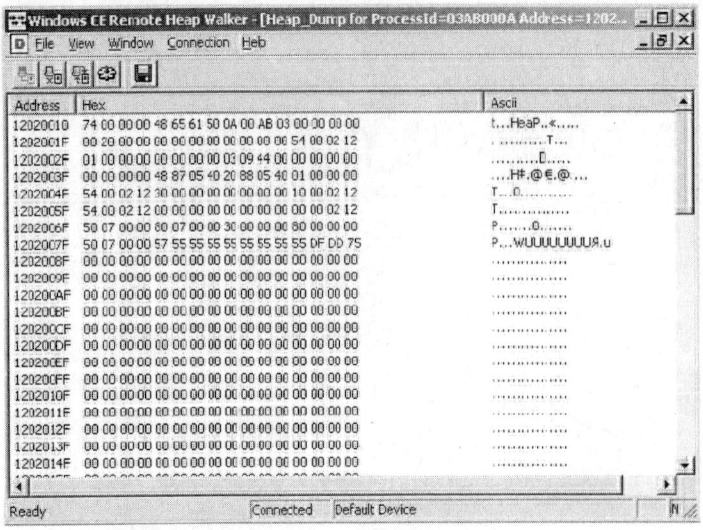

图 3-66 WinCE 远程 Heap Walker 堆内存块

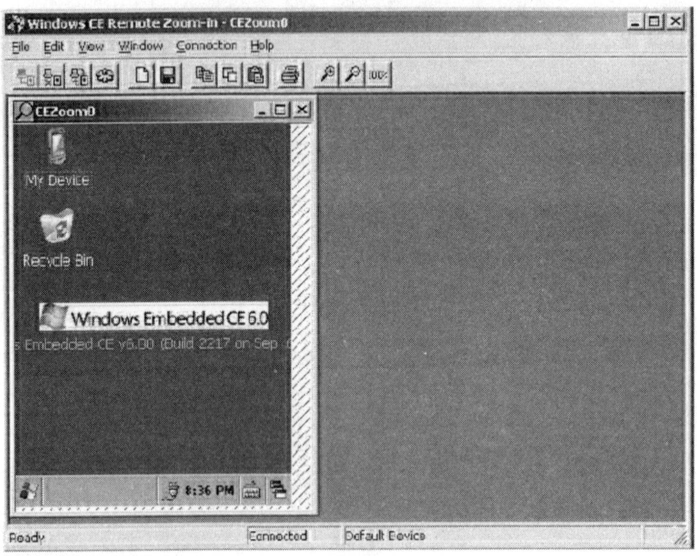

图 3-67 WinCE 远程 Zoom-in 窗口

通过该程序可以放大或缩小镜像，在新的窗口中打开当前设备的镜像，或者在当前窗口进行更新，最终拷贝镜像，改变缓存，保存文件打印。

4. 进程视图

通过该程序可以获取启动目标设备的进程信息、线程以及进程的加载模式。通过主菜单中远程工具的进程视图按钮启动，启动后将出现一个窗口，通过该窗口进行配置连接等。

选择设备进行连接后会出现一个对话框，在对话框里显示连接设备的进程，当连接成功后窗口会显示进程的信息，如图 3-68 所示。

在窗口的上部分选择进程，屏幕的中部就会显示该进程的信息，底部显示进程的加载模式。通过这三个窗口可以对进程进行设置。

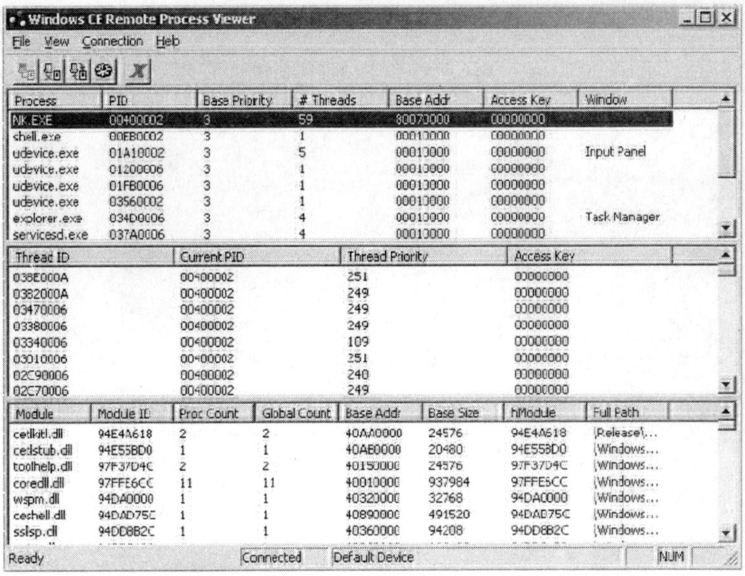

图 3-68　WinCE 远程进程视图

5. 注册表编辑器

通过注册表编辑器可以编辑目标系统的注册表。单击主菜单中远程工具的注册表编辑器按钮启动，启动后将会出现一个对话框，在该对话框里有注册表的工作信息，可以进行设置。

选择设备进行连接，连接成功后会出现一个对话框，在对话框里显示注册键值等，如图 3-69 所示。

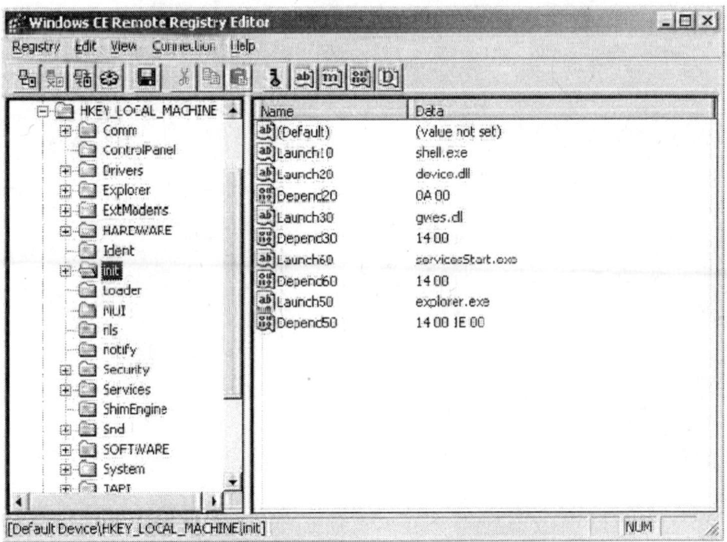

图 3-69　WinCE 远程注册表编辑器

该程序可以执行所有的注册活动，包括导出注册文件。可访问的注册表行为来自上下文菜单和主程序窗口。行为包括更新设备信息、选择连接等。

6. 系统信息

通过系统信息程序可以浏览设备的系统信息，包括内存、设备存储器和度量。通过主菜单中的远程工具选择系统信息启动，启动后会出现一个对话框，通过该对话框进行系统信息的配置。

通过连接键选择连接设备。然后出现一个对话框，在对话框里设备连接的进程、系统信息等，如图 3-70 所示。

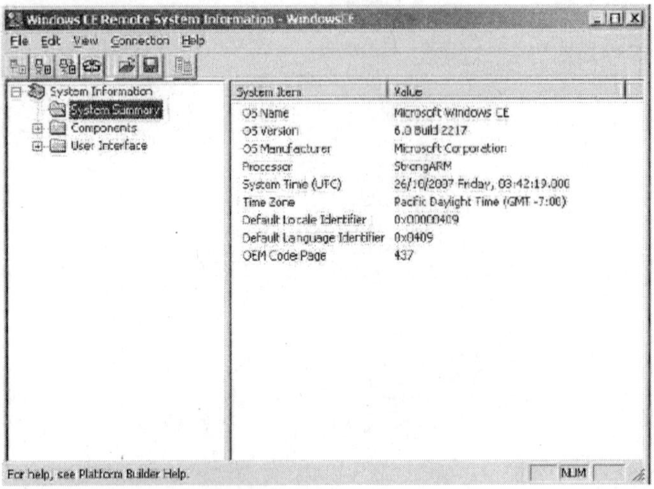

图 3-70　WinCE 远程系统信息

7. 性能监测器

性能监测器可以跟踪目标系统的不同性能。启动该程序通过单击主菜单中远程工具的性能监测按钮。启动后会出现一个主程序窗口，可以与平台开发者进行连接、对设备进行配置等。

进行设备的连接，连接后会出现一个对话框，对话框中显示设备连接的进程。连接成功后为了监测目标系统的性能程序需要拷贝这些文件。拷贝文件初始化设备完成后，开发者会在桌面看到性能监测的界面，如图 3-71 所示。

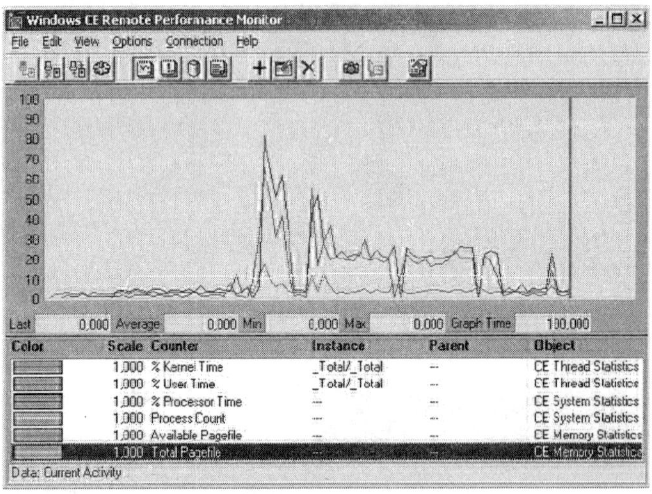

图 3-71　WinCE 远程性能监测

8. Spy

通过 Spy 程序可以浏览打开设备的窗口和它们的属性。选择主菜单中远程工具的 Spy 命令，打开后出现主程序窗口。通过主程序窗口可以与平台生成器进行连接，进行设备的配置。也可以配置额外的设置或者增加新的设备。

连接设备，选择连接按钮后出现一个对话框，这个对话框显示了连接设备的进程。连接成功后，出现一个窗口，显示系统的层次结构树，如图 3-72 所示。

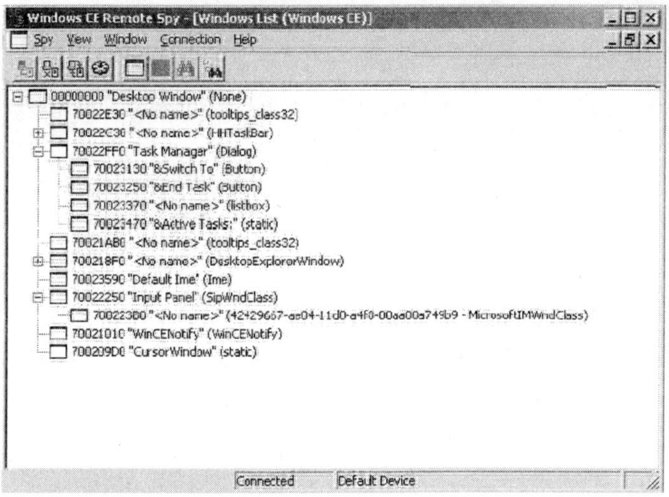

图 3-72　WinCE 远程 Spy 窗口

双击结构视图点显示对话框，列出通信窗口的属性，如图 3-73 所示。

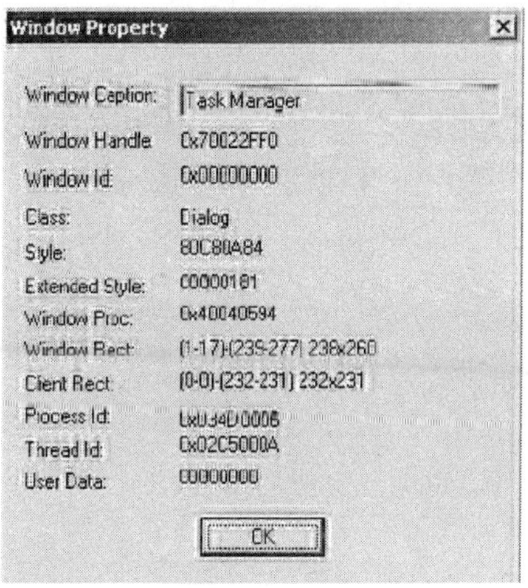

图 3-73　窗口属性界面

9. 内核跟踪

内核跟踪程序可以观察到系统的操作和实时应用，包括：

（1）所有的进程、线程和它们的通信。

（2）系统事件及代表它们的线程。

（3）系统中断。

（4）系统信息。

通过内核跟踪可以观察系统的执行及该设备应用程序在目标范围中的动态。它提供了一个有效的解决方案来处理线程在多线程应用程序的交互分析及找到根源性能下降的驱动程序。

单击菜单 Target->Remote Tools->Kernel Tracker 命令，启动该程序。启动后出现主程序窗口，如图 3-74 所示。在屏幕上将会出现目标设备的会话框。如果设备连接了平台生成器，可以跳过所有配置设置，然后选择默认设备，通过默认设置连接最近的设备。

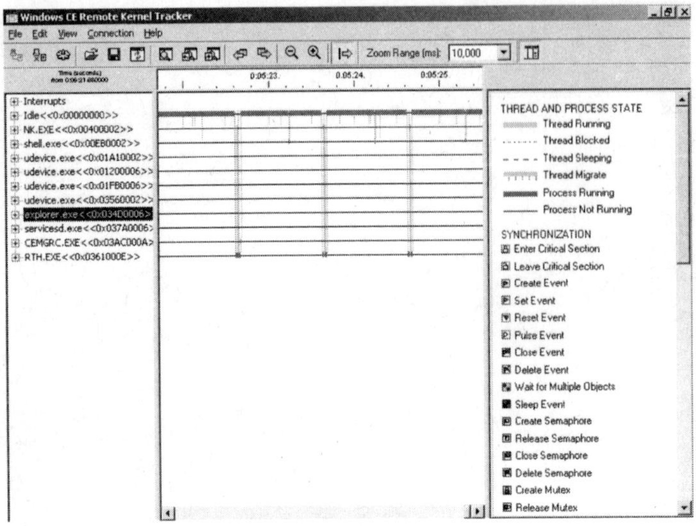

图 3-74　WinCE 远程内核跟踪

可以配置额外的设置来增加其他设备，选择取消按钮为设备配置连接设置。这些设置和其他的远程公用程序的设置方法一样。

连接设备，出现一个对话框，在这个对话框里显示设备连接的进程。连接成功后程序为目标拷贝这些文件。完成文件的拷贝和设备初始化后，出现一个窗口，在这个窗口里显示系统的具体信息，如图 3-75 所示。

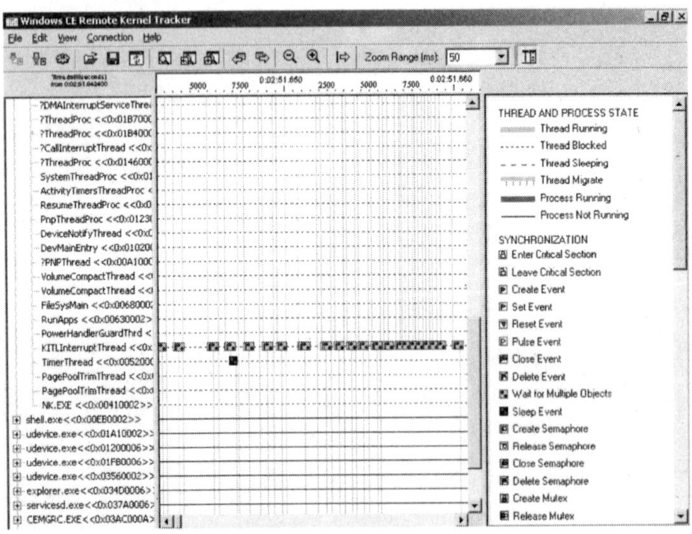

图 3-75　WinCE 远程内核跟踪详细系统视图

在应用程序的工具栏中，可以设置 Zoom 级别，在 1ms 到 10000ms 之间。系统的详细信息窗口的方框代表不同的事件跟踪。将光标悬停在一个正方形中，将能够看到所选事件的详细信息。可以过滤系统事件。

菜单内容在线程区域，如图 3-76 所示。

在系统详细区域，如图 3-77 所示，执行额外的操作区分析系统进程同时解决问题。程序保存分析的数据一直到最后。

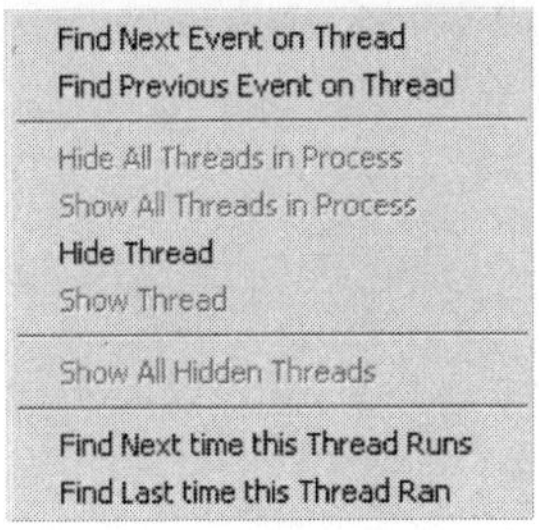

图 3-76　线程菜单信息

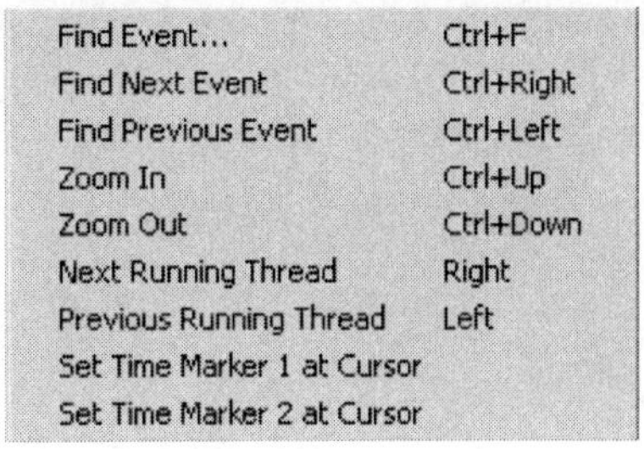

图 3-77　系统菜单详细信息

10. 调用测量仪

调用测量仪程序可以跟踪应用代码的每个执行部分以及在源代码中找出影响应用程序性能的问题。确定该程序连接数据成功，应用代码需要接收额外的说明：将会发送测量仪的信息。为了执行创建，必须为应用程序进行额外的参数设置：

```
WINCECALLCAP=1,for CallCAP profiling
WINCECALLSTCAP=1,for FastCAP profiling
```

这些可以在设计界面的命令窗口进行设置或者在源文件进行设置。正如前面提到的探测器子系统支持两种类型的扩展属性——FastCAP 和 CallCAP。FastCAP 在调用每个函数前插入服务代码，同时在函数返回前函数被调用。CallCAP 在函数被调用后插入服务代码，FastCAP 函数不支持 x86 处理器。

通过单击菜单 Target->Remote Tools->Call Profiler，打开 Call Profile 程序窗口，窗口中有一个目标设备的会话框。如果设备与平台生成器连接成功，可以跳过所有的配置，选用默认配置来连接最近使用的设备。

添加额外的配置和增加新的设备，单击取消按钮，然后配置设备的连接设置。这些配置的方法和远程程序的配置方法一致。

连接设备，出现一个会话框，选择设备单击 OK 按钮，在会话框里显示连接设备的进程。接着启动调用测量仪的会话框出现，如图 3-78 所示。

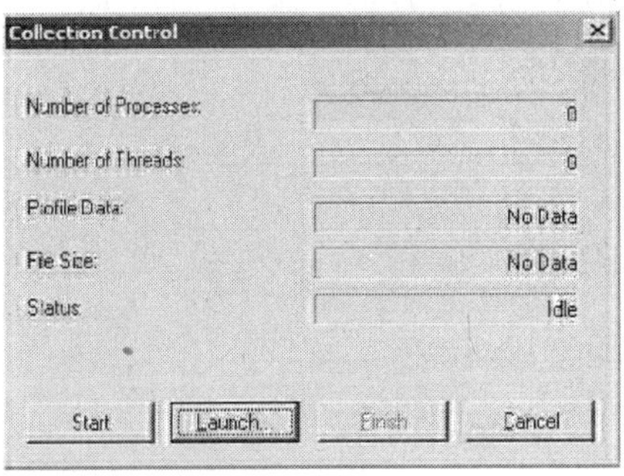

图 3-78　连接控制对话框

单击开始按钮连接数据，完成后就可以在设备上启动程序并且可以执行所有必要的操作。当测试完成后，单击完成按钮停止连接数据。通过单击启动按钮启动设备上的应用程序，如图 3-79 所示。

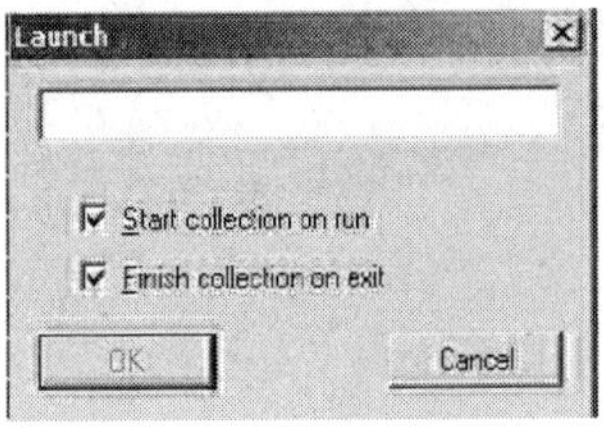

图 3-79　启动侦测仪程序

在多种视图中收集有效信息，分析应用程序的执行，如图 3-80 所示。

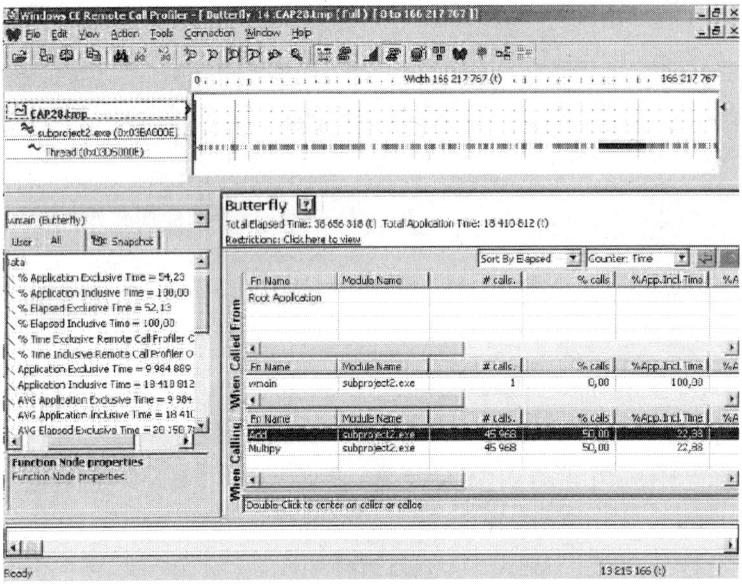

图 3-80　在调用测量仪中分析收集到的数据

表 3-7 显示了包括在工具集中的其他的公共程序。

表 3-7　其他公用程序

应用程序	目的
CEAppCompat.exe	检测库文件和早期的应用程序
BinCompress.exe	为 x86 BIOS 加载程序提供压缩文件
BinMod.exe	提取修改镜像中的文件
CEBackup.exe	为平台生成器提供系统库文件
CreateMUI.bat	为给定的语言创建多用户的界面
CvrtBin.exe	转换内存文件为.bin 文件
DumpBin.exe	从 32 位通用目标文件连接信息
KbdGen.exe	使用 dll 文件生成键盘文件

续表

应用程序	目的
ReadLog.exe	通过内核跟踪程序转换日志文件格式或者重命名格式
StampBin.exe	在 ROMPID 和 ROMHDR 中查看修改数据
Sysgen_capture.bat	为公共工程生成源文件
ViewBin.exe	查看系统镜像的信息
CabWiz.exe	在设备上为安装程序创建.cab 文件
Wceldcmd.exe	使用安装.cab 文件，支持独立设备
Unldcmd.exe	使用未安装创建的.cab 的文件，支持独立的设备

3.1.4 WinCE 6.0 体系架构

3.1.4.1 WinCE 6.0 体系架构简介

微软 Windows Embedded CE 6.0 为实时、模块化、多线程操作系统，支持 ARM、MIPS、x86 和 SH4。微软 Windows Embedded CE 6.0 支持 4GB 的虚拟地址空间，其中，高 2GB 为内核空间，低 2GB 为用户空间。微软 Windows Embedded CE 6.0 支持最多 32000 个用户进程，其中有部分进程提供用户使用的 API，称为用户模式服务，包括 udevice.exe（用于加载用户模式驱动）、Servicesd.exe（用于加载 HTTP、FTP、UPnP 等）。

操作系统内核进程为 Nk.exe，通过 coredll.dll 操作给应用程序相关系统调用 API，微软 Windows Embedded CE 6.0 提供 Win32 API 的子集，详细系统架构如图 3-81 所示。

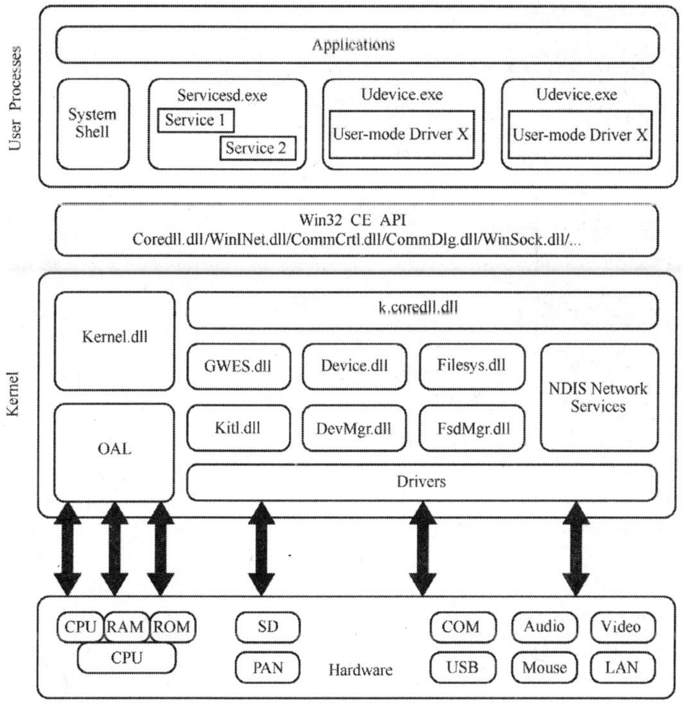

图 3-81　WinCE 6.0 系统架构

表 3-8 为内核模式服务列表。

表 3-8　内核模式服务列表

内核模式服务	功能
Kernel.dll	系统内核，提供基本内核功能，包括内存管理、进程加载、调度、管理
Kitl.dll	KITL（Kernel Independent Transport Layer）支持
Filesys.dll	文件系统、对象存储、CEDB 数据库支持及系统初始化
Fsdmgr.dll	文件系统管理
Device.dll	设备管理
Devmgr.dll	加载并管理驱动，及 I/O 资源
Gwes.dll	管理图形窗口事件系统
k.coredll.dll	系统内核中的 coredll.dll

3.1.4.2　WinCE 6.0 内存管理

Windows Embedded CE 6.0 为 32 位操作系统，支持 4GB 的虚拟内存，其中高 2GB 为系统空间，低 2GB 为用户空间。通常一个虚拟内存页的大小为 4KB。处理器的内存管理单元（MMU）负责将虚拟内存转换为物理内存，虚拟内存到物理内存的转换关系，包括是否可写、是否可执行等信息都储存在页表中，当系统访问内存时，处理器先通过查找页表来定位其物理地址，物理内存与虚拟内存的映射如图 3-82 所示。

虚拟内存有三种状态：

（1）Free：内存未被分配或使用。

（2）Reserved：内存被分配但并没有映射到其物理内存。

（3）Committed：内存被分配且已经映射到其物理内存。

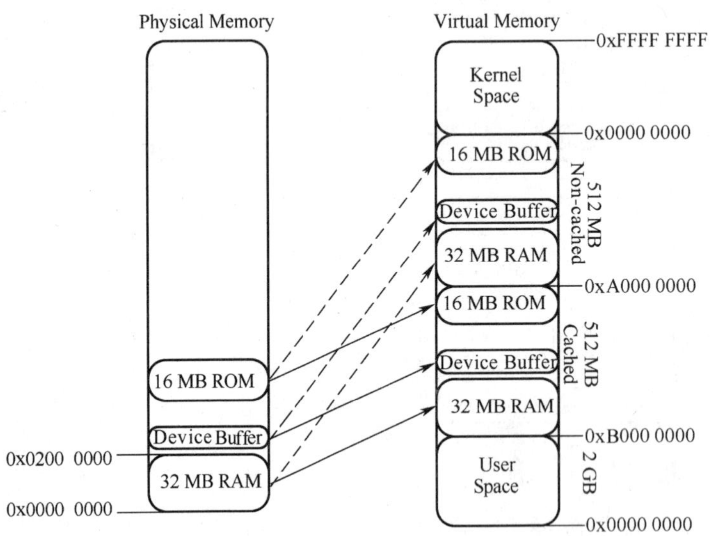

图 3-82　WinCE 6.0 内存映射

ARM 采用固定的虚拟物理内存映射，使用 OEMAddressTable 结构体，如图 3-83 所示。

Windows CE 支持两块固定虚拟内存区域，每个 512MB，低 512MB（0x80000000～0x9FFFFFFF）虚存映射为缓冲内存，高 512MB（0xA0000000～0xB999999999）不使用缓冲，所以访问低 512MB 不一定会访问物理内存，只会先尝试访问缓冲区，而访问高 512MB 会直接访问物理内存。

使用系统 API 尝试分配的虚拟内存大小为 64KB（16×4KB 一个内存页）圆整。内核使用高 2GB 虚拟内存，而用户空间使用低 2GB 虚拟内存，而且每个用户进程独占 2GB 虚拟内存空间。

图 3-84 所示为内核使用的内存空间。具体定义如表 3-9 所示。

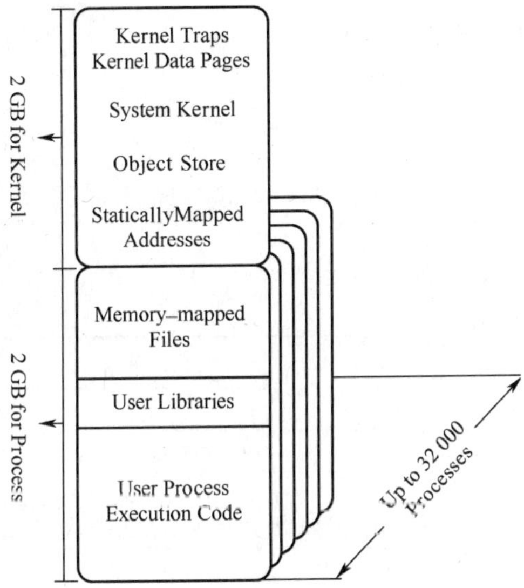

图 3-83　ARM 内存映射

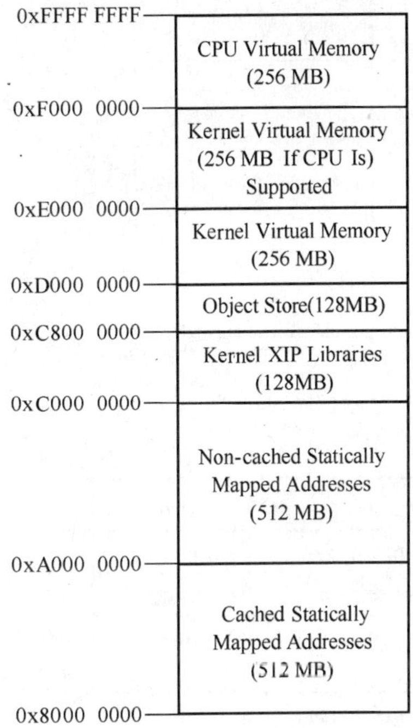

图 3-84　内核使用内存空间

表 3-9　内核空间的内存区域

内存区域	大小	描述
0x80000000～0x9FFFFFFF	512MB	缓冲的 512MB 内存区域
0xA0000000～0xBFFFFFFF	512MB	无缓冲的 512MB 内存区域
0xC0000000～0xC7FFFFFF	128MB	XIP 的 DLL 库与内核驱动
0xC8000000～0xCFFFFFFF	128MB	RAM 文件系统的对象存储，CEDB 数据库与注册表
0xD0000000～0xDFFFFFFF	256MB	内存模块使用虚拟内存
0xE0000000～0xEFFFFFFF	256MB	内存模块使用虚拟内存（如果处理器支持）
0xF0000000～0xFFFFFFFF	256MB	系统与内核数据

用户空间如图 3-85 所示，具体定义如表 3-10 所示。

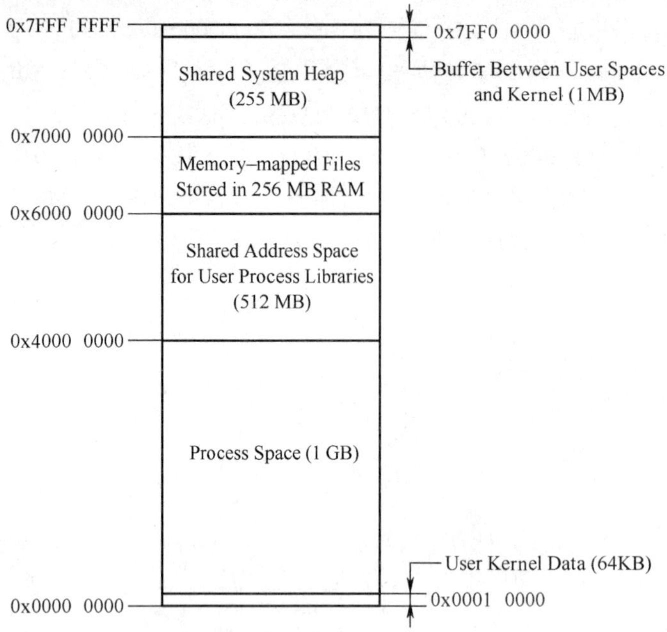

图 3-85　用户空间使用内存空间

表 3-10　用户空间的内存区域

内存区域	大小	描述
0x00000000～0x00010000	64KB	用户内核数据，对于用户进程为只读
0x00010000～0x3FFFFFFF	1GB-64KB	进程空间可执行代码，虚拟内存，堆，栈，启动一初始使用的虚拟内存
0x40000000～0x5FFFFFFF	512MB	包括启动时分配 DLL 库，代码与数据，不同进程使用的同一个库使用相同内存，不同进程的代码部分使用相同的物理内存，数据使用不同的物理内存
0x60000000～0x6FFFFFFF	256MB	RAM 文件系统的对象存储，CEDB 数据库与注册表
0x70000000～0x7FEFFFFF	256MB	内存模块使用虚拟内存
0x7FF00000～0x7FFFFFFF	1MB	内存模块使用虚拟内存（如果处理器支持）

表 3-11 所示为主要的虚拟内存管理函数及其含义。

表 3-11　虚拟内存管理函数及含义

函数	描述
VirtualSetAttributesEx	可用于更改内存页属性
VirtualProtectEx	设置访问保护
VirtualQueryEx	获取内存页信息
VirtualAlloc	分配内存
VirtualFree	释放内存
VirtualProtect	检查内存页保护情况
VirtualQuery	获取内存页信息
VirtualAllocEx	分配内存并初始化为零
VirtualFreeEx	释放内存
VirtualCopyEx	动态映射虚拟内存到物理内存
VirtualAllocCopyEx	执行分配及映射内存动作

3.1.4.3 WinCE 6.0 进程、线程及调度

Windows Embedded CE 最基本的执行单位是线程，每个线程有自己的上下文（栈、优先级、访问权限等）。每一个进程至少包含一个线程，称之为主线程。理论上 Windows Embedded CE 同时支持 32000 个进程。进程中所有线程可共享地址空间。

内核调度器用于管理线程调度，内核线程按优先级顺序执行，当中断产生时，调度器处理中断并重排线程。Windows Embedded CE 调度器支持基于时间片与优先级调度的多任务处理，及单级优先级反转处理。

Windows Embedded CE 多任务支持的特点如下：

（1）基于时间片的多任务支持。

- 通常每个时间片为 100ms。
- 时间片大小与处理器支持有关。
- 每个线程的时间片可定制。

（2）支持 256 级优先级。

- 0 为最高优先级，会一直占用处理器，直到运行结束。
- 默认优先级为 251。

（3）可抢占式多任务。当有多个任务准备执行时，最先执行优先级高的。

（4）同级优先级的线程轮流执行。

- 在一个线程运行完一个时间片后，如果没有更高优先级的线程，则运行同一优先级的另一个线程。
- 如果线程时间片为 0，则一直运行到执行结束，如果没有被阻塞、被中断或有更高优先级线程要运行。

（5）单级优先级反转。

- 如果低优先级的线程占据高优先级线程所需要的资源，就会阻塞高优先级线程，从而产生优先级反转。
- 可以暂时提高单个低优先级线程的优先级来解决优先级反转。

图 3-86 为同级线程时间片调度的示例。

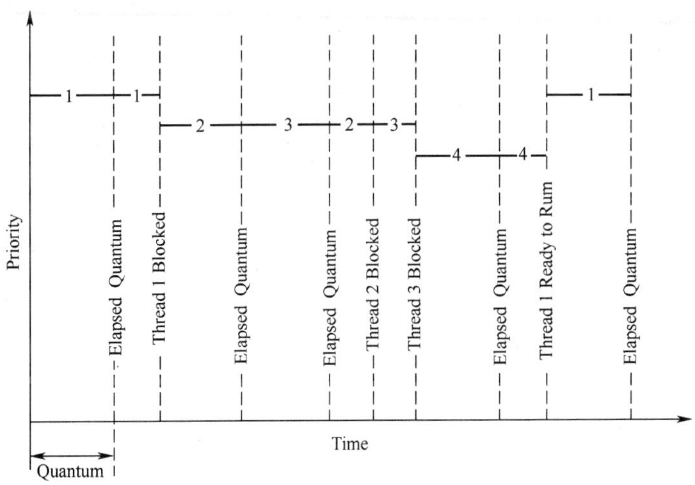

图 3-86 同级线程时间片调度的示例

图 3-86 中的四个线程，线程 1 优先级最高，线程 4 最低，线程 2 与 3 优先级相同，居中。线程 1 在执行完一个时间片后，调度器再次执行线程 1。如果线程 1 被阻塞，则线程 2 与 3 轮流执行，当它们执行完，线程 4 才有机会执行。如果线程 1 获得被阻塞的资源，则线程 1 抢占线程 4 重新执行。

图 3-87 为优先级反转示例。

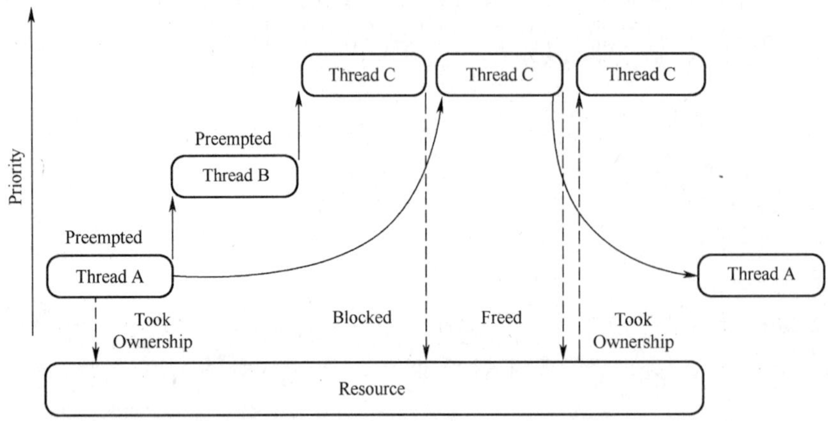

图 3-87　优先级反转示例

当线程 A 获得资源后，被线程 B 抢占，然后线程 B 又被线程 C 抢占。线程 C 在执行一段时间后需要等待线程 A 占据的资源，从而被阻塞。这时调度器暂时将线程 A 的优先级提高到与线程 C 一样，直到线程 A 释放资源，线程 C 得以继续执行，线程 A 的优先级再回复到原先级别。

Windows Embedded CE 仅支持单级优先级反转，所以只支持暂时提高一个线程的优先级，不支持多个线程的优先级反转，所以开发时要尽量避免出现多级优先级反转要求的情况。如表 3-12 所示为线程及进程管理函数。

表 3-12　线程及进程管理函数

函数	描述
CeGetThreadPriority	返回线程优先级
CeGetThreadQuantum	返回线程时间片
CeSetThreadPriority	设置线程优先级
CeSetThreadQuantum	设置线程执行的时间片
CreateProcess	创建一个进程及其主线程
CreateThread	创建一个线程
ExitProcess	退出当前进程及其所有线程
ExitThread	退出当前线程
GetCurrentProcess	返回当前进程句柄
GetCurrentProcessId	返回当前进程 ID 及句柄
GetCurrentThread	返回当前线程句柄
GetCurrentThreadId	返回当前线程 ID 及句柄
GetExitCodeProcess	返回某个特定进程的退出返回值

续表

函数	描述
GetExitCodeThread	返回某个特定线程的退出返回值
GetThreadContext	返回某个特定线程的上下文
GetThreadPriority	返回某个特定线程的优先级
OpenProcess	通过进程 ID 返回此进程的句柄
OpenThread	通过线程 ID 返回此线程的句柄
ResumeThread	减少挂起计数器，如果减少到 0，线程可以继续执行
SetThreadContext	设置某个特定线程上下文
Sleep	将当前执行线程挂起某段时间
SuspendThread	挂起当前执行线程，增加挂起计数器，加 1
TerminateProcess	关闭特定进程及其所有线程
TerminateThread	关闭特定线程

Windows Embedded CE 使用同步对象来保护多线程的并发访问，Windows Embedded 包括以下同步对象：

- 关键区
- 互斥
- 信号量
- 事件
- 点到点消息队列
- 互锁函数

同步对象可以处于设置与释放两种状态，如果一个线程申请一个处于设置状态的同步对象，则此线程被阻塞，当此同步对象重新释放，此线程才能继续执行。表 3-13 的提供函数可以阻塞一个线程，直到它需要的同步对象重新释放掉。

表 3-13　提供函数可以阻塞一个线程

函数	描述
WaitForSingleObject	阻塞某个线程，直到此同步对象释放掉
WaitForMultipleObject	阻塞某个线程，直到某些同步对象中的某一个释放掉

互锁函数提供对共享变量的保护，包括如表 3-14 所示的函数。

表 3-14　互锁函数提供对共享变量的保护

函数	描述
InterlockedIncrement	互锁 32 位原子锁加 1
InterlockedDecrement	互锁 32 位原子锁减 1
InterlockedExchange	互换两个 32 位原子锁

续表

函数	描述
InterlockedTestExchange	提供条件尝试并设置 32 位原子锁
InterlockedCompareExchange	提供条件尝试比较并设置 32 位原子锁
InterlockedExchangeAdd	互锁 32 位原子锁增加到一个特定值
InterlockedCompareExchangePointer	提供条件尝试比较并设置一个指针值
InterlockedExchangePointer	设置一个指针值

关键区用于保护并发访问某个多线程，关键区为一个特殊的数据结构，当线程需要使用关键区时，首先要分配并初始化它，当要保护某块代码区时，需要使用函数 EnterCriticalSection，然后此块代码区就禁止其他线程访问，只有在调用 LeaveCriticalSection 后才能被其他线程访问。表 3-15 为关键区函数表。

表 3-15　关键区函数表

函数	描述
InitializeCriticalSection	初始化一个关键区
EnterCriticalSection	分配一个关键区，如果成功则此线程拥有此关键区
TryEnterCriticalSection	尝试分配一个关键区，如果成功则此线程拥有此关键区
LeaveCriticalSection	离开某个关键区
DeleteCriticalSection	释放某个关键区

互斥量用于互斥访问某一资源，当某个线程拥有一个互斥量时，它变成设置状态，否则为释放状态。某一时刻仅仅一个线程可以拥有某个互斥量。

互斥量可以是有名互斥量或无名互斥量，有名互斥量用于不同进程间的同步，可以调用 WaitForSingleObject 或 WaitForMultipleObject 函数来实现同步，然后调用 CloseHandle 函数来释放。表 3-16 为互斥量函数。

表 3-16　互斥量函数

函数	描述
CreateMutex	创建一个有名或无名互斥量对象
ReleaseMutex	释放一个特定的互斥量对象

信号量用于多个线程同时访问某个资源，初始化一个信号量时需要设置可同时访问此资源的线程数目，当某个进程申请到一个信号量时，可用计数减一，当某个进程释放掉一个信号量时，可用计数加一。

可用计数最小为 0，最大为信号量初始化的最大值，信号量可以是有名的，也可以是无名的，有名信号量可用于不同进程间的同步。

使用 WaitForSingleObject 和 WaitForMultipleObject 函数来设置信号量，使用 CloseHandle 函数来释放信号量。表 3-17 为信号量函数表。

表 3-17　信号量函数表

函数	描述
CreateSemaphore	创建一个有名或无名信号量对象
ReleaseSemaphore	释放一个特定的信号量对象

系统使用事件来通知线程特定事件发生，事件在设置后处于已设置状态，在重置后处于释放状态。根据如何重置事件，可以分为自动事件和手工事件，自动事件内核会在事件释放时自动变成释放状态，而手工事件需要调用特定函数来实现释放。

事件可以是有名事件或无名事件，有名事件可以用于不同进程间的同步，使用 WaitForSingleObject 和 WaitForMultipleObject 函数来实现同步，使用 CloseHandle 函数来释放。表 3-18 为事件函数表。

表 3-18　事件函数表

函数	描述
CreateEvent	创建一个有名或无名事件对象
SetEvent	将一个事件置为设置状态
ResetEvent	将一个事件置为释放状态
PulseEvent	在某个数量的线程释放后，将一个事件置为设备状态

当调用 SetEvent 函数将一个手工事件置为设置状态后，需要调用 ResetEvent 函数来手工释放此事件，释放后等待此事件的所有线程得以执行。

点到点消息队列用于线程前传输同步信息，可以使用如电源管理、即插即用等。点到点队列可以是有名的或无名的，有名队列可用于不同进程间的同步，使用 WaitForSingleObject 和 WaitForMultipleObject 函数来实现同步，使用 CloseHandle 函数来释放。表 3-19 为队列函数表。

表 3-19　队列函数表

函数	描述
CreateMsgQueue	创建并打开一个用户消息队列
CloseMsgQueue	关闭一个打开的消息队列
GetMsgQueueInfo	返回一个消息队列的相关信息
ReadMsgQueue	从消息队列中读出一个消息
ReadMsgQueueEx	从消息队列中读出一个消息，并给消息发送者返回一个保密的上下文
WriteMsgQueue	把一个信息排入消息队列
OpenMsgQueue	通过一个句柄打开一个存在的消息队列

3.1.4.4　WinCE 6.0 中断管理

外部设备使用中断来通知内核中断服务来处理设备请求，OAL 层负责将 IRQ 中断映射到系统中断（SYSINTR）。

中断服务分为两部分：中断服务例程（ISR）和中断服务线程（IST）。每个 IRQ 中断对应一个 ISR，多个中断源可以对应一个 ISR。当中断发生时，系统招待相应 ISR，执行完毕后，返回一个逻辑中断号给 SYSINTR。内核检查此 ID 并设置此中断事件，而后系统可以执行等待此事件的 IST。

ISR 的主要任务是决定逻辑中断号，并屏蔽之。ISR 一般要求比较小的执行时间，而将大部分与外设访问的工作在 IST 中实现。

中断处理如图 3-88 所示。

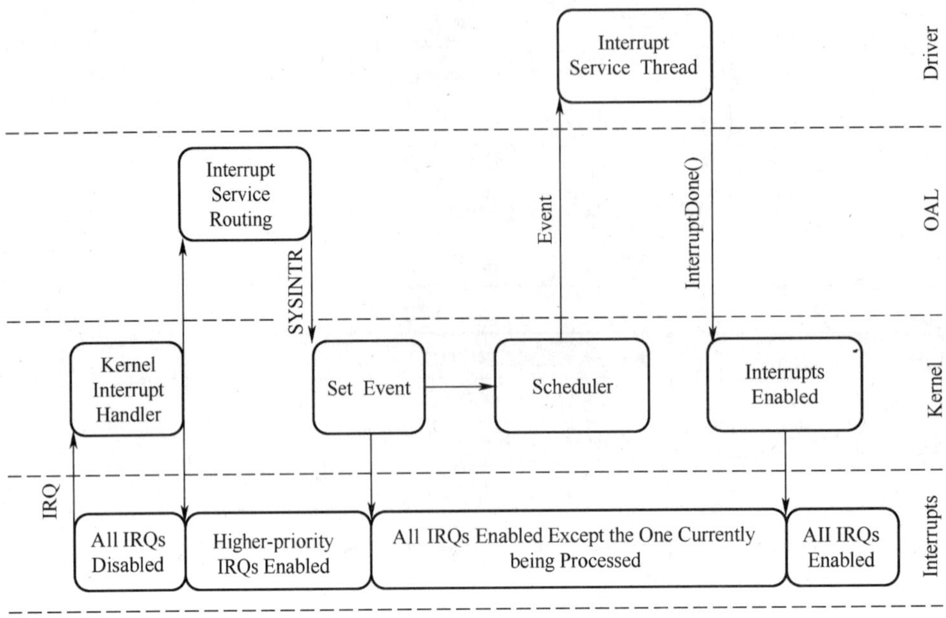

图 3-88　WinCE 6.0 中断处理

IST 是一个高优先级的系统线程，IST 一般执行以下操作：

（1）创建一个标准事件（使用 CreateEvent 函数）。

（2）使用一个特定的逻辑 SYSINTR 中断号来注册中断事件（InterruptInitialize 函数）。

（3）等待中断相关事件（使用 WaitForSingleObject 函数）。

（4）在执行快结束时通知内核中断处理结束（使用 InterruptDone 函数）。

3.2　WinCE 6.0 软件开发包的安装、编译、下载与调试

以下章节以怡鼎 MX51 开发板为例，介绍基于 i.MX51 的 WinCE 6.0 软件开发包如何安装、编译、下载与调试。相关开发板信息，请访问 http://www.idinginfo.com/。

3.2.1　WinCE 6.0 软件开发包的安装

3.2.1.1　怡鼎 MX51 WinCE 6.0 软件开发包说明

怡鼎.MX51WinCE 6.0 软件开发包，包括基于怡鼎 MX51 开发板的板级开发包 BSP，音频与话音编解码器中间件，图像编解码器中间件，视频编解码器中间件等模块。

表 3-20 为怡鼎 MX51 WINCE6BSP 板级开包所支持的功能说明，包括 Bootloader、OAL 层，及各个外设的驱动支持情况。

表 3-20 怡鼎 MX51 WinCE 6.0BSP 功能说明

功能	是否支持	说明
OEM 适应层（OAL）		
X-Loader（SD/MMC）	Y	支持直接从外部 SD/MMC 卡启动，SD/MMC 同时可用作文件系统的存储设备
X-Loader（SPI Flash）	Y	支持从 SPI Flash 中启动
Bootloader（Eboot）	Y	支持通过 FEC 网口下载镜像
Bootloader（USB RNDIS）	Y	支持通过 USB RNDIS 模拟网口下载镜像
Bootloader（USB 串口）	Y	支持通过 USB 模拟串口下载镜像
eSDv2.1&eMMC4.3Boot 分区支持	Y	Bootloader 支持对 eSD 2.1 与 eMMC 4.3 设备进行读写操作与分区
EPIT1	Y	PQAL（产品级 OAL 层）的系统时间支持
Kernel Profiler	Y	使用 GPT 通用硬件时钟来支持
KITL（以太网）	Y	支持 Kernel Independent Transport Layer（KITL），传输通路为以太网
KITL（usb RNDIS）	Y	支持 Kernel Independent Transport Layer（KITL），传输通路为 USB 模拟以太网
L2 Cache	Y	默认策略为回写
调试串口	Y	可通过串口 1 打印调试信息
SRTC	Y	PQOAL 时钟支持，通过 SRTC
TZIC	Y	PQOAL 中断控制支持
WDOG	Y	PQOAL 系统硬件看门狗支持
驱动		
音频驱动（WM8758）	Y	WM8758 音频 AD/DA 芯片回放与录音支持
显示屏背光	Y	使用 i.MX51PWM 控制
电池	Y	支持真实与假电池电路模拟电池
摄像头	Y	
芯片时钟控制（CCM）	Y	CSPDDK 的时钟管理模块支持（DDK_CLK）
eCSPI	Y	仅支持 eCSPI 主模式，其中 eCSPI1 用作 PMIC 通信控制接口
DVFS	Y	动态调频调压，通过控制 PMIC 输出电压
FEC	Y	10M/100M 以太网支持
GPIO	Y	CSPDDK 的 GPIO 管理模块支持（DDK_GPIO）
GPU	Y	Z160 2D、Z430 3D 硬件加速模块驱动支持
GPT	Y	通用硬件时钟
I2C	Y	仅支持主模式，I2C2 控制 DVI 和音频 AD/DA 芯片
IOMUX	Y	CSPDDK 的 IOMUX 管理模块支持（DDK_IOMUX）
IPU 同步 LCD 屏	Y	支持 DVI 接口显示器/DVI 接口显示器/WVGA LCD/显示器控制面板

续表

功能	是否支持	说明
MC13893 电源管理芯片（PMIC）	Y	支持电源控制，AD 采样转换与触摸屏控制
MMC/SD/SDIO	Y	支持 SD 卡、SDHC 卡、MMC 卡与 MMCPlus 卡
Post-processor	Y	图像后处理支持
SPDIF	Y	
SDMA	Y	CSPDDK 的 SDMA 管理模块支持（DDK_SDMA）
串口	Y	支持
TV OUT	Y	支持
USB	Y	支持 USB 高速 OTG Host/Device，及高速 USB Host1
Video 去交织（VDI）	Y	IPU 驱动支持
Video 处理单元（VPU）	Y	VPU 驱动及 fimware 支持
WiFi	Y	支持 Artheores 6102 WiFi SDIO 模块
3G	Y	支持中兴 miniPCI 模块
TV in	Y	支持 ADV7180 视频输入
应用程序		
WordPad	Y	微软 WordPad 应用程序
Etcha	Y	触摸屏画图测试程序
OpenVG 2D demo	Y	OpengVG 测试应用程序
OpenGL 3D demo	Y	OpengGL 1.1/2.0 测试应用程序
WinceR3 sliverlight demo	Y	微软 WinCE 6.0 R3 的 Sliverlight 测试应用程序
WinceR3 flash-lite demo	Y	微软 WinCE 6.0 R3 的 Flash-lite 测试应用程序
Word	Y	微软 WinCE 6.0 R3 的 Word 应用程序
PDF	Y	微软 WinCE 6.0 R3 的 PDF 应用程序
Excel	Y	微软 WinCE 6.0 R3 的 Excel 应用程序
WinCE 6.0 内核服务支持		
电源管理	Y	支持微软 WinCE 6.0 电源管理
图形及多媒体		
Windows 媒体播放器	Y	具体支持的音视频格式请参考音视频功能说明列表
DirectDraw	Y	IPU 硬件驱动支持
Shell 及用户界面		
软件输入键盘	Y	微软软键盘输入
触摸屏（Stylus）	Y	支持 MC13892 电阻式触摸屏
键盘	Y	支持 USB 键盘

表 3-21 为怡鼎 MX51 WinCE 6.0 音频编解码器功能说明，由表可见它包含如 mp3、wma 和 aac 等主流音频格式的编解码支持。

表 3-21　音频编解码功能列表

功能		Profile	通道	采样率 (kHz)	Bit 速率 (kb/s)
音频解码	AAC	MPEG-2 and MPEG-4 audio low complexity (LC) profile	≤5.1	8～96	8～256
	aacPlus AC3（注：未包含在怡鼎的 BSP 包内，需要单独向 DOLBY LAB 申请授权）	MPEG-2 and MPEG-4 audio low complexity (LC) profile HE-AAC 1.2 HE-AAC 2.0	Mono/Stereo	8～96	8～384 (Mono) 16～768 (Stereo)
	AMR	AMR Narrow Band	Mono	8	
	MP3	MPEG-1 Audio Layer I MPEG-1 Audio Layer II MPEG-1 Audio Layer III	Mono/Stereo	≤48	8～320
	RA（注：未包含在怡鼎的 BSP 包内，需要单独向 REALNETWORKS 申请授权）	Real Audio 6	Mono/Stereo	≤44.1	
	WMA Standard	WMA V10 Standard L1 profile	Mono/Stereo	44.1	64～161
		WMA V10 Standard L2 profile		≤48	≤161
		WMA V10 Standard L3 profile		≤48	≤385
	WMA Professional	WMA V10 Professional M0a profile	Mono/Stereo	≤48	48～196
		WMA V10 Professional M0b profile	Mono/Stereo	≤48	≤192
		WMA V10 Professional M1 profile	≤5.1	≤48	≤384
		WMA V10 Professional M2 profile	≤5.1	≤96	≤768
		WMA V10 Professional M3 profile	≤7.1	≤96	≤1.5
	WMA Lossless	WMA V10 Lossless N1 profile	Mono/Stereo	≤48	≤3
		WMA V10 Lossless N2 profile	≤5.1	≤96	≤3
		WMA V10 Lossless N3 profile	≤7.1	≤96	≤3
	FLAC	Free Lossless Audio Codec			
	Oggvorbis	Ogg vorbis audio codec			
	AC3（注：未包含在怡鼎的 BSP 包内，需要单独向 DOLBY LAB 申请授权）	Dolby AC3	≤5.1	≤48	32～640
音频编码	MP3	MPEG-1 Audio Layer III	Mono/Stereo	32/44.1/48	8～320
	WMA	WMA V8 L1 profile	Mono/Stereo	44.1	64～161
		WMA V8 L2 profile		≤48	≤161
		WMA V8 L3 profile		≤48	≤385

表 3-22 为怡鼎 MX51 WinCE 6.0 视频编解码器功能说明，由表可见它包含如 rmvb、h264、mp4 等主流视频格式的编解码支持。

表 3-22 视频编解码功能列表

功能		Profile	最大分辨率	最小分辨率
视频解码	DivX（注：未包含在怡鼎的BSP 包内，需要单独向 DivX 申请授权）	支持 DivX 3/4/5/6，家庭影院 profile	1280×720@30fps	64×64
	H.263	支持 H.263	1280×720@30fps	64×64
	H.264	支持 MPEG-4，Part 10 video H.264baseline/main/high Profile(BP/MP/HP@L4.1)	1280×720@30fps	64×64
	MJPEG	支持 JPEG baseline mode	1280×720@30fps	64×64
	MPEG2	支持 MPEG-1 video 支持 MPEG-2 video main profile (MP@HL)	1280×720@30fps	64×64
	MPEG4	支持 MPEG-4 Part 2 video simple /advanced simple profile (SP/ASP@L5) except GMC	1280×720@30fps	64×64
	RV（注：未包含在怡鼎的 BSP 包内，需要单独向 REALNETWORKS 申请授权）	支持 Real Video 8、9、10	1280×720@30fps	64×64
	VC-1	支持 VC-1 simple/main/advancedprofile(SP/MP/AP@L3)	1280×720@30fps	64×64
视频编码	H.263	支持 H.263 baseline profile P3	1280×720@30fps	64×64
	H.264	支持 MPEG-4，Part 10 video H.264 baseline profile (BP)	1280×720@30fps	64×64
	MJPEG	支持 JPEG baseline mode	1280×720@30fps	64×64
	MPEG4	支持 MPEG-4 Part 2 video simple profile(SP)	1280×720@30fps	64×64

表 3-23 为怡鼎 MX51 WinCE 6.0 话音编解码器功能说明，由表可见它包含如 AMR、G726 等主流话音格式的编解码支持。

表 3-23 话音编解码功能列表

功能		Profile	采样率（kHz）	Bit 速率（bps）
话音编解码	SBC	SBC 编码	≤48	
	G.711	G.711 编解码	8	64
	G.723	G.723.1 编解码	8	5.3/6.3
	G.726	G.726 编解码	8	16/24/32/40
	G.729	G.729a/b 编解码	8	8
	AMR	AMR 窄带编解码	8	4.75/5.15/5.9/6.7/7.4/7.9/10.2/12.2
		AMR 宽带编解码	16	6.6/8.85/12.65/14.25/15.85/18.25/19.85/23.05/23.85

表 3-24 为怡鼎 MX51 WinCE 6.0 图像编解码器功能说明，由表可见它包含如 JPEG、PNG、GIF 等主流图像格式的编解码支持。

表 3-24　图像编解码功能列表

功能		Profile	最大分辨率	最小分辨率
图像解码	BMP	Supports BMP	65535×655351	1×1
	GIF	Supports GIF 87a，89a	65535×655351	1×1
	JPEG	Supports JPEG baseline mode	8192×8192	64×64
	PNG	Supports PNG V1.0	65535×655351	1×1

表 3-25 为怡鼎 MX51 WinCE 6.0 编解码器模块的音视频文件后缀、容器及内部音视频编码关系。

表 3-25　音视频文件后缀、容器及内部音视频编码关系

文件扩展名	容器	视频编码规范	音频编码规范	图像编码规范
mp3	MPEG-1 Audio Layer III	N/A	MP3	N/A
.wma	Advanced Systems Format	A	WMA	N/A
.aac		N/A	AAC，LC，AAC+	N/A
.ac3（注：未包含在怡鼎的 BSP 包内，需要单独向 DOLBY LAB 申请授权）		N/A	AC3	N/A
.ra（注：未包含在怡鼎的 BSP 包内，需要单独向 REALNETWORKS 申请授权	Real Media Container	N/A	Real Audio	N/A
.asf .wmv	Advanced Systems Format	VC1	WMA	N/A
.flac		N/A	FLAC	N/A
.ogg	OGG	N/A	vorbis	N/A
.mpg	MPEG-2 PS	MPEG-2	MP3，AC3，LPCM	N/A
	MPEG-2 PES	MPEG-2	MP3，AC3，LPCM	
	MPEG-1 SS	MPEG-2	MP3	
	MPEG-2 TS	MPEG-2	MP3，AC3，LPCM	
.vob	MPEG2 PS	MPEG-2	AC3，LPCM	N/A
.mp4 .mov .3gp	MPEG-4 Part14	H.263，H.264，MPEG4	AC3	N/A
.avi	Audio Video Interleave	DivX，H.264，MPEG4，MJPEG，Xvid，WMV	AAC，AC3，MP3，WMA	N/A
.m4a	MPEG-4 Part14	N/A	AAC，MP3	N/A
.m4b	MPEG-4 Part14	N/A	AAC	N/A
.m4v	MPEG-4 Part14	H.264，MPEG4	N/A	N/A
.rm .rmvb	Real Media Container	Real Video	Real Audio	N/A
.bmp	N/A	N/A	N/A	BMP
.gif	N/A	N/A	N/A	GIF 87a & 89a
.jpg	N/A	N/A	N/A	JPEG baseline mode
.png	N/A	N/A	N/A	PNG v1.0

3.2.1.2　安装 WinCE 6.0 编译环境

在 3.1.2 节说明了安装 WinCE 6.0 编译环境的详细步骤，此处补充说明运行怡鼎 MX51 WinCE 6.0 开发包需要安装的编译软件。

- 安装 Visual Studio 2005。
- 安装 Visual Studio 2005 SP1，其下载地址为：http://www.microsoft.com/downloads/details.aspx?familyid=BB4A75AB-E2D4-4C96-B39D-37BAF6B5B1DC&displaylang=en，安装包文件名：VS80sp1-KB926601-X86-ENU.exe。
- 安装 Windows Embedded CE 6.0 Platform Builder。
- 安装 Windows Embedded CE 6.0 SP1，其下载地址为：http://www.microsoft.com/downloads/details.aspx?familyid=BF0DC0E3-8575-4860-A8E3-290ADF242678&displaylang=en，安装包文件名：Windows Embedded CE 6.0 Platform Builder Sevice Pack 1.msi。
- 安装 Windows Embedded CE6.0 R2，其下载地址为：http://www.microsoft.com/downloads/details.aspx?FamilyID=f41fc7c1-f0f4-4fd6-9366-b61e0ab59565&displaylang=en，安装包文件名：CE6R2.iso，需要用虚拟光盘软件加载这个文件，挂载成一个虚拟光盘，直接运行里面的 Windows Embedded CE 6.0 R2.msi。
- 安装 Windows Embedded CE 6.0 R3，其下载地址为：http://www.microsoft.com/downloads/details.aspx?displaylang=en&FamilyID=bc247d88-ddb6-4d4a-a595-8eee3556fe46，安装包文件名：CE6R3.iso，需要用虚拟光盘软件加载这个文件，挂载成一个虚拟光盘，然后运行 Windows Embedded CE 6.0 R3.msi。
- 安装 Windows Embedded CE 6.0 R3 Update Rollup，其下载地址为：http://www.microsoft.com/downloads/details.aspx?FamilyID=18a0bc2b-35ad-4b04-bf80-3eb701ceaa2b&displaylang=en，安装包文件名：WinCEPB60-R3-2009-Update-Rollup-Armv4I.msi。

至此，编译怡鼎 MX51 WinCE 6.0 软件开发包的所有编译环境就安装完成了，除此之外，还可以从微软网站下载并安装一些应用程序安装包。例如：

- Viewers for Windows Embedded CE 6.0 R3，其下载地址为：http://www.microsoft.com/downloads/details.aspx?FamilyID=d2fd14eb-7d5c-428b-951c-343f910047c1&displaylang=en，安装包文件名：WesttekFileViewers6.exe，它支持微软 Office Word 97/2003，Excel 97/2003，PowerPoint 97/2003，Adobe Reader 4.0 PDF 文件。
- Mobile QQ Messenger Client for Windows Embedded CE 6.0 R3，其下载地址为：http://www.microsoft.com/downloads/details.aspx?FamilyID=527042f7-bb5b-4831-a6ad-5081808824ec&displaylang=en，安装包文件名：QQ.zip。

注意：

（1）安装 VS2005 时，可以选择定制，然后只安装 Visual C++，以节约硬盘空间。

（2）安装 Windows Embedded CE 6.0 时，一定要选中安装源代码和 ARMV4I 支持，安装结束后，源代码根目录名一般为：\WINCE600，其环境变量名为%_WINCEROOT%，比如，如果安装在硬件分区 D，则 WINCE 源代码位于 D:\ WINCE600，%_WINCEROOT%就等于 D:\ WINCE600。

（3）第一次打开 VS2005 时，软件会提示选择默认风格，可以选择 Platform Builder。

3.2.1.3　安装怡鼎 MX51 WinCE 6.0 软件开发包

怡鼎 WinCE 6.0 软件开发包及中间件包括以下部分：

- Booloader，用于下载或加载内核。
- OEM 适配层（OAL）提供内核的硬件无关接口层。
- 支持 i.MX51 芯片内置外设的 CSP 层代码。
- 支持怡鼎 i.MX51 开发板的板级驱动代码。
- 基于 i.MX51 的编解码器软件模块。
- 镜像配置与编译文件。

怡鼎 i.MX51 WinCE 6.0 软件开发包可以直接安装在 Windows Embedded CE 6.0 的源代码目录树中，安装位置遵循微软 PQOAL（产品级 OAL）和 PQD（产品级驱动代码）推荐。

将怡鼎 MX51 WinCE 6.0 软件开发包直接解压到%_WINCEROOT%，安装完成后如图 3-89 所示。

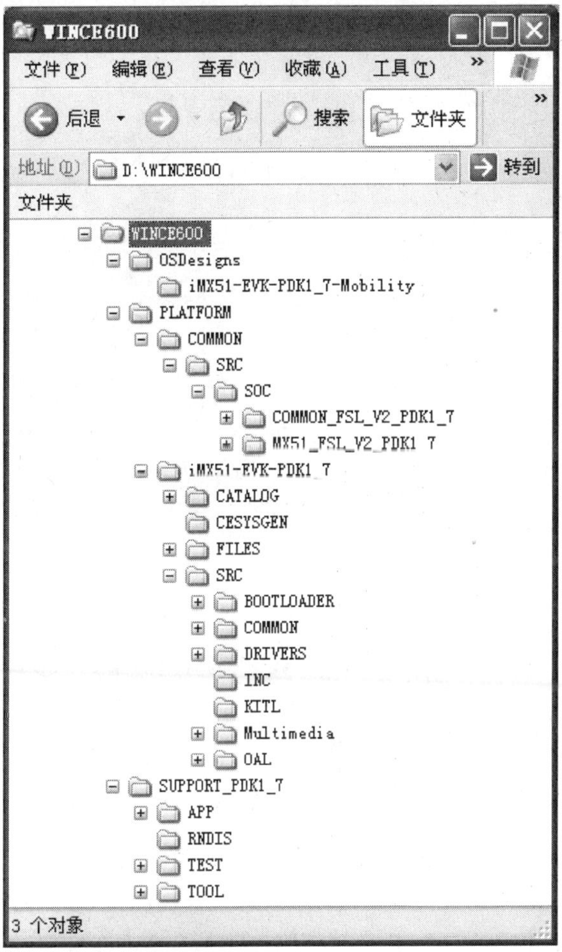

图 3-89　安装 BSP 后的目录结构

整个软件开发包的源代码及编译支持文件的目录树分布如下：

（1）%_WINCEROOT%\OSDesigns\i.MX51-EVK-PDK1_7-Mobility\

- i.MX51-EVK-PDK1_7-Mobility.sln 为 BSP 解决方案文件。
- i.MX51-EVK-PDK1_7-Mobility.pbxml 为 BSP 项目文件。

（2）%_WINCEROOT%\PLATFORM\COMMON\SRC\SOC 为 CSP 源代码，即只与 i.MX51 芯片本身相关，而与板级外设芯片无关的代码，它分成两部分。

1）COMMON_FSL_V2_PDK1_7 为所有飞思卡尔 i.MX 系列芯片都可以同用的部分，一般是因为飞思卡尔 i.MX 系列使用了相近或类似的 IC 的 IP 库。PQD 部分代码在 COMMON_FSL_V2_PDK1_7 目录中，PQOAL 层代码在 COMMON_FSL_V2_PDK1_7\OAL 目录中，Bootloader 代码在 COMMON_FSL_V2_PDK1_7\BOOT 中。

2）MX51_FSL_V2_PDK1_7 为飞思卡尔 i.MX51 芯片专用的部分，PQD 部分代码在 MX51_FSL_V2_PDK1_7 目录中，PQOAL 层代码在 MX51_FSL_V2_PDK1_7 \OAL 目录中。

（3）%_WINCEROOT%\PLATFORM\i.MX51-EVK-PDK1_7 为 BSP 源代码，包括所有与板级外设相关的驱动、Bootloader、PQOAL 及多媒体中间件层。

- CATALOG。
- CESYSGEN。
- FILES：包括镜像生成相关的文件、平台注册表和一些预编译的可执行文件。
- SRC。
    - BOOTLOADER：Xldr/Eboot 源代码。
    - DRIVERS：与开发板相关外设的驱动。
    - Multimedia：多媒体中间件代码。
    - OAL：OAL 层代码。
    - COMMON：Bootloader 和 OAL 可共用的代码。
    - KITL：KITL 代码。
    - INC：平台相关头文件。

（4）%_WINCEROOT%\SUPPORT_PDK1_7：包括一些应用程序、测试代码和工具。

- APP：一些显示程序和控制面板小程序。
- TEST：驱动相关的部分 CETK 测试程序。
- TOOL：镜像烧录工具和 Jtag 调试工具所用的相关文件。

以上为怡鼎 MX51 WinCE 6.0 软件开发包的目录树，删除软件开发包时，就需要删除：

%_WINCEROOT%\OSDesigns\i.MX51-EVK-PDK1_7-Mobility

%_WINCEROOT%\PLATFORM\COMMON\SRC\SOC\ COMMON_FSL_V2_PDK1_7

%_WINCEROOT%\PLATFORM\COMMON\SRC\SOC\ MX51_FSL_V2_PDK1_7

%_WINCEROOT%\PLATFORM\i.MX51-EVK-PDK1_7

%_WINCEROOT%\SUPPORT_PDK1_7

然后在%_WINCEROOT%\PLATFORM\COMMON\LIB\ARMV4I 目录中搜索“*FSL_V2*”，将所有的 CSP 与 i.MX51 相关的库文件删掉。

注意：

（1）在安装新的 BSP 前，如果有老的 BSP 存在，需要先删除掉。

（2）在安装新的 BSP 后，注意检查各个需要编译源代码目录中的 dir 文件，它决定了哪些目录会被编译，所以 dir 文件的错误和遗漏常常会导致编译失败。

3.2.2 WinCE 6.0 软件开发包的编译

3.2.2.1 怡鼎 MX51 WinCE 6.0 软件开发包的镜像配置

怡鼎 MX51 WinCE 6.0 软件开发包使用三种类型的 BSP 配置用环境变量：

- BSP_NOXXX
- BSP_XXX
- IMGXXX

1. BSP_NOXXX

怡鼎 MX51 WinCE 6.0 软件开发包支持 Windows Embedded CE 6.0 的环境变量依赖，比如；如果选中了 SYSGEN_SMARTCARD 的 SYSGNE 环境变量，BSP_SIM 的 BSP 环境变量就会自动选中，而 BSP_NOXXX 环境变量可以去除掉某个相关驱动，就算已经选中了相应的 SYSGEN 变量。

BSP_NOXXX 定义在 %_WINCEROOT%\PLATFORM\i.MX51-EVK-PDK1_7\i.MX51-EVK-PDK1_7.bat 中，主要用于调试与开发阶段快速地去除某个相关驱动。

如果存在 SYSGEN 的依赖关系，不能直接在 Catalog 视图中去除掉某个驱动，就可以使用 BSP_NOXXX 环境变量，具体定义如表 3-26 所示。

表 3-26 怡鼎软件开发包的 BSP_NOXXX 定义

变量名称	描述	设置
BSP_NOAUDIO	去掉 SSI 音频驱动	BSP_NOAUDIO=1 尽管选中了 SYSGEN_AUDIO 环境变量，也可以去掉 SSI 音频驱动
BSP_NOBATTERY	去掉电池驱动	BSP_NOBATTERY=1 尽管选中了 SYSGEN_BATTERY 环境变量，也可以去掉电池驱动
BSP_NOBLUETOOTH	去掉蓝牙驱动	BSP_NOBLUETOOTH=1 尽管选中了 SYSGEN_BTH 环境变量，也可以去掉蓝牙驱动
BSP_NOCSPDDK	去掉 CSP 驱动开发包，大部分的 BSP 驱动都需要这个开发包	BSP_NOCSPDDK=1 尽管选中了 SYSGEN_CEDDK 环境变量，也可以去掉 CSP 驱动开发包，选中这个后，所有的 BSP 驱动就不工作了
BSP_NOCSPI	去掉 eCSPI 驱动	BSP_NOCSPI=1 尽管选中了 SYSGEN_DEVICE 环境变量，也可以去掉 eCSPI 音频驱动
BSP_NODISPLAY	去掉显示驱动	BSP_NODISPLAY=1 尽管选中了 SYSGEN_DISPLAY 环境变量，也可以去掉显示驱动
BSP_NOETHER	去掉以太网驱动	BSP_NOETHER=1 尽管选中了 SYSGEN_NDIS 环境变量，也可以去掉以太网驱动

续表

变量名称	描述	设置
BSP_NOKEYPAD	去掉按键驱动	BSP_NOKEYPAD=1 尽管选中了 SYSGEN_MINIINPUT 坏境变量，也可以去掉按键驱动
BSP_NONLED	去掉通知灯（gpio led）驱动	BSP_NONLED=1 尽管选中了 SYSGEN_NLED 环境变量，也可以去掉通知灯（gpio led）驱动
BSP_NOPMIC	去掉电源管理驱动	BSP_NOPMIC=1 尽管选中了 SYSGEN_DEVICE 环境变量，也可以去掉电源管理驱动
BSP_NOSDHC	去掉 eSDHC 驱动	BSP_NOSDHC=1 尽管选中了 SYSGEN_SDBUS 环境变量，也可以去掉 eSHDC 音频驱动
BSP_NOSIM	去掉 SIM 驱动	BSP_NOSIM=1 尽管选中了 SYSGEN_SMARTCARO 环境变量，也可以去掉 SIM 卡驱动
BSP_NOTOUCH	去掉触摸屏驱动	BSP_NOTOUCH=1 尽管选中了 SYSGEN_TOUCH 环境变量，也可以去掉触摸屏驱动
BSP_NOUSB	去掉所有的 USB 驱动	BSP_NOUSB=1 尽管选中了 SYSGEN_USB 和 SYSGEN_USBFN 环境变量，也可以去掉所有的 USB 驱动
BSP_NOPWRBTN	去掉开关机按钮驱动	BSP_NOPWRBTN =1 可以去掉开关机按钮驱动

以上 BSP 变量除 BSP_NOPWRBTN 外，都会去除掉相应 SYSGEN 变量的相关驱动，所以如果没有定义，选中相应的 SYSGEN 变量后，相应驱动就会自动加上，除非这个驱动 BSP 环境变量包含子变量（比如 SD Host Controllers 包含 eSDHC1 和 eSDHC2）；或是此驱动依赖其他驱动（如音频驱动依赖与 I2C2 驱动）；或是此驱动与其他驱动冲突。

2. BSP_XXX 变量

SYSGEN 变量依赖的驱动会在选中相关 SYSGEN 变量后自动选中，其他 BSP 变量可以通过组件项目 Catalog 视图来选中或移除，在组件项目 Catalog 中选中某一驱动选项后，相应 BSP_XXX 变量就会加上。

如果在 Catalog 视图中选择某一驱动不成功，就会显示一个红色的“X”。这表示此驱动依赖于其他驱动，或与其他驱动冲突。可以右击此驱动 Catalog 选项后，在 Reasons for Exclusion of Item 中，可以看到此驱动是依赖于其他驱动，或与其他驱动冲突。如图 3-90 所示，PB 提示 FEC 驱动不能加入，查看其原因，需要移除掉变量 BSP_NOETHER。

3. IMG_XXX 变量

此变量用于控制生成内核镜像，一般定义在 Project-> Properties-> Configuration Properties->Environment 菜单选项中，目前怡鼎软件开发包使用的 IMG_XXX 变量如表 3-27 所示。

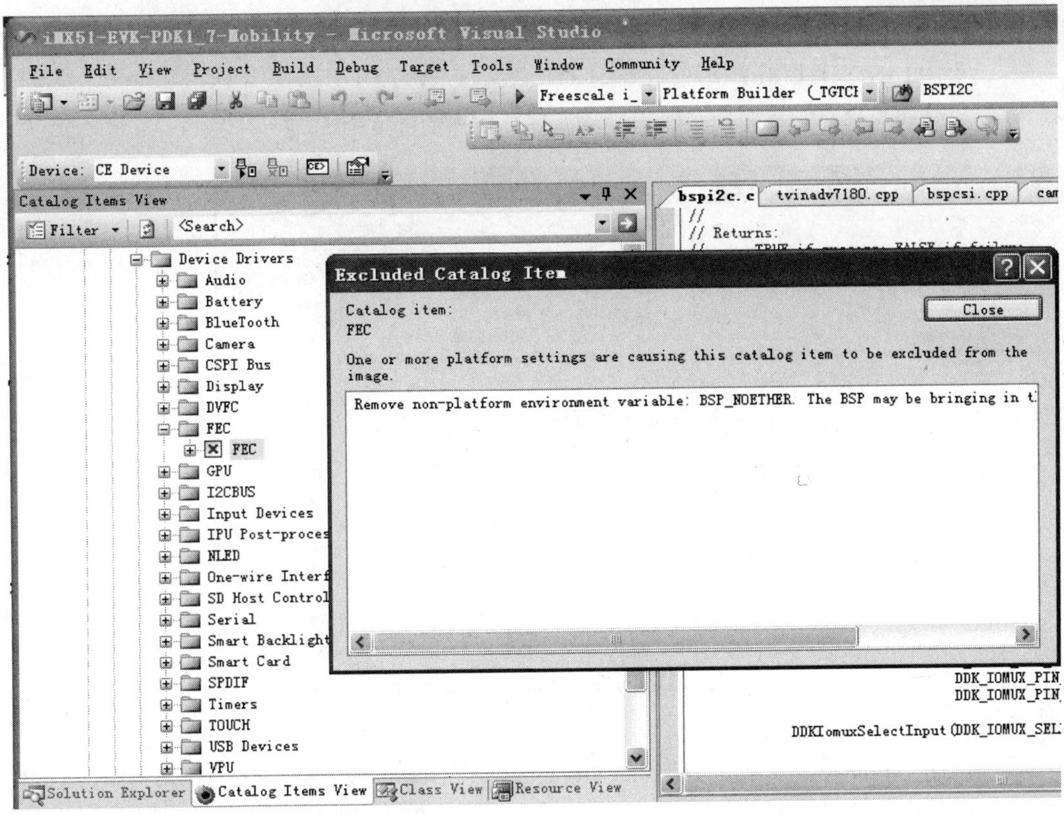

图 3-90 组件项目 Catalog 视图选择/移除

表 3-27 怡鼎软件开发包 IMG_XXX 定义

变量名称	描述	设置
IMGSDMMC	用于生成基于 SD/MMC 卡启动的 Eboot 和 OS 镜像	IMGSDMMC =1 Eboot 和 OS 镜像连接为基于 SD/MMC 卡启动的，怡鼎开发板 BSP 目前支持此模式启动，一般需要加上此变量
IMGRAM256	定义 OS 镜像可以使用的 DDR2 大小为 256MB	IMGRAM256=1 选中此变量后，可以使用的 DDR2 大小只有 CSD0，256MB，去除掉后可以使用 CSD0/1，512MB，所以默认不需要加上此变量
IMGRAM128	定义 OS 镜像可以使用的 DDR2 大小为 128MB	IMGRAM128=1 选中此变量后，可以使用的 DDR2 大小只有 128MB，所以默认不需要加上此变量
IMGSMALLNK	定义 OS 镜像大小小于 47MB	IMGSMALLNK =1 选择此变量，必须保证编译出来的 OS 镜像不会越界，所以需要移除一些编译到 OS 的组件或驱动，如果去掉此变量，默认 OS 镜像大小为 96MB，默认不需要加上此变量

由上可知，所有 BSP 配置环境变量基本来自于四个地方：

- %_WINCEROOT%\ PLATFORM \i.MX51-EVK-PDK1_7 \i.MX51-EVK-PDK1_7.bat，主要用于定义 BSP_NOXXX 变量，也可用于快速增加某个 BSP_XXX 变量。

- Project ->Properties ->Configuration Properties->Build Options，主要定义 IMGXXX 变量等，比如 IMGNOKITL 用于增加或删除 KITL 的支持，WINCESHIP 用于决定是否编译为最终生产版本，这个选项会禁止掉大部分的调试串口输出，如图 3-91 所示。

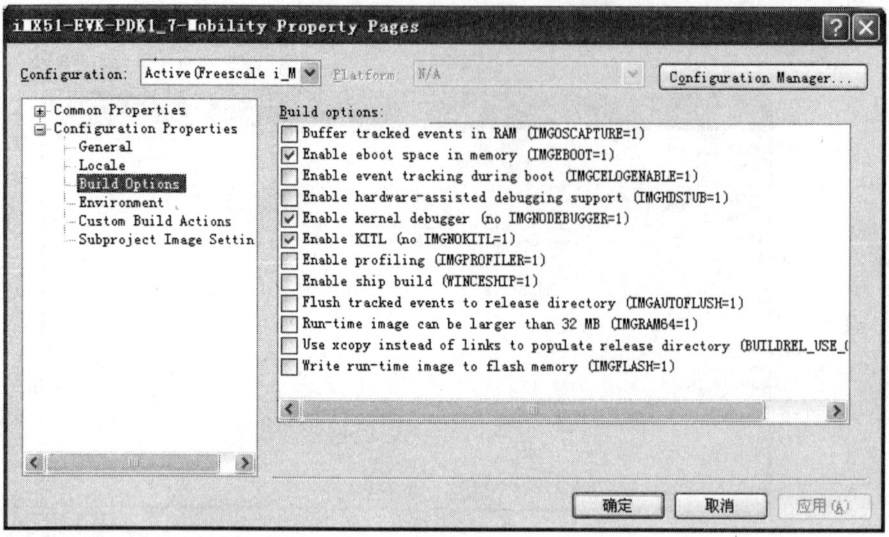

图 3-91　编译链接变量选项

- Project ->Properties ->Configuration Properties->Environment，除了在 i.MX51-EVK-PDK1_7.bat 外，此处也可以用于定义永久性的环境变量，如 imgsdmmc 以及 bsp_si_ver，这个变量用于定义芯片版本高于版本 2，如图 3-92 所示。

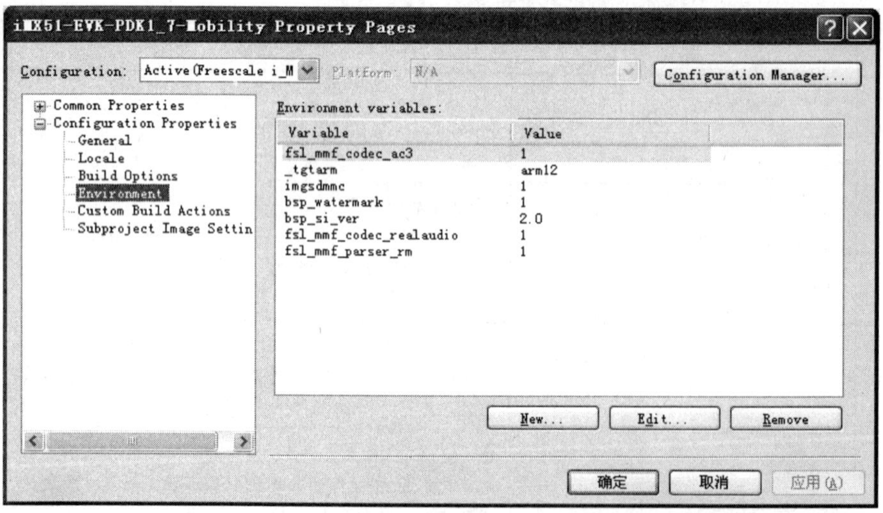

图 3-92　环境变量选项

- 在组件项目 Catalog 视图中，是否选中相应的驱动组件或内核组件选项，也会引入或删除掉相应的 BSP_XXX 环境变量，如图 3-93 所示，选中 GPU->Graphics Processing Unit->OpenGL ES support 会相应地引入 BSP_GPU_BASE、BSP_GPU_OPENGLES 变量。

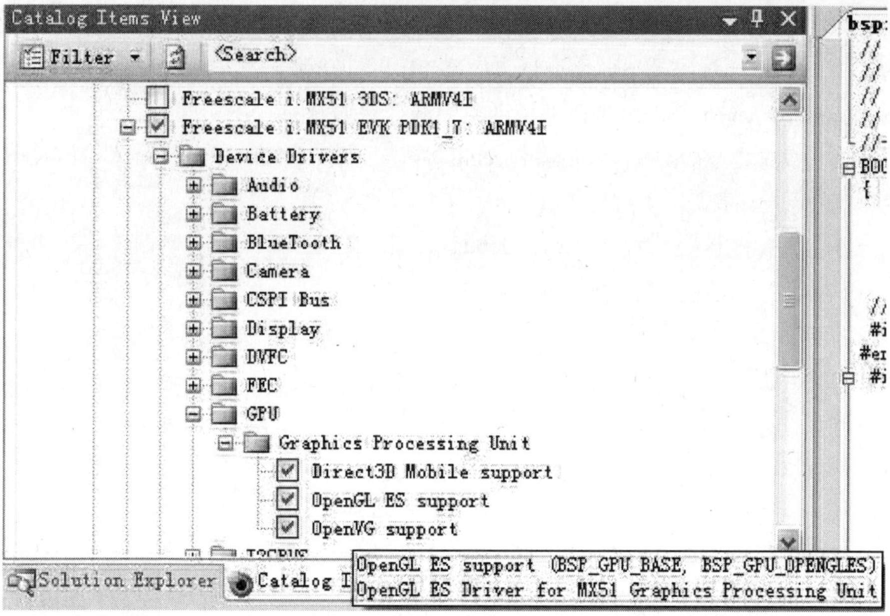

图 3-93　删除/引入选项

可以在 Build->Open Release Directory in Build Window 中，打开 shell，然后输入 set 命令，可以检查目前内核镜像配置的所有环境变量，如图 3-94 所示。

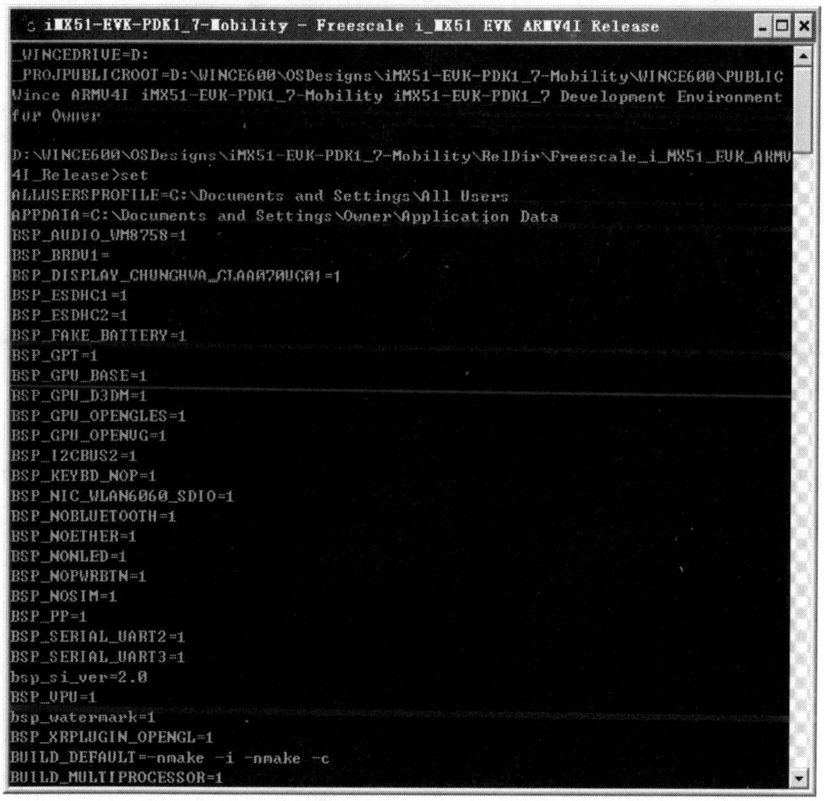

图 3-94　内核镜像配置编译变量配置

也可以输入 set BSP 查看 BSP 相关环境变量，或输入 set IMG 查看 IMG 相关环境变量，如果“set 环境变量=值”，可以临时性打开一个环境变量，关闭 PB 再打开就会丢失。

单击 Build->Configuration Manager，可以在下拉列表中选择要编译的 BSP 类型。

- Freescale_i_MX51_EVK_ARMV4I_Release：retail 类型，支持 KITL 和内核调试，相对镜像更小，执行更快，但是调试支持更少。
- Freescale_i_MX51_EVK_ARMV4I_Debug：debug 类型，支持 KITL 和内核调试，相对镜像更大，执行更慢，但是调试支持更多。

3.2.2.2　怡鼎 MX51 WinCE 6.0 软件开发包的编译

1. 首次编译整个软件开发包

（1）打开解决方案文件。

（2）选择 Freescale_i_MX51_EVK_ARMV4I_Release。

（3）选择 Build->Global Build 菜单，选择以下编译选项：选择 Copy Files to Release Directory After Build，选择 Make Run-Time Image After Build。

（4）选择 Build->Advanced Build Commands->Sysgen 开始编译，编译时间与编译 PC 的速度相关，大约需要 30 分钟到 1 小时。

编译成功结束后，生成的 NK 镜像位于%_WINCEROOT%\OSDesigns\i.MX51-EVK-PDK1_7-Mobility\RelDir\Freescale_i_MX51_EVK_ARMV4I_Release 目录下。Debug 镜像位于%_WINCEROOT%\OSDesigns\i.MX51-EVK-PDK1_7-Mobility\RelDir \Freescale_i_MX51_EVK_ARMV4I_Debug。

2. Clean 编译整个软件开发包

默认情况下，PB 使用增量编译的方式，就算使用 SYSGEN 命令也是一样的，但是某种情况下需要清除所有镜像重新编译，比如，如果在 Catalog 视图中去掉了某个 SYSGEN 组件，就需要 Clean Sysgen。

（1）前几步与首次编译整个 BSP 相同。

（2）选择 Build->Advanced Build Commands->Clean Sysgen 开始编译，编译时间与编译 PC 的速度相关，大约需要 30 分钟到 1 小时。

3. Clean 编译软件开发包

重新全编译 BSP 及 CSP 相关代码：

（1）选择 Build->Global Build 菜单，选择以下编译选项：选择 Copy Files to Release Directory After Build，不选择 Make Run-Time Image After Build。

（2）选择 Build->Advanced Build Commans->Rebuild Current BSP and Subprojects，系统会重新编译 BSP 与 CSP 代码，重新生成新的 NK 镜像。

4. 增量编译软件开发包

首次 Sysgen 整个 BSP 后，如果没有移除或增加 SYSGEN 变量，一般不需要重新 Sysgen，默认可以使用增量编译来提高编译速度。

（1）打开解决方案文件。

（2）选择 Freescale_i_MX51_EVK_ARMV4I_Release。

（3）选择 Build->Global Build 菜单，选择以下编译选项：选择 Copy Files to Release Directory After Build，选择 Make Run-Time Image After Build。

（4）选择 Build->Advanced Build Commands->Build Current BSP and Subprojects，开始编译。

增量编译会重新编译 BSP 和 CSP 中修改过的文件，并将%_WINCEROOT%\OSDesigns\i.MX51-EVK-PDK1_7-Mobility\RelDir\Freescale_i_MX51_EVK_ARMV4I_Release 中的镜像全部删除，然后重新拷贝进新的镜像并连接成 NK 镜像。

5. CSP 层的编译

如果修改了 CSP 层的代码，如上可知，Sysgen、Cleans Sysgen、Build Current BSP and Subprojects、Rebuild Current BSP and Subprojects 都会重编译 CSP 层代码，不过为了提高编译速度，可以：

（1）选择 Build->Targeted Build Settings 菜单，勾选 Make Run-Time image after building。

（2）在相应 CSP 层目录上右击，选择 Build/Rebuild，就会重编译此目录，然后重新将编译好的镜像文件（主要为库文件）拷贝到 Release 目录下，然后连接成新的 NK 镜像，如图 3-95 所示。

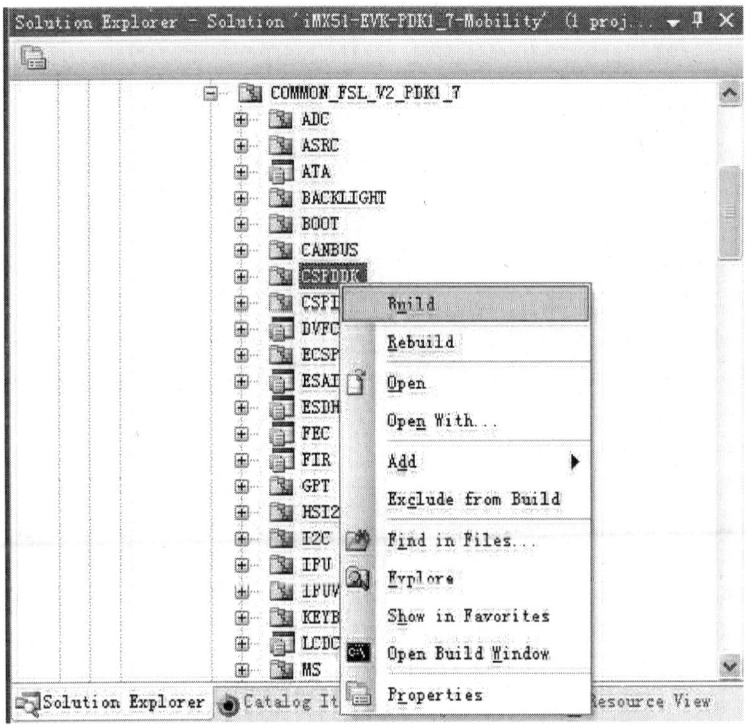

图 3-95 编译指定目录

6. PQOAL 层的编译

如果修改了 PQOAL 层代码，如上可知，Sysgen、Cleans Sysgen、Build Current BSP and Subprojects、Rebuild Current BSP and Subprojects 都会重编译 CSP 层代码，不过为了提高编译速度，可以：

（1）选择 Build->Targeted Build Settings 菜单，勾选 Make Run-Time image after building。

（2）在相应 PQOAL 层目录上右击，选择 Build/Rebuild，就会重编译此目录，然后重新将编译好的镜像文件（主要为库文件）拷贝到 Release 目录下，然后连接成新的 NK 镜像。

7. 单个驱动的编译

如果修改了 BSP 层代码，如上可知，Sysgen、Cleans Sysgen、Build Current BSP and Subprojects、Rebuild Current BSP and Subprojects 都会重编译 BSP 层代码，不过为了提高编译速度，可以：

（1）选择 Build->Targeted Build Settings 菜单，勾选 Make Run-Time image after building。

（2）在相应 BSP 层的某个驱动目录上右击，选择 Build/Rebuild，就会重编译此目录，然后重新将编译好的镜像文件（主要为库文件）拷贝到 Release 目录下，然后连接成新的 NK 镜像，如图 3-96 所示。

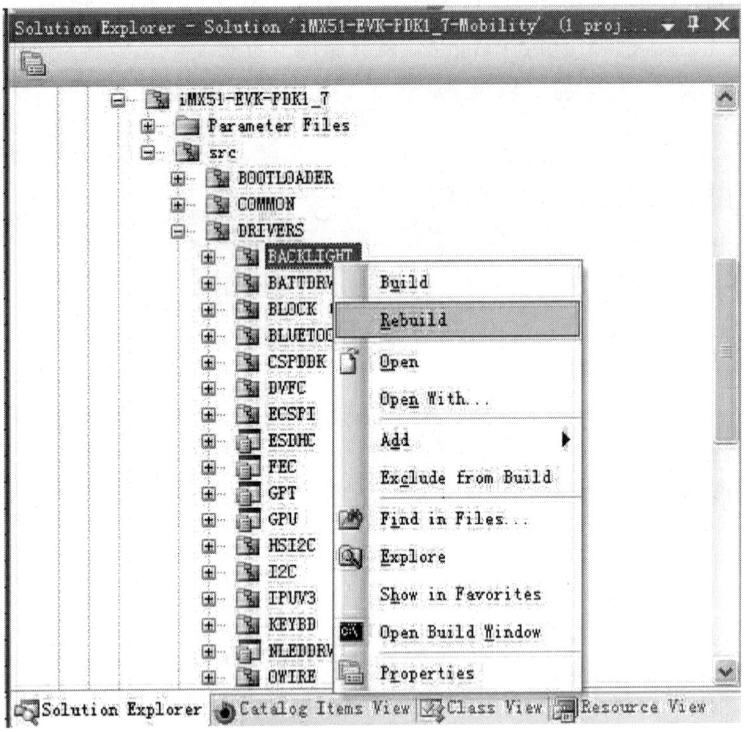

图 3-96 重新编译指定目录

8. XLDR 的编译

（1）选择 Build->Targeted Build Settings 菜单，去掉 Make Run-Time image after building。这样编译 XLDR 后不会重新连接整个 NK，只会更新 XLDR。

（2）当编译完一次整个 BSP 后，XLDR 需要的库文件一般已经生成了。

（3）如果有 imgsdmmc 环境变量，将编译会基于 SD/MMC 卡启动的 XLDR。

（4）在 Solution Explorer 视图中，选择目录 i.MX51-EVK-Mobility->%_WINCEROOT%->PLATFORM->i.MX51-EVK->src >BOOTLOADER->XLDR。

（5）右击 SD 目录，选择 Build/Rebuild，编译完成后生成的 xldr.bin/xldr.nb0 会在 Release 目录下，如图 3-97 所示。

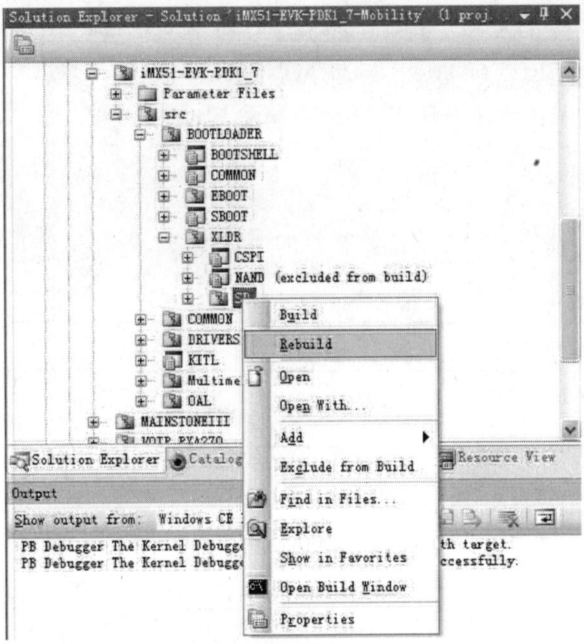

图 3-97　查看编译生成的镜像文件

9. Eboot 的编译

（1）选择 Build->Targeted Build Setting 菜单，去掉 Make Run-Time image after building。这样编译 EBOOT 后不会重新连接整个 NK，只会更新 EBOOT。

（2）当编译完一次整个 BSP 后，EBOOT 需要的库文件一般已经生成了。

（3）如果有 imgsdmmc 环境变量，将编译会基于 SD/MMC 卡启动的 EBOOT。

（4）在 solution Explorer 视图中，选择目录 i.MX51 EVK-Mobility->%_WINCEROOT%\PLATFORM\i.MX51-EVK-PDK1.7\src\BOOTLOADER\EBOOT。

（5）右击 SD 目录，选择 Build/Rebuild，编译完成后生成的 eboot.bin/eboot.nb0 会在 Release 目录下，如图 3-98 所示。

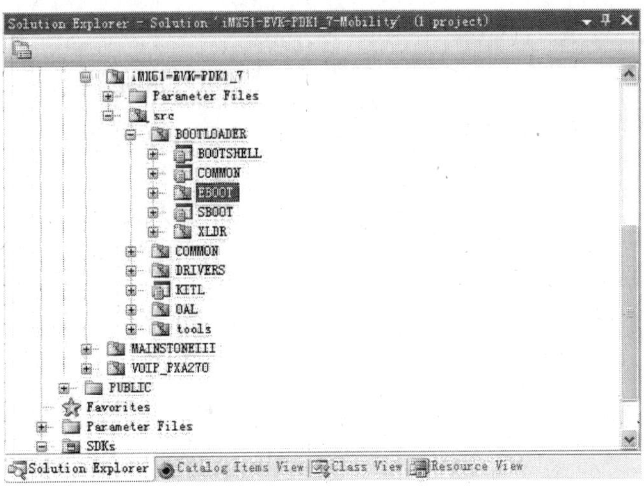

图 3-98　编译后 eboot 所在目录

注意：Eboot 除了本身代码之外，一般与 PQOAL 层共享库文件，所以如果修改了%_WINCEROOT%\PLATFORM\i.MX51-EVK-PDK1_7\SRC\COMMON，或%_WINCEROOT%\PLATFORM\i.MX51-EVK-PDK1_7 \SRC \OAL 的代码，需要先编译这些目录，然后再编译 EBOOT 目录。

3.2.3 WinCE 6.0 软件开发包的镜像下载

怡鼎 MX51 WinCE 6.0 软件开发包的镜像下载有多种方式，如表 3-28 所示。

表 3-28 内核镜像的下载方式

下载方式	基本原理	适用范围	优点	缺点
ATK 工具下载	Romcode 支持 USB/串口连接	可用于第一次下载 Bootloader 与 NK 镜像	支持初次烧写	速度较慢
PB 以太网 KITL 下载	Bootloader KITL	要求事先板中的 Bootloader 工作并支持以太网 KITL	支持在线调试	需要网络连接
PB USB KITL 下载	Bootloader USB 模拟 KITL	要求事先板中的 Bootloader 工作并支持 USB KITL	支持在线调试 不需要以太网	如果使用 USB OTG 口，需要去除 USB OTG 驱动
PB USB 串口下载	Bootloader USB 模拟串口	要求事先板中的 Bootloader 工作并支持 USB 串口		如果使用 USB OTG 口，需要去除 USB OTG 驱动
Cfimager 工具下载		只支持烧写可插拔的 SD/MMC 卡	速度快	需要将 SD/MMC 卡拔除，插到 PC 上操作

如表 3-28 所示的方式，主要应用于研发与学习过程中下载 NK 镜像，不适用于产品级下载。对于产品级下载，需要支持高速与多个 PCB 板同时下载，可以用专用工具下载或直接烧写 Flash 方式。

3.2.3.1 怡鼎 MX51 开发板硬件配置

怡鼎 MX51 开发板支持 ATK 或 KITL 下载，ATK 是使用 Bootstrap 启动模式，而 KITL 是在系统启动后使用 Bootloader 的 KITL 功能来下载，所以相应的启动配置不同，如表 3-29 所示。

表 3-29 启动模式与启动设备

启动模式	SW700	SW701	SW702	SW703
SPI FLASH 启动	00000011	0000	11000011	10000000
SD/MMC1 启动	00000011	0000	00000001	10000000
SD/MMC2 启动	00000011	0000	00000001	10000100
Nand Flash 启动	00000011	0000	10001000	11010010
Bootstrap	N/A	1100	N/A	N/A

怡鼎 MX51 开发板使用串口 1 作为调试串口，使用 USB 转串口方式，对于 Windows XP 的 PC，需要先安装 USB 转串口驱动，可以在%_WINCEROOT%\SUPPORT_PDK1_7\TOOL\COMMON\USBtoSerialTools 下找到安装包，安装后，插入 USB 转串口线到 USB 口上，会显示一个 USB 模拟串口，如图 3-99 所示。

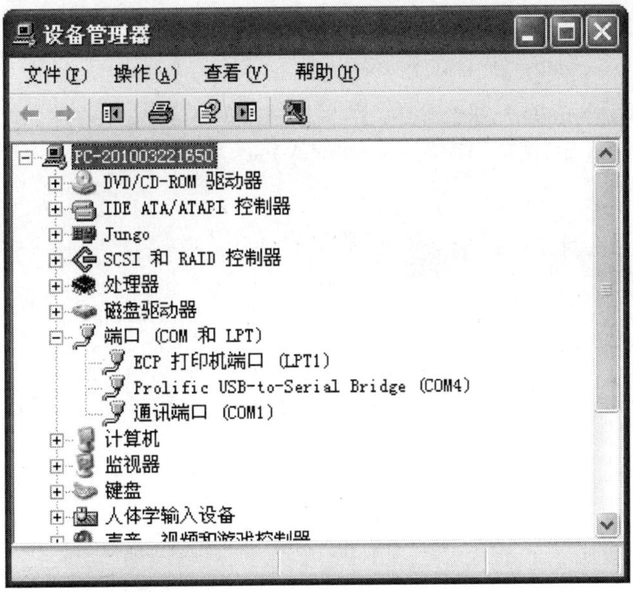

图 3-99　调试串口驱动

打开 PC 端的串口客户端，可以使用 ttermpro，在目录%_WINCEROOT%\SUPPORT_PDK1_7\TOOL\COMMON\ttermpro 下，打开后选择 Setup->Serial port->COM4（此串口为 USB 模拟串口，串口号可以在图 3-100 中找到）。进行串口设置，波特率：115200，数据位：8 bit，奇偶校验位：无，停止位：1 bit，流控：无。

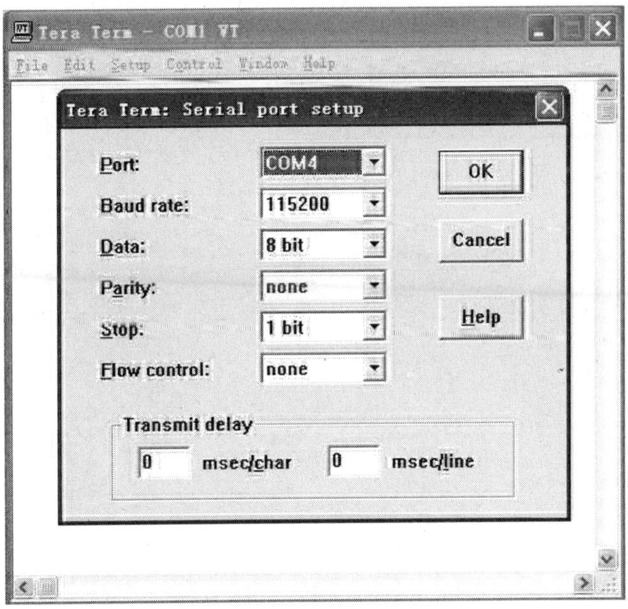

图 3-100　串口设置

3.2.3.2　使用 ATK 下载镜像

（1）配置开发板为 Bootstrap 模式，连接 USB OTG 到板上的连接口，上电，然后在“我的电脑”上右击，选择“属性”->“硬件”->“设备管理器”->“Jungo”，会看见 MX51 设备。

（2）安装并运行 ATK1.70，在第一个对话框中，选择 i.MX CPU 等于 i.MX51_TO2，Device Memory Initial 等于 DDR，Communication Channel 等于 USB。

（3）单击 Next 按钮，在第二个对话框中，选择 Flash Tool，然后单击 Go 按钮。

（4）第三个对话框为烧写镜像的主界面，包括烧写的配置与相应操作，详细信息如图 3-101 所示。

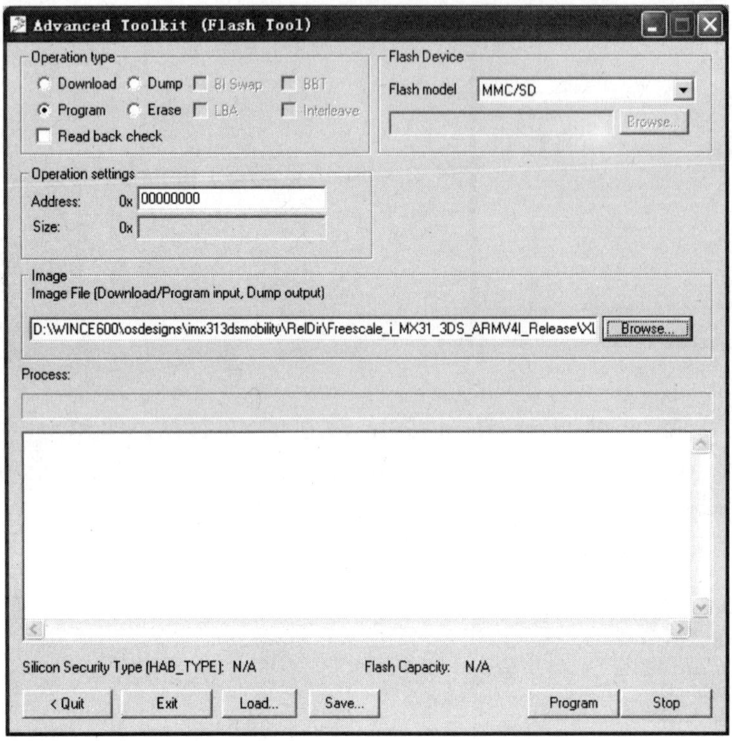

图 3-101　ATK 烧写工具界面

图 3-101 中各选项的意义如下：

- Download 操作支持将任意数据下载到板上某个 DDR2 地址空间。
- Dump 工具支持从任意 DDR2 地址空间读出数据，与 Download 结合可以验证 DDR2 访问正常。
- Erase 选项可以擦除 NAND Flash。
- BI SWAP 复选框支持 WinceBSP 的 NANDFLASH 坏块位交换模式，如果使用 NAND Flash，必须选中，SD/MMC 不需要选中。
- LBA 为支持 LBA 型 NAND Flash，不需要选中。
- BBT 为 LinuxBSP 的 NANDFLASH 坏块位标志表支持，WinceBSP 不需要选中。
- Interleave 为支持交织方式操作 NAND Flash，目前 BSP 不支持，也不需要选中。
- 镜像下载地址可以参考%_WINCEROOT%\ PLATFORM\ i.MX51-EVK-PDK1_7\ SRC \INC \image_cfg.h 中关于镜像在存储设备中的偏移量，这个需要和 BSP 配置相对应。

（5）下载结束后，将开发板重新设置为从 SD/MMC1 启动，再上电，启动后可以从串口看见 Eboot menu 打印出来。选择从 SD/MMC 启动后，重启，或选择直接执行 NK，系统就会启动到内核。

3.2.3.3 使用 Platform Builder 以太网 KITL 下载镜像

（1）使用 ATK 或 Cfimager 工具将 XLDR 和 EBOOT 的*.nb0 镜像烧写进 SD\MMC 卡。

（2）开机后在串口终端中，单击 Space 进入 EBOOT 配置菜单，注意在第一次烧写完 bootloader 后，系统默认会停在 EBOOT 配置菜单，必须使用串口终端配置系统从 SD\MMC 启动，并禁止掉 KITL 功能后，系统才能正确启动。

（3）如果要使用以太网 KITL 下载，需要先设置 12 个十六进制 MAC 地址。

（4）默认情况下 EBOOT 支持 DHCP，如果使用直连网线，需要配置一个固定 IP，比如 192.168.0.11，同时需要配置相应的子网掩码 255.255.255.0，同时，禁止掉 DHCP。

（5）默认情况下网络设备为 FEC，表示使用以太网下载。

（6）单击 S，保存目录配置。

（7）单击 D，EBOOT 开始发送 BOOTME，也可以从串口看到 DHCP 信息和设备号。

（8）在 PB 上，如果是打开了解决方案文件，PB 默认会下载 Nk.bin。选择 Target->Connectivity Options->Kernel Service map，在 Download 下拉列表框中，选择 Ethernet 作为下载设备，在 Download 边上选择 Settings，如果 BOOTME 在继续发送，可以看见设备名。

（9）选中此设备，单击 OK 按钮。

（10）在 Transport 选项上选中 Ethernet 作为内核传输设备。

（11）如果编译的 NK 镜像选中 Kernel Debugger，还需要在 Debug 中选择 Kdstub，否则选中 None。

（12）选择 Core Sevice Settings 页，如果每次连接上目标设备都需要重新下载 NK 镜像，则选中 Always 单选按钮。

（13）在 KITL 设置中，选择 Enable KITL on device boot、Clear memory on soft reset 及 Enable Access to desktop files。

（14）单击 Apply 按钮，然后单击 Close 关闭。

（15）从 Target 菜单选中 Attach Device，PB 开始下载 Nk.bin 到目标设备上，PB 会先将 Nk.bin 下载到目标设备的 DDR2 中，然后串口提示是否烧定镜像，如果选择“y”，Nk.bin 会烧写进相应的存储设备中。

（16）下载结束后，在 Target 菜单中选中 Detach Device。

（17）烧写结束后，串口会提示是否重启，单击“y”，或重新上电，系统可以正确重启。

（18）以上过程为烧写 NK.bin 的过程，如果要烧写 xldr.bin，在 PB 中单击 File->Open Project/Solution，选择 xldr.bin 文件，此文件位于%_WINCEROOT%\osdesigns\i.MX51-EVK-PDK1_7-Mobility\ RelDir\Freescale_i_MX51_EVK_ARMV4I_Release 目录中。其他过程与烧写 Nk.bin 相同。

（19）如果要烧写 eboot.bin，在 PB 中单击 File->Open Project/Solution，选择 eboot.bin 文件，此文件位于%_WINCEROOT%\osdesigns\i.MX51-EVK-PDK1_7-Mobility\RelDir\Freescale_i_MX51_EVK_ARMV4I_Release 目录中。其他过程与烧写 Nk.bin 相同。

3.2.3.4 使用 Platform Builder USB KITL 下载镜像

使用 Platform Builder USB KITL 下载镜像，步骤如下：

（1）在 Platform Builder 中将 USB 驱动相关模块全部去掉，重新编译内核，因为 USB KITL 与 USB 驱动相冲突，如果使用 USB KITL 则不能使能 USB 驱动。

（2）打开串口，115200，1 bit 停止位，无校验，无硬件流控，插上串口线和 USB 线，连接到板上的 USB OTG 接口。

（3）启动后，修改 eboot 菜单如下：

```
0) IP address: 192.168.0.2
1) Subnet Mask: 255.255.255.0
3) DHCP: Disabled
6) Set MAC Address : 0-12-34-56-78-12
I) KITL Work mode: Polling
K) KITL Enable Mode: Enable
P) KITL Passive Mode: Disable
E) Select Ether Device: USB RNDIS
```

（4）按 D 键开始下载镜像，如果是第一次下载，PC 会提示安装 RNDIS 驱动，如图 3-102 所示。

图 3-102　安装 RNDIS 驱动

（5）选择从特定位置安装，然后目录位置选择\WINCE600\PUBLIC\COMMON\OAK\DRIVERS\ETHDBG\RNDISMINI\HOST\，安装结束后，驱动程序 usb8023.inf 会安装在目录\WINDOWS\system32\drivers 下，安装结束后，主机 PC 端会显示一个 WINCE RNDI 虚拟网卡，其网络配置需要和开发板在同一端段，比如 IP 设置为 192.168.0.10，子网掩码为 255.255.255.0。

（6）系统会将 USB RNDIS 作为一个网卡来下载。

3.2.3.5　使用 Platform Builder USB 串口下载镜像

使用 Platform Builder USB 串口下载镜像，步骤如下：

（1）打开串口，115200，1 bit 停止位，无校验，无硬件流控，插上串口线和 USB 线，连接到板上的 USB OTG 接口。

（2）启动后，修改 eboot 菜单如下：

```
E)Select Ether Device: USB Serial
```

（3）在菜单 Target 中选择 Connectivity Options，然后将 Download 与 Transport 改为 USB。

（4）按 D 键开始下载镜像。

3.2.3.6　使用cfimager工具下载镜像

Cfimage是一个PC端工具，它支持通过USB的SD卡读卡器烧写SD\MMC卡，将镜像（xldr.nb0,eboot.nb0,nk.nb0）直接烧写到SD\MMC卡的相应位置，并格式化FAT分区，由于是直接从PC上将镜像写入SD\MMC卡，所以只能支持可拔插的SD\MMC卡，只能烧写*.nb0，但是烧写速度较快。

（1）烧写xldr的DOS命令如下：

```
cfimage -f xldr.nb0 -d <usb转sd读卡器所认识的盘符> -i.MX51
```

（2）烧写eboot的DOS命令如下：

```
cfimage -f eboot.nb0 -d <usb转sd读卡器所认识的盘符> -i.MX51
```

（3）烧写nk的DOS命令如下：

```
cfimage -f nk.nb0 -d <usb转sd读卡器所认识的盘符> -i.MX51
```

（4）对于第一次操作某张SD\MMC卡，需要格式化FAT分区，这个需要增加-a参数，如下：

```
cfimage -a -f xldr.nb0 -d <usb转sd读卡器所认识的盘符> -i.MX51
```

- Cfimage只支持USB转SD/MMC读卡器，不支持PC上的直接SD/MMC读卡器。
- 用户可以写一个批处理文件burnimage.bat，双击可以一次性将所有image写入SD\MMC卡，示例如下：

```
cfimage -f xldr.nb0 -d g -i.MX51
cfimage -f eboot.nb0 -d g -i.MX51
cfimage -f nk.nb0 -d g -i.MX51
```

- Cfimage会直接操作SD\MMC的物理偏移地址，所以一定要仔细检查要烧写的盘符，确保为SD\MMC卡，以防止误操作损坏硬盘。

3.2.4　WinCE 6.0软件开发包的调试

3.2.4.1　使用以太网KITL下载镜像到DDR2

使用以太网KITL下载镜像到DDR2步骤如下：

（1）在PB中单击Project->Properties->Configuration Properties->Build Options，去掉Write Run-time Image to Flash Memory。

（2）单击Build->Properties->Configuration Properties->Environment，去掉IMGSDMMC环境变量，

（3）重新编译NK。

（4）重新下载XLDR和EBOOT。

（5）重启目标板，然后在Target菜单中选择Attach Device下载镜像，这时镜像不会烧写进存储设备，只会下载到DDR2中然后直接运行。

3.2.4.2　使用以太网KITL执行SD/MMC中的代码

过程与使用以太网KITL下载镜像类似，只是在下载结束后，不detact设备，直接reset设备，然后按空格键进入eboot菜单，选择enable kitl，然后按L键继续运行，这时KITL就会自动连上，所有打印消息与系统加载模块情况会显示到Platform Builder窗口。

如果需要断点调试，可以在源代码位置设备断点，之后系统会在断点处停下来，用户可以检查变量值或单步跟踪。

3.2.4.3 使用 USB KITL

过程与使用以太网 KITL 类似，只是在 eboot 菜单中网络设备选择使用 usb rndis。

3.2.4.4 使用 JTAG 工具调试

除了使用 PB 调试代码外，也可以使用 JTAG 调试工具来调试低层代码，这包括：

- 独立于操作系统的硬件验证代码，这一般用于调试内核前验证一些关键硬件，比如 DDR2 的硬件稳定性以及串口等。
- 跟踪 Romcode。
- 调试 Bootloader，由于 i.MX51WinCE 6.0BSP 使用了逻辑地址到物理地址的映射，所以一般用于调试没有打开 MMU 前的汇编代码，在打开 MMU 后，系统会进入 C 代码，C 代码最初会初始化串口，以后就可以使用串口调试。

由此可见软件开发包的调试分为以下几个层次：

（1）在硬件出来之后，首先使用 JTAG 工具检查 DDR2 与串口连通性。

（2）使用 JTAG 工具下载 Eboot 并直接运行。

以上两步也不是必须的，如果没有 JTAG 也可以采用盲调方式，一般来讲，如果使用 SD\MMC 启动，基本不会有大问题，如果使用 NAND Flash 启动，需要盲调 Xldr 的汇编级代码。

（3）在 Eboot 中，在初始化成功串口后，可以采用串口消息来调试。

（4）在 Eboot 中，使用串口消息来调试成功网口或 USB KITL 后，可以使用 KITL 来调试其他驱动。

使用 JTAG 工具的调试方法如下：

（1）可以使用 ARM 公司的 RealViewICE 和 RVDS 作为 JTAG 的调试工具和环境，其硬件连接如图 3-103 所示。

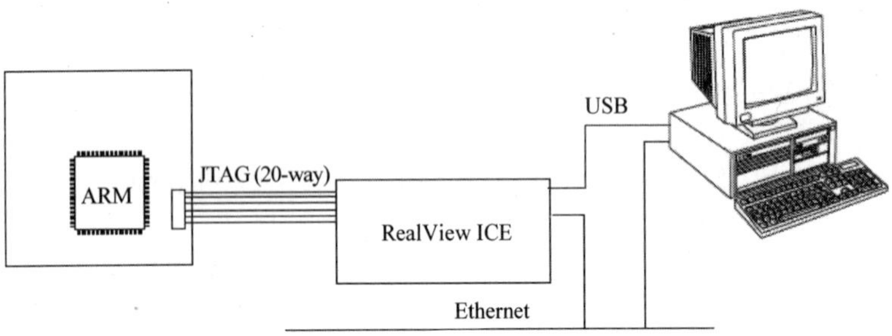

图 3-103 安装调试工具

（2）这时，目标板需要跳线为 Bootstrap 模式，上电后，运行 Start->Porgrams->ARM->RealviewICE v1.5->Realview ICE config IP，扫描网络中的 RealviewICE 设备，如图 3-104 所示。

（3）如果扫描到 RealView ICE 设备，运行 Start->Programs->ARM->RealView Developer Suite v.3.1->RealView Debugger v3.1。连接 RealView ICE，如图 3-105 所示。

（4）配置 RealView ICE 的扫描链，单击 RealView-ICE->Configure Device Info->RVConfig，如下：

- Add Device，UNKNOWN 序号 5。
- Add Device，UNKNOWN 序号 4。

- Add Device，ARMCS-DP。
- Add Device，Cortex-A8。
- Add Device，ETM（此项可不选），如图 3-106 所示。

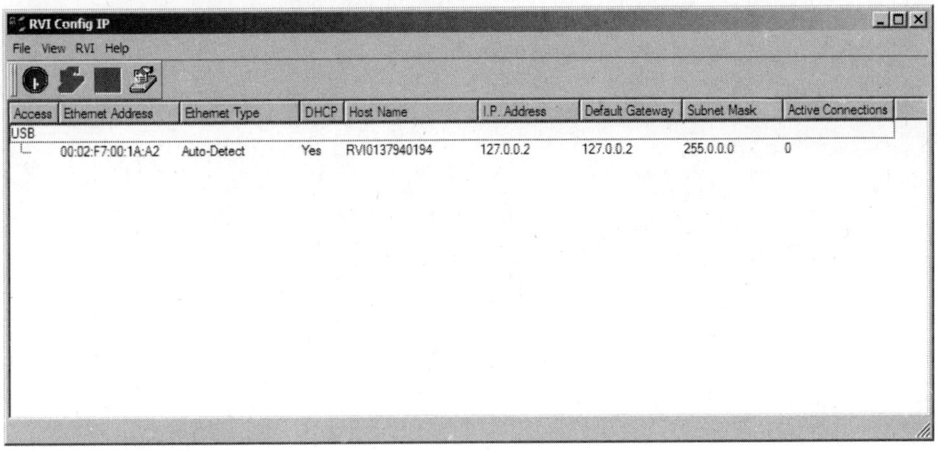

图 3-104　扫描网络中的 RealView ICE 设备

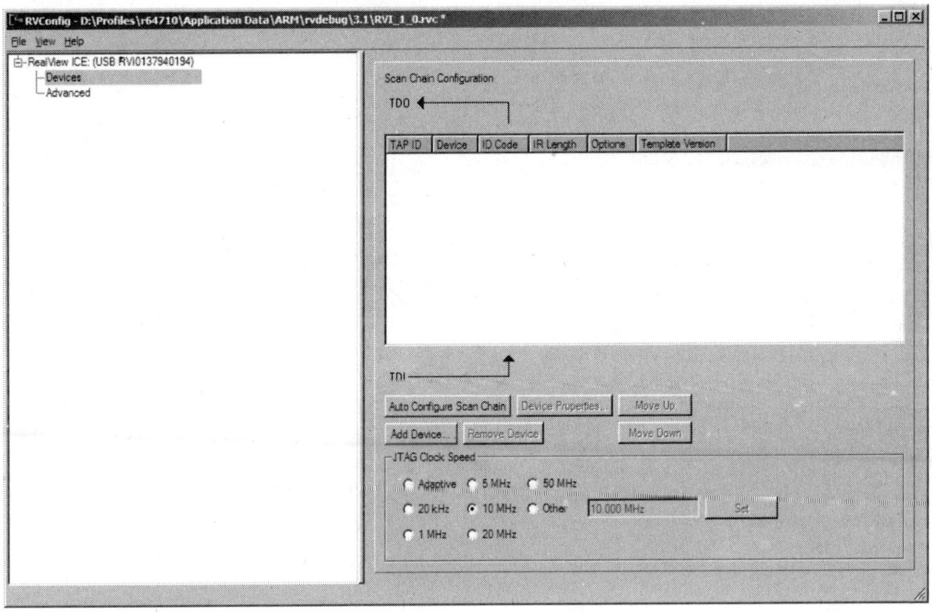

图 3-105　连接 RealView ICE

将 Cortex-A8 的 Core sight base address 改成 0xE0008000，保存此设备，退出。

（5）双击 Cortex-A8，就会连接上目标板，如图 3-107 所示。

（6）单击 Tools 菜单，选择 Include Commands from File，选择%_WINCEROOT%\SUPPORT_PDK1_7\TOOL\i.MX51-EVK\RVD\RVD_MX51_DDR2.inc，就可以使用 RVDS 的地址访问命令配置某些 i.MX51 的寄存器，主要为配置 DDR2 相关控制寄存器。这样，就初始化好了 i.MX51 的基本硬件。

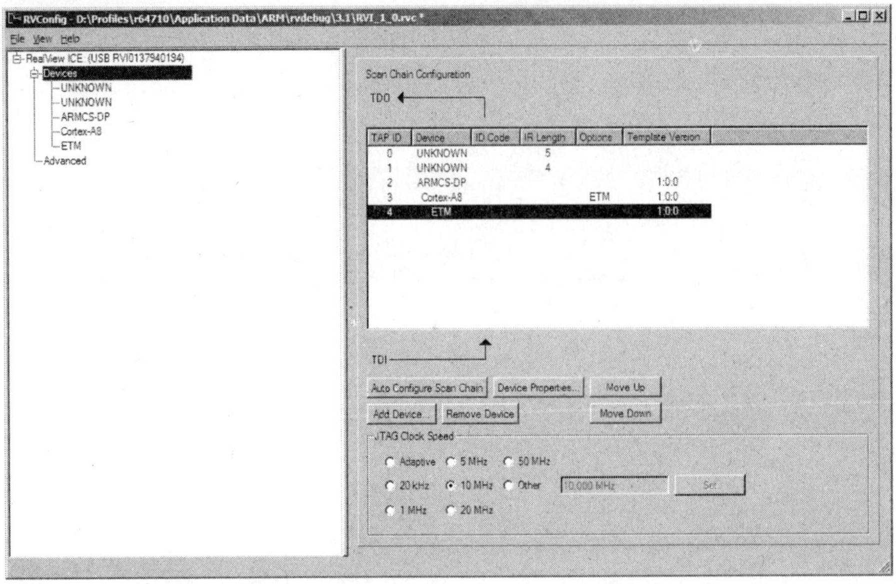

图 3-106　配置 JTAG

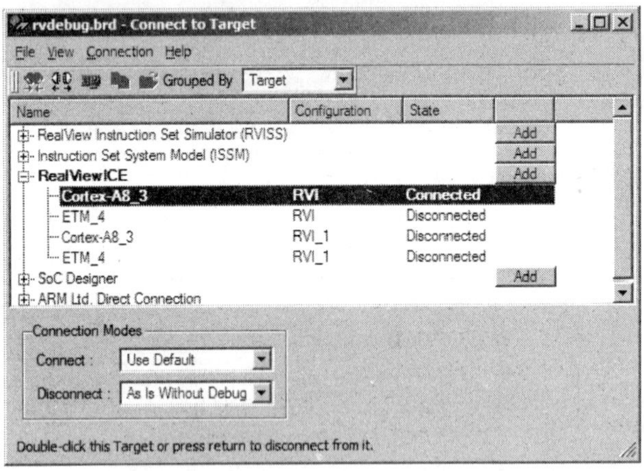

图 3-107　连接目标板

（7）以上 script file 会将 Eboot.nb0 下载到 DDR2 中，需要修改相关目录指定到目标文件，如下：

```
readfile, raw "D:\WINCE600\osdesigns\i.MX51-EVK-PDK1_7-Mobility\RelDir\Freescale_i_MX51_EVK_ARMV4I_Release\eboot.nb0"= 0x90040000
```

（8）在菜单中选择 Debug->Run，Eboot 代码就可以运行了，并且从串口打印出 Eboot 消息。

注意：

（1）通过以上方式，可以直接调试 Eboot，而且 RVDS 可以反汇编 Eboot 的 Image，可以设置断点单步运行，一般可以参考 Eboot 的汇编代码。

（2）由于 XLDR 的加载，相关硬件的初始化需要在 Internal Boot 模式下，使用 ROMcode 来执行，而 ICE 运行时需要跳线到 Bootstrap 模式，ROMcode 不会执行，所以不能使用 RVDS 来运行 XLDR。

（3）除了调试 Eboot，RVDS 主要用于硬件验证时的关键器件验证工作，包括 DDR2 和串口，主要是 DDR2，包括所有场景下的 DDR2 访问测试、DDR2 压力测试及 DDR2delay 寄存器配置值的校准，相关代码如果需要请联系怡鼎或芯片原厂。

3.3　基于怡鼎 MX51 开发系统的 WinCE 6.0 的 Bootloader

怡鼎 MX51 WinCE 6.0 的 Bootloader 主要用于内核下载和加载内核到内存中运行，怡鼎 MX51 WinCE 6.0 软件开发包采用微软推荐的 Eboot 架构。除了 Eboot 外，整个 Bootloader 还包括用于加载 Eboot 的 XLDR。

3.3.1　i.MX51 芯片内部 Bootloader

飞思卡尔 i.MX51 微处理器采用内部启动模式，所以在 CPU 启动后，会事先运行一段内置于芯片内部的 Romcode，这段代码对 i.MX51 进行初步的初始化，并把第一段启动代码 XLDR 加载到芯片内部 RAM 中运行。所以为了理解 i.MX51 的启动过程，要事先理解 i.MX51 的启动模式与 Romcode 的基本原理。

3.3.1.1　i.MX51 支持的启动模式与外设

i.MX51 启动机制如下：

- i.MX51 在系统重启时，会采样启动模式的 GPIO 管脚（BOOT_MODE[1:0]），采样所得到的值存储在 SBMR 寄存器中（System Reset Controller Boot Mode Register）。i.MX51 支持的启动模式包括:内部启动模式（通过启动模式 GPIO 管脚判断启动外设）、测试模式、下载启动模式（通过 USB/UART 下载代码）、内部启动模式（通过启动模式 Fuse 位判断启动外设），如表 3-30 所示。

表 3-30　启动模式

BOOT_MODE[1:0]	启动模式类型	启动模式细节
00	内部启动模式（通过启动模式 GPIO 管脚判断启动外设）	i.MX51 执行芯片内部的启动代码，可以从以下设备启动 ● Nor Flash（通过 WEIM） ● OneNAND ● SPI(Serial Flash CS#1)/I2C EEPROM ● NAND Flash，MLC/SLC 0.5KB/2KB/4KB page ECC ● SD/MMC（支持大容量）/MoviNAND（通过 MMC 接口）
01	测试模式	
10	内部启动模式（通过启动模式 Fuse 位判断启动外设）	与 00 模式相同，只是不通过启动模式 GPIO 管脚来判断启动外设，而是通过 i.MX51 的内部 fuse 位，这些 fuse 位可以一次性写入
11	USB/UART 下载启动模式	下载并执行代码，可以通过以下接口 ● USB（全速） ● UART

- i.MX51 在系统重启时，会读取 GPIO_BT_SEL 的内部 fuse 位。
  - 如果 GPIO_BT_SEL=1（被烧写过），芯片内部启动代码会通过读取内部 Fuse 位来判断外设相关特性。

➢ 如果 GPIO_BT_SEL=0，i.MX51 会在启动时采样外设相关特性的 GPIO 管脚，并存储在 SBMR 寄存器中，芯片内部启动代码会通过读取些寄存器判断外设相关特性。

所以，芯片内部 fuse 位与启动相关 GPIO 管脚是一一对应的，其相关关系和定义如表 3-31 所示。

表 3-31 启动 GPIO 管脚（怡鼎开发板跳线开关设置），芯片内部 Fuse 位与 SMBR 寄存器的对应关系

管脚名/怡鼎开发板跳线开关设置	Fuse 位名	SMBR 寄存器位	描述
DISP1_DAT[21:20] SW702.7~8	BT_MEM_TYPE[1:0]	BIT[8:7]	**启动外部存储设备类型[1:0]** 如果 BT_MEM_CTL = WEIM ● '00' = NOR ● '01' = 保留 ● '10' = OneNand ● '11' =保留 如果 BT_MEM_CTL = NAND Flash ● '00' = 3 个地址周期 ● '01' = 4 个地址周期 ● '10' = 5 个地址周期 ● '11' =保留 如果 BT_MEM_CTL = 外设接口扩展存储设备 ● '00' = SD/MMC HDD ● '01' =保留 ● '10' = I2C 接口串行 ROM ● '11' = SPI 接口串行 ROM
DISP1_DAT[19:18] SW702.5~6	BT_WEIM_MUXED [1:0]	BIT[17:16]	**当 BT_MEM_CTL[1:0] = WEIM (NOR)时，设置 WEIM 的多路复用方式** ● '00' = 高 16 位宽度，非复用 NOR Flash 接口 ● '01' = 低 16 位宽度，复用 NOR Flash 接口 ● '10' =低 16 位宽度，非复用 NOR Flash 接口，与 NAND Flash 共享数据总线 ● '11' = 32 位复用 NOR Flash 与 NAND Flash 共享数据总线
DISP1_DAT[17:16]	BT_PAGE_SIZE[1:0]	BIT[4:3]	**启动的 NandFlash 页大小** ● '00' = 512B ● '01' = 2KB ● '10' = 4KB ● '11' =保留
DISP1_DAT[15] SW702.2	BT_BUS_WIDTH	BIT[2]	**启动外部存储设备的总线宽度** BT_MEM_CTL[1:0] = NAND Flash ● '0' = 8 位总线模式 ● '1' = 16 位总线模式 BT_MEM_CTL[1:0] = WEIM (NOR) ● '0' = 16 位总线模式 ● '1' = 32 位总线模式 BT_MEM_CTL[1:0] = Expansion Device (SPI) ● '0' = 2 地址字 SPI 设备（16 位） ● '1' = 3 地址字 SPI 设备（24 位）

续表

管脚名/怡鼎开发板跳线开关设置	Fuse 位名	SMBR 寄存器位	描述
DISP1_DAT[14:13] SW702.1/SW703.8	BT_MEM_CTL[1:0]	BIT[1:0]	**启动外部存储设备类型[1,0]** ● '00' = WEIM ● '01' = NAND Flash ● '10' = 保留 ● '11' = 通过外设接口的扩展存储设备（SD/MMC，I2C，SPI)
DISP1_DAT[12] SW703.7	BT_MLC_SEL	BIT[10]	**启动的 NandFlash 类型或 eMMC 是否打开快速启动模式** 如果从 NandFlash 启动 ● '0' = SLC NAND 设备 ● '1' = MLC NAND 设备 如果从 MMC 设备启动 ● '0' = 不使用 eMMC 快速启动模式 ● '1' = 使用 eMMC 快速启动模式
DISP1_DAT[11] DISP1_DAT[23:22] SW701.1~2/SW703.6	BT_LPB_FREQ[2] BT_LPB_FREQ[1:0]	BIT [31:29]	**低功耗启动模式 ARM 核时钟[2,1,0]** ● 0 = 192 MHz ● 1 = 133 MHz ● 2 = 55.3 MHz ● 3 = 200 MHz ● 4 = 220 MHz ● 5 = 166 MHz ● 6 = 266 MHz ● 7 = 400 MHz
DISP1_DAT[10] SW703.5	BT_SPARE_SIZE	BIT [6]	**设置 NandFlash 的 spare 空间大小或 SD 设备的快速启动模式** 4KB 页大小 NAND Flash 的 spare 空间分配 ● '0' = 512 byte page devices = 16 byte spare area size ● 1' = 2KB page devices = 64 bytes spare area size 对于 MLC，是使用 8 位还是 4 位 ECC ● '0' = 128 bytes spare [Samsung; 4-bit ECC] ● '1' = 218 bytes spare [Micron，Toshiba; 8-bit ECC] 如果从 SD 卡启动 ● '0' = "FAST_BOOT" ACMD41 的 bit29 参数为 '0' ● '1' = "FAST_BOOT" ACMD41 的 bit29 参数为 '1'

续表

管脚名/怡鼎开发板跳线开关设置	Fuse 位名	SMBR 寄存器位	描述
DISP1_DAT[9:8] SW703.3~4	BT_SRC[1:0]	BIT [20:19]	**启动外部存储设备源 [1,0]** 如果 BT_MEM_CTL[1:0] = '11'（外设接口扩展存储设备）并且 BT_MEM_TYPE[1:0] ='00' (SD/MMC), ● '00' = eSDHC-1 ● '01' = eSDHC-2 ● '10' = eSDHC-3 ● '11' = eSDHC-4 如果 BT_MEM_CTL[1:0] = '11'（外设接口扩展存储设备）并且 BT_MEM_TYPE[1:0] ='10'（串行 I2C 设备） ● '00' = I2C-1 ● '01' = I2C-2 ● '10' = HS-I2C ● '11' – Reserved If BT_MEM_CTL[1:0] = '11'（外设接口扩展存储设备）并且 BT_MEM_TYPE[1:0] ='11'（串行 SPI 设备） ● '00' = eCSPI-1 ● '01' = eCSPI-2 ● '10' = CSPI ● '11' = 保留
DISP1_DAT[7] SW703.2	BE_EEPROM_CFG	BIT[12]	**是否使用 EEPROM 来存储 DCD 字段，并在 ROMCode 中使用** ● '0' = 使用 EEPROM 的 DCD 字段 ● '1' = 不使用 EEPROM 的 DCD 字段
DISP1_DAT[6] SW703.1	BT_USB_SRC	BIT[27]	**ROMCode 的 USB 下载设备选择** ● '0' = USB OTG 内部 UTMI PHY ● '1' = USB OTG 外部 ULPI PHY
EIM_A[23]	N/A		
EIM_A[21:20] SW700.5~6	BT_UART_SRC[1:0]	BIT[26:25]	**ROMCode 的 UART 下载设备选择** ● '00' = UART-1 ● '01' = UART-2 ● '10' = UART-3 ● '11' = Reserved
EIM_A[19:18] SW700.3~4	BT_LPB[1:0]	BIT[24:23]	**低功耗启动模式选择** ● '00' = 不使用低功耗启动模式 ● '01' = 通用电源管理芯片，使用一个 GPIO 输入来判断低电池电量 ● '10' =通用电源管理芯片，使用一个 GPIO 输入来判断低电池电量，另一个用于充电器检测 ● '11' = 使用 MC13892 电源管理芯片
EIM_A[17:16] SW700.1~2	OSC_FREQ_SEL[1:0]	BIT[22:21]	**主时钟源晶振频率选择 [1,0]** ● '00' = 26 MHz ● '01' = 19.2 MHz ● '10'= 27 MHz ● '11' = 24 MHz
BOOT_MODE[1:0] SW701.3~4	N/A	BIT[15:14]	**见表 3-30**

注意：

- i.MX51 芯片出厂时并没有烧写掉 GPIO_BT_SET Fuse 位，所以芯片默认是通过采样相关启动 GPIO 管脚来获得系统外设特性信息的。
- i.MX51 采样启动 GPIO 时，只会在系统 reset 的一瞬间，所以系统设计必须保证在这一瞬间启动 GPIO 的状态是稳定的，上下拉电平稳定，否则会导致系统采样启动外设信息错误，从而导致系统启动失败。
- 为了降低系统功耗（启动 GPIO 管脚与其他管脚复用，所以在平时工作和待机状态中，有可能通过外部上下拉电阻漏电），可以设置为 BOOT_MODE[1:0]=10，内部启动模式（通过启动模式 Fuse 位判断启动外设）。然后将系统外设信息烧写到芯片内部 Fuse 中，这样系统将从内部 Fuse 中读出相关外设信息，这样可以将启动 GPIO 管脚的上下拉电阻移除。
- LPB 低功耗启动模式目前未支持，由于 i.MX51 默认内部时钟全开，所以 LPB 效果不明显。
- 为了支持 USBOTG 内部 UTMIPHY，选择 24MHz 主时钟晶振源输入，以便倍频到 480MHz 的 USBOTG 2.0 要求时钟。

对于怡鼎开发板，使用 eSDHC1 启动，则相应跳线开发设置为 SW700=0x00，SW701=0x0，SW702=0x01（即 SW702.bit1=on），SW703=0x80（即 SW702.bit8=on）。对于使用 USB 或 UART 下载模式（这种模式一般用于下载，或 JTAG 连接调试用），需要将 SW701 设为 0xc（即 SW701.bit3/4=on）。

3.3.1.2 i.MX51 微处理器内部的启动代码

i.MX51 内部有一段 ROMcode，在内部启动模式下，系统启动时会先执行这段代码，这段代码会初始化最基本的硬件，然后判断系统的外部存储设备信息（通过读取 SBMR 寄存器）。之后系统会初始化相应的外设，并将外设中的第一部分代码拷贝到芯片内部的 RAM 中，并跳转到其头地址并执行。

通过这种方式，i.MX51 可以支持从多种外设启动，从而增加启动灵活性，i.MX51 ROMcode 流程图如图 3-108 所示。

下面通过 eSDHC1 启动过程，简单说明一下 ROMcode 的伪代码。

```
reset_vector
        ;ARM 中断向量表，系统 reset 后将从函数 start_addr 开始执行
        ldr     pc, start_addr              ; Reset                     0x0
        ldr     pc, undefined_addr          ; Undefined instruction     0x4
        ldr     pc, SWI_addr                ; Software interrupt        0x8
        ldr     pc, prefetch_abort_addr     ; Abort (prefetch)          0xC
        ldr     pc, data_abort_addr         ; Abort (data)              0x10
        ldr     pc, reserved_addr           ; Reserved vector           0x14
        ldr     pc, IRQ_addr                ; IRQ                       0x18
        ldr     pc, FIQ_addr                ; FIQ                       0x1C
        ldr     pc, SW_mon_addr             ; SW monitor exception      0x20
```

在执行 start_addr 之前，ROMcode 会把自己从内部 ROM 拷贝到内部 RAM 中。

```
void start_addr(void)
{
    /* 初始化系统时钟，包括 PLL1~3，PLL1=400MHz，PLL2=600MHz，PLL3=216MHz，AHB、EMI、NFC、ESDHC
等模块*/
    i.MX51_clock_init();
    /*获得启动模式 BMOD 的值，其实就是读 SMBR 的 BMOD 位并做 Mask */
boot_mode = i.MX51_get_bootmode();
```

```
/*如果系统是内部启动模式*/
else if((mcu_boot == MCU_BOOTMODE_INTERNAL)
      || (mcu_boot == MCU_BOOTMODE_INTERNAL_FUSE)
      || (HAPI_SRC_SBMR_DIR_BT_DIS_READ() == 1))
      {
        /*此函数将初始化相应外部存储设备并返回*/
        data_ptr = (FLASH_HDR_T *)i.MX51_irom_external_interface_initial_setup();
......
}
}
```

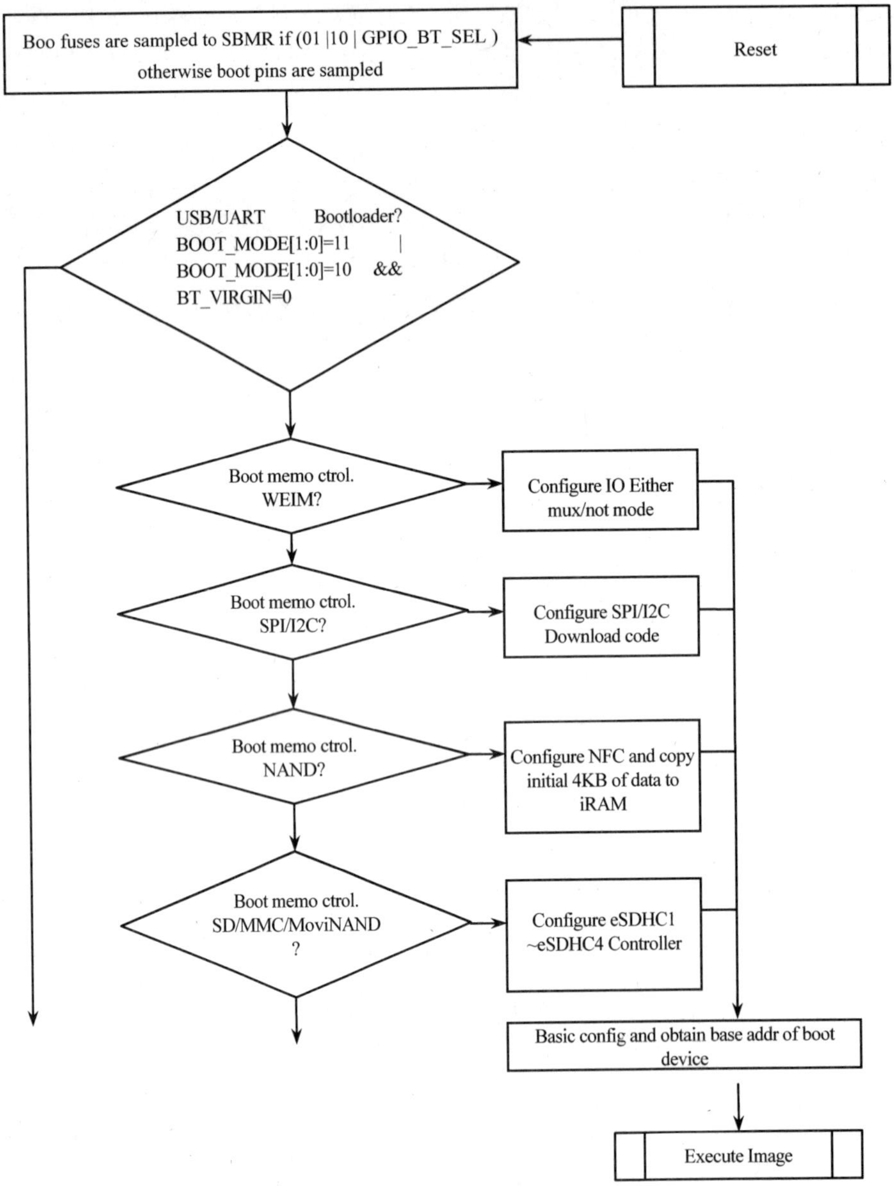

图 3-108 i.MX51 ROMcode 流程图

函数 i.MX51_irom_external_interface_initial_setup 用于初始化外部存储设备，分析如下：

```
static UINT32 * i.MX51_irom_external_interface_initial_setup (void)
{
    /*读取 SBMR 的 BT_MEM_CTL 寄存器位，得到相应的外部存储设备类型，判断是否是从外设接口扩展设备启动*/
    if(get_flash_device() == FLASH_TYPE_EXP)
    {
        /*读取 SBMR 的 BT_MEM_TYPE 寄存器位，判断是否是从 MMC/SD/eSD/CE_ATA 设备启动 */
        if(get_protocol() == PROTOCOL_TYPE_MMC_SD)
        {
            /*读取 SBMR 的 BT_SRC 寄存器位，判断是否是从 eSDHC1 启动 */
            if(get_sdmmc_source() == ESDHC1)
            {
                /*此函数用于 eSDHC 启动的初始化，包括 eSDHC 的管脚属性与复用配置，初始化 i.MX51 的 eSDHC
控制器，以及发送命令去初始化外部 eSDHC 连接设备，包括 eSD/SD 设备或 eMMC/MMC 设备*/
                 init_status = card_init(ONE, (UINT32)esdhc_1_regs_base_address);
            }
            /*判断是否是从 eSDHC2~3 启动，省略*/
            ……
            if(init_status == SUCCESS)
            {
                 /*将 eSDHC 设备上的头 2KB 数据拷贝到 i.MX51 的内部 RAM 中*/
                 if(card_data_read(IRAM_FREE_SPACE_START, TWO_K_SIZE, ZERO) == TWO_K_SIZE)
                 {
                      mem_ptr = (UINT32)IRAM_FREE_SPACE_START + MMCSD_IROM_DATA_HEADER_OFFSET;
                 }
            }
        }
}
```

IRAM_FREE_SPACE_START 的值为 0x1ffe2000，i.MX51 内部 RAM 的开始地址为 0x1ffe0000，大小为 128KB，所以 IRAM_FREE_SPACE_START 实际上位于 i.MX51 的内部 RAM 中。MMCSD_IROM_DATA_HEADER_OFFSET 等于 0x400，1024 字节。因为一般的 eSDHC 存储设备，在它的第一个块（512 字节）用作 MBR（主分区记录块）。文件系统会把相应的信息存储在这里，所以就算 Romcode 从 eSDHC 设备上拷贝出来的 2KB 的数据，实际上真实能运行的代码还是要偏移 1KB。

变量 mem_ptr 就是真实能运行的代码的头地址指针，这个指针也称为 flash_header_point，即 flash 文件头指针，这是因为得到 mem_ptr 后，系统不直接跳转到 mem_ptr 处执行。Romcode 会继续读取 flash 文件头，来完成一些诸如解密等的其他初始化工作，所以要先了解一个 flash 文件头的结构。

```
typedef struct
{
    UINT32 *app_code_jump_vector;
    UINT32 app_code_barker;
    UINT32 *app_code_csf;
    HWCFG_T **hwcfg;
    hab_rsa_public_key *super_root_key;
    HWCFG_T *hwcfg_ptr;
    UINT32 *app_dest_ptr;
} FLASH_HDR_T;
```

app_code_jump_vector：指向实际第一条可执行指令的指针。对于 NAND/SD/MMC/OneNAND，

它指向 flash 文件头的 app_dest_prt。

app_code_barker：用于表征 flash 文件头已经存在的巴克码，对于 i.MX51，其值为 0x000000B1。

app_code_csf：指向 CSF（certificate and command sequence file data）数据的指针，本平台并没有用到。

Hwcfg：指向 DCD（Device Configuration Table，设备配置表）段的双指针，它指向 flash 文件头结构体的*hwcfg_ptr。

super_root_key：本平台没有用到。

hwcfg_ptr：指向 DCD 段结构数组的指针，DCD 又称为设备配置表，Romcode 会访问这段数据对某些寄存器进行预先配置。本平台中，WinCE 6.0 BSP 没有使用，而 AndroidBSP 使用它来初始化 DDR2，所以比较重要，hwcfg_ptr 的结构体如下：

```
typedef struct {
    HWCFG_PREAMBLE_T preamble;     /* DCD 段数据头 */
    HWCFG_TYPE_ADDR_DATA_T type_addr_data; /* Array of type/address/data elements */
} HWCFG_T;
```

Preamble：DCD 段结构数组的数据头。

```
typedef struct {
    UINT32 barker;                 /* 用于检查 DCD 段存在的巴克码 */
    UINT32 length;                 /* 不包括数据头剩下的 DCD 段数组长度*/
} HWCFG_PREAMBLE_T;
```

type_addr_data：DCD 段实际数据。

```
typedef struct {
    UINT32 type;                   /* 指针数据类型 (byte, halfword, word, wait/read) */
    UINT32 *addr;                  /* 要把 DCD 数据写入的寄存器地址 */
    UINT32 data;                   /*要把 DCD 数据写入的寄存器的值*/
} HWCFG_TYPE_ADDR_DATA_T;
```

理解了 flash 文件头的数据结构后，再回过头来看函数 start_addr，在得到文件头指针后，Romcode 主要执行 DCD 段的配置工作，其函数为：

```
BOOL i.MX51_IROM_DeviceConfig (HWCFG_T *dcd_ptr)
{
……
/*校验数据头的巴克码和 DCD 段长度*/
if ((dcd_ptr->preamble.barker == PU_IROM_HWCFG_BARKER_VALUE) &&
            (length <= sizeof(type_addr_data)))
……
/*以下代码段通过判断不同的 DCD 段数据类型来执行相应的寄存器地址赋值工作，其格式为：*(数据类型*)(地址)=
（数据）*/
    switch (type_addr_data_ptr->type)
    {
        case HWCFG_ACCESS_TYPE_BYTE:
            /* Write the data value */
            *((UINT8 *)(type_addr_data_ptr->addr)) = (UINT8)(type_addr_data_ptr->data);
            break;
        case HWCFG_ACCESS_TYPE_HALFWORD:
            /* Check for halfword address */
            if ((((UINT32)(type_addr_data_ptr->addr)) % sizeof(UINT16)) == 0x00000000)
            {
                /* Write the data value */
                *((UINT16 *)(type_addr_data_ptr->addr)) = (UINT16)(type_addr_data_ptr->data);
                break;
```

```
            }
            rtn = FALSE;
            break;
        case HWCFG_ACCESS_TYPE_WORD:
            /* Check for word address */
            if ((((UINT32)(type_addr_data_ptr->addr)) % sizeof(UINT32)) == 0x00000000)
            {
                /* Write the data value */
                *((UINT32 *)(type_addr_data_ptr->addr)) = (UINT32)(type_addr_data_ptr->data);
                break;
            }
            rtn = FALSE;
            break;
        default:
            rtn = FALSE;
            break;
    }
……
}
```

通过在 DCD 段准备相应的寄存器实地址、值以及数据宽度信息，可以利用 Romcode 来完成一部分的系统初始化工作。

之后，Romcode 继续将剩余的 XLDR 拷贝到内部 RAM 中。

```
if(ret_val == TRUE)
{
    //得到 xldr 的长度，这个数据紧跟在 DCD 段数据的后面，所以可以使用偏移值来得到
    card_cfg_ptr = (CARD_FLASH_CFG_PARMS_T *)(((UINT8 *)&dcd_ptr->type_addr_data) + dcd_ptr->preamble.length);
    length = card_cfg_ptr->length;//此结构体其实只有一个成员变量，就是表示 xldr 的长度
    //通过 flash header 得到需要放置 xldr 的目标地址
    temp_addr = (UINT32)data_hdr_ptr->app_dest_ptr;
    dst_pointer = (UINT32 *)data_hdr_ptr->app_dest_ptr;
    //检查此地址是否在有效地址中，这里是使用内部 RAM
    if(parser_valid_address(temp_addr, card_cfg_ptr->length) == TRUE)
    {
        //因为事先已经拷贝了 2KB 的 xldr 进来，所以这里调节一下指针
        length = length - TWO_K_SIZE;
        temp_addr = temp_addr + TWO_K_SIZE;
        //重新调节一下，把事先拷贝过来的 2KB 的数据 copy 到 dst_pointer 中
        rom_memcpy(dst_pointer,IRAM_FREE_SPACE_START,TWO_K_SIZE);
        //以下函数将 xldr 的剩余部分拷贝过来
        if(length > 0)
        {
            if(card_data_read((UINT32 *)temp_addr, length, TWO_K_SIZE) == length)
            {
                ret_val = TRUE;
            }
            else
            {
                ret_val = FALSE;
            }
        }
    }
```

```
        else
        {
            ret_val = FALSE;
        }
    }
```

完成一些指针的校验工作后，然后执行以下代码：

```
(*(FCN_PTR)(data_ptr->app_code_jump_vector))(pu_irom_error_status);
```

App_code_jump_vector 实际指向 app_dest_prt，系统开始离开 Romcode，开始执行 Bootloader 的第一句可执行语句，至此，Romcode 的工作完成了，此时，Bootloader 还是在 i.MX51 内部 RAM 中执行。

i.MX51 的 Romcode 固化在芯片内部，不能修改，以上分析 Romcode，主要帮助大家理解以下几点：

- i.MX51 最初是如何启动的。
- 在 Bootloader 开始执行前，系统处于何种状态。

  由以上分析可见：

  - MX51 已经初始化了部分硬件，包括部分时钟、内部总线以及外部存储设备的控制器，以及外部存储设备本身。
  - bootloader 的头 2KB 已经被拷贝到 i.MX51 的内部 RAM 了，除了 1KB 的 MBR 头以及 flash 文件头，剩下的部分就是可执行代码。由此可知，剩下部分已经不能放下整个 Bootloader 了，所以必须把 Bootloader 分成两个部分：XLDR 和 EBOOT 本身。
- 可以利用 DCD 段来初始化某些寄存器，例如 AndroidBSP 利用它来初始化系统 DDR2 控制器。

3.3.2 怡鼎 MX51 WINCE 软件开发包的 XLDR

以上一节分析可知，i.MX51 内部 RAM 大小只有 128KB，所以必须将 Bootloader 分成两部分，其中第一部分称为 XLDR。

XLDR 的主要工作包括：

- 初始化 ARM 相关寄存器和内部总线。
- 初始化 i.MX51 外部内存控制器及外部内存 DDR2。
- 将 EBOOT 从外部存储设备中拷贝到外部内存 DDR2 中。
- 系统跳转到 DDR2 的 EBOOT 头地址开始执行。

可见，XLDR 的主要工作是将 EBOOT 的代码拷贝到外存并跳转执行 EBOOT，这正是因为 Romcode 没有办法拷贝整个 Bootloader 造成的。当然在拷贝到外存前，必须初始化外存控制器及外存 DDR2。

由上一节 Romcode 分析可知，Romcode 已经初始化了 eSDHC 寄存器，所以 XLDR 可以直接执行 eSDHC 命令，不需要再初始化。

由上一节 Romcode 分析可知，XLDR 二进制代码的分布必须要遵守 flash 文件头结构体的要求。所以在真实的 XLDR 可执行代码前，要加一个 flash 文件头。

3.3.2.1 怡鼎 MX51 XLDR 文件结构与编译

XLDR 的目录结构如图 3-109 所示。

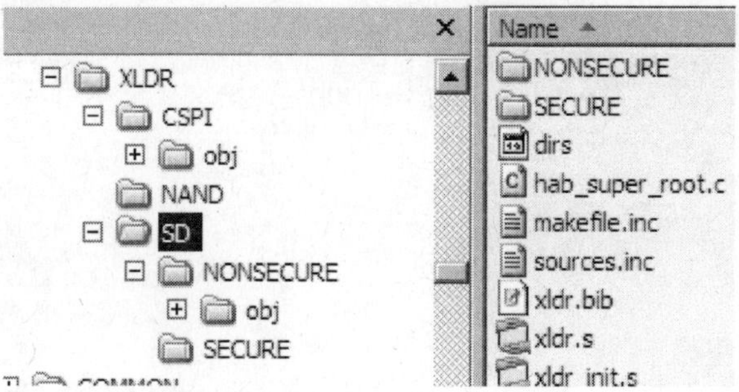

图 3-109　XLDR 的目录结构

（1）以 SD 卡 Nonsecure 启动为例，首先看 source.inc 文件。

```
TARGETTYPE=PROGRAM
RELEASETYPE=PLATFORM
EXEENTRY=StartUp
…
ARM_SOURCES= ..\xldr.s \
                ..\xldr_init.s
…
```

可见，主要编译的文件为 xldr.s 和 xldr_init.s，其中 xldr_init.s 为 flash 文件头定义，xldr.s 才是真正的可执行汇编文件。

（2）再来看 xldr_init.s，为 flash 文件头格式，以便和 Rom code 配合。

```
IMAGE_HDR_SIZE      EQU 0x800           ; 2 KB for image header and CSF
FLASH_HDR_SIZE      EQU 0x28            ; 10 字 =40 字节，表示 flash 头数据结构大小
CSF_SIZE            EQU (IMAGE_HDR_SIZE - FLASH_HDR_SIZE)
    MACRO
    RESERVE_CSF     $size
    LCLA            Counter
    Counter         SETA    $size
    WHILE           Counter > 0
    Counter         SETA    Counter - 1
    DCB             0x00
        WEND
    MEND
    OPT 2                                       ; disable listing
    INCLUDE kxarm.h
    OPT 1                                       ; renable listing
    TEXTAREA
    IMPORT StartUp                              ; xldr 的真正执行代码地址
    IMPORT hab_super_root_key                   ; HAB 代码地址，Nosecure 启动不用
    AREA .asecure,ALIGN=4,CODE
XLDR_FLASH_HDR
    DCD StartUp                                 ; 镜像起始地址
    DCD 0xB1                                    ; 巴克码
    DCD (XLDR_FLASH_HDR + FLASH_HDR_SIZE)  ; CSF 指针
    DCD XLDR_DCD_PTR                            ; DCD 的双指针
    DCD hab_super_root_key                      ; HAB 地址的指针
XLDR_DCD_PTR
DCD XLDR_DCD_DATA                               ; DCD 表的指针
;Romcode 会把整个镜像(1K MBR + 8K XLDR)从 SD 卡拷贝到内部 RAM 中，因为 XLDR 的连接地址是 0x1FFEA000，
除掉头 1KB 的 MBR,实际地址为 0x1FFEAC00
    DCD 0x1FFEAC00
```

```
XLDR_DCD_DATA
    DCD 0xB17219E9                      ; DCD 段的巴克码
    DCD 0x0                             ; DCD 段长度为 0，意思为无 DCD 表
    DCD 0x2400                          ; 镜像总长度 (1K MBR + 8K XLDR)
XLDR_CSF_DATA
    RESERVE_CSF        CSF_SIZE         ; CSF 数据保留区
    END
```

3.3.2.2 怡鼎 MX51 XLDR 启动流程

XLDR 的主要汇编函数为 xldr.s，其主要流程如下：

（1）设置 ARM 进入 SVC()模式，并关闭 IRQ、FIQ 中断，WinCE 的 bootloader 使用轮循而非中断模式。

（2）关闭 MMU 及数据与指令 cache。

（3）配置 ARM 相关协处理器。

（4）配置 ARM 的 AHB 到 IP 总结的 AIPS 寄存器。

（5）初始化外部内存，bootloader 在初始化外部内存后，才可以将 bootloader 拷贝到外部内存运行。以下几种情况需要修改此处代码：

- DDR2 部分 layout 不良，导致如阻抗匹配或等长有问题，可能适当调节驱动能力或端接来调整。
- 更换其他厂家的 DDR2 时，需要根据相应的 DDR2 的数据手册重新设置时序配置寄存器。
- 更改 DDR2 的尺寸大小后需要重新设置 DDR2 控制寄存器。

可以使用 JTAG 工具来配置 DDR2 相应参数，然后对 DDR2 进行压力测试，找到一组最适合的参数来配置 DDR2。

整个 BSP 代码仅在此处配置 DDR2。

（6）xldr 将 eboot 代码从 SD 卡中读到外部 DDR2 的 IMAGE_ BOOT_ BOOTIMAGE_ RAM_ PA_ START 处。

3.3.3 怡鼎 MX51 WinCE 6.0 软件开发包的 EBOOT

Wince 的 Bootloader 由以下部分组成：

（1）BLCommon。

（2）OEM 代码。

（3）EBoot。

（4）存储管理。

（5）EDBG 驱动代码。

Windows CE 已经实现了 Bootloader 的主要架构，只有 OEM 代码需要 OEM 厂商自己实现，Bootloader 结构如图 3-110 所示。

3.3.3.1 怡鼎 MX51 WinCE 6.0 软件开发包的 EBOOT 的文件结构与编译

Bootloader 的目录结构如下：

```
\WINCE600\PLATFORM\i.MX51-EVK-PDK1_7\SRC\BOOTLOADER\
|->COMMON
|    |->startup.s:Include ..\\..\\..\\..\\src\\oal\\oallib\\startup.s：它包括头文件 oemaddrtab_cfg.inc，image_cfg.inc，..\\..\\..\\..\\src\\oal\\oallib\\startup.s 是和 OAL 共有的汇编级启动代码，而 COMMON 下的 startup.s 为 eboot 的汇编级启动代码
|    |->cspi_flash.c：eboot 中的 SPI NOR flash 驱动
```

```
|     |->esdhc.c：eboot 中的 SD\MMC 卡驱动
|     |->ether.c：eboot 中的网卡驱动
|     |->flash.c：eboot 中的 SD\MMC 卡驱动
|     |->main.c：eboot 中的主函数
|     |->nand.c：eboot 中的 nand flash 驱动
|     |->nfc_boot.cpp：eboot 中的 nand flash 控制器驱动
|     |->nor.c
|     |->pmic.c：eboot 中的电源管理驱动
|     |->utils.c
|->EBOOT
|     |->eboot.c：eboot 的主要函数
|     |->menu.c：eboot 的菜单函数
|     |->eboot.bib
```

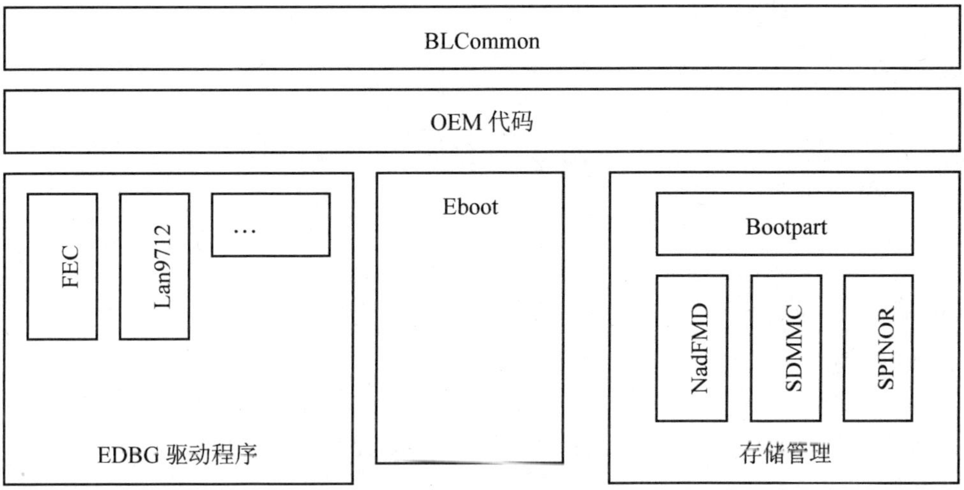

图 3-110　Bootloader 的结果

Bootloader 的编译如下：

（1）Common 文件夹下的 source 文件。

```
TARGETNAME=bootcmn
TARGETTYPE=LIBRARY
RELEASETYPE=PLATFORM
…
SOURCES=main.c flash.c utils.c nand.c nor.c esdhc.c ether.c nfc_boot.cpp\ pmic.c cspi_flash.c
ARM_SOURCES= startup.s
FILE_VIEW_INCLUDES_FOLDER= loader.h
```

编译后生成名为 bootcmn.lib 的库文件，Eboot 会连接它。

（2）Eboot 文件夹下的 source 文件。

```
TARGETTYPE=PROGRAM  编译生成 eboot.exe
RELEASETYPE=PLATFORM
…
EXEENTRY=StartUp  进入函数为 startup.s 中的函数 StartUp
…
TARGETLIBS=\
    $(_COMMONOAKROOT)\LIB\$(_CPUDEPPATH)\BootPart.lib                \
```

以下为 eboot 需要连接进去的库文件，除了 bootcmn.lib 外，还包括 OAL 层的库文件。

```
$(_PLATCOMMONLIB)\$(_CPUINDPATH)\oal_cache_armv7_$(_COMMONSOCDIR).lib \
    $(_PLATCOMMONLIB)\$(_CPUINDPATH)\oal_blnk.lib                    \
    $(_PLATCOMMONLIB)\$(_CPUINDPATH)\oal_blcommon.lib                \
    $(_PLATCOMMONLIB)\$(_CPUINDPATH)\oal_log.lib                     \
    $(_PLATCOMMONLIB)\$(_CPUINDPATH)\oal_kitl.lib                    \
    $(_PLATCOMMONLIB)\$(_CPUINDPATH)\oal_other.lib                   \
    $(_PLATCOMMONLIB)\$(_CPUINDPATH)\oal_blmemory_arm.lib            \
    $(_PLATCOMMONLIB)\$(_CPUINDPATH)\oal_io.lib                      \
 $(_PLATCOMMONLIB)\$(_CPUINDPATH)\oal_ethdrv_fec_$(_COMMONSOCDIR).lib \
$(_PLATCOMMONLIB)\$(_CPUINDPATH)\sdmmc_boot_$(_COMMONSOCDIR).lib \
$(_PLATCOMMONLIB)\$(_CPUINDPATH)\nand_boot_$(_COMMONSOCDIR).lib \
$(_PLATCOMMONLIB)\$(_CPUINDPATH)\nand_ocq_$(_COMMONSOCDIR).lib  \
$(_TARGETPLATROOT)\lib\$(_CPUDEPPATH)\nandfmd_boot_lib.lib       \
$(_TARGETPLATROOT)\lib\$(_CPUDEPPATH)\oal_flash.lib              \
$(_PLATCOMMONLIB)\$(_CPUINDPATH)\oal_blserial.lib    \
$(_TARGETPLATROOT)\lib\$(_CPUDEPPATH)\serialutils.lib            \
$(_TARGETPLATROOT)\lib\$(_CPUDEPPATH)\bspcmn.lib                 \
$(_TARGETPLATROOT)\lib\$(_CPUINDPATH)\bsp_bootshell.lib          \
$(_TARGETPLATROOT)\lib\$(_CPUDEPPATH)\ethdrv.lib                 \
$(_TARGETPLATROOT)\lib\$(_CPUDEPPATH)\bootcmn.lib                \
$(_COMMONOAKROOT)\lib\$(_CPUINDPATH)\eboot.lib                   \
$(_COMMONOAKROOT)\lib\$(_CPUINDPATH)\gsnull.lib                  \
$(_COMMONOAKROOT)\lib\$(_CPUINDPATH)\fulllibc.lib                \
$(_TARGETPLATROOT)\lib\$(_CPUDEPPATH)\fsl_usbfn_rndiskitl_$(_SOCDIR).lib    \
$(_TARGETPLATROOT)\lib\$(_CPUINDPATH)\bspfec.lib                 \
$(_PLATCOMMONLIB)\$(_CPUINDPATH)\fsl_rne_mdd_$(_COMMONSOCDIR).lib               \
$(_PLATCOMMONLIB)\$(_CPUINDPATH)\usb_usbfn_$(_SOCDIR).lib        \
$(_PLATCOMMONLIB)\$(_CPUINDPATH)\usb_usbfn_eboot_$(_SOCDIR).lib \
$(_PLATCOMMONLIB)\$(_CPUDEPPATH)\bootshell_$(_COMMONSOCDIR).lib \
$(_PLATCOMMONLIB)\$(_CPUDEPPATH)\blmenu_$(_COMMONSOCDIR).lib  \
$(_PLATCOMMONLIB)\$(_CPUINDPATH)\fsl_serial_pdd_$(_COMMONSOCDIR).lib \
 $(_PLATCOMMONLIB)\$(_CPUINDPATH)\fsl_rne_pdd_$(_COMMONSOCDIR).lib \
$(_TARGETPLATROOT)\lib\$(_CPUDEPPATH)\oal_spifmd.lib             \
TARGETLIBS=\
    $(TARGETLIBS) \
$(_PLATCOMMONLIB)\$(_CPUINDPATH)\nand_to2_$(_SOCDIR).lib
```

Eboot 本身的源文件为以下两个：

```
SOURCES=\
    ..\eboot.c \
    ..\menu.c
```

（3）Eboot 的连接文件 eboot.bib。

```
MEMORY
; 驱动库内存镜像地址，用于从 eboot 中传递到内核中，需要与内核的 config.bib 文件一致，使用物理地址
;       Name             Start        Size         Type
;       -------          --------     --------     ----
        ARGS             80000000     00001000     RESERVED
        XLDR             80001000     00001000     RESERVED
        STACK            80002000     0003A000     RESERVED
        PAGE_TABLE       8003C000     00004000     RESERVED
        $(TARGETNAME)    80040000     00040000     RAMIMAGE
        RAM              80090000     00070000     RAM
; Flash cache (用于存放下载时的 NK 与 Eboot，为剩余的整个内存大小)
        FCACHE           80100000     07F00000     RESERVED
```

```
CONFIG
    COMPRESSION=OFF
    KERNELFIXUPS=ON
; Eboot is build to run out of RAM, so ROMSTART and ROMSIZE correspond to the
; RAM address range specified above.
    ROMSIZE =00040000
    ROMSTART=80040000
    ROMWIDTH=32
; ROMOFFSET applies to the BIN file sections and is used to "move" the image
; into SDMMC or SPI/NAND flash.   The bootloader image already on the system will be able to tell
; that the BIN file is destined for flash (versus RAM) based on the address
; formed by RAMIMAGE Start plus ROMOFFSET.
;
IF IMGSDMMC
    ; 0x9FA20000 = (0x80040000 + ROMOFFSET) & 0xFFFFFFFF ==> ROMOFFSET = 0x1F9E0000
    ROMOFFSET=1F9E0000
    ENDIF
ENDIF
MODULES
;    Name Path Memory Type
    nk.exe    $(_TARGETPLATROOT)\target\$(_TGTCPU)\$(WINCEDEBUG)\$(TARGETNAME).exe      $(TARGETNAME)
```

3.3.3.2 怡鼎 MX51 EBOOT 启动流程

（1）设置 ARM 进入 SVC()模式，并关闭 IRQ、FIQ 中断，WinCE 的 Bootloader 使用轮循而非中断模式。

（2）关闭 MMU 及数据与指令 Cache。

（3）关闭 L2 Cache。

（4）配置 ARM 的 AHB 到 AIPS 寄存器。

（5）设置 M4IF 寄存器。

（6）配置三个 PLL 及 CCM 寄存器，至此，所有 i.MX51 的 Clock Tree 配置完成。

- 配置 PLL1 为 800MHz。
- 配置 PLL2 为 665MHz。
- 配置 PLL3 为 216MHz。
- 配置 CCM 寄存器。
- 配置内部总线的 Mux 与 Divider 寄存器，包括 PERCLK、PERCLK_PRED2、PERCLK_PRED1、IPG、AHB、NFC、AXI_A、AXI_B、EMI、DDR。

以下两种情况需要调节 DDR Divider 寄存器。

（1）DDR2 不能稳定的运行在 200MHz，可以设置为 PLL1/DDR_CLK_PODF=800/(4,5,6,7,8)=200MHz,160MHz,133MHz,114MHz,100MHz。

（2）对于 mDDR，一般运行在 160MHz 或 133MHz。

- 配置串行外设的 Mux 与 Divider 寄存器，包括 uart，usboh3，esdhc1，pgc，esdhc2，slimbus，sim，ecspi，firi，hsi2c，csi，ssi。

（7）设置 WEIM 寄存器。

（8）如果 Eboot 还没有运行在外部 DDR2 中，则初始化外部 DDR2。

（9）初始化 Cache。

（10）初始化 L2 Cache。

（11）初始化硬件实时时钟。

（12）获得 MMU 映射表的数据结构地址。

（13）跳转到 KernelStart，D:\WINCE600\PLATFORM\i.MX51-EVK-PDK1_7\SRC\ BOOTLOADER\COMMON\startup.s。

（14）打开 MMU。

（15）跳转到 C 代码中执行，Bl main 如下所示。

```
void BootloaderMain (void)
{
    //将全局变量重定位到 DDR2 中
    if (!KernelRelocate (pTOC)) {… }
    // (1) 初始化调试串口，之后可以使用 OEMWriteDebugString 从串口上打印出串口调试信息，所以 EBOOT 的 C
    // 代码一开始就打开了调试串口。
    if (!OEMDebugInit ()){… }
    // (2) 初始化 eboot 中要用到的硬件及外设 (包括时钟和传输网口)
    if (!OEMPlatformInit ()){… }
    // (3)调用 OEM 定制 pre-download 函数，打印出 boot menu，并决定是否下载
    switch (dwAction = OEMPreDownload ())
    {
    case BL_DOWNLOAD:
        // (4) 下载映像
        if (!DownloadImage (&dwImageStart, &dwImageLength, &dwLaunchAddr)) {… }
        bDownloaded = TRUE;
        // 检查所下载映像的签名
        if (*(LPDWORD) OEMMapMemAddr (dwImageStart, dwImageStart + ROM_SIGNATURE_OFFSET) ==
ROM_SIGNATURE)
        {
            dwpToc = *(LPDWORD) OEMMapMemAddr (dwImageStart, dwImageStart + ROM_SIGNATURE_OFFSET
+ sizeof(ULONG));
            // 重新映射内容
            dwpToc = (DWORD) OEMMapMemAddr (dwImageStart, dwpToc + g_dwROMOffset);
            KITLOutputDebugString ("ROMHDR at Address %Xh\r\n", dwImageStart + ROM_SIGNATURE_OFFSET +
sizeof (DWORD)); // right after signature
        }
        // 下载后直接继续执行
    case BL_JUMP:
        //启动内核前，再次检查签名，如果没有下载，那么 OEMLaunch 函数启动本地存储映像
        if (g_bBINDownload && g_pOEMCheckSignature)
        {
            if (!g_pOEMCheckSignature(dwImageStart, g_dwROMOffset, dwLaunchAddr, bDownloaded))
                HALT(BLERR_CAT_SIGNATURE);
        }
        // (5) 最终启动内核，不再返回
        OEMLaunch (dwImageStart, dwImageLength, dwLaunchAddr, (const ROMHDR *)dwpToc);
    default:
        ....
    }
}
```

（16）重定位全局变量。Bootloader 的全局变量放在可执行文件的一个数据段中，所以 Bootloader 如果要操作这些变量，需要事先将全局变量所在的数据段移到 DDR2 中。

（17）初始化调试串口，D:\WINCE600\PLATFORM\i.MX51-EVK-PDK1_7\SRC\COMMON\BSPCMN\debugserial.c。

此函数有两个作用，一是初始化 BSP_ARGS 变量，并得到整个 SoC 的 clock 树信息。二是初始化 uart1，作为调试串口，初始化成功后，打印出整个 Clock 树信息，方便用户检查。

（18）初始化平台，D:\WINCE600\PLATFORM\i.MX51-EVK-PDK1_7\SRC\BOOTLOADER\COMMON\main.c。

- 电源管理。OALPmicInit()用于初始化 PMIC 通信接口，然后配置 PMIC 芯片，为某些在 Bootloader 需要用到的外设供电。这个可能需要修改。
- 实时时钟。BootTimerInit()是用于初始化芯片的内部实时时钟，用于 Bootloader 中某些时钟控制。
- 判断启动设备。通过读取 SBMR 寄存器判断是从何种设备启动，并设置相应全局变量
- BSP_ARGs 共享参数。初始化部分 BSP_ARGs 数据结构。
- 存储设备。初始化存储设备，包括 SD/MMC 卡——SDMMC_Init()或 SPI Nor Flash——SPIFMD_Init。

这里以 SDMMC_Init()为例。

```
BOOL SDMMC_Init(void)
{
    BOOL bInit = FALSE;
/*此函数用于配置启动的 SD/MMC 设备的相应管脚，这个比较重要，如果采用不同的 SD/MMC 接口，需要相应地配置其管脚，注意，对于相应的 CD 和 WP 管脚，也要一起配置并正确连接，对于如 TF 卡这种无 CD 和 WP 管脚的，可以将其外接出来后下拉，或是设置为内部下拉，以保证 SD/MMC 控制器检测到正确的 SD 卡状态。*/
    SDConfigPins();
//初始化 SoC 的 SDHC 控制器，并检测 SD/MMC 卡是否存在，也可以直接返回
    if(!SDInterface_Init()){...}
//发送 CMD0 去初始化 SD/MMC 卡
    SDMMC_card_software_reset();
//进行 SD 卡初始化，包括协商电压，读出 CID/RCA/CSD，设置 SD 卡为传输模式，设置总线宽度为 4 位
    if(!SD_Init()){...}
    else if(!MMC_Init()) {... }
    // 从 image_cfg.h 中读出 SD/MMC 卡启动映像的相关位置和尺寸信息
    memset(&SDImageCfg, 0, sizeof(SD_IMAGE_CFG));
    BSP_GetSDImageCfg(&SDImageCfg);
    OALMSG(OAL_FUNC, (_T("- SDMMC_Init\r\n")));
    return bInit;
}
```

- Boot 参数。从存储设置中读出 Eboot 的相关参数，如果第一次启动，则使用默认参数，并存储在存储设备中。

（19）运行 PreDownload 函数。

- 打印出 Eboot 菜单 BLMenu()。主要是通过以下语句：

```
BLMenuShow(g_menu);
```

其中 g_menu 的类型为：

```
typedef struct MENU_ITEM {
    WCHAR key;//eboot 的菜单的选择按键
    LPCWSTR text;//eboot 的菜单显示内容
```

```
        BOOL (*pfnAction)(struct MENU_ITEM *);//选择执行的相关函数
        VOID *pParam1;//以下为传入执行函数的参数
        VOID *pParam2;
        VOID *pParam3;
    } BLMENU_ITEM;
```

其中 g_menu 的常量为：

```
#define CommonMenu IP_Address,IP_Mask,Boot_Delay,DHCP,Reset,Select_Boot_Device,MAC,Format_OS,Format_All,\
Boot_Shell,KITL_Work_Mode,KITL_Enable_Mode,KITL_Passive_Mode,Save_Setting,Download_Image,Launch_Flash_Image,
Select_Ether_Device,MMC_SD_Utilities,Null_Menu
#define SocMenu Null_Menu
#define MainMenu   { CommonMenu,SocMenu }
static BLMENU_ITEM g_menu[] = MainMenu;
```

以 IP_Address 为例。

```
//按"0"选择相关执行函数，此菜单显示为 IP Address，执行函数为 BLMenuSetIpAddress，其参数为 L"IP Address",
//&g_BootCFG.IP, NULL
#define IP_Address {L'0', L"IP Address", BLMenuSetIpAddress,L"IP Address", &g_BootCFG.IP, NULL}
```

如果用户更改了菜单选项，系统自动存储起来。

```
if (bCFGChanged == TRUE)
{
    StoreBootCFG(&g_BootCFG);
    ConfigBootCFG(&g_BootCFG);
}
```

- 如果使能 Kitl，则初始化网口：

```
UINT32 InitSpecifiedEthDevice(OAL_KITL_ARGS *pKITLArgs, UINT32 EthDevice)
{
    …
    switch(EthDevice)
    {
     case ETH_DEVICE_FEC:
        …
        // 初始化 FEC，调用 OALKitlFECBSPInit 配置 FEC 相关 pin 并 reset 外部 lan8700,然后打开相关 clock.
        //然后初始化 MII 接口，通过 MII 接口读出外部 phy 相关信息
        if (FECInit((PBYTE) OALPAtoUA(CSP_BASE_REG_PA_FEC), 0, pKITLArgs->mac))
…
        break;
    case ETH_DEVICE_USB:
       //初始化 USBRNDIS 网口
        if( InitUSBRNDISDevice( pKITLArgs) != -1)
       …
    case SER_DEVICE_USB:
    //初始化 USB 串口
        if(!USBSerialInit())
        …

        break;
    default:
    …
    return rc;
}
```

- 如果用户选择启动内核，或不作选择，则 bootloader 将内核映像从存储设备中加载到外部 DDR2 中，地址为 IMAGE_BOOT_NKIMAGE_RAM_PA_START。

以 BOOL SDHCLoadNK（VOID）为例。

```
BOOL SDHCLoadNK(VOID)
{
    FlashInfo flashInfo;
    LPBYTE pSectorBuf;
    SECTOR_ADDR sectorAddr, startSectorAddr, endSectorAddr, numSectors;
    UINT32 percentComplete=0, lastPercentComplete=100;
    DWORD dwActualLength = 0;
    CHAR *pLengthMagic;

    // 检查 SD/MMC 存储设备是否存在，如果 SD/MMC 初始化成功，以下变量为 true
        if(!g_bSDHCExist) {... }
        //串口将打印出以下内容
    OALMSG(1, (_T("INFO: Reading NK image to SDHC (please wait)...\r\n")));
    //此函数获得 SD/MMC 存储设备相关参数，比如块大小为 512 字节
    if(!SDMMC_GetInfo(&flashInfo)){...}
    // 得到 NK 内核映像被加载到 DDR2 中的位置 IMAGE_BOOT_NKIMAGE_RAM_PA_START
    pSectorBuf = (LPBYTE) OALPAtoUA(SDImageCfg.dwNkRAMOffset);
    // 计算得到 NK 内核映像在 SD/MMC 存储设备中的物理块地址
    startSectorAddr = SDImageCfg.dwNkOffset/flashInfo.dwBytesPerBlock;
    endSectorAddr = startSectorAddr + (SDImageCfg.dwNkSize/flashInfo.dwBytesPerBlock);
    // 得到 bootloader 的参数配置块位置
    sectorAddr   = endSectorAddr - 1;
    //读出 bootloader 的参数
    if(!SDMMC_ReadSector(sectorAddr, pSectorBuf, NULL, 1)){... }
     //
    dwActualLength = *(DWORD*)(pSectorBuf +   flashInfo.dwBytesPerBlock - 4);
    pLengthMagic = (CHAR*)(pSectorBuf +   flashInfo.dwBytesPerBlock - 4 - IMAGE_LENGTH_MAGIC_SIZE);
     //比较 magic 字节
    if ((memcmp(pLengthMagic, IMAGE_LENGTH_MAGIC_STRING, IMAGE_LENGTH_MAGIC_SIZE) == 0) &&
        (dwActualLength!= 0 &&   dwActualLength <= SDImageCfg.dwNkSize))
    {
     //调节实际大小
        if (dwActualLength % flashInfo.dwBytesPerBlock)
            endSectorAddr = startSectorAddr + (dwActualLength/flashInfo.dwBytesPerBlock) + 1;
        else
            endSectorAddr = startSectorAddr + (dwActualLength/flashInfo.dwBytesPerBlock);
    }
    //从串口打印出相关信息
    OALMSG(1, (_T("INFO: Copying NK image to RAM address 0x%x\r\n"), pSectorBuf));
    lastPercentComplete = 0;
  //限制最大块数为 512
    if(endSectorAddr - startSectorAddr < g_dwSDHC_RW_NUM)
    {
        numSectors = endSectorAddr - startSectorAddr;
    }
    else
    {
        numSectors = g_dwSDHC_RW_NUM;
    }
 //以下语句将 NK 内核映像从 SD/MMC 卡中读到外部 DDR2 中
    for(sectorAddr = startSectorAddr; sectorAddr < endSectorAddr;)
    {
        if(!SDMMC_ReadSector(sectorAddr, pSectorBuf, NULL, numSectors))
        {
            OALMSG(1, (_T("ERROR: Failed to load NK\r\n")));
```

```
                return FALSE;
            }

            pSectorBuf += (numSectors * flashInfo.dwBytesPerBlock);
            percentComplete = 100 * (sectorAddr - startSectorAddr + 1)/(endSectorAddr - startSectorAddr);

            // If percentage complete has changed, show the progress
            if(lastPercentComplete != percentComplete)
            {
                lastPercentComplete = percentComplete;
                OEMWriteDebugByte('\r');
                //打印出内核加载的百分比
                OALMSG(1, (_T("INFO: Read is %d%% complete"), percentComplete));
            }

            sectorAddr += numSectors;
            if(endSectorAddr - sectorAddr < g_dwSDHC_RW_NUM)
            {
                numSectors = endSectorAddr - sectorAddr;
            }
        }
    //打印出相关信息
        OALMSG(1, (_T("\r\nINFO: Copy of NK completed successfully\r\n")));
        return TRUE;
}
```

（20）如果用户选择启动内核，则在读出内核映像后，直接跳转执行。

```
Launch(PhysAddress);// PhysAddress= IMAGE_BOOT_NKIMAGE_RAM_PA_START，存储在 ARM 寄存器的 r0 中
```

Launch 函数为汇编函数，在如下文件中：

```
D:\WINCE600\PLATFORM\i.MX51-EVK-PDK1_7\SRC\BOOTLOADER\COMMON\ startup.s
```

执行以下语句，直接执行 NK 映像。

```
mov     r4, r0                  ; Save jump address
mov     pc, r4
```

（21）如果用户选择下载内核，则从网络下载内核，并写入到存储设备中。

```
// (5) download image
if (!DownloadImage (&dwImageStart, &dwImageLength, &dwLaunchAddr)){…}
```

此函数事先判断要下载的映像类型。

```
static BL_IMAGE_TYPE GetImageType()
{
    BL_IMAGE_TYPE rval = BL_IMAGE_TYPE_UNKNOWN;

    // 从映像文件头读出 7 字节的 "magic number"
    if (!OEMReadData (BL_HDRSIG_SIZE, g_hdr)){…}
…
    //如果 magic number 是 B000FF，则为 Bin 映像
    else if (!memcmp (g_hdr, "B000FF\x0A", BL_HDRSIG_SIZE))
    {
        KITLOutputDebugString("\r\nBL_IMAGE_TYPE_BIN\r\n\r\n");
        rval =   BL_IMAGE_TYPE_BIN;
    }
…
    return rval;
}
```

如果映像为NK.bin，则开始下载。

```
case BL_IMAGE_TYPE_BIN:
                rval &= DownloadBin( pdwImageStart, pdwImageLength, pdwLaunchAddr );
                break;

static BOOL DownloadBin (LPDWORD pdwImageStart, LPDWORD pdwImageLength, LPDWORD pdwLaunchAddr)
{
…
    //  Bin 的文件格式为：地址;长度;校验码和实际数据，所以以下语句读出 BIN 文件
    while ( OEMReadData (sizeof (DWORD), (LPBYTE) &dwRecAddr)   &&
            OEMReadData (sizeof (DWORD), (LPBYTE) &dwRecLen)    &&
            OEMReadData (sizeof (DWORD), (LPBYTE) &dwRecChk) )
    {
        // 如果读到最后，则退出
        if (!dwRecAddr && !dwRecChk)
        {
            break;
        }
        // map the record address (FLASH data is cached, for example)
        lpDest = OEMMapMemAddr (pCurDownloadFile->dwRegionStart, dwRecAddr);
        // 从网络读出数据
        if (!OEMReadData (dwRecLen, lpDest)) {…}
        //CRC 检验
        if (!VerifyChecksum (dwRecLen, lpDest, dwRecChk)){…}
…
}
```

下载到DDR2后，写入到存储设备中。

```
WriteImageToFlash();
if (!OEMWriteFlash (pRegion->dwRegionStart, pRegion->dwRegionLength));
rc = SDHCWriteNK(dwStartAddr, dwLength);
BOOL SDHCWriteNK(DWORD dwStartAddr, DWORD dwLength)
{
    // 判断 SD/MMC 是否存在
    if(!g_bSDHCExist) { …}
    if(!SDMMC_GetInfo(&flashInfo)){… }
…
    // Make sure NK length does not exceed reserved SDHC size
    if(dwLength > SDImageCfg.dwNkSize) {… }

    // Get cached image location
    pImage = OEMMapMemAddr(dwStartAddr, dwStartAddr);

    if (dwLength % flashInfo.dwBytesPerBlock)
    {
        dwNKSize = (dwLength/flashInfo.dwBytesPerBlock + 1) * flashInfo.dwBytesPerBlock;
        // Fill unused space with 0xFF
        memset(pImage + dwLength, 0xFF, (dwNKSize - dwLength));
    }
    else
    {
        dwNKSize = dwLength;
    }

    // The last dword store the actual NK length
```

3 Chapter

```
        if (SDImageCfg.dwNkSize - dwLength >= NK_UNUSED_BLOCKS *flashInfo.dwBytesPerBlock )
        {
            memset(pImage + SDImageCfg.dwNkSize-flashInfo.dwBytesPerBlock, 0xFF, flashInfo.dwBytesPerBlock - 4 - 
IMAGE_LENGTH_MAGIC_SIZE);
            memcpy(pImage + SDImageCfg.dwNkSize - 4 - IMAGE_LENGTH_MAGIC_SIZE , IMAGE_LENGTH_MAGIC_
STRING, IMAGE_LENGTH_MAGIC_SIZE);
            *(DWORD*)(pImage + SDImageCfg.dwNkSize - 4) = dwLength;
        }
        OALMSG(1, (_T("INFO: Programming NK image from flash cache address 0x%x, size = %d\r\n"), pImage,
dwLength));
        // Write NK to SDHC flash
        pSectorBuf = pImage;
        startSectorAddr = SDImageCfg.dwNkOffset/flashInfo.dwBytesPerBlock;;
        endSectorAddr = startSectorAddr + (dwNKSize/flashInfo.dwBytesPerBlock);
        if((endSectorAddr - startSectorAddr) < g_dwSDHC_RW_NUM)
        {
            numSectors = endSectorAddr - startSectorAddr;
        }
        else
        {
            numSectors = g_dwSDHC_RW_NUM;
        }

        lastPercentComplete = 0;
        for(sectorAddr = startSectorAddr; sectorAddr < endSectorAddr; )
        {
            if(!SDMMC_WriteSector(sectorAddr, pSectorBuf, NULL, numSectors))
            {
                OALMSG(1, (_T("ERROR: Failed to update NK\r\n")));
                return FALSE;
            }

            pSectorBuf += (numSectors * flashInfo.dwBytesPerBlock);
            percentComplete = 100 * (sectorAddr - startSectorAddr + 1)/(endSectorAddr - startSectorAddr);

            // If percentage complete has changed, show the progress
            if(lastPercentComplete != percentComplete)
            {
                lastPercentComplete = percentComplete;
                OEMWriteDebugByte('\r');
                OALMSG(1, (_T("INFO: Program is %d%% complete"), percentComplete));
            }

            sectorAddr += numSectors;
            if((endSectorAddr - sectorAddr) < g_dwSDHC_RW_NUM)
            {
                numSectors = endSectorAddr - sectorAddr;
            }
        }

        // The last dword of last sector store the actual NK length
        if (SDImageCfg.dwNkSize - dwLength >= NK_UNUSED_BLOCKS *flashInfo.dwBytesPerBlock )
        {
            sectorAddr = startSectorAddr + SDImageCfg.dwNkSize/flashInfo.dwBytesPerBlock - 1;
            pSectorBuf = pImage + SDImageCfg.dwNkSize -flashInfo.dwBytesPerBlock;
```

```
        if(!SDMMC_WriteSector(sectorAddr, pSectorBuf, NULL, 1))
        {
            OALMSG(1, (_T("ERROR: Failed to update NK\r\n")));
            return FALSE;
        }
    }

    OALMSG(1, (_T("\r\nINFO: Reading image in SDHC for verification\r\n")));

    // Read NK from SDHC flash to verify contents
    pSectorBuf = pImage + SDImageCfg.dwNkSize;

    if((endSectorAddr - startSectorAddr) < g_dwSDHC_RW_NUM)
    {
        numSectors = endSectorAddr - startSectorAddr;
    }
    else
    {
        numSectors = g_dwSDHC_RW_NUM;
    }

    OALMSG(1, (_T("\r\nINFO: Verifying image\r\n")));

    lastPercentComplete = 0;
    for(sectorAddr = startSectorAddr; sectorAddr < endSectorAddr; )
    {
        if(!SDMMC_ReadSector(sectorAddr, pSectorBuf, NULL, numSectors))
        {
            OALMSG(1, (_T("ERROR: Failed to update NK\r\n")));
            return FALSE;
        }
        if(memcmp(pImage, pSectorBuf, (numSectors * flashInfo.dwBytesPerBlock)) != 0)
        {
            OALMSG(1, (_T("ERROR: Failed to verify NK\r\n")));
            return FALSE;
        }
        pImage += (numSectors * flashInfo.dwBytesPerBlock);
        percentComplete = 100 * (sectorAddr - startSectorAddr + 1)/(endSectorAddr - startSectorAddr);

        // If percentage complete has changed, show the progress
        if(lastPercentComplete != percentComplete)
        {
            lastPercentComplete = percentComplete;
            OEMWriteDebugByte('\r');
            OALMSG(1, (_T("INFO: verify is %d%% complete"), percentComplete));
        }

        sectorAddr += numSectors;
        if((endSectorAddr - sectorAddr) < g_dwSDHC_RW_NUM)
        {
            numSectors = endSectorAddr - sectorAddr;
        }
    }
```

```
    OALMSG(1, (_T("\r\nINFO: Update of NK completed successfully\r\n")));

    return TRUE;
}
```

3.4 WinCE 6.0 OEM 适配层

OAL（OEM 适配层）是位于 Windows CE 内核与目标设备硬件之间的代码层，用于屏蔽硬件差别，OAL 层主要用于处理中断、计时器、电源管理、IO 控制等。

3.4.1 Windows CE 操作系统的启动顺序

OAL 与 Bootloader 共享部分硬件初始化代码，但由于 Bootloader 已经初始化了 Cache，所以 OAL 不需要再初始化。OAL 是 Windows CE 内核的一部分，内核启动的过程就是 OAL 加载并运行的过程。

Startup 函数是内核启动调用的第一个函数，它将 CPU 初始化到一个已知状态，此函数由 Bootloader 和 OAL 共享，相关代码分析可以参考 3.3 节。

Startup 继续调用内核的 KernelStart 函数，而 Bootloader 则调用自己的 KernelStart 函数。

Kernelstart 函数主要完成：

- 初始化基于 OEMAddressTable 内容的第一级存储器页表。
- 打开 MMU 和 Cache。
- 为每一种 CPU 模式初始化堆栈。

Kernelstart 函数而后再调用 ARMInit。ARMInit 会开始调用内核的启动函数。

```
// NKStartup - kernel.dll 入口函数.
// NK Loader setup only the minimal mappings, which includes ARMHigh area, and the cached static mapping area,
// with *EVERYTHING UNCACHED*. Interrupt vectors are not setup either. So, the init sequence reqiures:
// (1) pickup data passed from nk loader
// (2) Find entry point of oal, exchange globals, find out the cache mode.
// (3) fill in the rest of static mapped area (0xa0000000 - 0xbfffffff), PSL faulting address, interrupt vectors,
//         mod stacks, etc. Then, change the 'cached' static mapping area to use cache, and flush I&D TLB.
// (4) continue normal loading of kernel (find KITLdll, call OEMInitDebugSerial, etc.)
void NKStartup (struct KDataStruct * pKData)
{
    PFN_OEMInitGlobals pfnInitGlob;
    PFN_DllMain pfnKitlEntry;
    DWORD dwCpuId = GetCpuId ();

    // (1) pickup arguments from the nk loader
    g_pKData                = pKData;
    pTOC                    = (const ROMHDR *) pKData->dwTOCAddr;
    g_pOEMAddressTable  = (PADDRMAP) pKData->pAddrMap;
    /* get architecture id and update page protection attributes */
    pKData->dwArchitectureId = (dwCpuId >> 16) & 0xf;
    if (pKData->dwArchitectureId >= ARMArchitectureV6) {
        // v6 or later
        pKData->dwProtMask = PG_V6_PROTECTION;
        pKData->dwRead        = PG_V6_PROT_READ;
        pKData->dwWrite       = PG_V6_PROT_WRITE;
```

```
        pKData->dwKrwUro     = PG_V6_PROT_URO_KRW;
        pKData->dwKrwUno     = PG_V6_PROT_UNO_KRW;

    } else {
        // pre-v6
        pKData->dwProtMask = PG_V4_PROTECTION;
        pKData->dwRead       = PG_V4_PROT_READ;
        pKData->dwWrite      = PG_V4_PROT_WRITE;
        pKData->dwKrwUro     = PG_V4_PROT_URO_KRW;
        pKData->dwKrwUno     = PG_V4_PROT_UNO_KRW;
    }
    // initialize nk globals
    FirstROM.pTOC           = (ROMHDR *) pTOC;
    FirstROM.pNext          = 0;
    ROMChain                = &FirstROM;
    KInfoTable[KINX_PTOC] = (long)pTOC;
    KInfoTable[KINX_PAGESIZE] = VM_PAGE_SIZE;

    g_ppdirNK = (PPAGEDIRECTORY) &ArmHigh->firstPT[0];
    pKData->pNk   = g_pNKGlobal;
    // (2) find entry of oal
    pfnInitGlob = (PFN_OEMInitGlobals) pKData->dwOEMInitGlobalsAddr;
    // no checking here, if OAL entry point doesn't exist, we can't continue
    g_pOemGlobal = pfnInitGlob (g_pNKGlobal);
    g_pOemGlobal->dwMainMemoryEndAddress = pTOC->ulRAMEnd;
    pKData->pOem = g_pOemGlobal;
    // setup globals
    pVMProc             = g_pprcNK;
    pActvProc           = g_pprcNK;
    g_pprcNK->vaFree = VM_NKVM_BASE;
    // faked current thread id so ECS won't put 0 in OwnerThread
    dwCurThId = 2;
    g_pNKGlobal->pfnWriteDebugString = g_pOemGlobal->pfnWriteDebugString;
    // (3) setup vectors, UC mappings, mode stacks, etc.
    ARMSetup ();
    // cache is enabled from here on
    // (4) common startup code.
    // try to load KITL if exist
    if ((pfnKitlEntry = (PFN_DllMain) g_pOemGlobal->pfnKITLGlobalInit) ||
        (pfnKitlEntry = (PFN_DllMain) FindROMDllEntry (pTOC, KITLDLL))) {
        (* pfnKitlEntry) (NULL, DLL_PROCESS_ATTACH, (DWORD) NKKernelLibIoControl);
    }

#ifdef DEBUG
    CurMSec = dwPrevReschedTime = (DWORD) -200000;          // ~3 minutes before wrap
#endif
    OEMInitDebugSerial ();
    // debugchk only works after we have something to print to.
    DEBUGCHK (pKData == (struct KDataStruct *) PUserKData);
    DEBUGCHK (pKData == &ArmHigh->kdata);
    OEMWriteDebugString ((LPWSTR)NKSignon);
    /* Copy interlocked api code into the kpage */
    DEBUGCHK(sizeof(struct KDataStruct) <= FIRST_INTERLOCK);
    DEBUGCHK((InterlockedEnd-InterlockedAPIs)+FIRST_INTERLOCK <= 0x400);
    memcpy((char *)g_pKData+FIRST_INTERLOCK, InterlockedAPIs, InterlockedEnd-InterlockedAPIs);
```

```
    /* setup processor version information */
    CEProcessorType         = (dwCpuId >> 4) & 0xFFF;
    CEProcessorLevel        = 4;
    CEProcessorRevision = (WORD) dwCpuId & 0x0f;
    CEInstructionSet        = PROCESSOR_ARM_V4I_INSTRUCTION;
    RETAILMSG (1, (L"ProcessorType=%4.4x    Revision=%d\r\n", CEProcessorType, CEProcessorRevision));
    RETAILMSG (1, (L"OEMAddressTable = %8.8lx\r\n", g_pOEMAddressTable));
    OEMInit();              // initialize firmware
    // flush I&D TLB
    OEMCacheRangeFlush (NULL, 0, CACHE_SYNC_FLUSH_TLB);
    KernelFindMemory();
    DEBUGMSG (1, (TEXT("NKStartup done, starting up kernel.\r\n")));

    KernelStart ();
    // never returned
    DEBUGCHK (0);
}
```

内核启动函数会调用 OEM 提供的初始化函数，包括：

- 调用 OEMInitDebugSerial 初始化调试串口。
- 通过调试串口打印出 Windows CE 消息。
- 通过调用 OEM 初始化目标硬件。

OEMInitDebugSerial 函数与 Bootloader 中一样，初始化串口，其实现的调试函数有：

- OEMDebugInit：初始化调试串口。
- OEMWriteDebugString：打印调试字符串。
- OEMWriteDebugByte：打印调试字节。
- OEMReadDebugByte：读出一个调试字节。

OEMInit 为硬件平台初始化接口函数，主要完成以下操作：

- 初始化中断。
- 初始化系统计时器。
- 初始化 KITL 接口。
- 得到芯片序列号。

内核启动函数最后调用 KernelStart()，KernelStart 调用 KernelInit。

```
void KernelInit (void)
{
    APICallInit ();             // setup API set
    HeapInit ();                // 初始化内核堆
    InitMemoryPool ();          // 初始化内核内存池
    PROCInit ();                // 初始化 Windows CE 内核进程
    VMInit (g_pprcNK);          // setup VM for kernel
    THRDInit ();                // 初始化线程、内核调度器，并创建第一个 SystemStartupFunc 线程
    MapfileInit ();
}
```

SystemStarupFunc 线程为调用 IOCTL_HAL_POSTINIT，OEM 可以在此处完成最后一个初始化工作。

可见，在整个内核启动过程中，需要 OEM 厂商修改的地方包括：

- OEMInitDebugSerial
- OEMInit

- OALIoCtlHalPostInit（IOCTL_HAL_POSTINIT 的 Iocontrol 函数）

OAL 中，必须由 OEM 厂商实现以下功能：

- Startup 函数
- 调试串口
- OEMInit 函数
- 系统计时器
- 中断处理
- 内核输入/输出
- KITL

3.4.1.1 Startup 函数

Startup 函数由 Bootloader 与 OAL 共有，OAL 的 Startup 仅是将 OEMAddressTabel 传递给内核，并直接跳转到内核初始化函数。

3.4.1.2 调试串口

OEMInitDebugSerial 即相关调试函数由 Bootloader 与 OAL 共有。

3.4.1.3 OEMInit 函数

```
//  Function:  OEMInit
//  This is Windows CE OAL initialization function. It is called from kernel
//  after basic initialization is made.
void OEMInit()
{
    BSP_ARGS *pBspArgs = (BSP_ARGS *)IMAGE_SHARE_ARGS_UA_START;//Bootloader 传输过来的 BSP_ARGS 地址
    UINT32 countsPerMsec;
    // Set up the debug zones according to the fix-up variable
    // initialOALLogZones.
    OALLogSetZones(initialOALLogZones);

    OALMSG(OAL_FUNC, (L"+OEMInit\r\n"));

    // Set memory size for DrWatson kernel support.
    dwNKDrWatsonSize = 0;
    if (dwOEMDrWatsonSize != DR_WATSON_SIZE_NOT_FIXEDUP)
    {
        dwNKDrWatsonSize = dwOEMDrWatsonSize;
    }

    // Define optional kernel supported features.
    pOEMIsProcessorFeaturePresent = OALIsProcessorFeaturePresent;

#if (UNDER_CE >= 600) // WinCE 6.00 uses g_pOemGlobal data structure.
    // Initialize system halt handler.
    g_pOemGlobal->pfnHaltSystem = OEMHaltSystem;

    // Give kernel access to the profiling functions.
    g_pOemGlobal->pfnProfileTimerEnable    = OEMProfileTimerEnable;
    g_pOemGlobal->pfnProfileTimerDisable = OEMProfileTimerDisable;
#else
    // Initialize system halt handler.
    lpNKHaltSystem = OEMHaltSystem;
#endif
```

```
// Initilize cache globals
OALCacheGlobalsInit();

// Initialize the shared OAL+KITL data structure. This allows KITL.DLL
// to access these pointers to the hardware control registers.
g_OALKITLSharedData.g_pCCM      = g_pCCM;
g_OALKITLSharedData.g_pIOMUX = g_pIOMUX;

// Provide a pointer that KITL can use to access the shared data structure.
g_pOemGlobal->pKitlInfo = (LPVOID)&g_OALKITLSharedData;

// 以下代码得到 SoC 内容 Fuse Map 的地址
g_pIIM = (UINT8 *) OALPAtoUA(CSP_BASE_REG_PA_IIM);
if (g_pIIM == NULL)
{
    // Error message is all we can do since OEMInit has no return
    OALMSG(OAL_ERROR, (L"OEMInit:    IIM null pointer!\r\n"));
}
//通过读取芯片的 siliconID 来获得芯片版本
// Get snapshot of silicon rev.   We use ROM ID to uniquely identify
// the silicon version:
//
//          ROM ID          Silicon Rev
//          ----------------------
//          0x01            TO1.0
//          0x02            TO1.1
//          0x10            TO2.0
g_SREV = INREG32(OALPAtoUA(CSP_BASE_MEM_PA_ROM+0x48));
OALMSG(OAL_INFO, (L"OEMInit:    silicon rev = 0x%x\r\n", g_SREV));
//从 fuse 中读出芯片序列号
// Read 64-bit unique part ID from Fuse Bank 0
g_UPID[0] = (UINT8) (INREG32(&g_pIIM[0x0800 + 0x0020]) & 0xFF);
g_UPID[1] = (UINT8) (INREG32(&g_pIIM[0x0800 + 0x0024]) & 0xFF);
g_UPID[2] = (UINT8) (INREG32(&g_pIIM[0x0800 + 0x0028]) & 0xFF);
g_UPID[3] = (UINT8) (INREG32(&g_pIIM[0x0800 + 0x002C]) & 0xFF);
g_UPID[4] = (UINT8) (INREG32(&g_pIIM[0x0800 + 0x0030]) & 0xFF);
g_UPID[5] = (UINT8) (INREG32(&g_pIIM[0x0800 + 0x0034]) & 0xFF);
g_UPID[6] = (UINT8) (INREG32(&g_pIIM[0x0800 + 0x0038]) & 0xFF);
g_UPID[7] = (UINT8) (INREG32(&g_pIIM[0x0800 + 0x003C]) & 0xFF);
//从 fuse 中读出 MAC 地址存放在 BSP_ARGS 中
// Read MAC from IIM fuses and save in shared BSP_ARGS
pBspArgs->mac[0] = (UINT8) (INREG32(&g_pIIM[0x0C00 + 0x0024]) & 0xFF);
pBspArgs->mac[1] = (UINT8) (INREG32(&g_pIIM[0x0C00 + 0x0028]) & 0xFF);
pBspArgs->mac[2] = (UINT8) (INREG32(&g_pIIM[0x0C00 + 0x002C]) & 0xFF);
pBspArgs->mac[3] = (UINT8) (INREG32(&g_pIIM[0x0C00 + 0x0030]) & 0xFF);
pBspArgs->mac[4] = (UINT8) (INREG32(&g_pIIM[0x0C00 + 0x0034]) & 0xFF);
pBspArgs->mac[5] = (UINT8) (INREG32(&g_pIIM[0x0C00 + 0x0038]) & 0xFF);
// Create GUID from MAC
pBspArgs->guid.Data1 = pBspArgs->mac[0];
pBspArgs->guid.Data2 = pBspArgs->mac[1];
pBspArgs->guid.Data3 = pBspArgs->mac[2];
pBspArgs->guid.Data4[0] = pBspArgs->mac[3];
pBspArgs->guid.Data4[1] = pBspArgs->mac[4];
pBspArgs->guid.Data4[2] = pBspArgs->mac[5];
```

```
    pBspArgs->guid.Data4[3] = 0;
    OALPowerInit();
    // Set clock speed for OALIoCtlProcessorInfo() query
    g_oalIoCtlClockSpeed = pBspArgs->clockFreq[DDK_CLOCK_SIGNAL_ARM];
#if defined(BSP_POCKETPC) || defined(BSP_SMARTPHONE) || (UNDER_CE >= 600)
    // Tell filesys.exe that we want a clean boot.
    NKForceCleanBoot();
#endif
    // Initialize interrupts
    if (!OALIntrInit()) {
        OALMSG(OAL_ERROR, (
            L"ERROR: OEMInit: failed to initialize interrupts\r\n"
        ));
        goto cleanUp;
    }

    // Initialize the system clock.
    countsPerMsec = OALTimerGetClkFreq()/((OALTimerGetClkPrescalar() + 1) *
                                        1000);
    if (!OALTimerInit(RESCHED_PERIOD, countsPerMsec, countsPerMsec/100 + 2))
    {
        OALMSG(OAL_ERROR, (
            L"ERROR: OEMInit: Failed to initialize system clock\r\n"
        ));
        goto cleanUp;
    }
    // Initialize SDMA with address of shared region
    g_pSDMA = OALPAtoUA(CSP_BASE_REG_PA_SDMA);
    if (g_pSDMA == NULL)
    {
        // Error message is all we can do since OEMInit has no return
        OALMSG(OAL_ERROR, (L"ERROR: OEMInit:    SDMA null pointer!\r\n"));
        goto cleanUp;
    }
    else
    {
        // Set the channel 0 pointer to the shared region physical address
        OUTREG32(&g_pSDMA->MC0PTR, BSP_SDMA_MC0PTR);

        // Configure SDMA/AHB clock ratio
        if (pBspArgs->clockFreq[DDK_CLOCK_SIGNAL_AHB] ==
            pBspArgs->clockFreq[DDK_CLOCK_SIGNAL_IPG])
        {
            INSREG32BF(&g_pSDMA->CONFIG, SDMA_CONFIG_ACR, SDMA_CONFIG_ACR_AHB1X);
        }
        else
        {
            INSREG32BF(&g_pSDMA->CONFIG, SDMA_CONFIG_ACR, SDMA_CONFIG_ACR_AHB2X);
        }

        // Configure SDMA for static context switch
        INSREG32BF(&g_pSDMA->CONFIG, SDMA_CONFIG_CSM, SDMA_CONFIG_CSM_STATIC);
    }
    // Initialize the KITL connection if required
    KITLIoctl(IOCTL_KITL_STARTUP, NULL, 0, NULL, 0, NULL);
```

```
        // Init VFP
        VFP_Init();
    cleanUp:
        OALMSG(OAL_FUNC, (L"-OEMInit\r\n"));
    }
```

3.4.1.4 OLPowerInit 函数

OALPowerInit 用于将 i.Mx51 内部不使用的模块尽量关闭，并将外部设备的时钟关闭，芯片置为 Reset 或低功耗模式，总而言之，将整个板子预先设置为最低功耗状态，待以后驱动中将其相关模块再打开。

```
    //  Function:  OALPowerInit
    //  This function initializes the power management hardware on the CPU.
    VOID OALPowerInit()
    {
    …
        // RST_USB_HUB_B is connected to GPIO3_2 (RST_USB_HUB_B)
        // Set RST_USB_HUB_B low to hold USB hub in reset for power savings
        OAL_IOMUX_SET_MUX(g_pIOMUX, DDK_IOMUX_PIN_EIM_CRE, DDK_IOMUX_PIN_MUXMODE_ALT1,
DDK_IOMUX_PIN_SION_REGULAR);
        SETREG32(&pGPIO3->GDIR, GPIO_PIN_MASK(2));
        CLRREG32(&pGPIO3->DR, GPIO_PIN_MASK(2));

        // USB_CLK_EN_B is connected to GPIO2_1 (muxed on EIM_D17 as ALT1)
        // Set USB_CLK_EN_B high to disable USB host transceiver clock
        OAL_IOMUX_SET_MUX(g_pIOMUX, DDK_IOMUX_PIN_EIM_D17, DDK_IOMUX_PIN_MUXMODE_ALT1,
DDK_IOMUX_PIN_SION_REGULAR);
        OAL_IOMUX_SET_PAD(g_pIOMUX, DDK_IOMUX_PAD_EIM_D17, DDK_IOMUX_PAD_SLEW_SLOW,
DDK_IOMUX_PAD_DRIVE_HIGH, DDK_IOMUX_PAD_OPENDRAIN_NULL, DDK_IOMUX_PAD_PULL_KEEPER,
DDK_IOMUX_PAD_HYSTERESIS_DISABLE, DDK_IOMUX_PAD_INMODE_NULL,
DDK_IOMUX_PAD_OUTVOLT_NULL);
        SETREG32(&pGPIO2->GDIR, GPIO_PIN_MASK(1));
        SETREG32(&pGPIO2->DR, GPIO_PIN_MASK(1));
        // FM_RST_B is connected to GPIO2_4 (muxed on EIM_D20 as ALT1)
        // Set FM_RST_B low to hold SI4702 in reset for power savings
        OAL_IOMUX_SET_MUX(g_pIOMUX, DDK_IOMUX_PIN_EIM_D20, DDK_IOMUX_PIN_MUXMODE_ALT1,
DDK_IOMUX_PIN_SION_REGULAR);
        OAL_IOMUX_SET_PAD(g_pIOMUX, DDK_IOMUX_PAD_EIM_D20, DDK_IOMUX_PAD_SLEW_SLOW, DDK_
IOMUX_PAD_DRIVE_HIGH, DDK_IOMUX_PAD_OPENDRAIN_NULL, DDK_IOMUX_PAD_PULL_KEEPER, DDK_IOMUX_
PAD_HYSTERESIS_DISABLE, DDK_IOMUX_PAD_INMODE_NULL, DDK_IOMUX_PAD_OUTVOLT_NULL);
        SETREG32(&pGPIO2->GDIR, GPIO_PIN_MASK(4));
        CLRREG32(&pGPIO2->DR, GPIO_PIN_MASK(4));
          // RST_USB_PHY_B is connected to GPIO2_2 (muxed on EIM_D18 as ALT1)
        // Set RST_USB_PHY_B low to hold USB host transceiver in reset for power savings
        OAL_IOMUX_SET_MUX(g_pIOMUX, DDK_IOMUX_PIN_EIM_D18, DDK_IOMUX_PIN_MUXMODE_ALT1,
DDK_IOMUX_PIN_SION_REGULAR);
        OAL_IOMUX_SET_PAD(g_pIOMUX, DDK_IOMUX_PAD_EIM_D18, DDK_IOMUX_PAD_SLEW_SLOW, DDK_
IOMUX_PAD_DRIVE_HIGH, DDK_IOMUX_PAD_OPENDRAIN_NULL, DDK_IOMUX_PAD_PULL_KEEPER, DDK_IOMUX_PAD_
HYSTERESIS_DISABLE, DDK_IOMUX_PAD_INMODE_NULL, DDK_IOMUX_PAD_OUTVOLT_NULL);
        SETREG32(&pGPIO2->GDIR, GPIO_PIN_MASK(2));
        CLRREG32(&pGPIO2->DR, GPIO_PIN_MASK(2));
        // CARD_RST_OUT is connected to GPIO2_10 (muxed on EIM_A16 as ALT1)
        // Set CARD_RST_OUT low
        OAL_IOMUX_SET_MUX(g_pIOMUX, DDK_IOMUX_PIN_EIM_A16, DDK_IOMUX_PIN_MUXMODE_ALT1, DDK_
IOMUX_PIN_SION_REGULAR);
```

```
        OAL_IOMUX_SET_PAD(g_pIOMUX, DDK_IOMUX_PAD_EIM_A16, DDK_IOMUX_PAD_SLEW_NULL, DDK_IOMUX_PAD_DRIVE_NULL, DDK_IOMUX_PAD_OPENDRAIN_NULL, DDK_IOMUX_PAD_PULL_KEEPER, DDK_IOMUX_PAD_HYSTERESIS_DISABLE, DDK_IOMUX_PAD_INMODE_NULL, DDK_IOMUX_PAD_OUTVOLT_NULL);
        SETREG32(&pGPIO2->GDIR, GPIO_PIN_MASK(10));
        CLRREG32(&pGPIO2->DR, GPIO_PIN_MASK(10));
        // 32KHZ_FM_EN is connected to GPIO2_12 (muxed on EIM_A18 as ALT1)
        // Set 32KHZ_FM_EN low to disable FM receiver clock
        OAL_IOMUX_SET_MUX(g_pIOMUX, DDK_IOMUX_PIN_EIM_A18, DDK_IOMUX_PIN_MUXMODE_ALT1, DDK_IOMUX_PIN_SION_REGULAR);
        OAL_IOMUX_SET_PAD(g_pIOMUX, DDK_IOMUX_PAD_EIM_A18, DDK_IOMUX_PAD_SLEW_NULL, DDK_IOMUX_PAD_DRIVE_NULL, DDK_IOMUX_PAD_OPENDRAIN_NULL, DDK_IOMUX_PAD_PULL_KEEPER, DDK_IOMUX_PAD_HYSTERESIS_DISABLE, DDK_IOMUX_PAD_INMODE_NULL, DDK_IOMUX_PAD_OUTVOLT_NULL);
        SETREG32(&pGPIO2->GDIR, GPIO_PIN_MASK(12));
        CLRREG32(&pGPIO2->DR, GPIO_PIN_MASK(12));
        // CARD_ON_OUT is connected to GPIO2_16 (muxed on EIM_A22 as ALT1)
        // Set CARD_RST_OUT low
        OAL_IOMUX_SET_MUX(g_pIOMUX, DDK_IOMUX_PIN_EIM_A22, DDK_IOMUX_PIN_MUXMODE_ALT1, DDK_IOMUX_PIN_SION_REGULAR);
        OAL_IOMUX_SET_PAD(g_pIOMUX, DDK_IOMUX_PAD_EIM_A22, DDK_IOMUX_PAD_SLEW_NULL, DDK_IOMUX_PAD_DRIVE_NULL, DDK_IOMUX_PAD_OPENDRAIN_NULL, DDK_IOMUX_PAD_PULL_KEEPER, DDK_IOMUX_PAD_HYSTERESIS_DISABLE, DDK_IOMUX_PAD_INMODE_NULL, DDK_IOMUX_PAD_OUTVOLT_NULL);
        SETREG32(&pGPIO2->GDIR, GPIO_PIN_MASK(16));
        CLRREG32(&pGPIO2->DR, GPIO_PIN_MASK(16));
        // AUDAMP_STBY_B is connected to GPIO2_17 (muxed on EIM_A23 as ALT1)
        // Set AUDAMP_STBY_B low to power down audio amp
        OAL_IOMUX_SET_MUX(g_pIOMUX, DDK_IOMUX_PIN_EIM_A23, DDK_IOMUX_PIN_MUXMODE_ALT1, DDK_IOMUX_PIN_SION_REGULAR);
        OAL_IOMUX_SET_PAD(g_pIOMUX, DDK_IOMUX_PAD_EIM_A23, DDK_IOMUX_PAD_SLEW_NULL, DDK_IOMUX_PAD_DRIVE_NULL, DDK_IOMUX_PAD_OPENDRAIN_NULL, DDK_IOMUX_PAD_PULL_KEEPER, DDK_IOMUX_PAD_HYSTERESIS_DISABLE, DDK_IOMUX_PAD_INMODE_NULL, DDK_IOMUX_PAD_OUTVOLT_NULL);
        SETREG32(&pGPIO2->GDIR, GPIO_PIN_MASK(17));
        CLRREG32(&pGPIO2->DR, GPIO_PIN_MASK(17));
    // eim_d16 control 22m and 26m
        // 26M_OS_EN is connected to GPIO2_0 (muxed on eim_d16 as ALT1)
        // Set 26M_OS_EN low to disable 26MHz oscillator and 22M
        OAL_IOMUX_SET_MUX(g_pIOMUX, DDK_IOMUX_PIN_EIM_CS4, DDK_IOMUX_PIN_MUXMODE_ALT1, DDK_IOMUX_PIN_SION_REGULAR);
        OAL_IOMUX_SET_PAD(g_pIOMUX, DDK_IOMUX_PAD_EIM_CS4, DDK_IOMUX_PAD_SLEW_SLOW, DDK_IOMUX_PAD_DRIVE_HIGH, DDK_IOMUX_PAD_OPENDRAIN_NULL, DDK_IOMUX_PAD_PULL_KEEPER, DDK_IOMUX_PAD_HYSTERESIS_NULL, DDK_IOMUX_PAD_INMODE_NULL, DDK_IOMUX_PAD_OUTVOLT_NULL);
        SETREG32(&pGPIO2->GDIR, GPIO_PIN_MASK(29));
        CLRREG32(&pGPIO2->DR, GPIO_PIN_MASK(29));
        // LVDS_PWR_DWN_B is connected to GPIO3_3 (muxed on DI1_D1_CS as ALT4)
        // Set LVDS_PWR_DWN_B low to power down LVDS transmitter
        OAL_IOMUX_SET_MUX(g_pIOMUX, DDK_IOMUX_PIN_DI1_D1_CS, DDK_IOMUX_PIN_MUXMODE_ALT4, DDK_IOMUX_PIN_SION_REGULAR);
        OAL_IOMUX_SET_PAD(g_pIOMUX, DDK_IOMUX_PAD_DI1_D1_CS, DDK_IOMUX_PAD_SLEW_SLOW, DDK_IOMUX_PAD_DRIVE_HIGH, DDK_IOMUX_PAD_OPENDRAIN_NULL, DDK_IOMUX_PAD_PULL_KEEPER, DDK_IOMUX_PAD_HYSTERESIS_NULL, DDK_IOMUX_PAD_INMODE_NULL, DDK_IOMUX_PAD_OUTVOLT_NULL);
        SETREG32(&pGPIO3->GDIR, GPIO_PIN_MASK(3));
        CLRREG32(&pGPIO3->DR, GPIO_PIN_MASK(3));
        // RESET_DVI_B is connected to GPIO3_5 (muxed on DISPB2_SER_DIN as ALT4)
        // Set RESET_DVI_B low to hold DVI trasmitter in reset
        OAL_IOMUX_SET_MUX(g_pIOMUX, DDK_IOMUX_PIN_DISPB2_SER_DIN, DDK_IOMUX_PIN_MUXMODE_ALT4, DDK_IOMUX_PIN_SION_REGULAR);
```

```
    OAL_IOMUX_SET_PAD(g_pIOMUX, DDK_IOMUX_PAD_DISPB2_SER_DIN, DDK_IOMUX_PAD_SLEW_SLOW, DDK_IOMUX_PAD_DRIVE_HIGH, DDK_IOMUX_PAD_OPENDRAIN_NULL, DDK_IOMUX_PAD_PULL_KEEPER, DDK_IOMUX_PAD_HYSTERESIS_NULL, DDK_IOMUX_PAD_INMODE_NULL, DDK_IOMUX_PAD_OUTVOLT_NULL);
    SETREG32(&pGPIO3->GDIR, GPIO_PIN_MASK(5));
    CLRREG32(&pGPIO3->DR, GPIO_PIN_MASK(5));
    // DVI_PWR_CTL is connected to GPIO3_6 (muxed on DISPB2_SER_DIO as ALT4)
    // Set DVI_PWR_CTL low to power down DVI trasmitter
    OAL_IOMUX_SET_MUX(g_pIOMUX, DDK_IOMUX_PIN_DISPB2_SER_DIO, DDK_IOMUX_PIN_MUXMODE_ALT4, DDK_IOMUX_PIN_SION_REGULAR);
    OAL_IOMUX_SET_PAD(g_pIOMUX, DDK_IOMUX_PAD_DISPB2_SER_DIO, DDK_IOMUX_PAD_SLEW_SLOW, DDK_IOMUX_PAD_DRIVE_HIGH, DDK_IOMUX_PAD_OPENDRAIN_NULL, DDK_IOMUX_PAD_PULL_KEEPER, DDK_IOMUX_PAD_HYSTERESIS_NULL, DDK_IOMUX_PAD_INMODE_NULL, DDK_IOMUX_PAD_OUTVOLT_NULL);
    SETREG32(&pGPIO3->GDIR, GPIO_PIN_MASK(6));
    CLRREG32(&pGPIO3->DR, GPIO_PIN_MASK(6));
    // VDAC_STBY_B is connected to GPIO3_8 (muxed on DISPB2_SER_RS as ALT4)
    // Set VDAC_STBY_B low to place video DAC in standby
    OAL_IOMUX_SET_MUX(g_pIOMUX, DDK_IOMUX_PIN_DISPB2_SER_RS, DDK_IOMUX_PIN_MUXMODE_ALT4, DDK_IOMUX_PIN_SION_REGULAR);
    OAL_IOMUX_SET_PAD(g_pIOMUX, DDK_IOMUX_PAD_DISPB2_SER_RS, DDK_IOMUX_PAD_SLEW_SLOW, DDK_IOMUX_PAD_DRIVE_HIGH, DDK_IOMUX_PAD_OPENDRAIN_NULL, DDK_IOMUX_PAD_PULL_KEEPER, DDK_IOMUX_PAD_HYSTERESIS_NULL, DDK_IOMUX_PAD_INMODE_NULL, DDK_IOMUX_PAD_OUTVOLT_NULL);
    SETREG32(&pGPIO3->GDIR, GPIO_PIN_MASK(8));
    CLRREG32(&pGPIO3->DR, GPIO_PIN_MASK(8));
    // LCD_3V3_ON is connected to GPIO4_9 (muxed on CSI2_D12 as ALT3)
    // Set LCD_3V3_ON low to disable 3V3LCD supply
    OAL_IOMUX_SET_MUX(g_pIOMUX, DDK_IOMUX_PIN_CSI2_D12, DDK_IOMUX_PIN_MUXMODE_ALT3, DDK_IOMUX_PIN_SION_REGULAR);
    OAL_IOMUX_SET_PAD(g_pIOMUX, DDK_IOMUX_PAD_CSI2_D12, DDK_IOMUX_PAD_SLEW_SLOW, DDK_IOMUX_PAD_DRIVE_HIGH, DDK_IOMUX_PAD_OPENDRAIN_NULL, DDK_IOMUX_PAD_PULL_KEEPER, DDK_IOMUX_PAD_HYSTERESIS_DISABLE, DDK_IOMUX_PAD_INMODE_NULL, DDK_IOMUX_PAD_OUTVOLT_NULL);
    SETREG32(&pGPIO4->GDIR, GPIO_PIN_MASK(9));
    CLRREG32(&pGPIO4->DR, GPIO_PIN_MASK(9));
    // LCD_5V_ON is connected to GPIO4_10 (muxed on CSI2_D13 as ALT3)
    // Set LCD_5V_ON low to disable 5VBL supply
    OAL_IOMUX_SET_MUX(g_pIOMUX, DDK_IOMUX_PIN_CSI2_D13, DDK_IOMUX_PIN_MUXMODE_ALT3, DDK_IOMUX_PIN_SION_REGULAR);
    OAL_IOMUX_SET_PAD(g_pIOMUX, DDK_IOMUX_PAD_CSI2_D13, DDK_IOMUX_PAD_SLEW_SLOW, DDK_IOMUX_PAD_DRIVE_HIGH, DDK_IOMUX_PAD_OPENDRAIN_NULL, DDK_IOMUX_PAD_PULL_KEEPER, DDK_IOMUX_PAD_HYSTERESIS_DISABLE, DDK_IOMUX_PAD_INMODE_NULL, DDK_IOMUX_PAD_OUTVOLT_NULL);
    SETREG32(&pGPIO4->GDIR, GPIO_PIN_MASK(10));
    CLRREG32(&pGPIO4->DR, GPIO_PIN_MASK(10));
    // USB_KB_Suspend is connected to GPIO4_11 (muxed on CSI2_D18 as ALT3)
    // Set USB_KB_Suspend high to suspend keyboard controller
    OAL_IOMUX_SET_MUX(g_pIOMUX, DDK_IOMUX_PIN_CSI2_D18, DDK_IOMUX_PIN_MUXMODE_ALT3, DDK_IOMUX_PIN_SION_REGULAR);
    OAL_IOMUX_SET_PAD(g_pIOMUX, DDK_IOMUX_PAD_CSI2_D18, DDK_IOMUX_PAD_SLEW_SLOW, DDK_IOMUX_PAD_DRIVE_HIGH, DDK_IOMUX_PAD_OPENDRAIN_NULL, DDK_IOMUX_PAD_PULL_KEEPER, DDK_IOMUX_PAD_HYSTERESIS_DISABLE, DDK_IOMUX_PAD_INMODE_NULL, DDK_IOMUX_PAD_OUTVOLT_NULL);
    SETREG32(&pGPIO4->GDIR, GPIO_PIN_MASK(11));
    SETREG32(&pGPIO4->DR, GPIO_PIN_MASK(11));
    // AUDIO_CLK_EN_B is connected to GPIO4_26 (muxed on CSPI1_RDY as ALT3)
    // Set AUDIO_CLK_EN_B high to disable audio codec clock
    OAL_IOMUX_SET_MUX(g_pIOMUX, DDK_IOMUX_PIN_CSPI1_RDY, DDK_IOMUX_PIN_MUXMODE_ALT3, DDK_IOMUX_PIN_SION_REGULAR);
    OAL_IOMUX_SET_PAD(g_pIOMUX, DDK_IOMUX_PAD_CSPI1_RDY, DDK_IOMUX_PAD_SLEW_SLOW, DDK_
```

```
IOMUX_PAD_DRIVE_HIGH, DDK_IOMUX_PAD_OPENDRAIN_NULL, DDK_IOMUX_PAD_PULL_KEEPER, DDK_
IOMUX_PAD_HYSTERESIS_DISABLE, DDK_IOMUX_PAD_INMODE_NULL, DDK_IOMUX_PAD_OUTVOLT_NULL);
        SETREG32(&pGPIO4->GDIR, GPIO_PIN_MASK(26));
        SETREG32(&pGPIO4->DR, GPIO_PIN_MASK(26));
    …
}
```

注意：以上代码中，关于外部设备如时钟、reset 的相关控制，与硬件硬件设计密切相关，所以如果更改了控制这些管脚的 GPIO 口，除了在驱动初始化代码中需要更改外，在此处也需要修改。

3.4.1.5 OALIntrInit 函数

此函数用于初始化系统中断，主要包括 GPIO 中断和 SDMA 中断。

```
// Function: OALIntrInit
// This function initialize interrupt mapping, hardware and call platform
// specific initialization.
BOOL OALIntrInit()
{
    // 初始化中断映射，主要是将全局变量 g_oalSysIntr2Irq 全部置为 OAL_INTR_IRQ_UNDEFINED，g_oalIrq2SysIntr
    // 全部置为 SYSINTR_UNDEFINED
    OALIntrMapInit();
…
    // 屏蔽所有的 GPIO 中断，并清中断
    OUTREG32(&g_pGPIO1->IMR, 0);
    OUTREG32(&g_pGPIO1->ISR, 0xFFFFFFFF);
    OUTREG32(&g_pGPIO2->IMR, 0);
    OUTREG32(&g_pGPIO2->ISR, 0xFFFFFFFF);
    OUTREG32(&g_pGPIO3->IMR, 0);
    OUTREG32(&g_pGPIO3->ISR, 0xFFFFFFFF);
    OUTREG32(&g_pGPIO4->IMR, 0);
    OUTREG32(&g_pGPIO4->ISR, 0xFFFFFFFF);
    // 清除所有的 SDMA 通道中断
    OUTREG32(&g_pSDMA->INTR, 0xFFFFFFFF);
…
}
```

3.4.1.6 OALTimerInit 函数

此函数用于初始化系统时钟。

```
// Function: OALTimerInit
// This function is typically called from the OEMInit to initialize
// Windows CE system timer. This implementation uses the SoC EPIT1
// for a system timer.
BOOL OALTimerInit(UINT32 msecPerSysTick, UINT32 countsPerMSec,
                  UINT32 countsMargin)
{
    BOOL rc = FALSE;
    UINT32 countsPerSysTick;
    UINT32 irq, sysIntr;
    UINT32 clkSrc, clkFreq, prescalar;

    OALMSG(OAL_TIMER&&OAL_FUNC, (
        L"+OALTimerInit( %d, %d, %d )\r\n",
```

```
        msecPerSysTick, countsPerMSec, countsMargin
    ));
    pOEMUpdateRescheduleTime = OALTimerUpdateRescheduleTime;
    // Validate Input parameters
    countsPerSysTick = countsPerMSec * msecPerSysTick;
    // Check if 32K timer support is needed
    clkFreq = OALTimerGetClkFreq();
    clkSrc = OALTimerGetClkSrc();
    if (clkFreq == 32768)
    {
        g_bTimer32K = TRUE;
        prescalar = 0;
        OALMSG(TRUE, (L"OALTimerInit:    32768 Hz CKIL support is enabled.\r\n"));
        // Check for specialized support of 32.768 kHz time base
        if (msecPerSysTick < 1 || countsPerSysTick != 32)
        {
            OALMSG(OAL_ERROR, (
                L"ERROR: OALTimerInit: System tick period out of range(countsPerSysTick = %d)...\r\n",
            countsPerSysTick));
            goto cleanUp;
        }
    }
    else
    {
        prescalar = OALTimerGetClkPrescalar();

        if (msecPerSysTick < 1 ||
            countsPerSysTick < 1 ||
            countsPerSysTick > EPIT_CNT_COUNT_MAX)
        {
            OALMSG(OAL_ERROR, (
                L"ERROR: OALTimerInit: System tick period out of range..."
            ));
            goto cleanUp;
        }
    }
    // Initialize timer state global variables
    g_oalTimer.msecPerSysTick = msecPerSysTick;
    g_oalTimer.actualMSecPerSysTick = msecPerSysTick;
    g_oalTimer.countsPerMSec = countsPerMSec;
    g_oalTimer.countsMargin = countsMargin;
    g_oalTimer.countsPerSysTick = countsPerSysTick;
    g_oalTimer.actualCountsPerSysTick = countsPerSysTick;
    g_oalTimer.curCounts = 0;
    g_oalTimer.maxPeriodMSec = RAW_TICKS_TO_MSEC(EPIT_MAX_PERIOD);
    // Set kernel exported globals to initial values
    if (g_bTimer32K)
    {
        idleconv = 32768;      // Use a conversion factor of 32768 to avoid rounding
                               // error in GetIdleTime.    During OEMIdle, we will
```

```
                                    // scale the raw idle counts by 1000 to compensate
                                    // for this conversion to seconds (normally idleconv
                                    // specifies a conversion to msec)
}
else
{
    idleconv = countsPerMSec;
}
curridlehigh = 0;
curridlelow = 0;
// Initialize high resolution timer function pointers
pQueryPerformanceFrequency = OALTimerQueryPerformanceFrequency;
pQueryPerformanceCounter = OALTimerQueryPerformanceCounter;
// Request IRQ to SYSINTR mapping
irq = OALTimerGetIrq();
sysIntr = OALIntrRequestSysIntr(1, &irq, OAL_INTR_FORCE_STATIC);
// Make sure we have a valid sysIntr
if (sysIntr == SYSINTR_UNDEFINED)
{
    OALMSG(OAL_ERROR, (L"+OALTimerInit:    SYSINTR_UNDEFINED\r\n"));
    goto cleanUp;
}
// Get uncached virtual addresses for system timer
g_pEPIT = (PCSP_EPIT_REG) OALPAtoUA(OALTimerGetBaseRegAddr());
if (g_pEPIT == NULL)
{
    OALMSG(OAL_ERROR, (L"+OALTimerInit:    EPIT1 null pointer!\r\n"));
    goto cleanUp;
}
// Disable EPIT and clear all configuration bits
OUTREG32(&g_pEPIT->CR, 0);
// Assert software reset for the timer
OUTREG32(&g_pEPIT->CR, CSP_BITFMASK(EPIT_CR_SWR));
// Wait for the software reset to complete
while (INREG32(&g_pEPIT->CR) & CSP_BITFMASK(EPIT_CR_SWR));
// Enable timer for "free-running" mode where timer rolls
// over from 0x00000000 to 0xFFFFFFFF
OUTREG32(&g_pEPIT->CR,
    CSP_BITFVAL(EPIT_CR_EN, EPIT_CR_EN_ENABLE) |
    CSP_BITFVAL(EPIT_CR_ENMOD, EPIT_CR_ENMOD_RESUME) |
    CSP_BITFVAL(EPIT_CR_OCIEN, EPIT_CR_OCIEN_ENABLE) |
    CSP_BITFVAL(EPIT_CR_RLD, EPIT_CR_RLD_ROLLOVER) |
    CSP_BITFVAL(EPIT_CR_PRESCALAR, prescalar) |
    CSP_BITFVAL(EPIT_CR_SWR, EPIT_CR_SWR_NORESET) |
    CSP_BITFVAL(EPIT_CR_IOVW, EPIT_CR_IOVW_NOOVR) |
    CSP_BITFVAL(EPIT_CR_DBGEN, EPIT_CR_DBGEN_ACTIVE) |
    CSP_BITFVAL(EPIT_CR_WAITEN, EPIT_CR_WAITEN_ENABLE) |
    CSP_BITFVAL(EPIT_CR_DOZEN, EPIT_CR_DOZEN_ENABLE) |
    CSP_BITFVAL(EPIT_CR_STOPEN, EPIT_CR_STOPEN_ENABLE) |
    CSP_BITFVAL(EPIT_CR_OM, EPIT_CR_OM_DICONNECT) |
```

```
        CSP_BITFVAL(EPIT_CR_CLKSRC, clkSrc))
    // Initialize timer global for calculating counts since last system tick
    g_BaseTimerCount = INREG32(&g_pEPIT->CNT)
    // Configure the compare register to generate an interrupt when
    // the EPIT ticks for the desired system tick have expired
    OALTimerSetCompare(g_BaseTimerCount - countsPerSysTick);
    // Enable system tick interrupt
    if (!OEMInterruptEnable(sysIntr, NULL, 0)) {
        OALMSG(OAL_ERROR, (
            L"ERROR: OALTimerInit: Interrupt enable for system timer failed"
        ));
        goto cleanUp;
    }
//
// Define ENABLE_WATCH_DOG to enable watchdog timer support.
// NOTE: When watchdog is enabled, the device will reset itself if watchdog timer is not refreshed within ~4.5 second.
//        Therefore it should not be enabled when kernel debugger is connected, as the watchdog timer will not be refreshed.
#ifdef ENABLE_WATCH_DOG
        InitWatchDogTimer ();
#endif
    // Done
    rc = TRUE;
cleanUp:
    OALMSG(OAL_TIMER && OAL_FUNC, (L"-OALTimerInit(rc = %d)\r\n", rc));
    return rc;
}
```

3.4.2 OAL 的电源管理

3.4.2.1 概述

电源管理用于管理设备的电源，一个设备至少支持全开 D0 和全关 D4 状态，全功能的电源状态如表 3-32 所示。

表 3-32 电源状态

设备电源状态	注册键	描述
全开	D0	设备打开并运行的状态
低电量运行	D1	设备工作比 D0 耗电更少的状态，这时不是工作在最佳状态
休眠	D2	设备休眠，并在收到请求时可以唤醒自己
睡眠	D3	设备睡眠并可以唤醒系统，这时的耗电要求比 D2 更低
全关	D4	设备全关，没有运行，不需要供电

电源管理系统定义一系列的 IOCTL 操作系统电源状态。

```
IOCTL_HAL_ENABLE_WAKE
IOCTL_HAL_DISABLE_WAKE
IOCTL_POWER_SET
IOCTL_POWER_GET
IOCTL_POWER_QUERY
IOCTL_POWER_CAPABILITIES
```

```
IOCTL_POWER_SEQUENCE
IOCTL_REGISTER_POWER_RELATIONSHIP
```

3.4.2.2 电源管理函数

当系统改变它的电源状态时，会调用 OAL 电源管理函数来关闭系统电源或使其处于空闲状态，OAL 中可以调用的电源管理函数有以下两个。

- OEMIdle：当系统没有线程运行时，内核调用 OEMIdle 函数，请求设备进入休眠状态。

```
void OEMIdle(DWORD dwIdleParam)
{
    INT32 countBeforeIdle, countAfterIdle, idleCounts;
    ULARGE_INTEGER idle;
    // Find how many hi-res ticks were are consumed in the current system tick
    // before idle mode is entered
    countBeforeIdle = OALTimerCountsSinceSysTick();
    // Move SoC/CPU to idle mode 系统调用 ARM 的 wait for interrupt 指令进入 suspend 状态
    OALCPUIdle();
    // Find how many hi-res ticks were are consumed in the current system tick
    // after idle mode is exited
    countAfterIdle = OALTimerCountsSinceSysTick();
    // Get real idle value. If result is negative we didn't idle at all.
    idleCounts = countAfterIdle - countBeforeIdle;
    if (idleCounts < 0)
    {
        idleCounts = 0;
    }
    else
    {
        if (g_bTimer32K)
        {
            // Scale the idle counts by 1000 since we set the idleconv
            // global to 32768 to avoid rounding error during GetIdleTime.
            idleCounts = idleCounts * 1000;
        }
    }

    // Update idle counters
    idle.LowPart = curridlelow;
    idle.HighPart = curridlehigh;
    idle.QuadPart += idleCounts;
    curridlelow    = idle.LowPart;
    curridlehigh = idle.HighPart;
}
```

- OEMPowerOff：当系统进入 Suspend 状态时，调用此函数。

```
// Function: OEMPowerOff
// Called when the system is to transition to it's lowest power mode. This
// function stores off some of the important registers (not really needed for
// DSM since registers will not lose state in DSM).
void OEMPowerOff()
{
    UINT32 registerStore[TZIC_IRQ_SET_MAX+DDK_GPIO_PORT4+1];
```

```
    UINT32 sysIntr, irq = TZIC_IRQ_SOURCES_MAX;
    UINT32 line;
    UINT32 irqSet;
    BOOL PowerState = TRUE;
    // Reset the wake source global
    g_oalWakeSource = SYSWAKE_UNKNOWN;
    // Call board-level power off function
    BSPPowerOff();
    // Save state of enabled interrupts
    registerStore[0] = INREG32(&g_pGPIO1->IMR);
    registerStore[1] = INREG32(&g_pGPIO2->IMR);
    registerStore[2] = INREG32(&g_pGPIO3->IMR);
    registerStore[3] = INREG32(&g_pGPIO4->IMR);
    registerStore[4] = INREG32(&g_pTZIC->ENSET[0]);
    registerStore[5] = INREG32(&g_pTZIC->ENSET[1]);
    registerStore[6] = INREG32(&g_pTZIC->ENSET[2]);
    registerStore[7] = INREG32(&g_pTZIC->ENSET[3]);

    // Mask all interrupts
    OUTREG32(&g_pGPIO1->IMR, 0);
    OUTREG32(&g_pGPIO2->IMR, 0);
    OUTREG32(&g_pGPIO3->IMR, 0);
    OUTREG32(&g_pGPIO4->IMR, 0);
    OUTREG32(&g_pTZIC->ENCLEAR[0], 0xFFFFFFFF);
    OUTREG32(&g_pTZIC->ENCLEAR[1], 0xFFFFFFFF);
    OUTREG32(&g_pTZIC->ENCLEAR[2], 0xFFFFFFFF);
    OUTREG32(&g_pTZIC->ENCLEAR[3], 0xFFFFFFFF);
    // Now enable interrupt if it was enabled as wakeup source
    for (sysIntr = SYSINTR_DEVICES; sysIntr < SYSINTR_MAXIMUM; sysIntr++)
    {
        // Skip if sysIntr isn't allowed as wake source
        if (!OALPowerWakeSource(sysIntr)) continue;

        // Enable it as wakeup source interrupt
        OEMInterruptEnable(sysIntr, NULL, 0);

        // Set flag to indicate we have at least one wake source
        PowerState = FALSE;
    }
    if (!PowerState)
    {
        // Switch off power for KITL device
        KITLIoctl(IOCTL_KITL_POWER_CALL, &PowerState, sizeof(PowerState), NULL, 0, NULL);

        // Place the system in suspend state and wait for an interrupt.
        OALMSG(OAL_POWER,
            (_T("INFO: OEMPowerOff entering suspend.  ENSET[0] = 0x%x, ENSET[1] = 0x%x, ENSET[2] = 0x%x,
ENSET[3] = 0x%x\r\n"),
              INREG32(&g_pTZIC->ENSET[0]), INREG32(&g_pTZIC->ENSET[1]), INREG32(&g_pTZIC->ENSET[2]),
INREG32(&g_pTZIC->ENSET[3])));
        // Disable the OS tick timer (EPIT1) while we are powered off.  This is
        // necessary since the EPIT can be clocked from CKIL and will continue
        // to run in some low-power modes.
```

3 Chapter

```
INSREG32BF(&g_pEPIT->CR, EPIT_CR_EN, EPIT_CR_EN_DISABLE);
// Power off ... 系统调用 ARM 的 wait for interrupt 指令进入 suspend 状态
OALCPUPowerOff();
// Firstly enable the OS tick timer (EPIT1)
INSREG32BF(&g_pEPIT->CR, EPIT_CR_EN, EPIT_CR_EN_ENABLE);
// Get interrupt source
for (irqSet = 0; irqSet < TZIC_IRQ_SET_MAX; irqSet++)
{
    line = _CountLeadingZeros(INREG32(&g_pTZIC->HIPND[irqSet]));
    if (line < 32)
    {
        irq = (irqSet << 5) + (31 - line);
        break;
    }
}
OALMSG(OAL_POWER, (_T("INFO: OEMPowerOff leaving suspend.   IRQ = 0x%x\r\n"), irq));
// If valid wake interrupt is pending
if (irq < TZIC_IRQ_SOURCES_MAX)
{
    if ((irq == IRQ_GPIO1_UPPER16) || (irq == IRQ_GPIO1_LOWER16))
    {
        // detect GPIO line that is asserting interrupt
        line = _CountLeadingZeros(INREG32(&g_pGPIO1->ISR)
                                  & INREG32(&g_pGPIO1->IMR));
        // If at least one GPIO interrupt line is asserted
        if (line < 32)
        {
            irq = IRQ_GPIO1_PIN0 + (31 - line);
        }
    } // GPIO1 special case
    else if ((irq == IRQ_GPIO2_UPPER16) || (irq == IRQ_GPIO2_LOWER16))
    {
        // detect GPIO line that is asserting interrupt
        line = _CountLeadingZeros(INREG32(&g_pGPIO2->ISR)
                                  & INREG32(&g_pGPIO2->IMR));
        // If at least one GPIO interrupt line is asserted
        if (line < 32)
        {
            irq = IRQ_GPIO2_PIN0 + (31 - line);
        }
    } // GPIO2 special case
    else if ((irq == IRQ_GPIO3_UPPER16) || (irq == IRQ_GPIO3_LOWER16))
    {
        // detect GPIO line that is asserting interrupt
        line = _CountLeadingZeros(INREG32(&g_pGPIO3->ISR)
                                  & INREG32(&g_pGPIO3->IMR));
        // If at least one GPIO interrupt line is asserted
        if (line < 32)
        {
            irq = IRQ_GPIO3_PIN0 + (31 - line);
        }
    } // GPIO3 special case
```

```
                else if ((irq == IRQ_GPIO4_UPPER16) || (irq == IRQ_GPIO4_LOWER16))
                {
                    // detect GPIO line that is asserting interrupt
                    line = _CountLeadingZeros(INREG32(&g_pGPIO4->ISR)
                                             & INREG32(&g_pGPIO4->IMR));
                    // If at least one GPIO interrupt line is asserted
                    if (line < 32)
                    {
                        irq = IRQ_GPIO4_PIN0 + (31 - line);
                    }
                } // GPIO4 special case
                // SDMA special case
                else if (irq == IRQ_SDMA)
                {
                    // Detect SDMA channel that is asserting interrupt
                    line = _CountLeadingZeros(INREG32(&g_pSDMA->INTR));
                    // If at least one SDMA channel interrupt is asserted
                    if (line < 32)
                    {
                        // Translate it to the secondary IRQ
                        irq = IRQ_SDMA_CH0 + (31 - line);
                    }
                }
                // Chance of board-level subordinate interrupt controller
                irq = BSPIntrActiveIrq(irq);
                // Map the irq to a SYSINTR
                g_oalWakeSource = OALIntrTranslateIrq(irq);
            }
        }
        else
        {
            OALMSG(OAL_INFO, (_T("INFO: No wake sources for OEMPowerOff, system will resume...\r\n")));
        }
        // Restore state of enabled GPIO interrupts
        OUTREG32(&g_pGPIO1->IMR, registerStore[0]);
        OUTREG32(&g_pGPIO2->IMR, registerStore[1]);
        OUTREG32(&g_pGPIO3->IMR, registerStore[2]);
        OUTREG32(&g_pGPIO4->IMR, registerStore[3]);
        // Restore state of enabled interrupts
        OUTREG32(&g_pTZIC->ENCLEAR[0], 0xFFFFFFFF);
        OUTREG32(&g_pTZIC->ENSET[0], registerStore[4]);
        OUTREG32(&g_pTZIC->ENCLEAR[1], 0xFFFFFFFF);
        OUTREG32(&g_pTZIC->ENSET[1], registerStore[5]);
        OUTREG32(&g_pTZIC->ENCLEAR[2], 0xFFFFFFFF);
        OUTREG32(&g_pTZIC->ENSET[2], registerStore[6]);
        OUTREG32(&g_pTZIC->ENCLEAR[3], 0xFFFFFFFF);
        OUTREG32(&g_pTZIC->ENSET[3], registerStore[7]);
        // Switch on power for KITL device
        PowerState = TRUE;
        KITLIoctl (IOCTL_KITL_POWER_CALL, &PowerState, sizeof(PowerState), NULL, 0, NULL);
        // Do platform dependent power on actions
        BSPPowerOn();
    }
```

3.5 WinCE 6.0 驱动概述

驱动是操作系统与物理或虚拟设备的接口，操作系统希望驱动程序能提供统一和透明的接口，即驱动标准函数 API 与输入输出接口（IOCTL）。以下为按照不同方式对 Windows Embedded CE 的驱动分类。

1. 实现方式

（1）分层结构，包括模块设备驱动（MDD）和平台相关驱动（PDD）。

（2）混合驱动。

（3）单一模式驱动。

2. 加载方式

（1）由设备管理器加载（device.dll）的流式驱动。

（2）由窗口事件系统（gwes.dll）管理的驱动。

（3）文件系统驱动（filesys.dll）。

3. 所处的内存空间

（1）内核模式驱动。

（2）用户模式驱动（Udevice.exe）。

4. 加载时间

（1）系统启动时自动加载。

（2）用户需要时加载。

5. 设备驱动

（1）串口驱动。

（2）显示驱动。

（3）网口驱动。

（4）触摸屏驱动。

（5）键盘驱动等。

通常 Windows Embedded CE 采用分层驱动模式，即 MDD/PDD 驱动，包括 MDD 驱动库和 PDD 驱动库两部分。

MDD 驱动库一般为某类设备的抽象，而不与具体设备相关，使用 IOCTL 与内核交流，这套 API 也称为设备驱动接口（DDI）。MDD 也需要处理中断处理线程（IST）以及与 PDD 的接口，称为设备驱动服务接口（DDSI）。

PDD 驱动处理设备的相关代码，然后提供给 MDD 的 DDSI 接口。

图 3-111 为分层驱动示意图。

双层驱动模式可以方便开发与跨平台，用户只需要开发自己的 PDD 库，而共用同样的 MDD 库。

混合模式示意图如图 3-112 所示，除了标准 DDI 与 DDSI 接口外，也扩展了其他接口，则为混合模式。

单一驱动模式没有 MDD/PDD 之分，如图 3-113 所示，主要用于以下情况：

- 此设备没有分层结构模式。
- MDD/PDD 实现功能重复。

- 驱动设备所需功能 MDD 接口不能实现。
- 考虑执行效率。

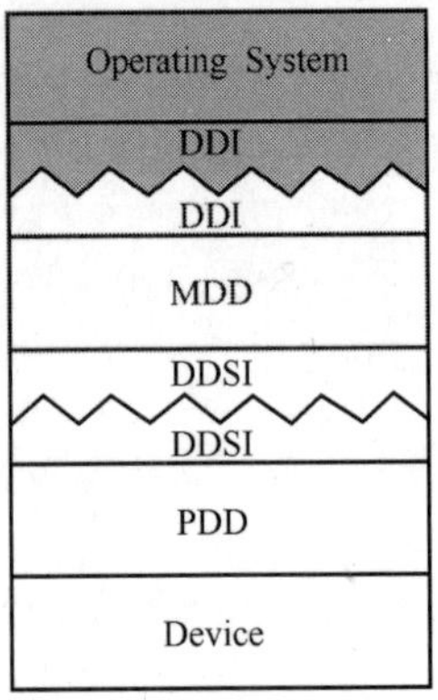

图 3-111　分层驱动

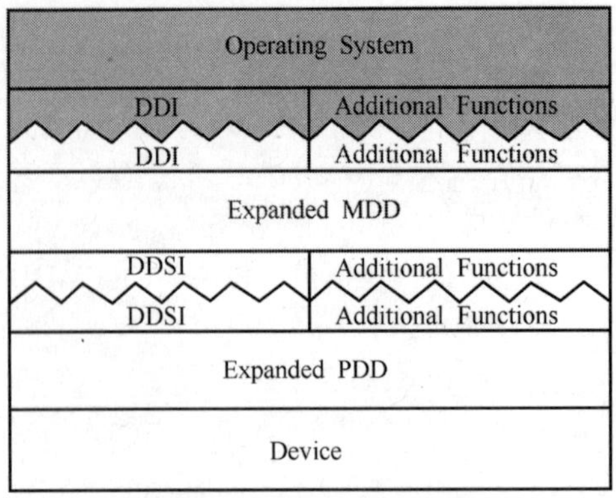

图 3-112　混合模式

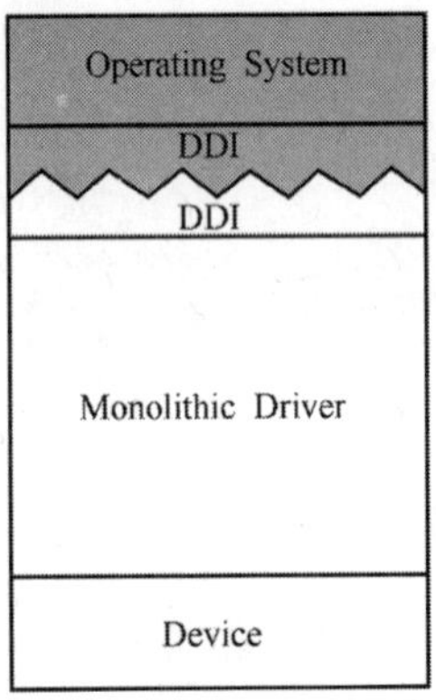

图 3-113　单一驱动模式

表 3-33 为驱动源代码示例。

表 3-33　驱动源代码示例

目录	描述
\PUBLIC\COMMON\OAK\DRIVERS\	平台无关驱动，主要为一些总线驱动与 MDD 驱动
\PLATFROM\COMMON\SRC\SOC\	SOC 层驱动
\PLATFORM*<PLATFORM_NAME>*\SRC\DRIVERS	板级 PDD 驱动

3.5.1　文件系统驱动、线程驱动与本地驱动

Windows Embedded CE 的以下内核模块可以加载驱动：

- Device.dll
- Gwes.dll
- Filesys.dll

设备管理器主要用于加载流式驱动，流式驱动的标准 API 如表 3-34 所示（XXX 由用户定义）。

表 3-34　流式驱动的标准 API

函数	描述
XXX_Init	必需函数，设备管理器在加载此驱动时会自动调用此函数
XXX_PreDeinit	设备管理器在调用 XXX_Deinit 时会调用此函数
XXX_Deinit	设备管理器调用此函数来释放资源
XXX_Open	此函数会调用 CreateFile 函数，通过一个设备名来创建设备操作句柄
XXX_PreClose	设备管理器在调用 XXX_Close 时会调用此函数
XXX_Close	调用 CloseHandle 时会调用此函数，用于清除上下文
XXX_IOControl	调用 DeviceIoControl 时会调用此函数，用于实现主要的驱动功能
XXX_Read	调用 ReadFile 时会调用此函数，通常不需要使用
XXX_Write	调用 WriteFile 时会调用此函数，通常不需要使用
XXX_Seek	调用 SetFilePointer 时会调用此函数，通常不需要使用
XXX_PowerUp	电源管理系统在系统唤醒时调用此函数
XXX_PowerDown	电源管理系统在系统睡眠时调用此函数

流式驱动的操作过程一般为：使用设备文件名调用 CreateFile 来创建一个设备句柄，然后通过此句柄使用 DeviceIoControl 来访问设备。设备管理器可以使用以下三种设备文件名模式：

- 遗留的设备文件名，如 DEV1。
- 驱动设备文件名，如\$device\DEV1。
- 总线设备文件名，如\$bug\PCI_0_1_0。

如图 3-114 所示是流式驱动架构示意图。

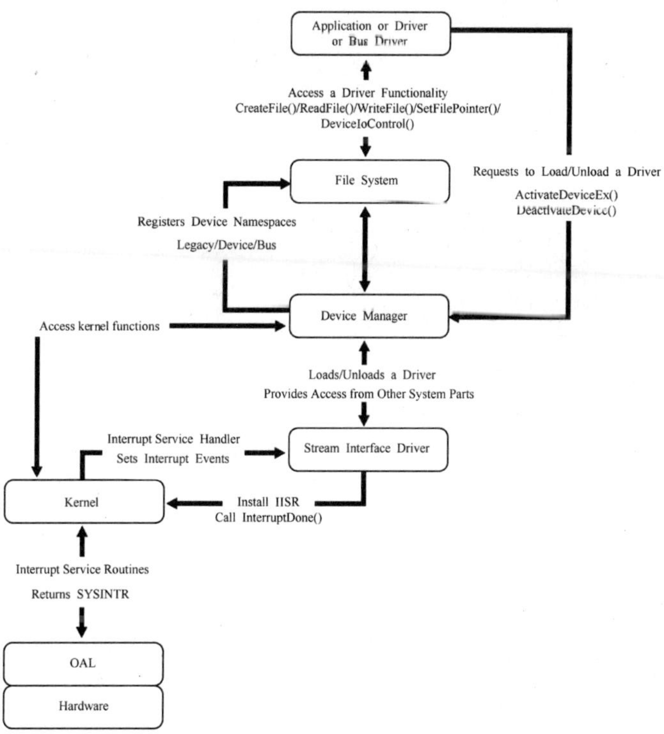

图 3-114　流式驱动架构

3.5.2 用户模式驱动与内核模式驱动

Windows Embedded CE 可以加载到内核空间或特定的用户空间，GWES 与 FileSys 只会加载到内核空间，而设备管理器（Device.dll）可以加载到内核或用户空间，默认情况下，如果在驱动注册表中没有设备（DEVFLAGS_LOAD_AS_USERPROC(0X10)），驱动就会加载到内核空间。

用户模式驱动可以比内核驱动有更高的安全性，内核模式驱动的效率更高。

3.5.3 加载驱动

Device.dll、Gwes.dll 与 Filesys.dll 都可以加载驱动，驱动的相关设备一般存放在注册表中。设备管理器用于加载流式驱动，可以通过调用函数 ActiveDeviceEx()来加载，或是在系统启动时自动加载。

表 3-35 为一般设备管理器加载流式驱动时需要的注册表值。

表 3-35 一般设备管理器加载流式驱动时需要的注册表值

注册表值	描述
Dll	必需，表示驱动设备文件名
Prefix	可选，设备驱动函数前缀，如果设备了 0x0008 标志，则不使用前缀名
Order	可选，系统启动驱动加载顺序
Index	可选，设备文件序号
IClass	可选，设备类型，主要用于即插即用系统
Flags	可选，表示如何加载驱动

表 3-36 中列出标志的含义。

表 3-36 标志的含义

Flags 值	描述
0x00000000	无标志
0x00000001	XXX_Init 调用或返回后卸载驱动
0x00000002	驱动使用 LoadLibrary 而不是 LoadDriver 来加载
0x00000004	驱动不加载
0x00000008	驱动函数无前缀名
0x00000010	加载驱动到用户空间
0x00000100	如果驱动可以独占访问某个 IRQ，则加载
0x00001000	在启动第一阶段就加载驱动
0x00010000	仅特权应用可以访问此驱动

流式驱动的自动加载过程如下：

- 系统启动时，设备管理器读 HKEY_LOCAL_MACHINE\Drivers 的 RootKey 键值。
- 设备管理器按照 HKEY_LOCAL_MACHINE\Drivers\Builtin 调用 ActivateDeviceEx。
- HKEY_LOCAL_MACHINE\Drivers\Builtin 包含总线枚举器（BusEnum.dll）的设置，总线枚

举器读出所有子键，对于每个子键，调用 ActivateDeviceEx()函数，调用顺序按照 order 子键。

GWES（Gwes.dll）负责加载键盘、显示、触摸屏、打印机和鼠标的驱动。以显示驱动为例。

- GWES 使用名字 CandidateX 查找 HKEY_LOCAL_MACHINE\System\GDI\DisplayCandidates 键值，然后加载 DisplayDll 子键所示驱动。
- 如果没有找到 HKEY_LOCAL_MACHINE\System\GDI\DisplayCandidates 键值或没有 CandidateX 键值，GWES 尝试加载 HKEY_LOCAL_MACHINE\System\GDI\Drivers 键值驱动。
- 如果 HKEY_LOCAL_MACHINE\System\GDI\Drivers 键值没有找到，则尝试加载 ddi.dll。

Windows Embedded CE 支持双屏显示，第二块屏不能被自动加载，需要通过调用函数 HDC hSecondaryDisplay =CreateDC（<Driver_File_Name>, NULL, NULL, NULL）加载。

3.5.4 驱动的中断处理

Windows Embedded CE 中断分成两部分——中断服务例程（ISR）和中断服务线程（IST），ISR 为 OAL 的一部分，或使用可安装 ISR（IISR），ISR 的主要工作是决定中断源、屏蔽中断、返回逻辑中断号（SYSINTR）给系统。IST 为主要中断处理代码，它注册一个事件，映射到一个逻辑中断。驱动任务主要包括：

- 决定系统中断号。
  - 可以从驱动代码中直接读出。
  - 能过函数 DDKReg_GetIsrInfor 从注册表中读出来。
  - 发送 IOCTL_HAL_REQUEST_STSINTR 从 OAL 获得。
- 创建一个事件（CreateEvent()）。
- 将这个事件注册到这个系统中断号。
- 等待此事件（WaitForSingleObject()）。
- 如果一旦事件发生，则立即执行。
- 执行结束后调用 InterruptDone()。

3.5.5 驱动的电源管理

电源管理器通过 IOCTL 形式通知设备及应用程序电源状态的变化，电源管理有三种类型的接口。

- 设备驱动接口：电源管理器调用 IOCTL 来确定设备的电源能力，或修改设备电源状态。而设备调用 DevicePowerNotify 来通知应用程序电源的变化，如表 3-37 所示。

表 3-37　设备驱动接口

IOCTL	描述
IOCTL_POWER_CAPABILITIES	向电源管理器报告状态与能力
IOCTL_POWER_SET	设置设备电源状态
IOCTL_POWER_QUERY	询问设备是否准备进入另一种电源状态
IOCTL_POWER_GET	获得设备当前电源状态
IOCTL_POWER_POWER_RELATIONSHIP	通知父设备注册它控制的所有设备

- 应用程序接口：应用程序调用此接口来控制系统及设备状态，如表 3-38 所示。

表 3-38　应用程序接口

函数	描述
GetSystemPowerState	返回当前系统电源状态
SetSystemPowerState	改变当前系统电源状态
SetPowerRequirement	设置设备电源状态在最低水平
ReleasePowerRequirement	设置设备电源状态离开最低水平
GetDevicePower	返回设备当前电源状态
SetDevicePower	设置设备电源状态

- 通知接口：通过通知接口来通知应用程序电源的相关事件，如表 3-39 所示。

表 3-39　通知接口

函数	描述
RequestPowerNotifications	请求电源管理器发送电源事件
StopPowerNotifications	取消 RequestPowerNotifications 发送的通知要求

电源事件的通知是通过消息队列提交的，应用程序要创建一个消息队列将其句柄传递给设备，再创建另一个线程等待消息队列中的消息。

向驱动中增加电源管理功能必须要导出 XXX_PowerUp/XXX_PowerDown，并在流式接口的设备驱动中增加对电源管理的 IOCTL 代码。

3.6　怡鼎 MX51 WinCE 6.0 驱动详述

3.6.1　音频编解码器驱动

怡鼎 Windows Embedded CE6 BSP 音频编解码器驱动支持声音播放与录音，可以参考帮助 Windows Embedded CE Features->Audio->Waveform Audio->Waveform Audio Application Development 来了解 WaveOut/WaveIn 函数集的功能。

3.6.1.1　音频编解码驱动概述

表 3-40 为相关源代码位置、所使用的库和 BSP 相关信息。

表 3-40　音频编解码源代码位置

驱动相关属性	具体定义
目标平台名称	i.MX51-EVK-PDK1_7
目标 CSP 层名称	MX51_FSL_V2_PDK1_7
SOC 通用目录	..\PLATFORM\COMMON\SRC\SOC\COMMON_FSL_V2_PDK1_7\WAVEDEV2
SOC 专用目录	..\PLATFORM\COMMON\SRC\SOC\<*Target SoC*>\WAVEDEV2
平台专用目录	..\PLATFORM\<*Target Platform*>\SRC\DRIVERS\WAVEDEV2\WM8758

续表

驱动相关属性	具体定义
驱动 DLL 库名称	Wavedev2_wm8758.dll
SDK 库	无
Catalog 选项	Third Party > BSP > Freescale <*Target Platform*>: ARMV4I > Device Drivers > Audio>WM8758
所依赖的 SYSGEN 选项	SYSGEN_AUDIO=1
BSP 环境变量	BSP_NOAUDIO= BSP_AUDIO_WM8758 = 1

3.6.1.2　音频编解码驱动支持的功能

支持的功能包括：

（1）支持 Windows Embedded CE 6.0 音频接口。

（2）支持在内存与硬件 FIFO 间的双缓冲 DMA 操作。

（3）支持全开和全关两种电源模式。

（4）全双工放音与录音。

（5）通过关闭不需要的时钟和不需要的模块电源来保证功耗最小。

（6）支持 8~96kHz 的放音与录音。

（7）支持 16 位采样的单声道和立体声，支持 24 位的立体声。

（8）支持耳机检测。

3.6.1.3　硬件支持

i.MX51 支持使用全双工的同步串行接口 SSI，来连接外部编解码芯片 WM8758，WM8758 连接到 AUDMUX 接口 3 上，内部连接到 SSI2 上，支持四线的同步模式。

i.MX51 使用 I2C 接口来访问 WM8758 的寄存器，怡鼎开发板上支持耳机、Line Out 和听筒输出，及麦克和 Line In 输入。

1．放音

放音时在默认状态下系统硬件通道的配置如下：

- 音频驱动配置 SSI2 接口为 I2S 模式，采样率为 44.1kHz，每两个时隙分别用于传输左右声道数据，数据长度为 16 位，i.MX51 被配置为 SSI 从模式，支持 SDMA 传输，并设定其门限值。
- WM8758 设备为 SSI 主模式，采样率为 44.1kHz。
- AUDMUX 配置为内部连接 SSI2，外部连接接口 3，并配置相应的 IOMUX。
- SDMA 通道支持在内存与 SSI2 TX FIFO 间的 16 位数据传输。
- 最后打开 SSI2 传输数据。

在音频播放时可以进行以下硬件操作：

- 当 FIFO0 处于空门限水平时，SSI2 可以开始一个新的 DMA 操作来重填 FIFO0，直到 DMA 缓冲区为空。
- 当 DMA 缓冲区为空时，会发出一个中断给驱动，驱动开始重填 DMA 缓冲区。
- 因为采用了双缓冲操作，SDMA 控制器只需要交换 DMA 缓冲区来向 FIFO0 发送数据。

在音频播放期间可以进行以下硬件操作：

- 当没有数据填充 DMA 缓冲时，可以关掉 DMA 通道。
- 为了降低功耗，在不使用时可以关闭 SSI2 通道。
- 最后关闭 SSI 时钟。

2. 录音

录音时在默认状态下系统硬件通道的配置如下：

- 录音时 SSI 配置与放音时相同。
- SDMA 通道支持在内存与 SSI2 TX FIFO 间的 16 位数据传输。
- 最后打开 SSI2 准备接收数据。

在录音时可以进行以下硬件操作：

- 当录音 FIFO0 处于高门限水平时，SSI2 可以开始一个新的 DMA 操作来从 FIFO0 中读取数据，直到 DMA 缓冲区填满。
- 当 DMA 缓冲区满时，会发出一个中断给驱动，驱动开始从 DMA 缓冲区中拷贝数据到用户程序缓冲区中，多余数据则扔掉。
- 因为采用了双缓冲操作，SDMA 控制器只需要交换 DMA 缓冲区来从 FIFO0 接收数据。

在录音期间可以进行以下硬件操作：

- 当用户程序关闭录音时，关闭外部编解码器操作。
- 关闭 SSI2 通道与其时钟。
- 最后关闭 DMA 通道。

3.6.1.4 软件说明

音频驱动支持 Windows Embeddded CE 6.0 的标准音频驱动架构，相关帮助可以参考 Developing a Device Driver->Windows CE Drivers->Audio Drivers->Audio Driver Development Concepts。

1. 放音

在配置完硬件放音通道后，音频驱动软件只需要操作 DMA 缓冲空中断，然后重填 DMA 缓冲并返回给 DMA 控制器。

2. 录音

在配置完硬件录音通道后，音频驱动软件只需要操作 DMA 缓冲满中断，然后从 DMA 缓冲区中将数据拷贝到用户程序缓冲区，然后将 DMA 缓冲区返回给 DMA 控制器。

3. 耳机检测

音频驱动可以自动探测耳机检测 GPIO 状态，默认音频会从听筒输出，如果检测到耳机插入，可以自动切换到耳机输出，并关闭听筒，相反则切换到听筒输出并关闭耳机。

4. 软件编译时配置

表 3-41 为音频驱动的宏定义，在 oemsettings.h 中定义。

表 3-41 音频驱动的宏定义

宏定义	描述
INCHANNELS	定义可用录音通道，一般是 1 或 2，默认为 1
OUTCHANNELS	定义可用放音通道，一般是 1 或 2，默认为 1
HWSAMPLE	音频数据宽度，默认为 INT16

续表

宏定义	描述
USE_MIX_SATURATE	是否检查数据越界，默认为 1
AUDIO_SAMPLE_MAX AUDIO_SAMPLE_MIN	如果检查数据越界，则处于 AUDIO_SAMPLE_MIN 和 AUDIO_SAMPLE_MAX 外的数据被截短，默认为 32767~-32768
ENABLE_MIDI	如果设置为 1，支持 MIDI 代码
USE_OS_MIXER	如果设置为 1，只支持内核混音
BITSPERAMPLE	采样率设置，16 位或 24 位

5. DMA 支持

驱动需要维护好以下 DMA 数据结构：

- DMA 数据缓冲区。
- DMA 数据缓冲区描述符，用于 DMA 硬件管理 DMA 缓冲区状态。

系统可以使用 i.MX51 内部内存或外部内存来作为数据缓冲区，其区别如表 3-42 所示。

表 3-42　i.MX51 可以使用的内存

内存位置	相关注意事项	如何使能(bsp_cfg.h)
内部	可以在 DMA 操作时将外部内存置为低功耗状态，从而降低整个系统功耗 访问内部内存的功耗更低 内部内存大小受限 内部内存可能有其他驱动需要分享 内部内存需要人工分配与管理	BSP_AUDIO_DMA_BUF_ADDR 设置为内部内存地址 BSP_AUDIO_DMA_BUF_SIZE 设置 DMA 缓冲区的总大小
外部	外部内存空间更大，DMA 大小可以更为灵活 可以使用标准内存管理函数来操作外部内存 在 DMA 传输时，外部内存不能处于低功耗状态	注释掉 BSP_AUDIO_DMA_BUF_ADDR 宏

3.6.1.5　电源管理

为了降低功耗，系统可以在不使用时关闭外部编解器硬件，并使用函数 DDKClockSetGatingModing 来关闭时钟。

1. PowerUp

此函数为一桩函数，其主要功能由 IOCTL_POWER_SET 实现。

2. PowerDown

此函数为一桩函数，其主要功能由 IOCTL_POWER_SET 实现。

3. IOCTL_POWER_SET

此电源管理的 IOCTL 用于管理系统 PowerUp 和 PowerDown，需要事先定义以下注册表值：

```
[HKEY_LOCAL_MACHINE\Drivers\BuiltIn\Audio]
"IClass"="{A32942B7-920C-486b-B0E6-92A702A99B35}" ; PMCLASS_GENERIC_DEVICE
```

当系统 PowerUp 时，需要对外部编解码器重新上电，并打开之，然后重开 DMA 传输。当系统 PowerDown 时，音频驱动首先检查其等待的事件是否处于释放状态，然后关闭 DMA 操作，并关闭外部模块。

3.6.1.6 注册表设置

音频驱动的注册表设置如下：

```
;-----------------------------------------------------------------------------
; Wavedev Audio Driver
;
IF BSP_NOAUDIO !
IF BSP_AUDIO_WM8758
 [HKEY_LOCAL_MACHINE\Drivers\BuiltIn\Audio]
    "Dll"="wavedev2_wm8758.dll" ;驱动库名字
    "Prefix"="WAV" ;驱动设备文件名前缀
    "Index"=dword:2 ;驱动设备文件序号
; NOTE:   Load order must direct the WAVEDEV to load
;         before other peripherals using SDMA.   Doing
;         so allows the WAVEDEV DMA data structures
;         to be allocated in IRAM and supports audio
;         SDMA-to-SSI transfers without EMI accesses
    "Order"=dword:7 ;系统加载顺序
    "Priority256"=dword:95
    "IClass"=multi_sz:"{A32942B7-920C-486b-B0E6-92A702A99B35}",
                      "{37168569-61C4-45fd-BD54-9442C7DBA46F}"
                      ;"{E92BC203-8354-4043-A06F-2A170BF6F227}"
ENDIF BSP_AUDIO_WM8758
```

3.6.1.7 单元测试

（1）当系统启动时，在进入 Windows CE 界面时会播放一段比较短的声音，如果播放正常，则音频驱动加载成功，播放正常。

（2）在点击触摸屏或按键时，会播放点屏声或按键声，可以在此判断播放是否正常。

（3）使用 Windows 媒体播放器，打开一个音频文件，或音视频文件来直接播放声音，注意要事先检查一下音视频解码器是否支持。

（4）在 Windows 目录一运行 test_mic，出现界面时单击 Start，开始录音，这时需要已经插上了麦克风，然后对着麦克风喊话，再单击 Stop 结束，录下的 WAV 文件会存放在目录下，使用媒体播放器直接播放，就会听到录音效果。

3.6.2 显示驱动

怡鼎 Windows Embedded CE 6.0 BSP 显示驱动基于微软的 DDGPE 类，并支持 Directdraw 接口，通过内部的 Image Processing Unitv3（IPUv3）驱动外部 DVI 显示芯片。

3.6.2.1 显示驱动概述

表 3-43 为相关源代码位置、所使用的库和 BSP 相关信息。

表 3-43 显示驱动所在位置

驱动相关属性	具体定义
目标平台名称	i.MX51-EVK-PDK1_7
目标 CSP 层名称	MX51_FSL_V2_PDK1_7
SOC 通用目录	..\PLATFORM\COMMON\SRC\SOC\COMMON_FSL_V2_PDK1_7\IPUV3\DISPLAY
SOC 专用目录	..\PLATFORM\COMMON\SRC\SOC\<*Target SoC*>\IPUV3\DISPLAY

续表

驱动相关属性	具体定义
平台专用目录	..\PLATFORM\<*Target Platform*>\SRC\DRIVERS\IPUV3\DISPLAY
驱动 DLL 库名称	ddraw_ipu.dll
SDK 库	无
Catalog 选项	Third Party > BSP > Freescale <*Target Platform*>: ARMV4I > Device Drivers > Display >Display Port0 > IPU Support for DVI Output
所依赖的 SYSGEN 选项	SYSGEN_DDRAW=1
BSP 环境变量	BSP_NODISPLAY= BSP_DISPLAY_DVI_TFP410 = 1

3.6.2.2 显示驱动支持的功能

支持的功能包括：

（1）多种显示设备和不同的分辨率。

（2）支持 RGB565、RGB8888 两种 Pixel 格式。

（3）DirectDraw 硬件无关层（DDHAL）。

（4）支持五层 overlay 页面。

（5）视频 overlay 页面所支持的格式包括 RGB565、UYVY、YV12、NV12。

（6）视频 overlay 硬件加速的色彩空间转换。

（7）视频 overlay 硬件 resizing，支持比例为 1:8 至 1000:1。

（8）overlay 页面的 color key。

（9）Global alpha overlay 页面。

（10）Per-pixel alpha overlay 页面，仅支持 ARGB8888。

（11）overlay 页面可裁剪。

（12）显示可旋转 0、90、180 和 270 度。

（13）对 LCD 和 TV 支持 Gamma 校准。

（14）视频 overlay 页面支持去交织。

显示驱动相关限制为：

（1）overlay 页面的最大分辨率为 1280×720 像素。

（2）overlay 页面的宽度必须是 8 像素对齐。

（3）最小的高度或宽度为 8 像素。

（4）1024×768 的显示屏幕在旋转后不支持 overlay。

（5）裁剪 overlay 页面必须是 8 像素对齐。

（6）如果裁剪的 overlay 页面是 YV12 的，则 X 方向要求 16 像素对齐，Y 方向要求 4 像素对齐。

（7）对于交织输出，overlay 页面的高度必须是偶数对齐。

（8）YV12 格式的 overlay 页面的面积必须是 32 像素对齐。

（9）如果使用视频去交织，overlay 页面不能超过 720×1024。

3.6.2.3　硬件支持

显示驱动基于 IPUv3，IPUv3 分为以下几个模块：

- 控制模块（CM）：提供 IPUv3 的控制与同步。
- 图形 DMA 控制（IDMAC）：从系统内存到 IPUv3 内部模块间传输数据。
- 显示处理（DP）：处理发送到显示屏上的数据，包括色彩空间转换和图形混合。
- 图形转换（IC）：执行 resizing，色彩空间转换，混合及水平镜像。
- 图形旋转（IRT）：执行 90、180 度旋转和水平、竖直镜像。
- 视频去交织（VDI）：用于交织视频的去交织。
- 显示接口（DI0/DI1）：提供显示接口与显示控制。
- 显示控制（DC）：控制显示接口。
- 显示多路 FIFO 控制（DMFC）：控制显示相关的 IDMAC FIFO 通道。

IPUv3 还包括以下内部内存：

- 任务参数内存（TPM）：存储色彩空间转换所用的相关参数。
- 通道参数内存（CPMEM）：存储每个 IDMAC 通道的配置参数。
- 查找表（LUT）：支持各种像素格式的查找表。

3.6.2.4　显示配置

可以配置以下显示与分辨率选项，对于怡鼎 mini 板，只支持 DVI。

- Display Port 0
  - DVI digital output——800×600，1024×768，1280×1024。
  - Mitsubishi 8.4” XGA LVDS display（AA084XA03）——1024×768。
  - Chunghwa 7” WVGA Display（CLAA070VC01）——800×480。
- Display Port 1
  - VGA analog output—800×600，1024×768，1280×1024。
  - TV Output support for NTSC and PAL standard televisions and 720p and 1080iHDTVs——720×480，720×576，1280×720，1920×1080。

3.6.2.5　软件说明

软件说明如图 3-115 所示。

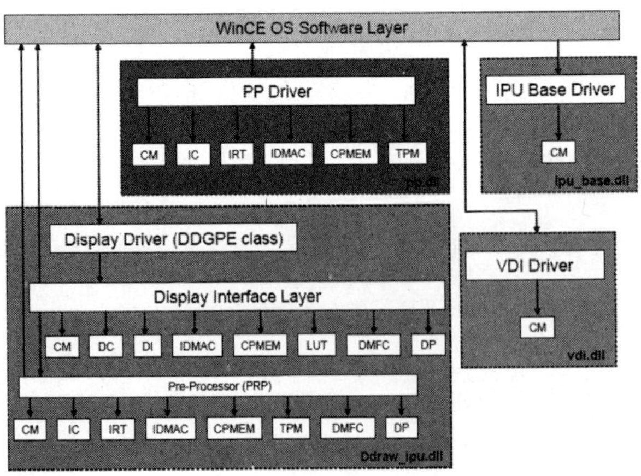

图 3-115　软件说明

- 显示驱动：上层 DDGPE 驱动，提供 DirectDraw API。
- 显示接口层：显示接口的高层函数 DisplaySetSrcBuffer、DisplayUpdate、DisplayGetPixelDepth、DisplayGetSupportedModes。
- 前处理驱动：处理色彩空间转换，resizing，旋转，混合。
- 后处理驱动：处理色彩空间转换，resizing，旋转，混合。
- 视频去交织驱动：处理视频输入的硬件去交织。
- IPUv3 基本驱动：包括 IPUv3 的内存缓冲控制与中断控制代码。
- 底层 API：IPUv3 寄存器与内存访问接口。

1. 视频内存需求

- 人机界面页面（Primary 页面）
- 视频处理页面 1
- 视频处理页面 2
- 应用程序页面

表 3-44 说明了所需内存容量。

表 3-44　视频内存所需容量

页面类型	页面数目	最大尺寸	所需内存
UI (Primary Surface)	1～3	LCD Size (VGA)	640×480×2×3 = 1.8 MB
Video Processing, Stage 1	2	Max Video Size (D1)	720×576×2×2 = 1.6 MB
Video Processing, Stage 2	2	LCD Size (VGA)	640×480×2×2 = 1.2 MB
Application	N/A	N/A	6 MB
总计			10.6 MB

2. 显示接口

微软的显示接口包括 GDI 和 DirectDraw。

（1）GDI（Graphics Device Interface）提供了在显示设备上显示字符和图片的函数接口，可以参考微软帮助信息：Windows Embedded CE Features > Shell，GWES and User Interface > Graphics，Windowing and Events (GWES) > GWES Application Development > Graphics Device Interface。

为了更改显示模式，可以使用 GDI 函数 ChangeDisplaySettingsEx，见微软相关帮助信息：Windows Embedded CE Features > Shell，GWES and User Interface > Graphics，Windowing and Events (GWES) > GWES Reference > GDI Reference > GDI Functions > ChangeDisplaySettingsEx。

（2）DirectDraw，使用硬件的 2D 图形加速，主要用于视频播放。相关帮助信息：Windows Embedded CE Features > Graphics > DirectDraw。

- IPUv2 支持以下硬件加速：
  - 页面 flipping。
  - Overlay 页面可使用 RGB、YV12、NV12、和 UYVY 像素格式。
  - 支持多层 overlay 页面，最高达 5 层。
  - Overlay 页面间的 color key，页面要求为 RGB 格式。
  - Overlay 页面与非 Overlay 的图形页面的 color key，页面要求为 RGB 格式。
  - Overlay 页面的 global alpha。

  - ➢ Overlay 页面拉伸。
- Escape code：相关帮助信息见 Developing a Device Driver > Windows Embedded CE Drivers > Display Drivers > Display Driver Development Concepts > Display Driver Escape Codes。
  - ➢ 设置显示设备频率：DISPLAY_SET_OUTPUT_FREQUENCY/ DISPLAY_GET_OUTPUT_FREQUENCY。
  - ➢ 使能硬件去交织：DISPLAY_IS_VIDEO_INTERLACED。
- 显示设备控制面板程序。可以通过控制面板程序访问显示设备，单击如图 3-116 所示的图标，可以打开控制面板的程序界面，如图 3-117 所示。

图 3-116　显示驱动图标

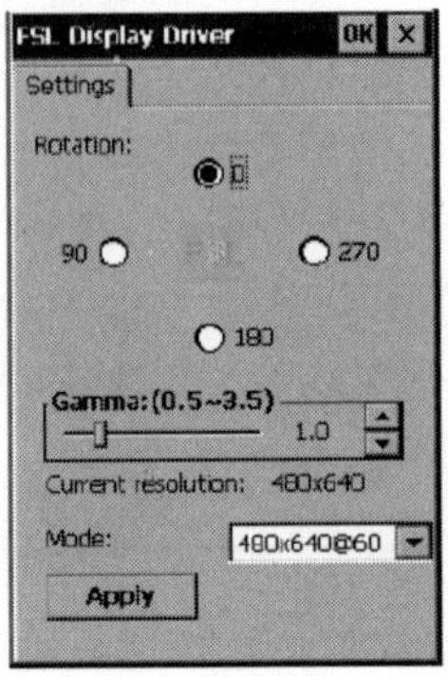

图 3-117　控制面板界面

此程序支持：

- 旋转 0、90、180、270 度。
- Gamma 校准，支持 0.5~3.5，默认设置为 1.0。
- 显示模式切换。

3. 配置显示设备

通过选择不同的 catalog 选项，可以选择不同的 BSP 环境变量，相关环境变量会设置相关的注册表选项，可以选择显示设备分辨率、时序、像素格式及其他信息。

- 旋转支持：bspdisplay.h 中的宏 BSP_DIRECTDRAW_SUPPORT_ROTATION 控制是否支持旋转，注意，如果支持旋转，则分辨率不可以超过 1024×768。
- 双显示设备支持：bspdisplay.h 中的宏 BSP_ENABLE_SECONDARY_PRIMARY_ SURFACE 控制是否支持双屏显示，由于系统带宽问题，支持双屏显示时分辨率不可以超过 1024×768，另外，怡鼎 mini 板不支持双屏显示。
- DispPerf：DispPerf 工具是微软提供的测试显示性能的工具，如果要使能此工具，需要设备环境变量 DO_DISPPERF=1，然后 Clean Sysgen，DispPerf 工具的源代码在\WINCE600\SUPPORT\APP\DISPPERF 下，相关帮助信息见 Developing a Device Driver > Windows Embedded CE Drivers > Display Drivers > Display Driver Development Concepts > Display Driver Performance > Display Driver Performance Profiling。
- 显示驱动的硬件 Blit 加速。i.MX51 内部有一个 2D 硬件加速器、一个 3D 硬件加速器，可以对 GDI 函数的 blit 操作的一些子集进行硬件加速。
  - ➢ GPU2D：需要增加的 BSP 环境变量包括：BSP_GPU_BASE=1，可以通过选择 GPU

的 catalog 选项来增加。BSP_DISPLAY_Z160=1，可以通过在环境变量界面或 i.MX51-EVK-PDK1_7.bat 中加入。支持的硬件加速函数包括：

- Solid color：填充。
- BitBlt()：不支持旋转和 resizing 的 bitBlt.
- StretchBlt()：支持 COLORONCOLOR 和 BILINEAR 拉伸模式，默认为 BILINEAR 模式。
- PolyLine()：支持水平，垂直绘线。
- PatBlt()：支持 Pattern 拷贝。
- MaskBlt()：
- 支持将一个 UYVY 页面，Blit 到一个 RGB 页面。
- Alphablend blt：支持 pixel/global alpha，需要确认增加了 SYSGEN_GDI_ALPHABLEND 变量
- 支持 BLACKNESS、PATCOPY、SRCCOPY、WHITENESS 的 ROP 操作。
- 以上支持功能在屏旋转后仍然支持。
- 以上支持功能在 16BPP 和 32BPP 下均支持。

➢ GPU3D：需要增加的 BSP 环境变量包括：BSP_GPU_BASE=1，可以通过选择 GPU 的 catalog 选项来增加。BSP_DISPLAY_Z430=1，可以通过在环境变量界面或 i.MX51-EVK-PDK1_7.bat 中加入。支持的硬件加速函数包括：

- Solid color：填充。
- BitBlt()：不支持旋转和 resizing 的 bitBlt。
- StretchBlt()：支持 COLORONCOLOR 和 BILINEAR 拉伸模式，默认为 BILINEAR 模式。
- PatBlt()：支持 Pattern 拷贝。
- 支持 BLACKNESS、PATCOPY、SRCCOPY、WHITENESS 的 ROP 操作。
- 以上支持功能在屏幕旋转后仍然支持。
- 以上支持功能在 16BPP 和 32BPP 下均支持。

4. 注册表设置

显示驱动的相关注册表信息如下：

```
[HKEY_LOCAL_MACHINE\Drivers\Display\DDIPU]
    "Bpp"=dword:10                    ; RGB565 ;此处设置 framefuffer 的格式,0x10=16bpp,设置为 0x20=32bpp
    "VideoBpp"=dword:20               ; RGB666 (32bpp internal) ;此子项没有用到
    "VideoMemSize"=dword:2000000      ; 32MB
[HKEY_LOCAL_MACHINE\Drivers\Display\DDIPU\DI0]
    "PanelType"=dword:0               ; No panel supported on DI0
    "EnableOnBoot"=dword:0            ; FALSE

IF BSP_DISPLAY_DVI_TFP410             ;如果选择了 DVI catalog 选项，会引入以下相关注册表项
; @CESYSGEN IF DIRECTX_MODULES_DIRECTDRAW
[HKEY_LOCAL_MACHINE\Drivers\Display\DDIPU\DI0]
    "PanelType"=dword:2               ; 1 - DVI 800x600, 2 - DVI 1024x768, 3 - DVI 1280x1024, 4 - DVI 1600x1200
    "EnableOnBoot"=dword:1            ; TRUE
; @CESYSGEN ENDIF DIRECTX_MODULES_DIRECTDRAW
ENDIF BSP_DISPLAY_DVI_TFP410
```

```
;以下为硬件 C2D 加速选项
;0x01   enable accelerating solid color fill
;0x02   eanble accelerating pattern fill
;0x04   enable accelerating simple source copy
;0x08   enable accelerating of draw line
;0x10   enable accelerating source copy with mask
;0x20   enable accelerating stretch source copy
;0x100 enable accelerating when screen rotation

#if $(bsp_display_z430) == "1"
[HKEY_LOCAL_MACHINE\Drivers\Display\DDIPU]
    "C2DFlag"=dword:27          ; Flag for c2d
#endif

#if $(bsp_display_z160) == "1"
[HKEY_LOCAL_MACHINE\Drivers\Display\DDIPU]
    "C2DFlag"=dword:13F         ; Flag for c2d
#endif
```

5. 电源管理

IPUv3 的主要耗电在于：

- 图形转换（IC）：执行色彩空间转换和 resizing。
- 图形旋转（IRG）：执行旋转功能。
- 显示处理：执行色彩空间转换和视频与图形页面的混合。

显示驱动实现了一些电源管理 I/O 控制接口，如 IOCTL_POWER_CAPABILITIES、IOCTL_POWER_QUERY、IOCTL_POWER_GET 和 IOCTL_POWER_SET。

- IOCTL_POWER_SET：IOCTL API，支持 D0（Full On）和 D4（off）。
  - D0：打开 IPUv3 的 DI 和 DC 模块，并发送数据到显示设备，如果视频打开，则相关子模块打开，如果 TV 输出功能打开，则打开 TVE 子模块。
  - D4：关掉 DI、DC 或 TVE 子模块。

6. 测试

（1）DirectDraw 测试。

打开媒体播放器，播放一段 WMV 视频，如果能正确播放，则支持 DirectDraw 的 Overlay。

（2）Overlay 测试。多层 Overlay 测试代码，按照如下步骤编译：

- 打开 BSP 解决方案。
- 单击 Build OS->Open Release Directory，打开编译 shell 界面。
- 更改目录到\WINCE600\SUPPORT\APP\MultipleOverlay。
- 使用命令 build -c，编译源代码，编译出来的执行文件会拷贝到 release 目录。

3.6.3 摄影头驱动

怡鼎 Windows Embedded CE 6.0 BSP 摄像头驱动基于微软的摄像头驱动接口，它支持录像、拍照及以下功能：

- 使用 I2C2 配置摄像头。
- 设置 IPUv3 的 CSI、SMFC 子模块。
- 对于录像数据进行处理。

本驱动使用 OV2640 摄像头模块。

3.6.3.1　显示驱动概述

表 3-45 为相关源代码的位置、所使用的库和 BSP 相关信息。

表 3-45　摄像头驱动代码位置

驱动相关属性	具体定义
目标平台名称	i.MX51-EVK-PDK1_7
目标 CSP 层名称	MX51_FSL_V2_PDK1_7
SOC 通用目录	..\PLATFORM\COMMON\SRC\SOC\COMMON_FSL_V2_PDK1_7\IPUV3\CAMERA
SOC 专用目录	无
平台专用目录	..\PLATFORM\<*Target Platform*>\SRC\DRIVERS\IPUV3\CAMERA
驱动 DLL 库名称	camera.dll
SDK 库	无
Catalog 选项	Third Party > BSP > Freescale <*Target Platform*>*:ARMV4I* > Device Drivers > Camera
所依赖的 SYSGEN 选项	Dependency SYSGEN_IMAGING_BMP_ENCODE SYSGEN_IMAGING_JPG_ENCODE SYSGEN_IMAGING_BMP_DECODE SYSGEN_IMAGING_JPG_DECODE SYSGEN_DSHOW_DISPLAY SYSGEN_DSHOW_CAPTURE SYSGEN_DSHOW_DMO SYSGEN_DSHOW_VIDREND
BSP 环境变量	BSP_CAMERA = 1 BSP_I2CBUS1 = 1 BSP_PP = 1

3.6.3.2　摄像头驱动支持的功能

支持的功能包括：

（1）Windows CE 摄像头驱动接口。

（2）预览、连拍和静态拍照功能。

（3）OV2640 摄像头。

（4）从摄像头到 CSI 数据格式包括 RGB888、RGB565、YUV422。

（5）输出的预览与拍照分辨率有：

- 640×480 for VGA
- 320×240 for QVGA
- 160×120 for QQVGA
- 352×288 for CIF
- 174×144 for QCIF

（6）连拍功能支持的分辨率为：

- 720×576 for PAL
- 720×480 for NTSC
- 640×480 for VGA

- 320×240 for QVGA
- 160×120 for QQVGA
- 352×288 for CIF
- 174×144 for QCIF

（7）预览功能支持的格式为：（RGB565, UYVY）。

（8）拍照功能支持的格式为：（RGB565, YV12,UYVY）。

（9）拍摄功能支持的格式为：（RGB565, YV12,NV12,UYVY）。

3.6.3.3 硬件支持

摄像头驱动基于 IPUv3，IPUv3 分为以下几个模块：

- 摄像头接口（CSI）：从摄像头接收数据并转向 ISP、IC 或 SMFC 模块。
- 摄像头多路 FIFO 控制器（IDMAC）：控制摄像头系统所用的 IDMAC 通道。
- 控制模块（CM）：控制各同步 IPUv3 的各个模块。
- 图形 DMA 控制器（IDMAC）：在 IPUv3 和内存间传输数据。
- 图形旋转（IRT）：执行 90、180 度旋转和水平、竖直镜像。
- 图形变换（IC）：执行旋转和水平、竖直镜像功能。
- 后处理驱动（PP）：执行色彩空间转换、resizing、旋转和混合功能。

IPUv3 还包括以下内部内存：

- 任务参数内存（TPM）：存储色彩空间转换所用的相关参数。
- 通道参数内存（CPMEM）：存储每个 IDMAC 通道的配置参数。

3.6.3.4 软件说明

（1）驱动软件模块，如图 3-118 所示。

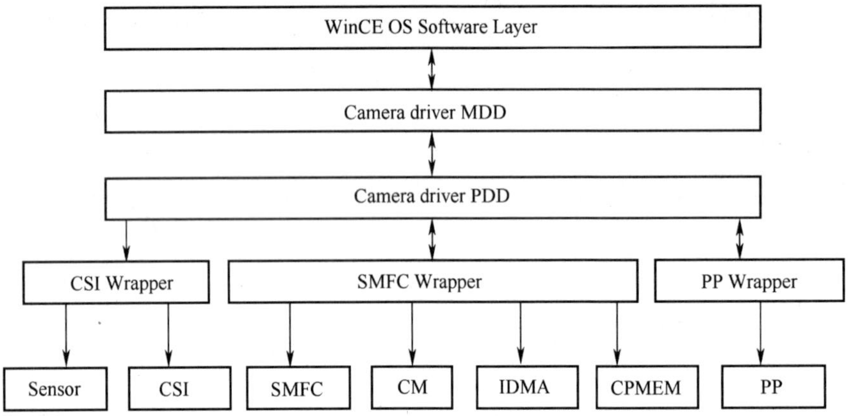

图 3-118 驱动软件模块

- 摄像头驱动 MDD：向应用程序提供通用接口。
- 摄像头驱动 PDD：封装硬件访问接口。
- CSI 封装层：对摄像头和 CSI 模块的配置实现。
- SMFC 封装层：管理从 CSI 模块传输来的数据。
- PP 封装层：对数据帧进行旋转、翻转、镜像操作。

（2）数据通路，如图 3-119 所示。

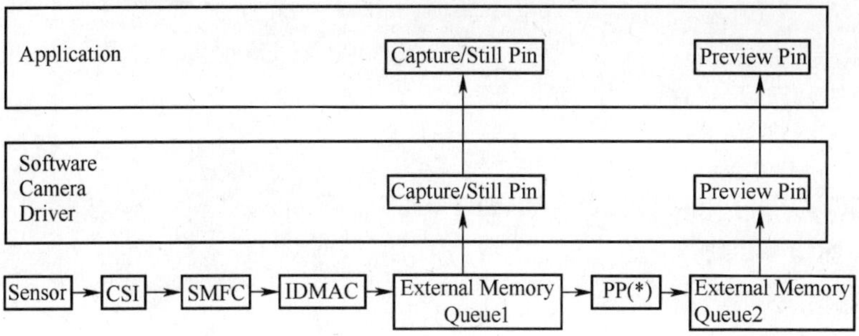

图 3-119　数据通路

（3）缓冲区管理。缓冲区管理有两种方式：驱动分配内存缓冲区方式和客户程序分配内存缓冲区方式。

（4）摄像头接口。

- 使用 Windows CE 摄像头驱动接口，相关帮助信息见 Developing a Device Driver > Windows Embedded CE Drivers > Camera Drivers > Camera Driver Reference。
- 使用 DirectShow 的视频录像接口，相关帮助信息见 Windows Embedded CE Features > Encoded Media > DirectShow > DirectShow Application Development > DirectShow Architecture > Audio and Video Capture Support > Video Capture。

（5）注册表设置。

```
#if (defined BSP_CAMERA)
[HKEY_LOCAL_MACHINE\Drivers\BuiltIn\Camera]
"Prefix"="CAM"
"Dll"="camera.dll"
"Order"-dword:20
"Index"-dword:1
"CameraId"=dword:0   ;表示其使用的摄像头类型
"CSIInterface"=dword:0 ;表示其使用的 CSI 接口
;CameraId default is 0.
; 0=0v3640;
; 1=Ov2640
;2,3 are reserved for sensor support;
; 4,5 for TVin support
; 9 for CSI Test Mode
; CSIInterface default is 0.
; 0=CSI1 Interface;
; 1=CSI2 Interface;
; 2 is reserved for both CSI Interface in case of dual camera support
"IClass"=multi_sz:
"{CB998A05-122C-4166-846A-933E4D7E3C86}","{A32942B7-920C-486b-B0E6-92A702A99B35}"

;以下为所支持功能的相关注册表
[HKEY_LOCAL_MACHINE\Software\Microsoft\DirectX\DirectShow\Capture]
"Prefix"="PIN"
"Dll"="camera.dll"
"Order"=dword:20
"Index"=dword:1
```

```
"PinCount"=dword:3 ;Pin count. Max = 3; default = 2
"MemoryModel"=dword:1 ; Pin memory mode.
"IClass"=multi_sz:"{C9D092D6-827A-45E2-8144-DE1982BFC3A8}",
"{A32942B7-920C-486b-B0E6-92A702A99B35}"
#endif
```

（6）电源管理。摄像头驱动实现了 IOCTL_POWER_SET IOCTL API。

- D0：打开摄像头和内部相关模块。
- D4：关闭摄像头和内部相关模块。

（7）测试。通过以下步骤可以编译测试代码：

- 打开 BSP 解决方案。
- 单击 Build OS > Open Release Directory，打开编译 shell 界面。
- 更改目录到\WINCE600\SUPPORT\APP\Camapp。
- 使用命令“build -c”，编译源代码，编译出来的执行文件会拷贝到 release 目录。

默认 camapp 使用 GDI 函数，如果要改为 Directdraw 的方式，可以更改 camerawindows.h 中的宏定义：

```
#define DIRECT_DRAW_MODE
```

然后重编译应用程序。

3.6.4 eSDHC 驱动

怡鼎 Windows Embedded CE 6.0 BSP eSDHC 驱动支持：Multimedia Cards (MMC)、Secure Digital Cards (SD)、Secure Digital I/O and Combo Cards (SDIO)。

3.6.4.1 eSDHC 驱动概述

表 3-46 为相关源代码位置、所使用的库和 BSP 相关信息。

表 3-46 eSDHC 驱动所在位置

驱动相关属性	具体定义
目标平台名称	i.MX51-EVK-PDK1_7
目标 CSP 层名称	MX51_FSL_V2_PDK1_7
SOC 通用目录	..\PLATFORM\COMMON\SRC\SOC\COMMON_FSL_V2_PDK1_7\ESDHC
SOC 专用目录	..\PLATFORM\COMMON\SRC\SOC\<*Target SOC*>\ESDHC
平台专用目录	..\PLATFORM\<*Target Platform*>\SRC\DRIVERS\ESDHC
驱动 DLL 库名称	esdhc.dll
SDK 库	esdhcbase_common_fsl_v2PDK1_7.lib, esdhcbase_<*Target SOC*>.lib, sdcardlib.lib, sdhclib.lib, sdbus.lib
Catalog 选项	Third Party > BSP > Freescale i.MX51 EVK PDK1_7: ARMV4I > Device Drivers > SD Host Controller > Enhanced SD Host Controller 1 (ESDHC1) Support Third Party > BSP > Freescale i.MX51 EVK: ARMV4I > Device Drivers > SD Host Controllers > Enhanced SD Host Controller 2 (ESDHC2) Support
所依赖的 SYSGEN 选项	SYSGEN_SD_MEMORY=1
BSP 环境变量	BSP_NOSDHC= BSP_ESDHC1=1 BSP_ESDHC2=1 IMGSDBUS2

3.6.4.2 eSDHC 驱动支持的功能

（1）eSDHC 主设备控制。

（2）符合基于 Windows CE R2 标准的主设备驱动。

（3）可以通过更改注册表来控制是使用 DMA 方式还是 PIO 方式。

（4）支持 SD、SD 高容量卡（spec 2.1）、MMC（spec 4.3）和 SDIO（spec 2.0）。不支持大容量 MMC 卡，因为 Windows CE R2 不支持。

（5）每一个主设备只支持一张卡连接。

（6）eSDHC 控制器支持多个进程访问。

（7）块大小支持 1～4096 个字节，可用于单块或多块访问。

（8）支持动态插拔，即使系统进入 suspend 模式的情况下插入卡，resume 时也可以重新挂接。

（9）电源状态支持 D0 和 D4。

（10）除了 SDIO 卡外，其他卡在 D0/D4 中都可以打开和关闭时钟。在 bsp_cfg.h 中将 BSP_CLK_GATING_BETWEEN_CMDS_SDHC 设为 false，就可以关闭时钟的开关功能。

（11）在没有卡插入时可以将 SD 插槽的电源关闭。

（12）支持卡写保护。

（13）支持多功能卡（如 SD 卡加 WiFi 卡）。

（14）SD/SDIO 卡使用 4 位模式，MMC 卡使用 1 位模式，因为 Windows CE R2 的限制。

（15）MMC 卡使用 15.8MHz 的时钟，SD/SDIO 使用 23.75MHz 的时钟，eSDHC 使用 47.5MHz 的主时钟。

（16）SDHC 卡的测试速度为读 7.0Mbps，写 4.8Mbps。

（17）MMCplus 卡的测试速度为读 1.75Mbps，写 1.25Mbps。

3.6.4.3 硬件支持

eSDHC1 的 CMD、CLK 和 DATA[0-3]从其管脚的主模式 iomux 出来，CD/WP 管脚使用 GPIO1_0/1 的 iomux1。

eSDHC2 的 CMD、CLK 和 DATA[0-3]从其管脚的主模式 iomux 出来，其中 DATA[0-3]也可以从 eSDHC1 的 DATA[4-7]的 iomux 模式 1 出来，CD/WP 管脚使用 GPIO1_7/8 的 iomux1。

3.6.4.4 软件说明

eSDHC 驱动遵循微软推荐的架构，相关帮助见 http://msdn2.microsoft.com/en-us/library/aa925967.aspx。

1. 注册表

```
; @CESYSGEN IF CE_MODULES_SDBUS
IF BSP_ESDHC1
[HKEY_LOCAL_MACHINE\Drivers\BuiltIn\ESDHC1]
"Order"=dword:21
"Dll"="esdhc.dll"
"Prefix"="SHC"
"Index"=dword:1
;"DisableDMA"=dword:1; Use this reg setting to disable both internal and external DMA
```

```
"MaximumClockFrequency"=dword:3197500 ; 52 MHz max clock speed
;"WakeupSource"=dword:1 ; this enables system wakeup when card is inserted or removed during
suspend state
ENDIF BSP_ESDHC1
IF BSP_ESDHC2
[HKEY_LOCAL_MACHINE\Drivers\BuiltIn\ESDHC2]
"Order"=dword:21
"Dll"="esdhc.dll"
"Prefix"="SHC"
"Index"=dword:2
;"DisableDMA"=dword:1; Use this reg setting to disable both internal and external DMA
"MaximumClockFrequency"=dword:3197500 ; 52 MHz max clock speed
;"WakeupSource"=dword:1 ; this enables system wakeup when card is inserted or removed during
suspend state
ENDIF BSP_ESDHC2
[HKEY_LOCAL_MACHINE\System\StorageManager\Profiles\MMC]
"Name"="MMC Card"
"Folder"="MMCMemory"
[HKEY_LOCAL_MACHINE\System\StorageManager\Profiles\SDMemory]
"Name"="SD Memory Card"
"Folder"="SDMemory"
; @CESYSGEN ENDIF CE_MODULES_SDBUS
```

2. 测试

测试通过的 SD/MMC 如表 3-47 所示。

表 3-47 测试通过的 SD/MMC

SD/MMC	描述
SD Cards	SanDisk (128MB, 512MB, Extreme III SDHC 4GB) ATP (SDHC 4GB) A-DATA Turbo (SDHC 4GB) Kingston (MiniSD 512MB, MicroSD 1GB)
MMC Cards	PQI (128 MB) Kingmax (RS-MMC: 512MB, 1GB) Transcend (MMCPlus: 1 GB, 4 GB)
SDIO Cards	Artheros 6102 WiFi 模块

3.6.5 网络驱动

怡鼎 Windows Embedded CE 6.0 BSP 网络驱动支持 IEEE 802.3 的 10/100Mbps 以太网，使用 MII 接口，外部使用 SMCS LAN8700 芯片，符合 NDIS4.0 标准。

3.6.5.1 网络驱动概述

表 3-48 为相关源代码位置、所使用的库和 BSP 相关信息。

表 3-48　网络驱动相关源码位置

驱动相关属性	具体定义
目标平台名称	i.MX51-EVK-PDK1_7
目标 CSP 层名称	无
SOC 通用目录	..\PLATFORM\COMMON\SRC\SOC\COMMON_FSL_V2_PDK1_7\FEC
SOC 专用目录	无
平台专用目录	..\PLATFORM\<*Target Platform*>\SRC\DRIVERS\FEC
驱动 DLL 库名称	fec.dll
SDK 库	无
Catalog 选项	Third Party > BSP > Freescale <*Target Platform*>:ARMV4I > Device Drivers > FEC
所依赖的 SYSGEN 选项	SYSGEN_NDIS=1 SYSGEN_TCPIP=1 SYSGEN_WINSOCK=1
BSP 环境变量	BSP_NOETHER=

3.6.5.2　网络驱动支持的功能

（1）与 NDIS 4.0 兼容。

（2）支持 10/100Mbps 以太网。

（3）支持 MII 与 RMII 外部物理层芯片。

3.6.5.3　软件说明

网络驱动遵循微软推荐的 NDIS 架构。

1．注册表

```
[HKEY_LOCAL_MACHINE\Comm\FEC]
"DisplayName"="FEC Ethernet Driver"
"Group"="NDIS"
"ImagePath"="fec.dll"
[HKEY_LOCAL_MACHINE\Comm\FEC\Linkage]
"Route"=multi_sz:"FEC1"
[HKEY_LOCAL_MACHINE\Comm\FEC1]
"DisplayName"="FEC Ethernet Driver"
"Group"="NDIS"
"ImagePath"="fec.dll"
[HKEY_LOCAL_MACHINE\Comm\FEC1\Parms]
"BusNumber"=dword:0
"BusType"=dword:0
; DuplexMode: 0:AutoDetect; 1:HalfDuplex; 2:FullDuplex.
"DuplexMode"=dword:0 ;表示自动山穷水尽
; The Ethernet Physical Address. For example,
; Ethernet Address 00:24:20:10:bf:03 is MACAddress1=0024,
; MACAddress2=2010,and MACAddress3=bf03. 默认的 MAC 地址
"MACAddress1"=dword:1213
"MACAddress2"=dword:1728
"MACAddress3"=dword:3121
[HKEY_LOCAL_MACHINE\Comm\FEC1\Parms\TcpIp]
; This should be MULTI_SZ
"DefaultGateway"="" ; This should be SZ... If null it means use LAN, else WAN and
Interface.
"LLInterface"="" ; Use zero for broadcast address? (or 255.255.255.255)
```

```
"UseZeroBroadcast"=dword:0 ;Thus should be MULTI_SZ, the IP address list
;因为使用 DHCP，所以设置为 0，如果关掉 DHCP，需要设置 IP 地址和子网掩码
"IpAddress"="0.0.0.0"; This should be MULTI_SZ, the subnet masks for the above IP
"Subnetmask"="0.0.0.0"
"EnableDHCP"=dword:1 ;打开 DHCP
[HKEY_LOCAL_MACHINE\Comm\TcpIp\Parms]
;Set to True to keep the device from entering idle mode if there's network adapter
;;"NoIdleIfAdapter"=dword:1
;Set to True to keep the device from entering idle mode while communicating/loop back
"NoIdleIfConnected"=dword:1
[HKEY_LOCAL_MACHINE\Comm\Tcpip\Linkage]
; This should be MULTI_SZ
; This is the list of llip
"Bind"=multi_sz:"FEC1"
```

2. 测试

连接网络，使用 IE 上网或从 PC 上 ping 开发板 IP。

3.6.6 电源管理芯片驱动

3.6.6.1 电源管理驱动概述

表 3-49 为相关源代码位置、所使用的库和 BSP 相关信息。

表 3-49 网络驱动相关源代码位置

驱动相关属性	具体定义
目标平台名称	i.MX51-EVK-PDK1_7
目标 CSP 层名称	无
SOC 通用目录	..\PLATFORM\COMMON\SRC\SOC\COMMON_FSL_V2_PDK1_7\PMIC\MC13892
SOC 专用目录	无
平台专用目录	..\PLATFORM\<*Target Platform*>\SRC\DRIVERS\PMIC\MC13892
驱动 DLL 库名称	pmicPdk_mc13892.dll
SDK 库	pmicSdk_mc13892.lib
Catalog 选项	无
所依赖的 SYSGEN 选项	无
BSP 环境变量	BSP_NOPMIC=

3.6.6.2 电源管理驱动支持的功能

（1）PMIC13892 SPI 寄存器访问接口。

（2）三色灯支持。

（3）电池。

（4）电源开关。

（5）开关键。

（6）ADC/触摸屏。

（7）背光。

（8）充电。

（9）GPO。

3.6.6.3 软件说明

1. 创建驱动句柄

PMIC 支持流式驱动，可以通过以下语句创建驱动设备文件：

```
// Open the PMIC port.
hPMI = CreateFile(TEXT("PMI1:"),//设备文件名名称
GENERIC_READ | GENERIC_WRITE, // access (read-write) mode
FILE_SHARE_READ | FILE_SHARE_WRITE, // sharing mode 支持复用驱动
NULL, // security attributes (ignored)
OPEN_EXISTING// sharing mode // creation disposition
FILE_FLAG_RANDOM_ACCESS, //flags and attributes
NULL); // template file (ignored)
if ((hPMI == NULL) || (hPMI == INVALID_HANDLE_VALUE))
{
ERRORMSG(1, (_T("Failed in create File()\r\n")));
}
```

2. 操作函数

PMIC 驱动不支持 PMIC_Write、PMIC_Read，需要使用 CloseHandle 来关闭打开的驱动句柄。

3. 电源管理

支持以下电源管理接口：

- IOCTL_POWER_CAPABILITIES：支持 D0、D4。
- IOCTL_POWER_SET。
- IOCTL_POWER_GET。

4. 注册表

```
[HKEY_LOCAL_MACHINE\Drivers\BuiltIn\PMI]
"Prefix"="PMI"
"Dll"="pmicpdk_mc13892.dll"
"Index"=dword:1
"Order"=dword:2
"IClass"="{A32942B7-920C-486b-B0E6-92A702A99B35}" ; PMCLASS_GENERIC_DEVICE
```

5. 驱动 API

（1）PMIC_IOCTL_LLA_READ_REG：读 PMIC13892 寄存器。

参数如下：

- hPMI [in]：设备文件句柄。
- lpInBuffer：PMIC13892 寄存器索引号。
- lpOutBuffer [out]：输出数据的缓冲区地址。

（2）PMIC_IOCTL_LLA_WRITE_REG：写 PMIC13892 寄存器。

参数如下：

- hPMI [in]：设备文件句柄。
- lpInBuffer：PMIC13892 寄存器索引号。
- lpOutBuffer：需要写入寄存器数据的指针。

（3）PMIC_IOCTL_LLA_INT_REGISTER：注册 PMIC13892 的中断。

参数如下：

- hPMI [in]：设备文件句柄。
- lpInBuffer：PMIC13892 寄存器索引号。

- lpOutBuffer：中断和事件名称指针。

示例代码：

```
param.int_id = int_id;
param.event_name = event_name;
ret = DeviceIoControl(hPMI, PMIC_IOCTL_LLA_INT_REGISTER, &param,sizeof(param), NULL, 0,
NULL, NULL);
```

（4）PMIC_IOCTL_LLA_INT_DEREGISTER：取消已注册的 PMIC13892 的中断。

参数如下：

- hPMI [in]：设备文件句柄。
- lpInBuffer：PMIC13892 寄存器索引号。
- lpOutBuffer：无。

示例代码：

```
param.int_id = int_id;
ret = DeviceIoControl(hPMI, PMIC_IOCTL_LLA_INT_DEREGISTER, &param,sizeof(param), NULL,
0, NULL, NULL)
```

（5）PMIC_IOCTL_LLA_INT_COMPLETE。

参数如下：

- hPMI [in]：设备文件句柄。
- lpInBuffer：PMIC13892 寄存器索引号。
- lpOutBuffer：中断号的指针。

示例代码：

```
param.int_id = int_id;
ret = DeviceIoControl(hPMI, PMIC_IOCTL_LLA_INT_COMPLETE, &param,sizeof(param), NULL, 0,
NULL, NULL);
```

（6）PMIC_IOCTL_LLA_INT_ENABLE：打开 PMIC13892 的中断。

参数如下：

- hPMI [in]：设备文件句柄。
- lpInBuffer：PMIC13892 寄存器索引号。
- lpOutBuffer：中断和事件名称指针。

示例代码：

```
param.int_id = int_id;
ret = DeviceIoControl(hPMI, PMIC_IOCTL_LLA_INT_COMPLETE, &param,sizeof(param), NULL, 0,
NULL, NULL);
```

（7）PMIC_IOCTL_LLA_INT_DISABLE：关闭 PMIC13892 的中断。

参数如下：

- hPMI [in]：设备文件句柄。
- lpInBuffer：PMIC13892 寄存器索引号。
- lpOutBuffer：中断和事件名称指针。

示例代码：

```
param.int_id = int_id;
ret = DeviceIoControl(hPMI, PMIC_IOCTL_LLA_INT_COMPLETE, &param, sizeof(param), NULL, 0,
NULL, NULL);
```

6. 中断处理

PMIC 可以产生中断，通过一个 GPIO 通知 i.MX51。PMIC 中断服务线程（IST）获得中断后，通过 SPI 访问 PMIC 获得中断源，如果这个中断源已经注册了，则向内核发送相应事件，表 3-50 为相应事件号。

表 3-50　相应事件号

PMIC 中断	描述	typedef enum _PMIC_MC13892_INT_ID {...}
ADCDONEI	ADC 转换结束	PMIC_MC13892_INT_ADCDONEI
ADCBISDONEI	ADCBIS 转换结束	PMIC_MC13892_INT_ADCBISDONEI
TSI	触摸屏唤醒	PMIC_MC13892_INT_ TSI
VBUSVALIDI	VBUSVALIDI 检测	PMIC_MC13892_INT_ VBUSVALIDI
IDFACTORYI	ID 厂商模式检测	PMIC_MC13892_INT_ IDFACTORYI
USBOVI	USB 过压检测	PMIC_MC13892_INT_ USBOVI
CHGDETI	充电器插入检测	PMIC_MC13892_INT_ CHGDETI
CHGFAULTI	充电器失效检测	PMIC_MC13892_INT_ CHGFAULTI
CHGREVI	充电器电流反灌检测	PMIC_MC13892_INT_ CHGREVI
CHGSHORTI	充电器短路	PMIC_MC13892_INT_ CHGSHORTI
CCCVI	充电器传输检测	PMIC_MC13892_INT_ CCCVI
CHGCURRI	充电电流低于警告	PMIC_MC13892_INT_ CHGCURRI
BPONI	Vbp 达到最大值	PMIC_MC13892_INT_ BPONI
LOBATLI	低电量低门限警告	PMIC_MC13892_INT_ LOBATLI
LOBATHI	低电量高门限警告	PMIC_MC13892_INT_ LOBATHI
IDFLOATI	USB ID 脚浮动检测	PMIC_MC13892_INT_ IDFLOATI
IDGNDI	USB ID 脚接地检测	PMIC_MC13892_INT_ IDGNDI
1HZI	1Hz 时钟	PMIC_MC13892_INT_1HZI
TODAI	闹钟	PMIC_MC13892_INT_ TODAI
PWRON3I	PWRON3 事件	PMIC_MC13892_INT_ PWRON3I
PWRON1I	PWRON1 事件	PMIC_MC13892_INT_ PWRON1I
PWRON2I	PWRON2 事件	PMIC_MC13892_INT_ PWRON2I
WDIRESETI	WDI 系统重启事件	PMIC_MC13892_INT_ WDIRESETI
SYSRSTI	PWRON 系统重启事件	PMIC_MC13892_INT_ SYSRSTI
RTCRSTI	RTC 重启事件	PMIC_MC13892_INT_ RTCRSTI
PCI	电源 CUT 事件	PMIC_MC13892_INT_ PCI
WARMI	热启动事件	PMIC_MC13892_INT_ WARMI
MEMHLDI	Memory Hold 事件	PMIC_MC13892_INT_ MEMHLDI
LPBI	低功耗启动 USB 检测	PMIC_MC13892_INT_ LPBI
THWARNLI	温度过低	PMIC_MC13892_INT_ THWARNLI
THWARNHI	温度过高	PMIC_MC13892_INT_ THWARNHI
CLKI	时钟源变换	PMIC_MC13892_INT_ CLKI
SCPI	短路保护	PMIC_MC13892_INT_ SCPI
BATTDETBI	电池掉落	PMIC_MC13892_INT_ BATTDETBI

中断函数表如表 3-51 所示。

表 3-51　中断函数表

函数	描述
PmicInterruptRegister	如果中断已经使能了，注册此中断
PmicInterruptDeregister	注消此中断
PmicInterruptHandlingComplete	完成一个中断处理，重开此中断
PmicInterruptDisable	关闭此中断
PmicInterruptEnable	重新使能此中断

7. PMIC13892 寄存器 SPI 访问的 API

（1）Read Register：读 PMIC 寄存器。

函数原型：PMIC_STATUS PmicRegisterRead(unsigned char index, UINT32* reg);

参数如下：

- index [in]：寄存器索引。
- reg [out]：寄存器内容。
- 返回值：状态码。

（2）Write Register：写 PMIC 寄存器。

函数原型：PMIC_STATUS PmicRegisterWrite(unsigned char index, UINT32 reg, UINT32 mask);

参数如下：

- index [in]：寄存器索引。
- reg [out]：需要写入的数据。
- mask：需要写入数据的 bitmap 屏蔽码。
- 返回值：状态码。

8. 电源管理

电源管理函数如表 3-52 所示。

表 3-52　电源管理函数表

函数	描述
PmicPwrctrlSetPowerCutTimer	设置 Power Cut 时间
PmicPwrctrlGetPowerCutTimer	获取 Power Cut 时间
PmicPwrctrlEnablePowerCut	使能 Power Cut
PmicPwrctrlDisablePowerCut	关闭 Power Cut
PmicPwrctrlSetPowerCutCounter	设置 Power Cut 计数
PmicPwrctrlGetPowerCutCounter	获得 Power Cut 计数
PmicPwrctrlSetPowerCutMaxCounter	设置最大 Power Cut 计数
PmicPwrctrlGetPowerCutMaxCounter	获得最大 Power Cut 计数
PmicPwrctrlEnableCounter	使能 Power 计数器

续表

函数	描述
PmicPwrctrlDisableCounter	关闭 Power 计数器
PmicPwrctrlEnableClk32kMCU	使能 CLK32KMCU
PmicPwrctrlDisableClk32kMCU	关闭 CLK32KMCU
PmicPwrctrlEnableDRM	设置在所有状态下 VSRTC 打开，CLK32KMCU 打开
PmicPwrctrlDisableDRM	关闭在所有状态下 VSRTC 打开，CLK32KMCU 打开
PmicPwrctrlEnableUSEROFFCLK	设置在 Useroff 状态下 VSRTC 打开，CLK32KMCU 打开
PmicPwrctrlDisableUSEROFFCLK	关闭在 Useroff 状态下 VSRTC 打开，CLK32KMCU 打开
PmicPwrctrlEnablePCUTEXPB	在启动事件时使能 PCUTEXPB=1
PmicPwrctrlDisablePCUTEXPB	在启动事件时关闭 PCUTEXPB=1
PmicPwrctrlEnableUserOffModeWhenDelay	在一段时间延迟后设置为 Useroff 模式
PmicPwrctrlDisableUserOffModeWhenDelay	关闭延迟进入 Useroff 模式功能
PmicPwrctrlEnableWarmStart	使能热启动功能
PmicPwrctrlDisableWarmStart	关闭热启动功能
PmicPwrctrlEnablePWRONRESET	使能 PWRON 管脚系统重启
PmicPwrctrlDisablePWRONRESET	关闭 PWRON 管脚系统重启
PmicPwrctrlSetDebtime	设置 PWRON 管脚上的消抖时间
PmicPwrctrlEnableSTANDBYINV	设置 STANDBY 低有效中断
PmicPwrctrlDisableSTANDBYINV	关闭 STANDBY 低有效中断
PmicPwrctrlEnableSTANDBYSECINV	设置 STANDBYSEC 低有效中断
PmicPwrctrlDisableSTANDBYSECINV	关闭 STANDBYSEC 低有效中断
PmicPwrctrlEnableWDIRESET	使能 WDI 系统重启
PmicPwrctrlDisableWDIRESET	关闭 WDI 系统重启
PmicPwrctrlSetSPIDRV	设置 SPI 驱动强度
PmicPwrctrlGetSPIDRV	获得 SPI 驱动强度
PmicPwrctrlSetCLK32KDRV	设置 CLK32K 和 CLK32KMCU 驱动强度
PmicPwrctrlGetCLK32KDRV	获得 CLK32K 和 CLK32KMCU 驱动强度
PmicPwrctrlSetSTBYDLY	设置 Standby 延迟
PmicPwrctrlGetSTBYDLY	获得 Standby 延迟
PmicPwrctrlGetMODES	获得模式
PmicPwrctrlGetI2CS	获得 I2CS 模式
PmicPwrctrlGetPUMSS	获得 PUMSS 模式

PMIC 电源控制的数据结构如下：

```
typedef enum _MC13892_PWRCTRL_PWRON{
PWRON1=0,
PWRON2,
```

```
PWRON3,
} MC13892_PWRCTRL_PWRON;
typedef enum _MC13892_PWRCTRL_MODES{
MODES_GROUNDED=0,
MODES_RESEVED,
MODES_VCOREDIG,
MODES_VCORE,
} MC13892_PWRCTRL_MODES;
typedef enum _MC13892_PWRCTRL_I2CS{
SPI=0,
I2C,
} MC13892_PWRCTRL_I2CS;
typedef enum _MC13892_PWRCTRL_PUMSS{
PUMSS_GROUNDED=0,
PUMSS_OPEN,
PUMSS_VCOREDIG,
PUMSS_VCORE,
} MC13892_PWRCTRL_PUMSS;
```

9. DCDC 和 LDO 接口函数

```
PMIC_STATUS PmicSwitchModeRegulatorOn (PMIC_REGULATOR_SREG regulator);
PMIC_STATUS PmicSwitchModeRegulatorOff (PMIC_REGULATOR_SREG regulator);
PMIC_STATUS PmicSwitchModeRegulatorGetVoltageLevel (PMIC_REGULATOR_SREG regulator,
PMIC_REGULATOR_SREG_VOLTAGE_TYPE voltageType,PMIC_REGULATOR_SREG_VOLTAGE*voltage);
PMIC_STATUS PmicSwitchModeRegulatorSetMode (PMIC_REGULATOR_SREG
regulator,PMIC_REGULATOR_SREG_STBY standby,PMIC_REGULATOR_SREG_MODE mode);
PMIC_STATUS PmicSwitchModeRegulatorGetMode (PMIC_REGULATOR_SREG regulator,
PMIC_REGULATOR_SREG_STBY standby,PMIC_REGULATOR_SREG_MODE* mode);
PMIC_STATUS PmicSwitchModeRegulatorEnableSTBYDVFS (PMIC_REGULATOR_SREG regulator);
PMIC_STATUS PmicSwitchModeRegulatorDisableSTBYDVFS (PMIC_REGULATOR_SREG regulator);
PMIC_STATUS PmicSwitchModeRegulatorSetDVSSpeed (PMIC_REGULATOR_SREG regulator, UINT8dvsspeed);
PMIC_STATUS PmicSwitchModeRegulatorSetSidLevel (PMIC_REGULATOR_SREG regulator, UINT8
hilevel,UINT8 lowlevel);
PMIC_STATUS PmicSwitchModeRegulatorGetSidLevel(PMIC_REGULATOR_SREG regulator, UINT8*
hilevel,UINT8* lowlevel);
PMIC_STATUS PmicSwitchModeRegulatorSetPLLMF (UINT8 mf);
PMIC_STATUS PmicSwitchModeRegulatorEnableHIRANGE(PMIC_REGULATOR_SREG regulator);
PMIC_STATUS PmicSwitchModeRegulatorDisableHIRANGE(PMIC_REGULATOR_SREG regulator);
PMIC_STATUS PmicSwitchModeRegulatorEnableMemoryHoldMode(PMIC_REGULATOR_SREG regulator);
PMIC_STATUS PmicSwitchModeRegulatorDisableMemoryHoldMode(PMIC_REGULATOR_SREG regulator);
PMIC_STATUS PmicSwitchModeRegulatorEnableUserOffMode(PMIC_REGULATOR_SREG regulator);
PMIC_STATUS PmicSwitchModeRegulatorDisableUserOffMode(PMIC_REGULATOR_SREG regulator);
PMIC_STATUS PmicSwitchModeRegulatorEnableSIDMode();
PMIC_STATUS PmicSwitchModeRegulatorDisableSIDMode();
PMIC_STATUS PmicSwitchModeRegulatorEnablePLL();
PMIC_STATUS PmicSwitchModeRegulatorDisablePLL();
PMIC_STATUS PmicSwitchModeRegulatorEnableSWBST();
PMIC_STATUS PmicSwitchModeRegulatorDisableSWBST();
PMIC_STATUS PmicVoltageRegulatorOn (PMIC_REGULATOR_VREG regulator);
PMIC_STATUS PmicVoltageRegulatorOff (PMIC_REGULATOR_VREG regulator);
PMIC_STATUS PmicVoltageRegulatorSetVoltageLevel (PMIC_REGULATOR_VREG regulator,
PMIC_REGULATOR_VREG_VOLTAGE voltage);
PMIC_STATUS PmicVoltageRegulatorGetVoltageLevel (PMIC_REGULATOR_VREG regulator,
PMIC_REGULATOR_VREG_VOLTAGE* voltage);
PMIC_STATUS PmicVoltageRegulatorSetPowerMode (PMIC_REGULATOR_VREG regulator,
```

```
PMIC_REGULATOR_VREG_POWER_MODE powerMode);
PMIC_STATUS PmicVoltageRegulatorGetPowerMode (PMIC_REGULATOR_VREG regulator,
PMIC_REGULATOR_VREG_POWER_MODE* powerMode);
PMIC_STATUS PmicVoltageGPOOn (MC13892_GPO_SREG gpo);
PMIC_STATUS PmicVoltageGPOOff (MC13892_GPO_SREG gpo);
```

10. 背光与 LED

相关函数如下：

```
PMIC_STATUS PmicBacklightEnableHIMode(BACKLIGHT_CHANNEL channel);
PMIC_STATUS PmicBacklightDisableHIMode(BACKLIGHT_CHANNEL channel);
PMIC_STATUS PmicBacklightEnableRamp(BACKLIGHT_CHANNEL channel);
PMIC_STATUS PmicBacklightDisableRamp(BACKLIGHT_CHANNEL channel);
PMIC_STATUS PmicBacklightSetCurrentLevel(BACKLIGHT_CHANNEL channel, UINT8 level);
PMIC_STATUS PmicBacklightGetCurrentLevel(BACKLIGHT_CHANNEL channel, UINT8* level);
PMIC_STATUS PmicBacklightSetDutyCycle(BACKLIGHT_CHANNEL channel, UINT8 cycle);
PMIC_STATUS PmicBacklightGetDutyCycle(BACKLIGHT_CHANNEL channel, UINT8* cycle);
PMIC_STATUS PmicLEDIndicatorEnableRamp(LED_CHANNEL channel);
PMIC_STATUS PmicLEDIndicatorDisableRamp(LED_CHANNEL channel);
PMIC_STATUS PmicLEDIndicatorSetCurrentLevel(LED_CHANNEL channel, unsigned char level);
PMIC_STATUS PmicLEDIndicatorGetCurrentLevel(LED_CHANNEL channel, unsigned char* level);
PMIC_STATUS PmicLEDIndicatorSetDutyCycle(LED_CHANNEL channel, unsigned char dc);
PMIC_STATUS PmicLEDIndicatorGetDutyCycle(LED_CHANNEL channel, unsigned char* dc);
PMIC_STATUS PmicLEDIndicatorSetBlinkPeriod(LED_CHANNEL channel, unsigned char bp);
PMIC_STATUS PmicLEDIndicatorGetBlinkPeriod(LED_CHANNEL channel, unsigned char* bp);
PMIC_STATUS PmicLEDIndicatorEnableSWBST();
PMIC_STATUS PmicLEDIndicatorDisableSWBST();
```

相关数据结构如下：

```
typedef enum _BACKLIGHT_CHANNEL {
BACKLIGHT_MAIN_DISPLAY,
BACKLIGHT_AUX_DISPLAY,
BACKLIGHT_KEYPAD
} BACKLIGHT_CHANNEL;
typedef enum _LED_CHANNEL {
TCLED_RED,
TCLED_GREEN,
TCLED_BLUE
} LED_CHANNEL;
```

11. ADC 与触摸屏

相关函数如下：

```
PMIC_STATUS PmicADCInit(void);
PMIC_STATUS PmicADCGetSingleChannelOneSample(UINT16 channel, UINT16 * pResult);
PMIC_STATUS PmicADCGetSingleChannelEightSamples(UINT16 channel, UINT16 * pResult);
PMIC_STATUS PmicADCGetMultipleChannelsSamples(UINT16 channels, UINT16 * pResult);
PMIC_STATUS PmicADCGetHandsetCurrent(PMIC_ADC_CONVERTOR_MODE mode, UINT16 *pResult);
PMIC_STATUS PmicADCTouchRead(UINT16* x, UINT16* y);
PMIC_STATUS PmicADCTouchStandby(BOOL intEna);
void PmicADCDeinit(void);
```

相关数据结构如下：

```
typedef enum _MC13892_TOUCH_MODE {
TM_INACTIVE = 0,
```

```
TM_INTERRUPT,
TM_TOUCHSCREEM
} MC13892_TOUCH_MODE;
typedef MC13892_TOUCH_MODE PMIC_TOUCH_MODE;
typedef enum _PMIC_ADC_CONVERTOR_MODE
{
ADC_8CHAN_1X = 0, // RAND = 0, 8 channels, 1 sample
ADC_1CHAN_8X // RAND = 1, 1 channel, reads 8 sequential values
} PMIC_ADC_CONVERTOR_MODE;
```

12. 充电

相关函数如下：

```
PMIC_STATUS PmicBatterEnableCharger(BATT_CHARGER chgr, UINT8 c_voltage, UINT8 c_current);
PMIC_STATUS PmicBatterDisableCharger(BATT_CHARGER chgr);
PMIC_STATUS PmicBatterSetCharger(BATT_CHARGER chgr, UINT8 c_voltage, UINT8 c_current);
PMIC_STATUS PmicBatterGetChargerSetting(BATT_CHARGER chgr, UINT8* c_voltage, UINT8*c_current);
PMIC_STATUS PmicBatterGetChargeCurrent(UINT16* c_current);
PMIC_STATUS PmicBatterLedControl(BOOL on);
PMIC_STATUS PmicBatterSetReverseSupply(BOOL enable);
PMIC_STATUS PmicBatterSetUnregulated(BOOL enable);
```

相关数据结构如下：

```
typedef enum {
BATT_MAIN_CHGR = 0, // Main battery charger
BATT_CELL_CHGR, // CoinCell battery charger
BATT_TRCKLE_CHGR // Trickle charger
} BATT_CHARGER;
typedef enum {
DUAL_PATH = 0,
SINGLE_PATH,
SERIAL_PATH,
DUAL_INPUT_SINGLE_PATH,
DUAL_INPUT_SERIAL_PATH,
DUAL_INPUT_DUAL_PATH,
INVALID_CHARGER_MODE
}CHARGER_MODE;
```

3.6.7 USB OTG 驱动

USB OTG 驱动支持高速 USB 2.0 主设备与从设备驱动，可以通过 USB 插拔动作动态切换。USB OTG 驱动包括：

- USB OTG 主设备控制器驱动，可以支持 Mass Storage、HID、Printer 和 RNDIS 网口设备。
- USB 客户端驱动，可以支持 Mass Storage、串口和 RNDIS 网口设备。
- USB 传输层驱动。

3.6.7.1 USB OTG 驱动概述

1. USB OTG 客户端驱动

表 3-53 为 USB OTG 客户端驱动的相关源代码位置、所使用的库和 BSP 相关信息。

表 3-53 USB OTG 客户端驱动相关源代码位置

驱动相关属性	具体定义
目标平台名称	i.MX51-EVK-PDK1_7
目标 CSP 层名称	MX51_FSL_V2_PDK1_7
SOC 通用	COMMON_FSL_V2
SOC 驱动目录	..\PLATFORM\COMMON\SRC\SOC\<*Target SOC*>\USBD ..\PLATFORM\COMMON\SRC\SOC\<*Common Soc*>\ms\USBFN
SOC 静态库	usb_usbfn_<*Target SOC*>_PDK1_7.lib usb_usbfn_os_<*Target SOC*>_PDK1_7.lib usb_ufnmddbase_<*Common Soc*>_PDK1_7.lib
平台驱动目录	..\PLATFORM\<*Target Platform*>\SRC\DRIVERS\USBD
导入库	无
驱动名称	usbfn.dll
Catalog 选项	High Speed OTG: Third Party > BSP > Freescale <*Target Platform*>: ARMV4I > Device Drivers > USB Devices > USB High Speed OTG Device To support only client/device mode, choose .. > High Speed OTG Port Pure Client Function
所依赖的 SYSGEN 选项	SYSGEN_USBFN=1
BSP 环境变量	BSP_NOUSB= BSP_USB_HSOTG_CLIENT=1

2. USB OTG 主控制器端驱动

表 3-54 为 USB OTG 主控制器端驱动的相关源代码位置、所使用的库和 BSP 相关信息。

表 3-54 USB OTG 主控制器端驱动相关源代码位置

驱动相关属性	具体定义
目标平台名称	i.MX51-EVK-PDK1_7
目标 CSP 层名称	MX51_FSL_V2_PDK1_7
SOC 通用	COMMON_FSL_V2
SOC 驱动目录	..\PLATFORM\COMMON\SRC\SOC\<*Common SOC*>\ms\USBH\EHCI ..\PLATFORM\COMMON\SRC\SOC\<*Common SOC*>\ms\USBH\EHCIPDD ..\PLATFORM\COMMON\SRC\SOC\<*Common SOC*>\ms\USBH\USB2COM
SOC 静态库	usbh_ehcdmdd_<*Common SOC*>_PDK1_7.lib usbh_ehcdpdd_<*Common SOC*>_PDK1_7.lib usbh_usb2com_<*Common SOC*>_PDK1_7.lib
平台驱动目录	..\PLATFORM\<*Target Platform*>\SRC\DRIVERS\USBH\HSOTG
导入库	无
驱动名称	hcd_hsotg.dll
Catalog 选项	Third Party > BSP > Freescale <*Target Platform*>: ARMV4I > Device Drivers > USB Devices > USB High Speed OTG Device To support only host mode, choose .. >High Speed OTG Port Pure Host Function.
所依赖的 SYSGEN 选项	SYSGEN_USB=1
BSP 环境变量	BSP_NOUSB= BSP_USB_HSOTG_HOST=1

3. USB OTG 传输层驱动

表 3-55 为 USB OTG 传输层驱动的相关源代码位置、所使用的库和 BSP 相关信息。

表 3-55　USB OTG 传输层驱动相关源代码位置

驱动相关属性	具体定义
目标平台名称	i.MX51-EVK-PDK1_7
目标 CSP 层名称	MX51_FSL_V2_PDK1_7
SOC 通用	COMMON_FSL_V2
SOC 驱动目录	..\PLATFORM\COMMON\SRC\SOC\\<*Target SOC*>\USBXVR
SOC 静态库	usb_xvc_<*Target SOC*>_PDK1_7.lib
平台驱动目录	..\PLATFORM\\<*Target Platform*>\SRC\DRIVERS\USBXVR
导入库	无
驱动名称	imx_xvc.dll
Catalog 选项	Third Party > BSPs > Freescale <*Target Platform*>: ARMV4I > Device Drivers > USB Devices > USB High Speed OTG Device > High Speed OTG Port Full OTG Function Support
所依赖的 SYSGEN 选项	SYSGEN_USBFN=1
BSP 环境变量	BSP_NOUSB= BSP_USB_HSOTG_CLIENT=1 BSP_USB_HSOTG_HOST=1 BSP_USB_HSOTG_XVC=1

3.6.7.2　USB OTG 驱动支持的功能

（1）高速 USB OTG/Host 驱动，支持 USB 2.0。

（2）默认为 Client/Peripheral 模式，Vbus 不上电，如果插入一个 mini-A 插口，D+信号拉高，则切换为 Host 模式。

（3）如果插入 mini-B 插头，并连接到 PC，则保持在 Client/Peripheral 模式。

（4）如果插入一个 mini-A 插口并连接一个 mini-B 设备，则为 Host 模式。

（5）OTG Client/Peripheral 模式支持存储设备，RNDIS 和串口

（6）OTG Host 模式支持存储设备、HID 和 RNDIS。

（7）当不连接插头时，驱动处于低功耗模式。

（8）当系统处于 Suspend 状态时，不会通知主机 PC 有设备插入，或连接 USB mini-A 口设备。

（9）当系统唤醒，开始枚举设备，加载其驱动。

（10）在 Mass Storage 设备时的传输速度大于 40Mb/s。

3.6.7.3　软件说明

1. USB OTG 主控制器驱动

USB OTG 主控制器驱动提供了 OTG 口上的 USB Host 功能，它是 WinCE 标准 USB 架构的一部分，相关帮助见 Developing a Device Driver > Windows Embedded CE Drivers > USB Host Drivers > USB Host Controller Drivers > USB Host Controller Driver Development Concepts。

其驱动架构如图 3-120 所示。

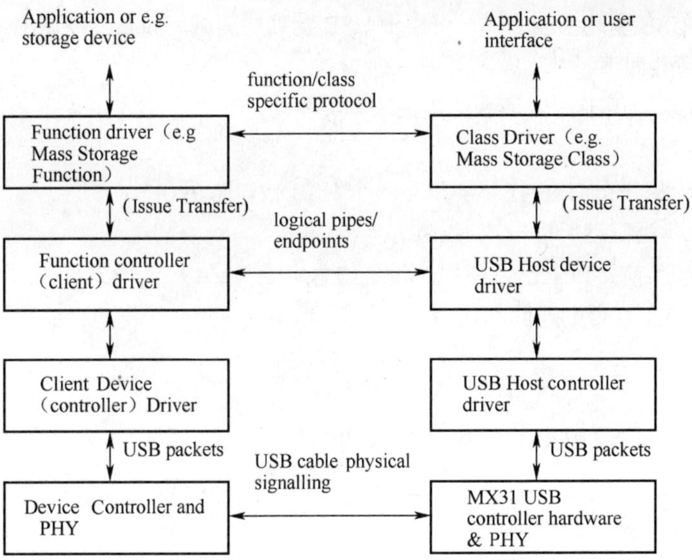

图 3-120　驱动架构

当包括传输层驱动时，在 USB mini-A 插入时，自动加载 Host 驱动，如果只是使能 USB Host 驱动，则只有 USB Host 驱动。当插入 USB 设备时，USB Host 驱动会自动枚举并加载相应的类驱动，怡鼎 BSP 支持以下类驱动：

- Mass Storage：SD 卡、CF 卡、HDD。
- HID：鼠标与键盘。
- RNDIS：网络接口类。
- 同时支持全速和低速 Hub。

用户通过 USB 类驱动访问 USB Host 驱动，关于 Host 的类驱动的相关信息可以参考帮助 Developing a Device Driver > Windows Embedded CE Drivers > USB Host Drivers > USB Host Controller Drivers > USB Host Client Drivers > Host Client Driver Reference。

USB Host 驱动使用 DMA 进行传输，驱动初始化时将从物理内存池中分配一个 DMA 缓冲区，默认内存池大小为 128KB，可以通过修改注册表 PhysicalPageSize 来修改它。

USB Host 驱动的注册表设置在[HKEY_LOCAL_MACHINE\Drivers\BuiltIn\HCD_HSOTG]，具体函数如表 3-56 所示。

表 3-56　USB Host 驱动的注册表设置函数

注册表键值	类型	值	描述
Dll	sz	Hcd_hsotg.dll	驱动库
OTGSupport	dword	01	支持 USB OTG Host 驱动
OTGGroup	sz	01	在 USB OTG 实例中关联 Host、Function 和传输层驱动的唯一串号
HcdCapability	dword	4	HCD_SUSPEND_ON_REQUEST 支持
PhysicalPageSize	dword	20000	USB Host 驱动的物理内存池大小

USB host 驱动支持物理层测试模式，只有在 bsp_cfg.h 中打开宏#define OTG_TEST_MODE 才可

以打开测试模式，这种模式下一般的 USB 驱动不能工作，仅用于 USB 物理层测试，如眼图测试用。

USB Host 驱动平台相关的 API 函数如下：

（1）BSPCheckConfigPower：此函数用于评估是否支持某一个类驱动。

参数：

- UCHAR bPort [in]：未使用，每一个 USB 控制器只有一个 USB 接口未用。
- DWORD dwCfgPower [in]：此类驱动所需电流（mA）。
- DWORD dwTotalPower [in]：当前接口上已经使用的设备的总电流（mA）。

返回值：如果可以支持则返回 TRUE，否则返回 FALSE。

（2）BSPUsbSetWakeUp。

参数：

- BOOL bEnable [in]：使能唤醒则为 TRUE，否则就为 FALSE。

（3）BSPUsbCheckWakeUp。

返回值：如果收到唤醒消息则返回 TRUE，否则为 FALSE。

（4）SetPHYPowerMgmt。

参数：

- BOOL fSuspend [in]：如果为 TRUE，则系统控制器进入 suspend 模式，为 FALSE 则唤醒。

2. USB 客户端驱动

当插入 USB Mini-B 接口时，主机 PC 根据目前配置来加载相应类的驱动，并将 i.MX51 平台挂接为 USB 设备，默认为 USB 串口。目前支持的 USB 功能的驱动包括：

- 串口类：串行 ActiveSync 支持。
- Mass Storage：通过 USB 线将本地存储设备挂接到 PC 上。
- RNDIS 类：网卡支持。

USB 客户端驱动帮助可见 Developing a Device Driver > Windows Embedded CE Drivers > USB Function Drivers > USB Function Controller Drivers。

USB 功能驱动帮助可见：Developing a Device Driver > Windows Embedded CE Drivers > USB Function Controller Drivers > USB Function Controller Driver Reference。

USB 功能/客户端驱动注册表在[HKEY_LOCAL_MACHINE\Drivers\BuiltIn\UFN]，具体信息如表 3-57 所示。

表 3-57 USB 功能/客户端驱动注册表信息

注册表键值	类型	值	描述
Dll	sz	usbfn.dll	驱动库
OTGSupport	dword	01	支持 USB OTG 功能/客户端驱动
OTGGroup	sz	01	在 USB OTG 实例中关联 Host、Function 和传输层驱动的唯一串号

USB 功能/客户端驱动支持物理层测试模式，只有打开宏#define USBFN_TEST_MODE_SUPPORT 才可以打开测试模式，host 主机 PC 可以发送 SET_FEATURE 包来使设备进入测试模式。参考代码在..\PLATFORM\COMMON\SRC\SOC\<Target SOX>\MS\USBFN\CONTROLLER\MDD。

USB 功能/客户端驱动平台相关的 API 函数如下：

- HardwarePullupDP：此函数用于拉高 D+，以准备连接 USB Host PC。

参数：CSP_USB_REGS *pRegs [in]指 USB 控制器指针。

返回值：如果 D+拉高则返回 TRUE。

3. USB 传输层驱动（ID 管脚检测驱动 XCVR）

此驱动用于检测 USB Mini OTG 口插入的设备，并加载相应的驱动。其注册表配置为[HKEY_LOCAL_MACHINE\Drivers\BuiltIn\XVC]，具体信息如表 3-58 所示。

表 3-58　USB 传输层驱动注册信息

注册表键值	类型	值	描述
Dll	sz	Imx_xvc.dll	驱动库
OTGSupport	dword	01	支持 USB OTG 传输层驱动
OTGGroup	sz	01	在 USB OTG 实例中关联 Host，Function 和传输层驱动的唯一串号

USB 传输层驱动平台相关的 API 函数如下：

（1）BSP_USB_CALLBACK_FNS 数据结构：此数据结构用于定义 USB 传输层驱动所使用的回调函数，使用函数 RegisterCallback 注册。

```
typedef struct {
// pfnUSBPowerDown - function pointer for platform to call during power down.
// pfnUSBPowerUp - function pointer for platform to call during power up.
// Parameter: (1) regs - USB registers
// (2) pUSBCoreClk - pointer to boolean to indicate the status of USB Core Clk
// if it is on or off. Platform is responsible to update this value if they change
// the status of USBCoreClk. [TRUE - USBCoreClk ON, FALSE - USBCoreClk OFF]
// (3) pPanicMode - pointer to boolean to indicate the status of panic mode
// if it is on or off. Platform is responsible to update this value if they change
// the status of panic mode. [TRUE - PanicMode ON, FALSE - USBCoreClk OFF]
void (*pfnUSBPowerDown)(CSP_USB_REGS *regs, BOOL *pUSBCoreClk);
void (*pfnUSBPowerUp)(CSP_USB_REGS *regs, BOOL *pUSBCoreClk);
// pfnUSBSetPhyPowerMode - function pointer for platform to call when they want to
suspend/resume the PHY
// Parameter: (1) regs - USB registers
// (2) bResume - TRUE - request to resume, FALSE - request suspend
void (*pfnUSBSetPhyPowerMode)(CSP_USB_REGS *regs, BOOL bResume);
} BSP_USB_CALLBACK_FNS;
```

（2）pfnUSBPowerDown：此回调函数在 WinCE 进入 PowerDown 时被调用，当没有设备连接到 OTG 接口时，传输层驱动自动将此接口置为 suspend 模式，关将 D+拉高。

参数：

- CSP_USB_REGS *regs [in]：USB 寄存器指针 。
- BOOL *pUSBCoreClock [in/out]：USB 时钟是否打开的布尔值指针。

返回值：USB 时钟打开，则为 TRUE，否则为 FALSE。

（3）pfnUSBPowerUp：此回调函数在 Wince 进入 PowerUp 时被调用。

参数：

- CSP_USB_REGS *regs [in]：USB 寄存器指针。
- BOOL *pUSBCoreClock [in/out]：USB 时钟是否打开的布尔值指针。

返回值：USB 时钟打开，则为 TRUE，否则为 FALSE。

（4）pfnUSBSetPhyPowerMode：此回调函数用于在 suspend/resume 时设置 ULPI 物理传输层的状态。

参数：

- CSP_USB_REGS *regs [in]：USB 寄存器指针。
- BOOL resume[in]：USB ULPI 物理传输层是 suspend 还是 resume。

返回值：resume，则为 TRUE，否则为 FALSE。

（5）RegisterCallback：此函数用于注册结构 BSP_USB_CALLBACK_FNS 定义的回调函数。

参数：

- BSP_USB_CALLBACK_FNS *pFn

4. 功能驱动

功能驱动的 Catalog 可以在 Device Drivers > USB Function > USB Function Clients 中找到帮助信息，其注册表定义为：

```
[HKEY_LOCAL_MACHINE\Drivers\USB\FunctionDrivers]
"DefaultClientDriver"=-; erase previous default
[HKEY_LOCAL_MACHINE\Drivers\USB\FunctionDrivers]
"DefaultClientDriver"="Mass_Storage_Class"
or
"DefaultClientDriver"="RNDIS"
or
"DefaultClientDriver"="Serial_Class"
```

- Mass Storage 功能驱动：Mass Storage 驱动用于挂接 USB 存储设备到 hostPC 上，其相关信息与注册表定义如表 3-59 所示。

3 Chapter

表 3-59 Mass Storage 功能驱动

驱动属性	描述
CSP 层驱动路径	..\PLATFORM\COMMON\SRC\SOC\<*Common SOC*>\ms\USBFN\CLASS
CSP 静态库	N/A
平台驱动路径	N/A
导入库	USBMSFN_LIB_<*Common SOC*>.lib UFNCLIENTLIB.lib
驱动库	usbmsfn.dll
Catalog 项	Device Drivers > USB Function > USB Function Clients > Mass Storage
SYSGEN 变量	SYSGEN_USBFN_STORAGE

```
PUBLIC\Common\OAK\Files\common.reg
"DeviceName"=-;
; "DeviceName"="ATA HARD DISK"
; "DeviceName"="SDMEMORY CARD"
; "DeviceName"="MMC CARD"
; "DeviceName"="USB HARD DISK"
; "DeviceName"="NAND FLASH"
[HKEY_LOCAL_MACHINE\Drivers\USB\FunctionDrivers\Mass_Storage_Class]
; idVendor must be changed. 045E belongs to Microsoft and is only to be used for
; prototype devices in your labs. Visit http://www.usb.org to obtain a vendor id.
"idVendor"=dword:045E
```

```
"Manufacturer"="Generic Manufacturer (PROTOTYPE--Remember to change idVendor)"
"idProduct"=dword:FFFF
"Product"="Generic Mass Storage (PROTOTYPE--Remember to change idVendor)"
"bcdDevice"=dword:0
```

- 串口功能驱动：串口功能驱动可以用于 ActiveSync 连接，其相关信息与注册表定义如表 3-60 所示。

表 3-60 串口功能驱动

驱动属性	描述
CSP 层驱动路径	N/A
公共驱动路径	PUBLIC\Common\OAK\Drivers\USBFN\CLASS\SERIAL
CSP 静态库	N/A
平台驱动路径	N/A
导出库	serialusbfn.lib
导入库	com_mdd2.lib serpddcm.lib ufnclientlib.lib
驱动库	SerialUsbFn.dll
Catalog 项	Device Drivers > USB Function > USB Function Clients > Serial Client
SYSGEN 变量	SYSGEN_USBFN_SERIAL

```
PUBLIC\Common\OAK\FILES\common.reg
[HKEY_LOCAL_MACHINE\Drivers\USB\FunctionDrivers\Serial_Class]
; idVendor must be changed. 045E belongs to Microsoft and is only to be used for
; prototype devices in your labs. Visit http://www.usb.org to obtain a vendor id.
"idVendor"=dword:045E
"Manufacturer"="Generic Manufacturer (PROTOTYPE--Remember to change idVendor)"
"idProduct"=dword:00ce
"Product"="Generic Serial (PROTOTYPE--Remember to change idVendor)"
"bcdDevice"=dword:0
```

- RNDIS 网卡功能驱动：RNDIS 网卡功能驱动允许使用 USB 作为网卡连接，其相关信息与注册表定义如表 3-61 所示。

表 3-61 RNDIS 网卡功能驱动

驱动属性	描述
CSP 层驱动路径	N/A
公共驱动路径	PUBLIC\COMMON\OAK\Drivers\USBFN\Class\RNDIS
CSP 静态库	N/A
平台驱动路径	N/A
导入库	ndis.lib
驱动库	SerialUsbFn.dll
Catalog 项	Device Drivers > USB Function > USB Function Clients > RNDIS Client
SYSGEN 变量	SYSGEN_USBFN_ETHERNET

PC 端的 USB 网卡驱动位于 Support\RNDIS\ce6_rndis.inf\%WINDIR%\System32\drivers\usb8023x.sys，其注册表如下：

```
PUBLIC\Common\OAK\FILES\common.reg
[HKEY_LOCAL_MACHINE\Drivers\USB\FunctionDrivers\RNDIS]
; idVendor must be changed. 045E belongs to Microsoft and is only to be used for
; prototype devices in your labs. Visit http://www.usb.org to obtain a vendor id.
"idVendor"=dword:045E
"Manufacturer"="Generic Manufacturer (PROTOTYPE--Remember to change idVendor)"
"idProduct"=dword:0301
"Product"="Generic RNDIS (PROTOTYPE--Remember to change idVendor)"
"bcdDevice"=dword:0
```

5. 类驱动

所有的 Host 驱动支持同一种类驱动，目前 WinCE 支持的类驱动如表 3-62 所示。

表 3-62 类驱动

类驱动名	SYSGEN 变量	Catalog 项
HID	SYSGEN_USB_HID	Core OS > Windows CE devices > Core OS Services > USB Host Support > USB Human Input Device (HID) Class Driver
Printer	SYSGEN_USB_PRINTER	.. > USB Printer Class Driver
Keyboard	SYSGEN_USB_KEYBOARD	.. > USB HID Keyboard Only
Mouse	SYSGEN_USB_MOUSE SYSGEN_CURSOR	.. > USB HID Mouse Only Core OS > Shell and User Interface > User Interface > Mouse
RNDIS	SYSGEN_ETH_USB_HOST	Core OS > Windows CE devices > Core OS Services > USB Host Support > USB Remote NDIS Class Driver
Storage	SYSGEN_USB_STORAGE	Core OS > Windows CE devices > Core OS Services > USB Host Support > USB Storage Class Driver

注意：USB 鼠标驱动需要加上 USB 鼠标光标，要使用 USB 键盘，则需要移除掉 i.MX51 本身的键盘驱动 Third Party > Freescale <*Target Platform*>: ARMV4I > Device Drivers > Input Devices > Keyboard/Mouse。

3.6.7.4 编译配置

表 3-63 为 BSP 编译变量配置。

表 3-63 BSP 编译变量配置

名称	描述
BSP_USB	在编译内核中使能 USB 功能
BSP_USB_HSOTG_XCV	支持 USB OTG 切换
BSP_USBHSOTG_CLENT	支持 USB OTG 客户端设备
BSP_USBHSOTG_HOST	支持 USB OTG 主机端设备

表 3-64 为 BSP 编译变量的相互关系。

表 3-64　BSP 编译变量的相互关系

功能	BSP_ATA	BSP_CSPIBUS	BSP_USB	BSP_USB_HSOTG_XVC	BSP_USB_HSOTG_CLIENT	BSP_USB_HSOTG_HOST
硬盘 ATA 驱动	yes	no				
高速 OTG 全功能支持			yes	yes	yes	yes
高速 OTG 主机端支持			yes			yes
高速 OTG 客户端支持			yes		yes	
全速主机端 Host1	no	no				
高速主机端 Host2	no	no				

表 3-65 为系统编译变量。

表 3-65　系统编译变量

名称	描述
SYSGEN_USBFN_SERIAL	系统支持 USB 串口类设备
SYSGEN_USBFN_STORAGE	系统支持 USB Mass Storage 类设备
SYSGEN_USBFN_ETHERNET	系统支持 USB RNDIS 类设备
SYSGEN_CURSOR	系统支持 USB 鼠标光标
SYSGEN_FATS	系统支持 FAT16 文件系统
SYSGEN_PCL	系统支持 PCL 打印
SYSGEN_PRINTING	系统支持 USB 打印机
SYSGEN_STOREMGR	系统支持存储设备管理
SYSGEN_UDFS	系统支持 Universial Disc 文件系统
SYSGEN_USB	系统支持 USB 驱动
SYSGEN_USB_HID_CLIENTS	系统支持 USB 人机界面类（HID）设备
SYSGEN_USB_HID_KEYBOARD	系统支持 USB HID 键盘
SYSGEN_USB_HID_MOUSE	系统支持 USB 鼠标
SYSGEN_USB_PRINTER	系统支持 USB 打印机
SYSGEN_USB_STORAGE	系统支持 USB 存储介质

3.6.7.5　电源管理

USB 设备驱动的电源管理包括以下四个部分：

- 定义 USB 设备的 Vcore 要求。
- USB 设备时钟管理。
- 设备 USB 传输层状态：suspend 或 resume。
- 当无设备连接时，自动将传输层设备为 suspend 模式。

1．定义 USB 设备的 Vcore 要求

当连接一个设备或连接 Host PC 主机时，调用 DDKClockEnablePanicMode() 来通知 DVFS 控制 Vcore，如果一定时间内没有设备连接，或连接到 Host PC，则调用 DDKClockDisablePanicMode()。

2. 时钟管理

USB 驱动通过以下函数打开与关闭 USB 系统时钟：

DDKClockSetGatingMode(DDK_CLOCK_GATE_INDEX_USBOTG, DDK_CLOCK_GATE_MODE_ENABLED_ALL)

DDKClockSetGatingMode(DDK_CLOCK_GATE_INDEX_USBOTG, DDK_CLOCK_GATE_MODE_DISABLED)

3. 传输层的自动下电

当数毫秒没有 USB 数据传输时，驱动会将 USB 传输层自动设置为 suspend 模式。

4. 传输层的电源模式

传输层处于 suspend 模式时，当连接设备或主机时，可以自动切换回 wake-up 模式，驱动会调用相应的回调函数来完成状态变换。

5. PowerUp

在 PowerUp 时 Host 驱动的电源管理线程操作如下：

- 打开 USB 模块时钟。
- 将 USB 接口打开，并清除掉 portsc 寄存器的 PHCD 位。
- 重启并唤醒 USB Host 控制器。
- 关掉唤醒条件。
- 将 USB 传输层设备回唤醒状态（SetPHYPowerMgmt(FALSE)）。
- 打开中断和 USB Host 控制器。

在 PowerUp 时客户端电源管理线程操作如下：

- 打开 USB 模块时钟。
- 将 USB 接口打开。
- 打开中断和 USB 控制器。

在 PowerUp 时传输层驱动调用 pfnUSBPowerUP()上电。

6. PowerDown

在 PowerDown 时 Host 驱动的电源管理线程操作如下：

- 使用函数 BSPUsbCheckWakeUp()检查唤醒条件。
- 关闭 Host 控制器。
- Suspend 相关接口。
- 设置传输物理层为 suspend 模式（SetPHYPowerMgmt(TRUE)）。
- 关闭 USB 时钟。

在 PowerDown 时客户端电源管理线程操作如下：

- 关闭 USB 控制器。
- 清除所有中断。
- 打开相关唤醒条件。
- Suspend 相关接口。
- 关闭 USB 时钟。

在 PowerUP 时传输层驱动调用 pfnUSBPowerDown()关电。

7. Suspend/Resume 操作

- Mass storage Host/Client：设备自动挂接或卸载，所有的未完成的文件浏览和拷贝工作停止。

- ActiveSync Client：一旦设备 suspend/resume，则设备卸载，除非重插入设备。
- HID host：设备在 suspend/resume 时，会自动重新识别。

3.6.7.6 测试工具

怡鼎 BSP 的控制面板下有一个 USB 测试的应用程序，其源代码位置在 SUPPORT\APP\USBControlPanel，如图 3-121 所示，左边为 OTG 测试模式。

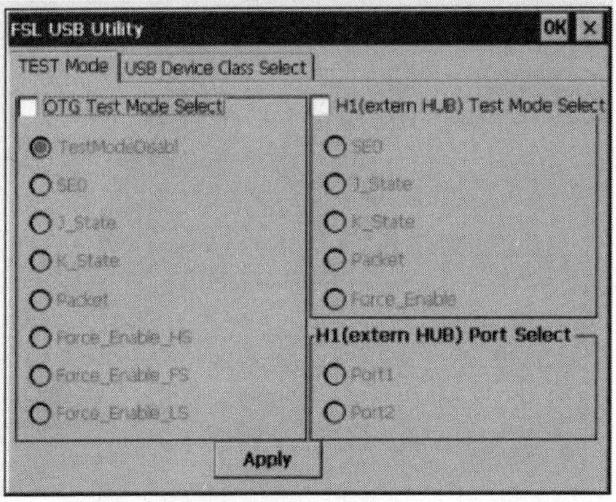

图 3-121 USB 测试的应用程序

USB 测试模式需要把 USB 设备驱动先卸载掉，然后重启系统。

除此之外，还有一个应用程序可以用于选择 USB 设备类驱动：ActiveSync、Mass Storage 和 RNDIS，如图 3-122 所示。

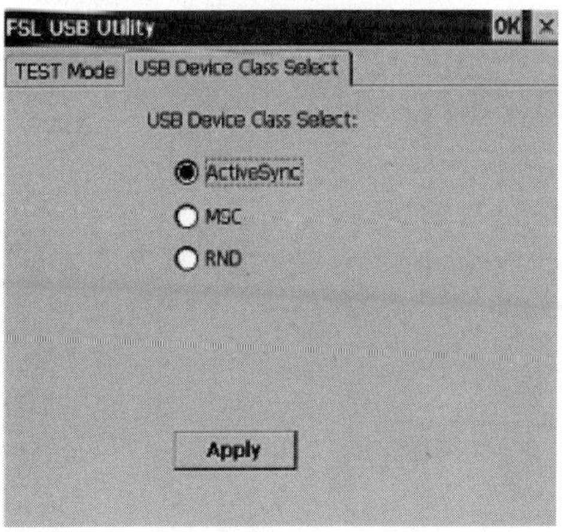

图 3-122 用于选择 USB 设备类驱动

3.7 WinCE 6.0 应用程序开发与实践

3.7.1 导出并安装 SDK

在使用 Platform Builder 编译成功 BSP 后，可以导出编译应用程序用的 SDK，安装后即可使用此 SDK 来编译应用程序，具体步骤如下：

（1）打开解决方案工程，选择菜单 Project->Add New SDK...后，弹出如图 3-123 所示的对话框。

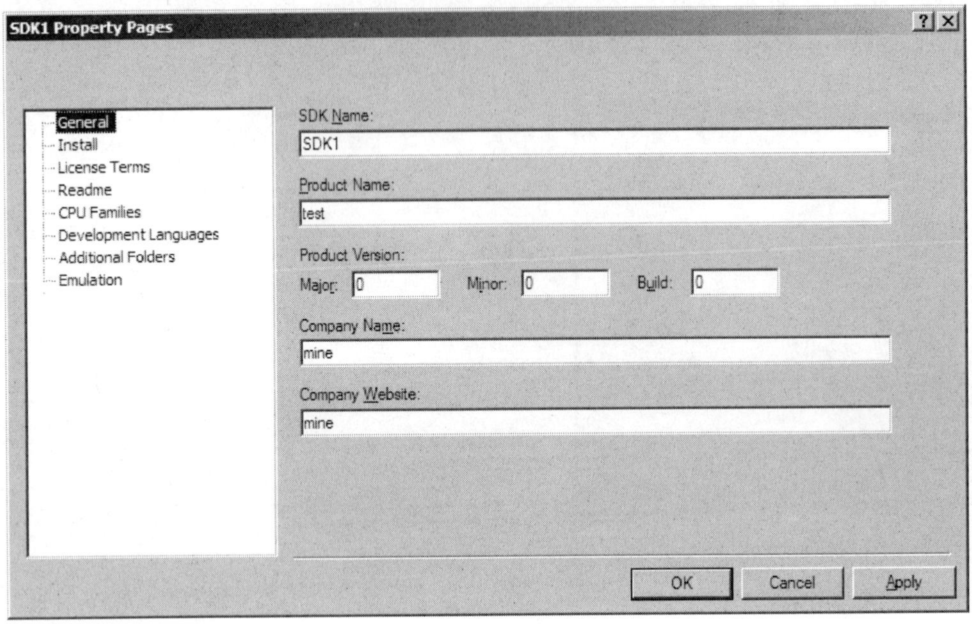

图 3-123　打开解决方案工程

在 Product Name、Company Name 和 Company Website 框中填入相关信息。

（2）在 Install 页中，可以看到编译出来的 SDK 的位置和名字，如图 3-124 所示。

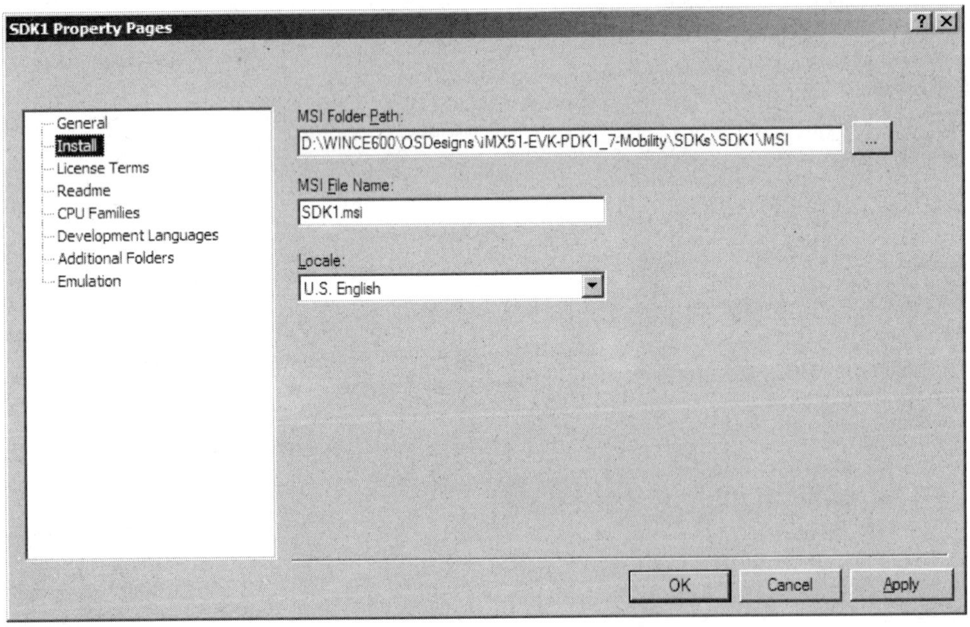

图 3-124　Install 页

（3）在 CPU Families 页中可以看出要编译的 CPU 类型为 ARMV4I，如图 3-125 所示。

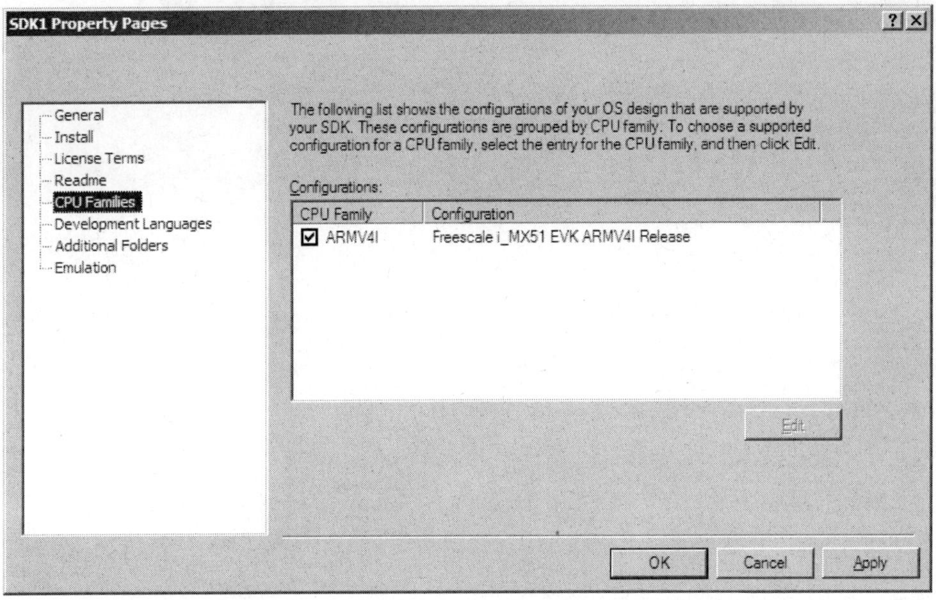

图 3-125　CPU Families 页

（4）单击 OK 按钮，可以在解决方案资源管理器视图中看见创建出来的 SDK，右击选择 Build，开始编译此 SDK，如图 3-126 所示。

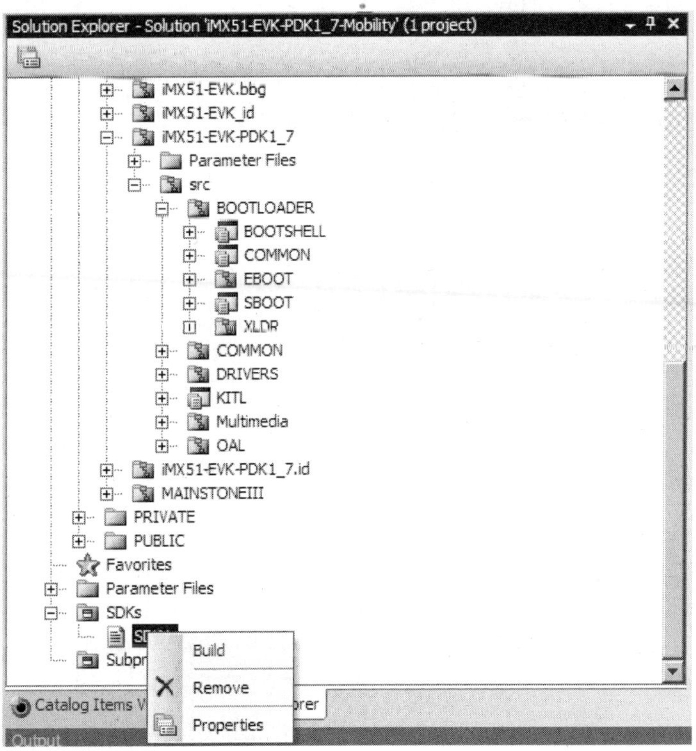

图 3-126　开始编译此 SDK

（5）编译成功后，会打印出如图 3-127 所示的信息，表示导出的 SDK 的目录和名称。

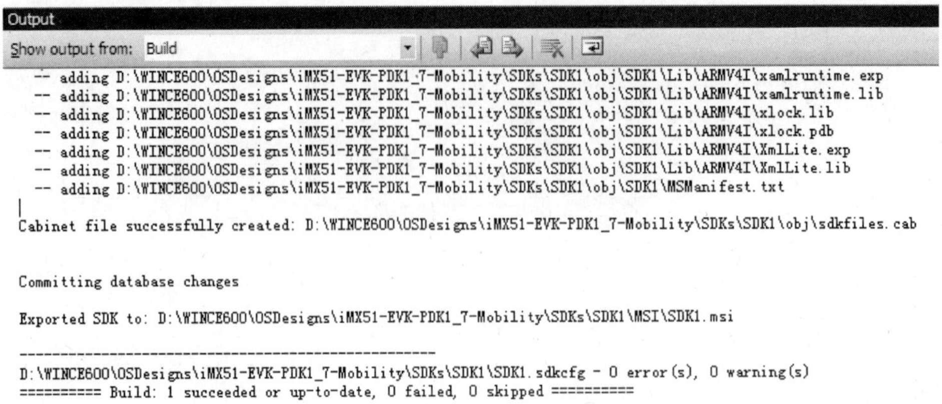

图 3-127　编译成功后打印出信息

（6）进入到编译的 SDK 安装目录，D:\WINCE600\OSDesigns\i.MX51-EVK-PDK1_7-Mobility\SDKs\SDK1\MSI\SDK1.msi，开始安装。安装过程中，会提示要安装的目录，如图 3-128 所示。

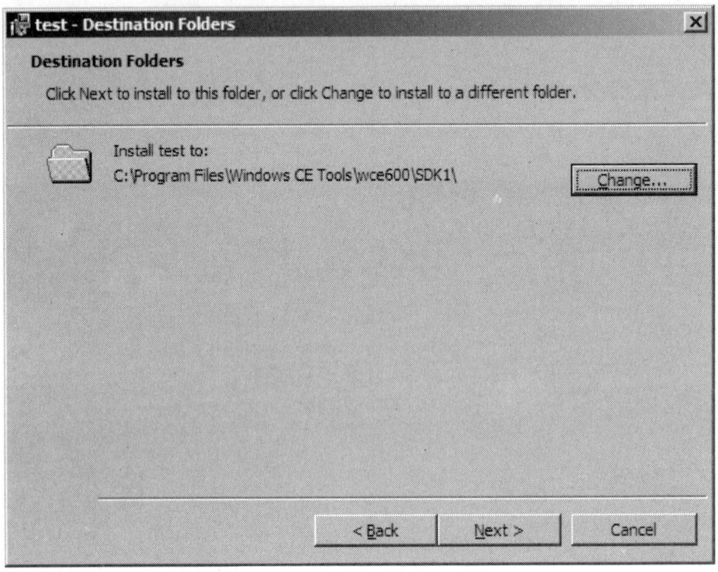

图 3-128 · 安装 SDK

（7）安装结束后，可以在相应安装目录下找到如图 3-129 所示的信息，SDK 包括相应的头文件和库文件。

3.7.2　使用 SDK 编译 Hello World

创建此 SDK 并安装后，就可以使用此 SDK 来编译应用程序了，当然，一般来讲，其他的基于 ARMV4I 的 SDK 也可以使用。

以下以 Hello World 为例来简单介绍如何使用 SDK。

（1）打开 VS2005，选择 File->New->Project 命令，弹出如图 3-130 所示的对话框。

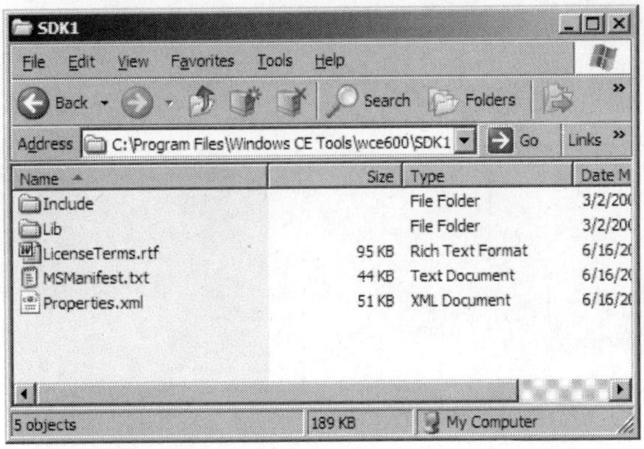

图 3-129　SDK 相应的头文件和库文件

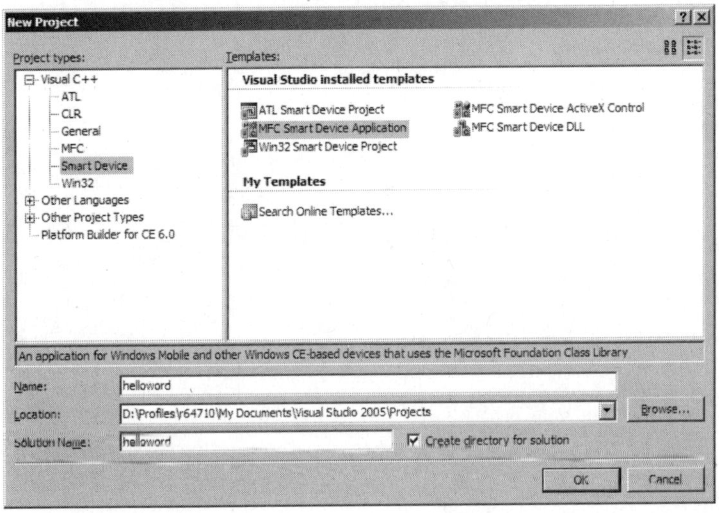

图 3-130　打开 VS2005

（2）单击 Next 按钮，如图 3-131 所示。

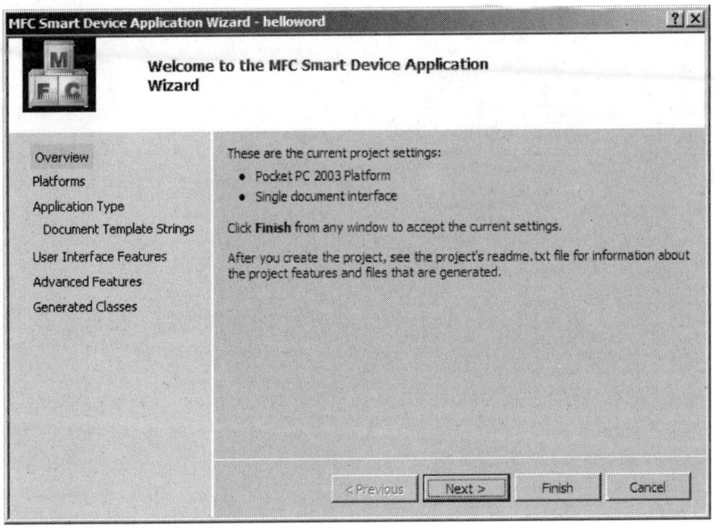

图 3-131　进入向导

（3）单击 Next 按钮，选择要使用的 SDK，将 Pocket PC 2003 移除，加入 SDK1，如图 3-132 所示。

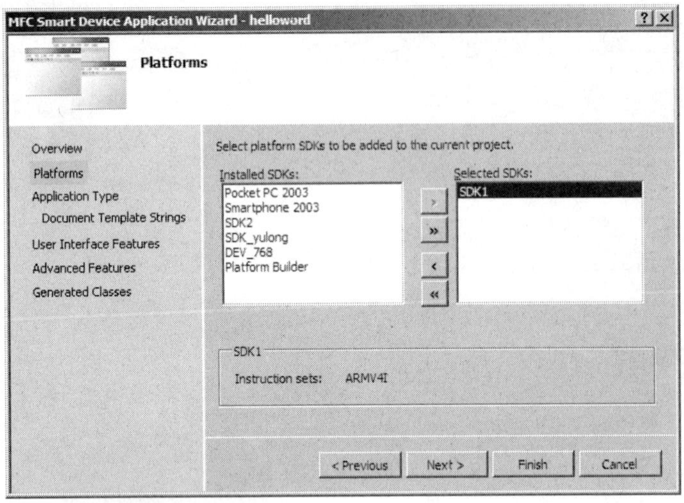

图 3-132　选择要使用的 SDK

（4）单击 Next 按钮，选择基于对话框的应用程序，如图 3-133 所示。

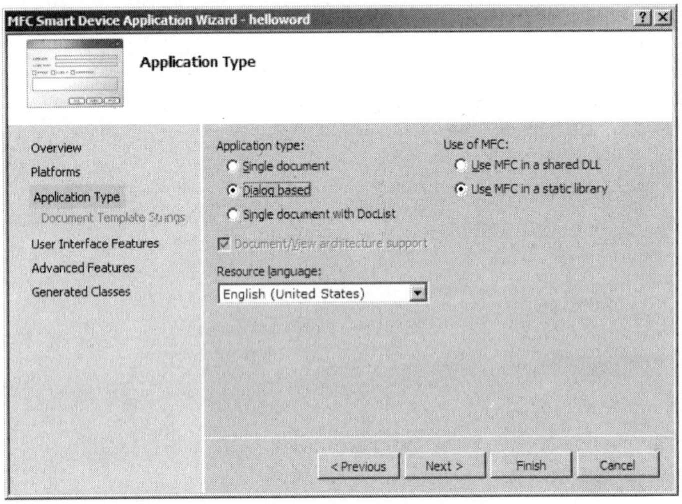

图 3-133　选择基于对话框的应用程序

（5）单击 Next 按钮，保持默认状态，不用更改，如图 3-134 所示。

（6）单击 Next 按钮，保持默认状态，不用更改，如图 3-135 所示。

（7）单击 Next 按钮，保持默认状态，不用更改，再单击 Finish 按钮，可以得到工程文件的目录结构如图 3-136 所示。

（8）双击 hellowordDlg.cpp，打开源代码，加入以下代码：

```
int WINAPI WinMain (HINSTANCE hInstance, HINSTANCE hPrevInstance, LPWSTR lpCmdLine, int nShowCmd)
{
    MessageBox(NULL, TEXT("Hello World!"), TEXT("hello"), MB_OK);
    return 0;
}
```

（9）选择 Build->Build Solution 编译此工程。

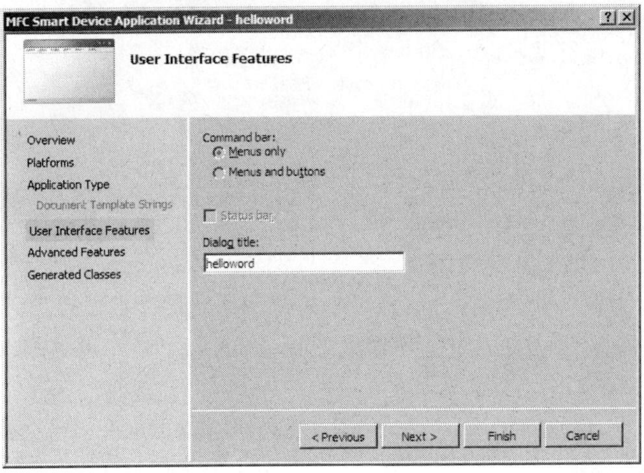

图 3-134　使用 SDK 编译

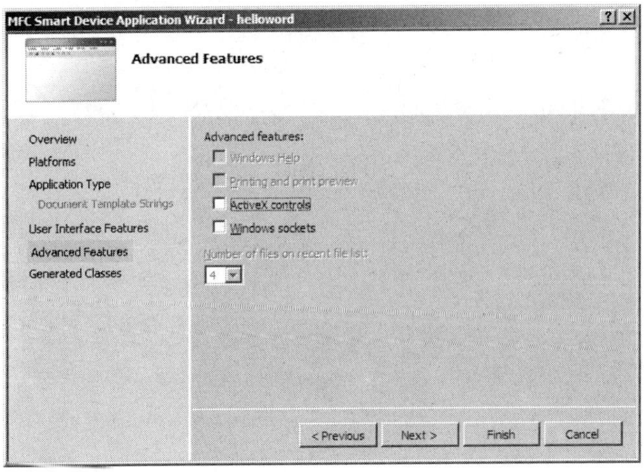

图 3-135　使用 SDK 编译

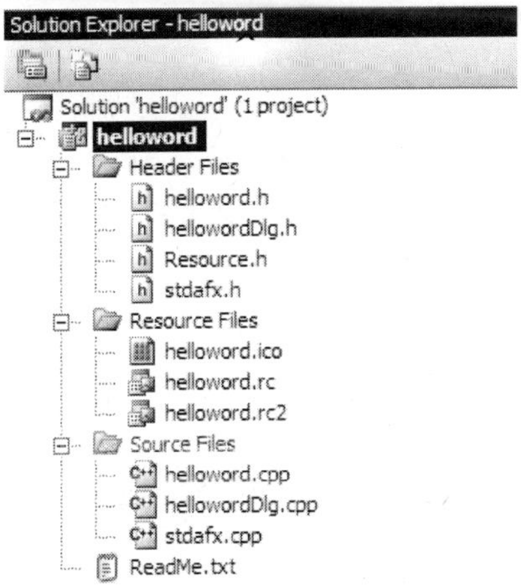

图 3-136　工程文件目录结构

（10）编译结束后将 D:\Profiles\r64710\My Documents\Visual Studio 2005\Projects\helloword\helloword\SDK1 (ARMV4I)\Debug 中的 helloword.exe 使用 ActiveSync 下载到目标板上，或拷贝到 SD 卡中，然后将 SD 卡插入到目标板启动，运行就可以看到结果了。

3.7.3 使用 PB 编译 VPU 测试代码

除了使用 VS2005 加 SDK 的方式，使用 PB 也可以直接编译。下面以 VPU 的测试代码为例。

（1）打开解决方案文件，选择 Build->Open release directory in Build windows。然后更改目录名至 D:\WINCE600 \SUPPORT_PDK1_7 \APP \VPU \DECTEST。

（2）输入“build -c”就可以编译此 VPU 测试程序。编译成功后的应用程序会自动拷贝到 D:\WINCE600 \OSDesigns \i.MX51-EVK-PDK1_7-Mobility \RelDir \Freescale_i_MX51_EVK_ARMV4I_Release 目录下。

（3）从网上下载一个高清测试片源，可以从网址 http://www.microsoft.com/windows/windowsmedia/musicandvideo/hdvideo/contentshowcase.aspx 下载 WMV 格式的高清测试片源，例如文件 Dolphins_720.wmv。

（4）Dectest 的 VPU 测试程序只能解码纯压缩文件，所以需要预先将 WMV 格式的片源抽取出视频纯压缩数据，可以使用 ffmpeg 来抽取。从网址 http://ffmpeg.arrozcru.org/builds/下载一个 ffmpeg，然后使用命令行 ffmpeg -I Dolphins_720wmv -vcodec copy Dolphins_720.rcv，就可以得到纯压缩数据。

（5）修改配置文件 D:\WINCE600\SUPPORT_PDK1_7\APP\VPU\DECTEST\ dec.cfg 如下：

```
# Configuration file for VPU application
#纯压缩数据文件名
FILENAME = \Dolphins_720.rcv
# 文件编码格式，默认为 H264 0 - MPEG4, 1 - MPEG2, 2 - H264, 3 - VC1, 4 - DIV3, 5 - MJPG
STANDARD = 3
#MPEG4 类：0(MPEG4)/1(DIVX 5.0 or higher)/2(XVID)/5(DIVX 4.0)
MP4CLASS = 0
# 是否旋转
VPUROTATION = 0
# 输出高或宽
OWIDTH = 480
#OHEIGHT = 240
# 是否在屏上显示，默认为 0，不显示
DISPLAY = 1
# 输出帧率
FRAMERATE = 30
# 是否打开 VPU dering
VPUDERING = 1;
# IPU 旋转，默认不旋转
DISPLAYROTATION = 0
```

（6）准备一个批处理文件 demo.bat，输入“decdemo dec.cfg”。然后将配置文件 dec.cfg、可执行文件 decdemo.exe、视频源文件 Dolphins_720.rcv 和批处理文件一起使用 SDcard 拷贝到板上 My device 目录下，或使用 Activesync 下载。双击 demo.bat 就可执行 decdemo.exe 并显示在屏上。

注意：

- PB 不支持 MFC，所以只能使用标准 WinCE API。

- 在 PB 下编译应用程序与编译驱动程序相同，也是需要 makefile 和 sources 文件来决定如何编译，VPU 测试程序的 sources 文件内容如下：

```
!INCLUDE "$(_TARGETPLATROOT)\sources.cmn"
!IF "$(_SOCNAME)" == "mx51"
CDEFINES=$(CDEFINES) -DI.MX51_VPU
!ENDIF
WINCEREL=1
WINCEOEM=1
RELEASETYPE = PLATFORM
TARGETNAME = decdemo
EXEENTRY = mainACRTStartup
TARGETTYPE = PROGRAM
FILE_VIEW_INCLUDES_FOLDER= \
    configfile.h \
SOURCES= \
  dectest.cpp configfile.cpp
INCLUDES= \
  $(_TARGETPLATROOT)\src\inc; \
  $(_PUBLICROOT)\common\oak\inc; \
  $(_PUBLICROOT)\common\ddk\inc; \
  $(_PUBLICROOT)\common\sdk\inc; \
  $(_PLATFORMROOT)\COMMON\SRC\INC; \
  $(_PLATFORMROOT)\COMMON\SRC\SOC\$(_COMMONSOCDIR)\INC; \
  $(_PLATFORMROOT)\COMMON\SRC\SOC\$(_SOCDIR)\INC; \
  $(_PLATFORMROOT)\COMMON\SRC\SOC\$(_SOCDIR)\VPU\INC; \
TARGETLIBS= \
  $(_SYSGENSDKROOT)\lib\$(_CPUINDPATH)\Mmtimer.lib \
  $(_SYSGENSDKROOT)\lib\$(_CPUINDPATH)\coredll.lib \
  $(_SYSGENSDKROOT)\lib\$(_CPUINDPATH)\ddraw.lib \
  $(_PLATFORMROOT)\common\lib\$(_CPUINDPATH)\vpusdk_$(_SOCDIR).lib \
  $(_SYSGENSDKROOT)\lib\$(_CPUINDPATH)\dxguid.lib \
```


3.7.4 使用 PB 编译 OpenGL ES 2.0 3D 应用程序

3.7.4.1 概述

OpenGL_ES 是 Khronos 协会从 OpenGL 裁剪定制而来的，专为手机、游戏机等嵌入式设备而设计。它的接口其实和 OpenGL 很类似。OpenGL_ES 有几个主要版本，如 OpenGL_ES_1.x 和 OpenGL_ES_2.x。

两者的特性和主要区别如下：

OpenGL_ES_1.x 为固定渲染管（Fixed_Function）而设计。子版本包括 1.0 和 1.1。1.0 从 OpenGL_1.3 裁减而来；1.1 从 OpenGL_1.5 裁减而来。1.1 向下兼容 1.0。经研究，1.1 因为更先进，而且相比 1.0 增加的特性也都很有用，所以基本上不用考虑 1.0 了。 1.1 和 1.0 的变化不算很大。

OpenGL_ES_2.x 为可编程渲染管线（Programmable）而设计。目前只有 2.0 这一个子版本，从 OpenGL_2.0 裁减而来。和 1.x 的区别是可以支持 Vertex 和 Pixel Shader，因此能够实现更多的特效。另外 2.0 就不再支持 1.x 里面的固定管线功能了，也就是说 2.x 并不向下兼容 1.x。

OpenGL ES 相对 OpenGL 删减了一切低效能的操作方式，有高性能的决不留低效能的，即只求效能不求兼容性。比如：

- 没有 double 型数据类型，但加入了高性能的定点小数数据类型。

- 没有 glBegin/glEnd/glVertex，只能用 glDrawArrays/glDraw 等。
- 没有实时将非压缩图片数据转成压缩贴图的功能，程序必须直接提供压缩好的贴图。

3.7.4.2 3D 应用程序的编译

3D 应用程序 simple_triangle_ddraw 的源代码位置在\WINCE600\SUPPORT_PDK1_7\APP\simple_triangle_ddraw 下，其 source 文件如下：

```
...
_ISVINCPATH=$(_WINCEROOT)\public\common\sdk\inc;
_OEMINCPATH=$(_WINCEROOT)\public\common\oak\inc;$(_WINCEROOT)\public\common\sdk\inc;
RELEASETYPE=PLATFORM
TARGETNAME=opengles20_triangle_test #应用程序名称
TARGETTYPE=PROGRAM #编译为 exe 应用程序
INCLUDES = \
    ..\common; \
    ..\..\..\driver\include\public; \
    $(_WINCEROOT)\public\DIRECTX\SDK\INC \#头文件包括
    $(INCLUDES) \
SOURCES= \  #源代码
    main.cpp \
SurfaceAdopter.c
#连接库需要连接 libGLESv2.lib
TARGETLIBS= \
    $(_PROJECTROOT)\cesysgen\sdk\lib\$(_CPUINDPATH)\coredll.lib \
    $(_WINCEROOT)\PLATFORM\$(_TGTPLAT)\lib\$(_TGTCPU)\$(WINCEDEBUG)\libEGL.lib \
    $(_WINCEROOT)\PLATFORM\$(_TGTPLAT)\lib\$(_TGTCPU)\$(WINCEDEBUG)\libGLESv2.lib \
    $(_PROJECTROOT)\cesysgen\sdk\lib\$(_CPUINDPATH)\ddraw.lib \
```

注意，应用程序需要包括 OpenGL ES 2.0 的头文件，头文件位置在\WINCE600\PLATFORM\i.MX51-EVK-PDK\SRC\DRIVERS\GPU\INCLUDE 下，可以将其直接拷贝到应用程序目录下，也可以修改 source 文件让编译器在编译时搜索相应目录。

（1）打开解决方案文件，选择 Build->Open release directory in Build windows。然后更改目录名至 D:\WINCE600 \SUPPORT_PDK1_7 \APP \simple_triangle_ddraw。

（2）输入"build -c"就可以编译此 3D 测试程序。编译成功后的应用程序会自动拷贝到 D:\WINCE600 \OSDesigns \i.MX51-EVK-PDK1_7-Mobility \RelDir \Freescale_i_MX51_EVK_ARMV4I_Release 目录下。

（3）将编译成功的应用程序 opengles20_triangle_test.exe 拷贝到 SD 卡上，插入到怡鼎 MX51 开发板上，或通过 ActiveSync 直接下载到板上，然后直接运行之，就可以看到 3D 程序的效果，单击则退出程序。

3.7.5 多媒体

3.7.5.1 概述

DirectShow 是微软公司提供的一套在 Windows 平台上进行流媒体处理的开发包，与 DirectX 开发包一起发布。DirectShow 为多媒体流的捕捉和回放提供了强有力的支持。运用 DirectShow，可以很方便地从支持 WDM 驱动模型的采集卡上捕获数据，并且进行相应的后期处理乃至存储到文件中。它广泛地支持各种媒体格式，包括 Asf、Mpeg、Avi、Dv、Mp3、Wave 等，使得多媒体数据的回放变得轻而易举。另外，DirectShow 还集成了 DirectX 其他部分（如 DirectDraw、

DirectSound）的技术，直接支持 DVD 的播放、视频的非线性编辑以及与数字摄像机的数据交换。更值得一提的是，DirectShow 提供的是一种开放式的开发环境，可以根据自己的需要定制自己的组件。

3.7.5.2　怡鼎 MX51 多媒体开发包

多媒体开发包的源文件、二进制文件和相关文档位置，如图 3-137 所示。

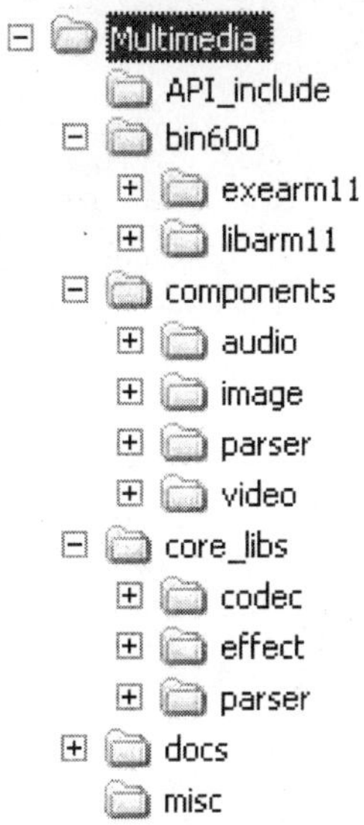

图 3-137　多媒体开发包

相关目录内容如表 3-66 所示。

表 3-66　多媒体相关开发包内容

目录	说明
API_include	DirectShow DMO 和 Filters 的全局头文件
components	包括音视频、图像和 Parser 的多媒体组件的源代码
core_libs	多媒体组件的头文件和库代码
docs	多媒体组件的 API 文档、数据手册和发布手册
misc	BSP 所需的*.reg、*.bib 文件
bin600	多媒体组件的预编译 DLL 和 EXE 文件

多媒体开发包的 Catalog Items 如图 3-138 所示。

3.7.5.3　多媒体开发包对 BSP 的相关更改

（1）在$(_WINCEROOT)\platform\<platform>\files\的 platform.reg 文件中加入了：

```
#include "$(_TARGETPLATROOT)\src\Multimedia\misc\fslmm_mx51.reg"
```

（2）在$(_WINCEROOT)\platform\<platform>\files\的 platform.bib 文件中加入了：

```
#include "$(_TARGETPLATROOT)\src\Multimedia\misc\fslmm_mx51.reg"
```

（3）在$(_WINCEROOT) \public\directx\oak\files\的 directx.bib 文件中加入了：

```
;wmadmod.dll $(_FLATRELEASEDIR)\wmadmod.dll NK SH
```

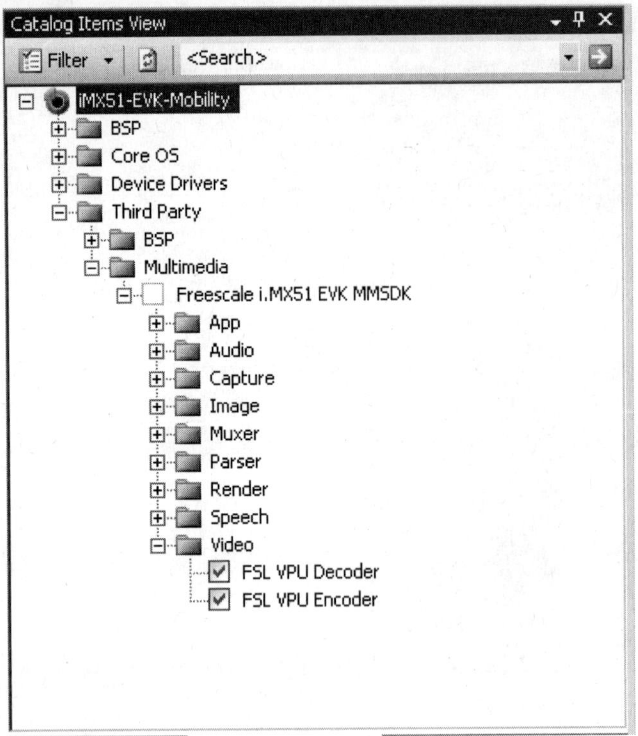

图 3-138　多媒体开发包的 Catalog Items

（4）在 Platform Builder 的 IDE 中，选择 Project -> i.MX51-EVK-Mobility-PDK1_7Properties -> Configuration Properties -> Environment 加入了：

```
Set TGTARM=arm12
Set BSP_WATERMARK=1
```


（5）在 Catalog Items 中，加入了：

- Core OS -> CEBASE -> Graphics and Multimedia Technologies -> Media -> DirectShow
- Core OS -> CEBASE -> Graphics and Multimedia Technologies -> Media -> Media Formats -> MPEG-1 Parser/Splitter
- Core OS -> CEBASE -> Graphics and Multimedia Technologies -> Media -> Media Formats -> AVI Filter
- Core OS -> CEBASE -> Graphics and Multimedia Technologies -> Media -> Audio Codecs and Renderers -> Wave/AIFF/au/snd File Parser

3.7.5.4　多媒体开发包的测试

（1）音频解码。使用 Windows CE Media Player 直接播放音频文件。

（2）视频解码。使用 Windows CE Media Player 直接播放视频文件。

（3）图像解码。双击图像文件，可以直接打开，所支持的图像文件包括：

- *.bmp：BMP 解码。
- *.gif：GIF 解码。
- *.png：PNG 解码。
- *.jpg：JPEG 解码。

也可以使用命令行解码，如下：

- BMP：fsl_bmp_img_lib_test.exe <image_file_name>
- GIF：fsl_gif_img_lib_test.exe <image_file_name>
- PNG：fsl_png_img_lib_test.exe <image_file_name>
- JPEG：fsl_jpeg_img_lib_test.exe <image_file_name>

（4）音频编译码。使用命令行操作，如下：

- MP3：fsl_mp3_enc_dmo_test.exe pcm.wav output.mp3 -b 128000 -s 44100，其中，-b 为 bps，-s 为采样率。
- WMA8：fsl_wma8_enc_dmo_test.exe pcm.wav output.wma -b 128000 -d “Freescale test music”，其中-b 为 bps，-d 为描述。

（5）PEQ 音频后处理。在播放音频时，双击图形化应用程序 fsl_peq_ppp_app_forwmp.exe，如图 3-139 所示。

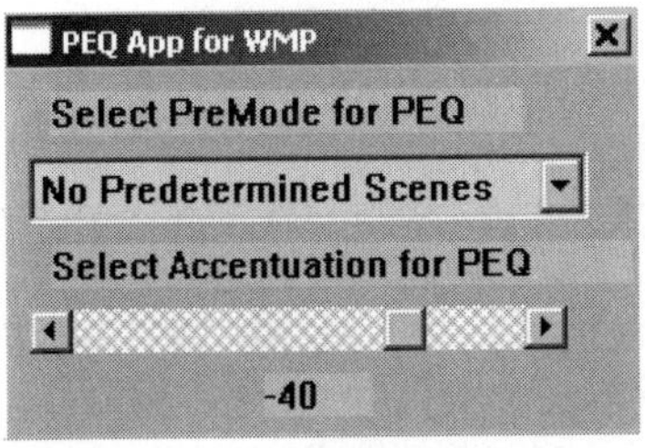

图 3-139　PEQ 音频后处理

可选择的模式如表 3-67 所示。

表 3-67　PEQ 音频后处理可选择的模式

序号	模式描述	序号	模式描述
0	无，默认	12	Lounge
1	Acoustic	13	Piano
2	Bass booster	14	Pop
3	Bass reducer	15	R&B
4	Classical	16	Rock
5	Dance	17	small speakers
6	Deep	18	spoken word
7	Electronic	19	treble booster
8	hip hop	20	treble reducer
9	Jazz	21	vocal booster
10	Latin	22	Flat
11	Loudness		

（6）视频编译测试。使用命令行 fsl_vpu_enc_dshow_testbench.exe <input file> <output file> <Encoder Configuration>，如表 3-68 所示。

表 3-68　视频编译测试

参数	描述
<width>	输入 YUV 文件的宽度
<height>	输入 YUV 文件的高度
<bitrate in kbps>	输出的码率 bit/秒，最高到 8Mbps
<target frame rate>	输出帧率 f/s，最高到 30fps
<ENCODETYPE>	输出格式：H264，Mpeg4，H263，MJPEG
<key frame interval>	

举例如下：fsl_vpu_enc_dshow_testbench.exe 480_320.yuv output.avi 480 320 800 30 H264 30

（7）数字音频编码。使用 MSFT 的音频捕获过滤器，从音频输入端将 PCM 编码为 MP3：fsl_dar_app.exe <Time in sec> <Output file> <Sample Rate> <BitRate>，参数含义如表 3-69 所示。

表 3-69　数字音频编码

参数	描述
<Time in sec>	需要记录的音频时间
<Output file >	输出 MP3 名称
<Sample Rate >	采样率，支持 32000、44100、48000
<target frame rate>	输出帧率 f/s，最高到 30fps
<BitRate>	码率，支持 32000、40000、48000、56000、64000、80000、96000、112000、128000、160000、192000、224000、256000、320000

（8）数字 A/V 编码。使用 MSFT 的音频/视频捕获过滤器，从音频输入端将 PCM 编码为 MP3，将摄像头输入编码。fsl_avi_mux_test.exe –av <Time in Sec> <Output File> <Sample Rate> <Audio BitRate><Width> <Height> <Frame Rate> <Key Frame Rate> <Video BitRate> <Video EncoderType>，参数含义如表 3-60 所示。

表 3-70　数字 A/V 编码

参数	描述
<Time in Sec>	需要记录的 A/V 时间
<Output File >	输出 AVI 文件名称
<Sample Rate >	采样率，支持 32000、44100、48000
<Audio BitRate>	码率，支持 32000、40000、48000、56000、64000、80000、96000、112000、128000、160000、192000、224000、256000、320000
<Width> <Height>	Width = 160, Height = 120(QQVGA) Width = 176, Height = 144(QCIF) Width = 320, Height = 240(QVGA) Width = 352, Height = 288(CIF) Width = 640, Height = 480(VGA) Width = 720, Height = 480(NTSC D1) Width = 720, Height = 576(PAL D1)
<Frame Rate>	视频帧率，只支持 15fps
<Key Frame Rate>	
<Video BitRate>	视频码率[64, 4096] kbps
<Video Encoder Type>	编码类型： ● 0——H264 ● 1——MPEG4 ● 2——H263 ● 3——MJPG

示例如下：fsl_avi_mux_test.exe -av 10 av_mp3_44100hz_32kbps_h264_qcif_512kbps.avi 44100 32000 176 144 15 20 512 0

3.7.5.5　多媒体开发包的水印驱动

为了让多媒体开发包能够在 i.MX51 芯片上工作，所有的编解码器都是基于水印驱动保护的，所以需要在 BSP 中集成了水印驱动。

（1）Project -> i.MX51-EVK-Mobility-PDK1_7 Properties -> Configuration Properties -> Environment 中加入：

```
Set BSP_WATERMARK=1
```

（2）在目录 D:\WINCE600\PLATFORM\i.MX51-EVK-PDK1_7\FILES 下有水印驱动的二进制文件 wmd.dll。

（3）在文件 D:\WINCE600\PLATFORM\i.MX51-EVK-PDK1_7\FILES\ platform.bib 中有：

```
; WaterMark Driver
IF BSP_WATERMARK
    wmd.dll        $(_FLATRELEASEDIR)\wmd.dll             NK   SHK
ENDIF BSP_WATERMARK
```

（4）由于水印驱动的原理是访问 i.MX 内部的寄存器地址，在访问不存在的地址时会导致访存失败，如果是编译的 debugger 版本，会从串口打印出异常消息。可以使用以下方法消除：

- 在 D:\WINCE600\PRIVATE\WINCEOS\COREOS\NK\KERNEL\ exdsptch.c 中更改如下：

```
// print exception message
static void PrintException (DWORD dwExcpId, PEXCEPTION_RECORD pExr, PCONTEXT pCtx)
{
…
    if(0xdfff0123==pExr->ExceptionCode)
    {
…
    }
    else
    {
    NKDbgPrintfW(L"Exception  '%a'  (%d):  Thread-Id=%8.8lx(pth=%8.8lx),  Proc-Id=%8.8lx(pprc=%8.8lx)  '%s',
VM-active=%8.8lx(pprc=%8.8lx) '%s'\r\n",
            GetExceptionString (dwExcpId), dwExcpId,
            dwCurThId, pCurThread,
            pActvProc->dwId, pActvProc, SafeGetProcName (pActvProc),
            pVMProc->dwId,    pVMProc,    SafeGetProcName (pVMProc)
            );
    NKDbgPrintfW(L"PC=%8.8lx(%s+0x%8.8lx) RA=%8.8lx(%s+0x%8.8lx) SP=%8.8lx, BVA=%8.8lx\r\n",
            dwPC, pszNamePC, dwOfstPC,
            dwRA, pszNameRA, dwOfstRA,
            CONTEXT_TO_STACK_POINTER (pCtx),
            pExr->ExceptionInformation[1]);
    }
}
```

- 屏蔽掉异常号 0xdfff0123。
- 重编译内核代码。

3.8　参考文献

- 飞思卡尔 i.MX51 数据手册
- 微软 WINCE 资料

4

基于 Cortex-A8 的 i.MX51 的 Android 系统移植与应用程序开发

4.1 Android 简介

Android 是 Google 开发的基于 Linux 平台的开源手机操作系统。它包括操作系统、用户界面和应用程序（移动电话工作所需的全部软件），而且不存在任何以往阻碍移动产业创新的专有权障碍。Android 采用 WebKit 浏览器引擎，具备触摸屏、高级图形显示和上网功能，用户能够在手机上查看电子邮件、搜索网址和观看视频节目等，比 iPhone 等其他手机更强调搜索功能，界面更强大，可以说是一种融入全部 Web 应用的单一平台。

首先从 Android 的系统架构开始讲解，从而了解其基本结构和特性，使读者对它能有深刻的印象。

在撰写本章节时，Android 已经发布了最新的 2.2 Froyo 版本，本章的讲解都基于 2.2。

4.1.1 Android 系统架构

Android 的系统架构和其操作系统一样，采用分层架构。从架构图（见图 4-1）看，Android 分为四个层，从高层到低层分别是应用程序层、应用程序框架层、系统运行库层和 Linux 核心层。

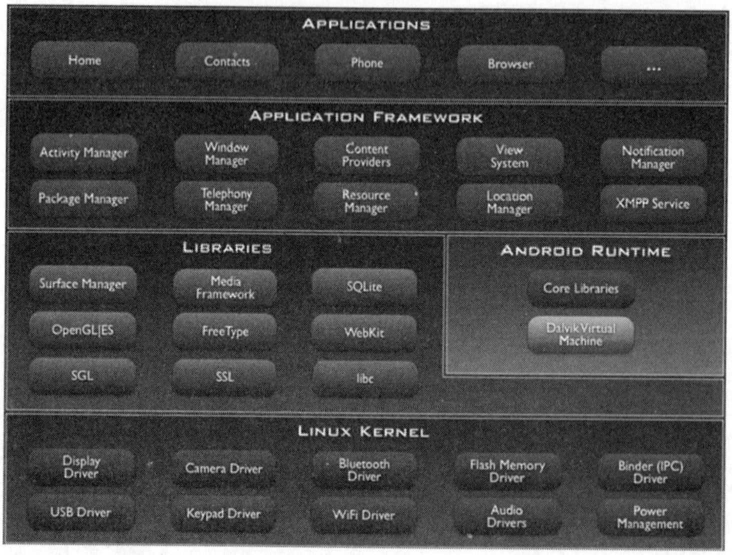

图 4-1　Android 系统架构

4.1.1.1 应用程序（Applications）

Android 会同一系列核心应用程序包一起发布，该应用程序包包括 Email 客户端、SMS 短消息程序、日历、地图、浏览器，联系人管理程序等。所有的应用程序都是使用 Java 语言编写的。

4.1.1.2 应用程序框架（Application Framework）

开发人员也可以完全访问核心应用程序所使用的 API 框架。该应用程序的架构设计简化了组件的重用；任何一个应用程序都可以发布它的功能块，并且任何其他的应用程序都可以使用其所发布的功能块（不过要遵循框架的安全性限制）。同样，该应用程序重用机制也使用户可以方便地替换程序组件。

隐藏在每个应用程序后面的是一系列的服务和系统，其中包括：

- 丰富而又可扩展的视图（Views），可以用来构建应用程序。它包括列表（lists）、网格（grids）、文本框（text boxes）、按钮（buttons），甚至可嵌入的 web 浏览器。
- 内容提供器（Content Providers）使得应用程序可以访问另一个应用程序的数据（如联系人数据库），或者共享它们自己的数据。
- 资源管理器（Resource Manager）提供非代码资源的访问，如本地字符串、图形和布局文件（layout files）。
- 通知管理器（Notification Manager）使得应用程序可以在状态栏中显示自定义的提示信息。
- 活动管理器（Activity Manager）用来管理应用程序生命周期并提供常用的导航回退功能。

有关更多的细节和怎样从头写一个应用程序，可以直接参考 4.6 节的内容。

4.1.1.3 系统运行库（Libraries & Android Runtime）

系统运行库包含以下内容：

1. 程序库（Libraries）

Android 包含一些 C/C++库，这些库能被 Android 系统中不同的组件使用。它们通过 Android 应用程序框架为开发者提供服务。以下是一些核心库。

- 系统 C 库（bionic C library）：一个从 BSD 继承来的标准 C 系统函数库（libc），它是专门为基于 Embedded Linux 的设备定制的。
- 媒体库：基于 PacketVideo OpenCORE，该库支持多种常用的音频、视频格式回放和录制，同时支持静态图像文件。编码格式包括 MPEG4、H.264、MP3、AAC、AMR、JPG、PNG。
- Surface Manager：对显示子系统的管理，并且为多个应用程序提供了 2D 和 3D 图层的无缝融合。
- LibWebCore：一个最新的 Web 浏览器引擎，支持 Android 浏览器和一个可嵌入的 Web 视图。
- SGL：底层的 2D 图形引擎。
- 3D Libraries：基于 OpenGL ES 1.0 API 实现，该库可以使用硬件 3D 加速（如果可用）或者使用高度优化的 3D 软件加速。
- FreeType：位图（bitmap）和矢量（vector）字体显示。
- SQLite：一个对于所有应用程序可用，功能强劲的轻型关系型数据库引擎。

2. Android 运行时库（Android Runtime）

Android 包括一个核心库，该核心库提供了 Java 编程语言核心库的大多数功能。每一个 Android 应用程序都在它自己的进程中运行，都拥有一个独立的 Dalvik 虚拟机实例。Dalvik 被设计成一个设备，可以同时高效地运行多个虚拟系统。 Dalvik 虚拟机执行的是 Dalvik 可执行文件（.dex），该格式文件针对小内存使用做了优化。同时虚拟机是基于寄存器的，所有的类都经由 Java 编译器编译，然后通过 SDK 中的"dx"工具转化成.dex 格式由虚拟机执行。

Dalvik 虚拟机依赖于 Linux 内核的一些功能，比如线程机制和底层内存管理机制。

4.1.1.4 Linux 内核（Linux Kernel）

Android 的核心系统服务依赖于 Linux 2.6 内核，如安全性、内存管理、进程管理、网络协议栈和驱动模型。 Linux 内核也同时作为硬件和软件栈之间的抽象层。

4.1.2 Android 核心组件

下面介绍一些 Android 应用程序框架及系统运行时库和程序库中的核心组件。由于它们很复杂，本章只能做简略介绍，有兴趣的读者可以分析源代码以对它们有更加深入的了解。

4.1.2.1 Surface Manager（SurfaceFlinger）

Android 的图形显示系统比较复杂，这里对基本架构及结合上层图形渲染和下层硬件显示的 Surface Manager 服务组件做简单介绍。首先介绍一些接下来会涉及到的基本概念，以及 Android 图形系统的架构。

1. 基本概念

（1）SKIA。Skia（Skia Graphic Library）是为嵌入式设备，如手持、移动电话等提供先进的二维图形渲染功能的引擎。Skia 的功能与现有的 2D 标准兼容，非常适合作为 SVG、PDF 及 OpenVG 的标准接口的实现库。它可以被授权作为开放源代码或只发布二进制文件，并且可以定制以满足特定的硬件的要求。它不仅用于在 Android 上做 2D 绘图处理，而且是 Google Chrome 的图形引擎。Skia 公司被 Google 收购后，它才被开源。

（2）OpenGL ES。OpenGL ES（OpenGL for Embedded Systems）是 OpenGL 三维图形 API 的子集，针对手机、PDA 和游戏主机等嵌入式设备而设计。OpenGL ES 是从 OpenGL 裁减定制而来的，去除了 glBegin/glEnd、四边形（GL_QUADS）、多边形（GL_POLYGONS）复杂图元等许多非绝对必要的特性。

（3）Surface。每个 Android 的应用程序都可能对应着一个或多个图形界面（Window），而每个窗口都绑定着一个 Surface。可以将 Surface 理解为存储 Window 界面及绘制内容的容器。它记录着应用程序界面的位置、大小及层叠位置（Z 轴坐标），并利用内存缓存（buffer）来保存需要显示的内容。每个 Surface 通常对应两个 buffer，一个称为前景（front）buffer，一个称为背景（back）buffer。应用程序对于 Surface 的绘图，总是在背景 buffer 上进行，背景准备好后，切换到前景，进行显示。此时之前的前景 buffer 则切换成背景 buffer，供当前绘制使用。

（4）Framebuffer。Linux 图形设备子系统，为各种显示设备提供统一的应用层接口。

2. Android 图形系统架构

图 4-2 描述了 Android 图形显示系统架构，自上而下是各个图形显示系统模块。最上层的应用程序通过调用 Android SDK 中封装好的视图（View）、控件（Widget）以及画板（Canvas）等类绘制 2D 应用，通过 GLSurfaceView 类来调用 Android OpenGL/ES 接口来绘制 3D 应用。2D 的绘制请求在 View 类之下由 Skia 引擎在 Surface 的 buffer 中绘制，而 3D 应用则通过 OpenGL 实现，也写入到 Surface 中。系统中将所有 Surface 的层次混合成图形设备上最终看到的界面，是由 SurfaceFlinger 来完成的。SurfaceFlinger 将混合后的最终显示图形缓存利用 OpenGL 交给 Linux 底层的图形设备驱动 Framebuffer 显示。

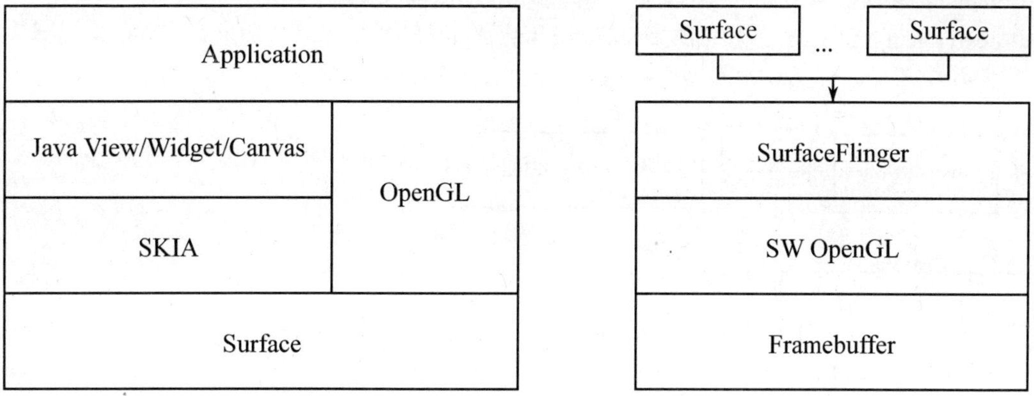

图 4-2 Android 图形显示系统架构

（5）SurfaceFlinger。SurfaceFlinger 是 Android 显示系统的核心服务组件，SurfaceFlinger 将所有需要更新的 Surface，按照 Z 轴的层叠，由底部到顶部的顺序进行混合（composite/merge）。并将混合之后的内容输出到自己的缓存中。最后将该缓存交给显示设备（如 Framebuffer）。SurfaceFlinger 对所有 Surface 的混合是通过计算得到每一个 Surface 的可见区域，就是在屏幕上可见的窗口区域；然后将各个窗口的可见区域画到自身的主缓存上，最后绘制出一个完整的屏幕。在将各个窗口可见区域绘制到自身的主缓存的过程中，如果是软件实现，则通过 Android OpenGL 的软件实现重新画图，其中包括可能的叠层 alpha 计算；如果实现了 copyblt 硬件加速，则可以直接将窗口的数据利用 2D 加速器复制到主缓存上，并利用它完成旋转、翻转以及 alhpa 计算等过程。

SurfaceFlinger 服务启动后将创建一个监听线程，该线程阻塞等待客户端的事件（例如进行 Surface 刷新、窗口位置大小的改变）。一旦有 Surface 客户端发出请求，该线程会接收事件并处理之，而后继续等待下一个事件。应用程序创建 Surface 后，它必须先调用相应的函数去锁定该 Surface，并获得存放绘图内容的 buffer 后才可以在上面进行绘制。绘制完成后，应用程序也必须调用相应的函数对该 Surface 解锁，并通知 SurfaceFlinger 进行刷新。

SurfaceFlinger 的服务线程的处理流程如图 4-3 所示，下面详解该线程的各处理过程。

- handleConsoleEvents：当接收到事件后，线程开始对客户端的请求进行处理。如果有对应 console 的请求，则调用 handleConsoleEvents，来处理获取或释放 Linux 虚拟控制台的控制权的请求（在 LCD 屏幕被关闭/开启的情况下），并且标志当前显示硬件是否可以绘制，如果不能绘制，则该线程调用完 handlePageFlip 后直接返回到循环头部，等待事件。
- handleTransaction：该过程处理窗口状态的改变，及可能造成的所有窗口可见区域的变化，所以这里必须重新计算窗口的可见区域。在此过程中 SurfaceFlinger 会根据标志位对所有 Surface 进行遍历，找出状态变化的所有窗口。在处理完所有 Surface 后，该过程还会处理主缓存的状态变化，如加速度传感器导致的屏幕方向变化。
- handlePageFlip：该过程会处理每个窗口（Surface）的前景与背景 buffer 的切换。从 Z 轴最上层（最顶层）的 Surface 开始计算，对于每个 Surface 去掉自身的透明区域和覆盖在它上面的不透明区域，得到有效可见区域。将可视区域和覆盖在其上的覆盖区域做交集，得到有效覆盖区域。然后根据有效可见区域、覆盖区域和上一次做翻转的这个两个区域计算出刷新区域。得到每个 Surface 的刷新区域后，保存在各自的结构中。

● handleRepaint：该过程将 SurfaceFlinger 真正混合，并完成写入其主背景 buffer 的操作。
● postFramebuffer：该过程最后将 SurfaceFlinger 自身的背景 buffer 切换到前景，将待刷新的内容写入 Framebuffer 设备驱动。

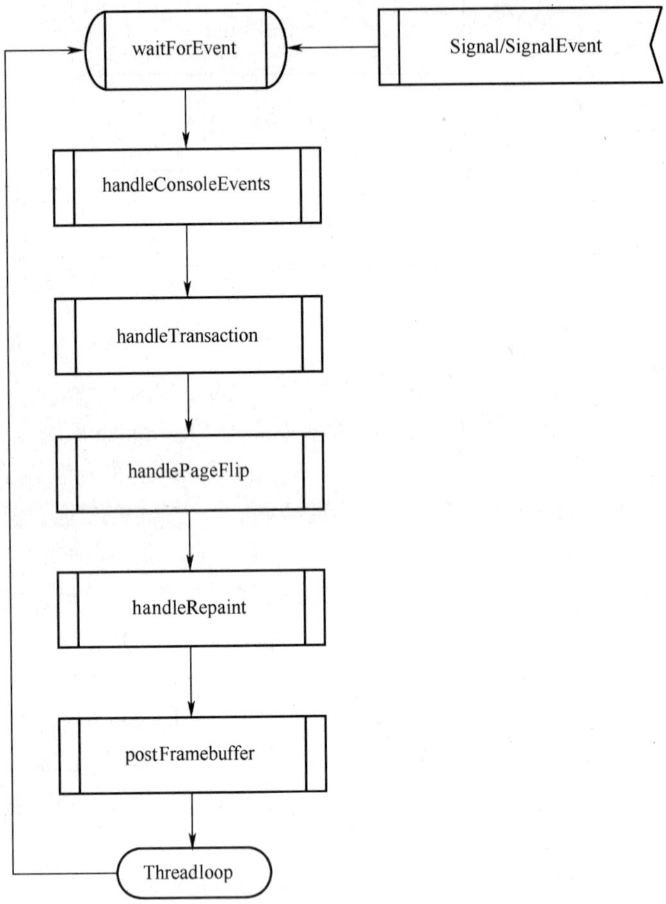

图 4-3　SurfaceFlinger 服务流程

4.1.2.2　Bionic C Library

由于 GNU Libc 的内核在体积和运行效率上不适合移动设备，并且 glibc 使用 GPL License，使其不太适合用在闭源的商用软件上，因此 Android 并未使用 glibc 做为标准 C 库，而是自己开发了新的 Bionic Libc。Bionic Libc 缩小了二进制的体积，裁减并扩展了标准 C 库，同时针对 Java Dalvik VM 做了性能优化。与 GNU Libc 相比，Bionic Libc 有如下特点：

● 体积小，大约为 200KB 左右，是 glibc 大小的一半，运行速度比 glibc 快。
● 采用 BSD License，而没有使用 glibc 的 GPL License。
● 实现了更小、更快的 pthread 线程库。
● 增强了 libc，提供了如 'getprop'、'log'等环境变量，日志的实现。
● 没有实现完整的 POSIX 标准，例如 C++ Exceptions、Wide Chars 等。

4.1.2.3　Media Framework

Android 多媒体系统由 Media Server、Surface/Audio Flinger 组成，基本框架如图 4-4 所示。

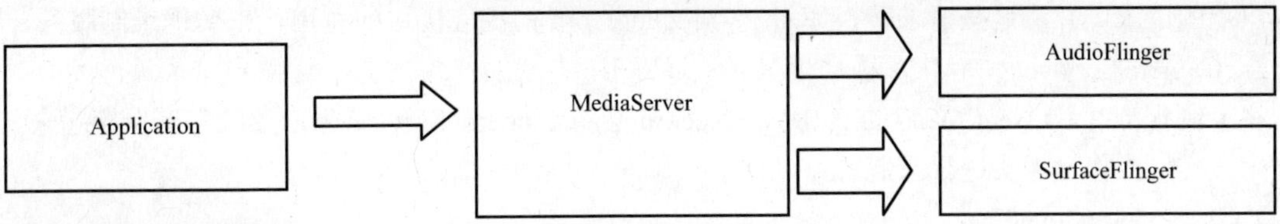

图 4-4　多媒体结构图

应用程序通过调用 Media Server 来获取多媒体服务，Media Server 则通过 SurfaceFlinger 来显示 Video，通过 AudioFlinger 来播放和录取声音。在 Media Server 内部，提供 Player、Recorder、Camera 这三个服务。Media Server 内部结构如图 4-5 所示。

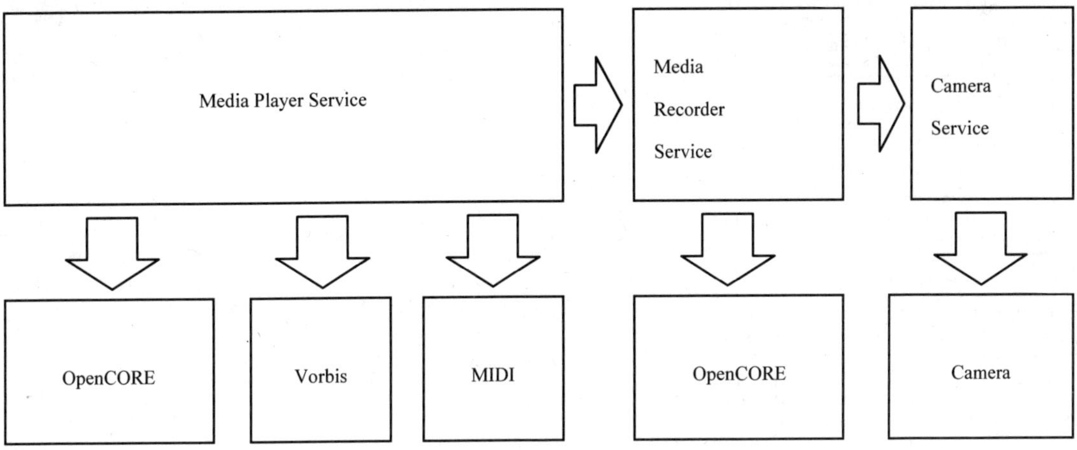

图 4-5　Android 多媒体服务器

1. Media Player Service

Media Player Service 会根据不同的多媒体类型提供相应的播放器。目前有三种播放器类型。

（1）PVPlayer。PVPlayer 是基于 PacketVideo 公司为 Android 提供的一套多媒体框架及其相关的组件（包括音频、视频编解码器，文件格式解析及抓录，流媒体组件等）实现的播放器。该系列组件的集合统称为 OpenCORE 多媒体框架。该框架为 Android 多媒体的核心，在接下来的章节会介绍。

（2）Ogg Vorbis。Ogg Vorbis 是一种开源且无专利限制的音频压缩格式，并作为之前数字化音频编码（如 MP3、VQF 和 AAC）的替代品发展起来。Vorbis 文件（扩展名为.ogg）压缩得比 MP3 更小，这就降低了对带宽和存储的要求。Media Player Server 提供了 Ogg Vorbis 音频格式的解码播放器 VorbisPlayer。

（3）MIDI。MIDI 是乐器数字接口（Musical Instrument Digital Interface）的简称，是一个工业标准的电子通信协议，为电子乐器等演奏设备定义各种音符或弹奏码，容许电子乐器、计算机或其他的演奏配备，彼此连接、调节和同步，可以即时交换演奏数据。许多音乐的文件格式都基于 MIDI 字节数据流。这些格式可以说就是电子乐器在看的电子乐谱。Media Player Server 提供了支持 MIDI 文件的播放器。

2. Media Recorder Service

Media Recorder Service 利用 OpenCORE 中的 PVMediaRecord 实现来录制。该 Service 通过接

收客户端的请求，并将这些请求转换成对 PVMediaRecord 的相应接口的调用，来实现录制服务。

3. Camera Service

在录制视频时，OpenCORE 的 PVMediaRecord 会将 Camera Service 客户端的实例保存起来，并使用该实例操作摄像头进行录制。

4.1.2.4 OpenCORE

OpenCORE 是 Android 多媒体的核心，是基于 PacketVideo CORE 设计的多媒体框架，它为多媒体设备的开发提供大量功能。它包括播放多媒体、流媒体文件、通信、录制视频图像的软件包。利用 OpenCORE，开发者可以在设备上支持音乐播放、视频创建与播放、视频电话、podcast 服务、实时流媒体等应用。它的整体架构如图 4-6 所示。

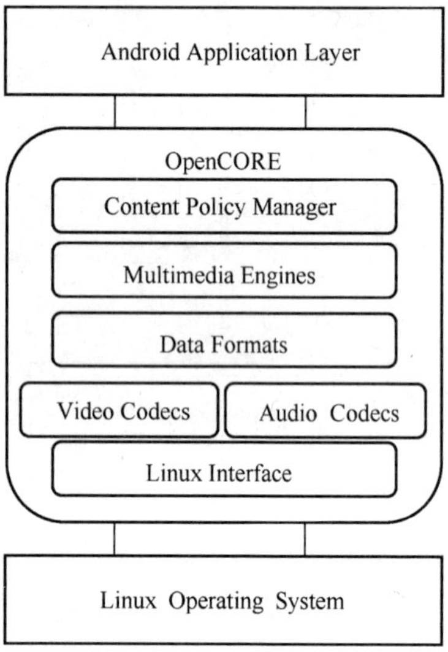

图 4-6 OpenCORE 架构

OpenCORE 框架实现包含的内容为：

1. 承载码流的文件格式解析器（Container Formats）

OpenCORE 支持以下容器文件的格式：

- MPEG4（Audio+Video，支持解析器和组装器）
- 3GPP（Audio+Video，支持解析器和组装器）
- 3GPP2（Audio+Video，支持解析器）
- MP3（Audio，支持解析器）
- ACC（Audio，支持解析器和组装器）
- AMR（Audio，支持解析器和组装器）
- WAV（Audio，支持解析器）

2. 网络协议（Network Protocols）

OpenCORE 支持以下网络流媒体格式：

- 3GPP RTSP (RTP UDP)
- RTSP-T (RTP TCP)
- Shoutcast

OpenCORE 还支持渐进式流媒体文件的下载和播放。在渐进下载模式下，流媒体可以通过 HTTP 协议从远程服务器上下载到本地，在下载的同时，可以在后台播放。OpenCORE 能够处理的流媒体文件容器格式可以参见 Container Formats 一节。渐进式播放类似下载，不同之处在于，流媒体文件并不会被整个下载到客户端，而只有需要的一部分文件内容缓存在设备上。

3. 编解码器（Codecs）

OpenCORE 实现了 OpenMAX 整合层（Intergration Layer IL），并利用该标准来整合编解码器。OpenMAX 是一个多媒体应用程序的框架标准，由 NVIDIA 公司和 Khronos 在 2006 年推出。OpenMAX IL 技术规格定义了媒体组件接口，以便在嵌入式器件的流媒体框架中快速集成加速式编解码器。OpenCORE 提供了自己和 OpenMAX IL 1.1 接口相兼容的软件编解码器。第三方也可以提供硬件加速的编解码实现，并且在运行时决定加载软件还是硬件编解码器。

OpenCORE 支持的软件编解码器如下：

- 解码器（decoder）：H.263、MPEG-4、AVC/H.264、MP3、AAC、AMR-NB、AMR-WB。
- 编码器（encoder）：H.263、MPEG-4、AVC/H.264、AMR-NB。

4. 多媒体引擎（Engines）

OpenCORE 支持四种引擎。

- AUTHOR：该引擎支持录制视频和音频。
- 2-WAY：该引擎支持一个 2-way 的子系统，提供创建、配置和控制视频电话会话的能力。该引擎能够拨打 3G-324M 标准的视频电话。
- 帧及元数据工具（FMU）：该引擎提供数据帧及元数据工具，以支持从批量的媒体文件中获取它们的元数据和缩略图信息。FMU 可以获取 DRM 保护的元数据。FMU 使用内容策略管理器（CPM）来解开 DRM 保护的元数据。FMU 支持动态加载解析库以减少内存开销。
- PV 元数据引擎（PVME）：该引擎支持从媒体文件中获取元数据，但和 FMU 不同的是，不支持获取缩略图信息。它被用于快速处理的大块数据内容的场景。PVME 可以获取 DRM 保护的元数据。它使用内容策略管理器（CPM）来解开 DRM 保护的元数据。PVMF 支持动态加载解析库以减少内存开销。

5. 高级功能（Advanced Capabilities）

OpenCORE 除了支持打开、播放、暂停、停止和查询功能外，还有以下高级功能：快进（Fast Forward），快退（Fast Rewind），慢放（Slow Motion Forward），慢退（Slow Motion Backwards），步进（Frame Stepping Forward），步退（Frame Stepping Backwards）。

6. 内容策略管理器（Content Policy Manager）

OpenCORE 支持内容策略管理器（CPM），它提供一套框架以控制和执行内容使用规则。CPM 在消费者和内容提供者（管理者）之间提供一个交互的接口，来建立起他们之间的联系（身份认证）、授权内容的使用以及提供内容访问方式。

OpenCORE 多媒体框架在 Android 中的实现主要由四部分组成，从最接近 Linux 系统底层的组件开始依次为：

- OSCL：Operating System Compatibility Library（操作系统兼容库），包含一些操作系统底层的操作，为了更好地在不同操作系统移植，包含基本数据类型、配置、字符串工具、IO、错误处理、线程等内容，类似一个基础的 C++库。
- PVMF：PacketVideo Multimedia Framework（PV 多媒体框架），在框架内实现一个文件解

析（parser）和组成（composer）、编解码的 NODE，也可以继承其通用的接口，在用户层实现一些 NODE。

- PVPlayer Engine：PVPlayer 引擎。提供媒体播放器的功能，完成各种音频（Audio）、视频（Video）流的回放（Playback）功能。
- PVAuthor Engine：PVAuthor 引擎。提供媒体流记录的功能，完成各种音频（Audio）、视频（Video）流以及静态图像的捕获功能。

4.1.2.5 Dalvik VM

Dalvik 虚拟机是 Android 平台的一个主要部分。虚拟机可运行 Java 平台应用程序，这些应用程序被转换成紧凑的 Dalvik 可执行格式（.dex），该格式适合内存和处理器速度受限的系统。

与大多数虚拟机和真正的 Java 虚拟机不同，前者是栈机（stack machine），而 Dalvik VM 是基于寄存器的架构。这两种实现方法的相对优势取决于所选择的解释/编译策略。但是，总的来说，基于 stack 的机器必须使用指令来载入 stack 上的数据，或使用指令来操纵数据，因此与基于寄存器的机器相比，需要的指令更多。然而，在寄存器的指令中必须编码源和目的地寄存器，因此往往指令更大。

Android 使用 dx 的工具来转换 Java 的.class 文件到.dex 格式。多个类文件可包含到单个的.dex 文件中。重复的、可用于多个类的字符串和其他常量在转换到.dex 格式时输出到保留空间。Java 字节码还可转换成可选择的、Dalvik VM 使用的指令集。一个未压缩的.dex 文件在文件大小方面往往比从同样的.class 文件压缩成的.jar 文件更小。

当 Dalvik 可执行文件安装到移动设备时，它们是可以修改的。为了进一步优化，在某些数据、简单数据结构和内联的函数库中的字节顺序可以互换，例如空类对象被短路。

为满足低内存要求而不断优化，Dalvik 虚拟机有一些独特的、有别于其他标准虚拟机的特征。

（1）虚拟机很小，使用的空间也小。

（2）Dalvik 没有 JIT 编译器。

（3）常量池已被修改为只使用 32 位的索引，以简化解释器。

（4）使用自己的字节码，而非 Java 字节码。

此外，Dalvik 被设计用来满足可高效运行多种虚拟机实例。

4.1.2.6 WebKit

Android 使用的默认浏览器是 Chrome Lite，其核心就是 WebKit。它是开源的 Web 浏览器引擎，苹果的 Safari、谷歌的 Chrome 浏览器都是基于这个框架开发的。WebKit 还支持其他移动设备和手机，包括 iPhone 都是使用 WebKit 作为浏览器的核心。

WebKit 是一个开源项目，其起源可追溯到 K Desktop Environment（KDE）。WebKit 项目催生了面向移动设备的现代 Web 应用程序。虽然设备本身的能力和形态因素都相当重要，但移动用户最热衷的仍然是内容。如果移动用户可用的内容只是 Internet 用户可用内容的一个很小的子集，那么用户体验充其量也只能划分为二等。

WebKit 还应用在桌面的 Safari 浏览器内，该浏览器是 Mac OS X 平台默认的浏览器。不管我们讨论的是桌面版本还是 iPhone 或 Android 上的浏览器引擎，WebKit 均优先支持 HTML 和 CSS 特性。实际上，WebKit 还支持尚未被其他浏览器采纳的一些 CSS 样式，这些特性正在得到 HTML5 规范的考虑。

HTML5 规范是一个技术草案集，涵盖了各种基于浏览器的技术，包括客户端 SQL 存储、转变、转型、转换等。HTML5 的出现已经有些时间了，虽然尚未完成，但是一旦其特性集因主要浏览器平台支持的加入而逐渐稳定后，Web 应用程序的简陋开端将成为永久的记忆。Web 应用程序开发将成为主导——并且不只是在传统的桌面浏览器空间，还将在移动领域中。移动将一跃成为首要考虑，而不再是后备之选。

4.1.3 Android 应用程序基础

Android 应用程序是用 Java 编程语言编写的。编译好的 Java 代码与其所有需要使用的数据和资源文件一起，被一个名为 aapt 的打包程序打包成一个后缀为.apk 的归档文件。此归档文件是用来发布应用程序及用户在移动设备上下载和安装应用程序的媒介。.apk 文件中的所有代码被称为一个应用程序。从很多方面来讲，每一个 Android 应用程序都运行在自己的空间里。

- 默认情况下，每个程序运行在其自己的 Linux 进程中。应用程序的任何代码需要被执行时，系统会启动该进程。应用不再使用或系统资源被其他应用程序请求时则关闭这个进程。
- 每一个进程都有自己的 Java 虚拟机运行环境（VM），一个应用程序的代码运行时同其他程序代码分开，不受任何其他程序的代码的影响。
- 默认情况下，每个应用程序拥有一个独自的 Linux 用户 ID。一个应用程序的文件在权限保护下，只有该用户可见（当然，也有方法将它们导出给其他应用程序）。

两个应用程序同时拥有同一个用户 ID 是可能的，这样，它们的文件可以共享。为了节省系统资源，拥有相同 ID 的程序可以作为同一个 Linux 进程运行，分享同一个虚拟机。

4.1.3.1 应用程序组件

Android 的核心功能是应用程序可以使用其他应用程序的元素（在提供者应用程序允许的情况下）。例如，如果你的应用程序想要显示一系列带有滑动效果的图片，而某个应用程序正巧开发出了合适的模块，并且同意共享，就可以调用该滑动模块处理图片显示，而不是自己再去开发一个这样的模块。你的应用程序并没有包含或链接到其他的应用程序的代码。然后只要发出请求，应用程序便可以简单地使用其他程序的功能。

为了实现这个目标，系统必须可以在应用程序的某个部分功能被请求时启动这个程序的进程，并且创建 Java 对象实例。因此和其他操作系统的应用程序不同，Android 的应用程序没有单一的应用程序入口（例如没有 main()函数）。Android 应用程序含有当系统需要时创建实例的实质性组件。这些组件有以下五种：

1. *活动*（Activities）

活动为需要用户关注和确认的部分展示相应的用户界面。例如，活动会显示一个用户可选的菜单项的列表，或显示带有标签的照片。一个短消息应用程序可能有一个显示发送者联系人的列表，以及一个为选定的联系人撰写消息的活动，还有例如回看旧消息或改变设置的活动。虽然它们在一起组成了一个关联的用户界面，但是每一个活动都是相对独立的。每一个都作为 Activity 基类的一个子类来实现。

一个应用程序可能只有一个活动，或者像上面提到的短消息程序一样含有几个活动。有几个活动，这些活动是什么，有多少取决于应用程序的设计。最典型的设计是将一个活动作为第一个活动，应用程序被加载时呈现给用户。然后通过当前活动触发下一个活动。

每一个活动提供了一个用以绘制的默认窗口。典型的，窗口是全屏的，它也可能比屏幕小，且覆盖在其他窗口上。一个活动可以使用多个窗口 ——例如，在窗口中间显示一个需要用户响应的弹出窗口，或者用户在屏幕上选择一个特定项目时，显示重要信息的窗口。

窗口的可见内容由一组视图层提供（从 View 基类派生的对象）。每个视图控制着窗口中的一块矩形区域。父视图包含且组织着子视图的布局。底层视图绘制它们管理的矩形区域，并响应在该区域的动作。就是说，视图就是活动和用户交互的地方。例如，一个视图显示一个小图片，用户点击该小图片后，触发动作。 Android 有很多已实现的视图供用户使用，包括按钮、文本输入框、滚动条、菜单项、多选列表等。

2. 服务（Services）

服务没有可见的用户界面，但是可以在后台运行任意长的时间。例如，一个服务可以在用户转向其他工作后仍在后台播放音乐，或从网上下载数据，或计算什么，然后在活动需要的时候提供给活动。服务是从 Service 基类继承来的。

一个典型服务的例子就是从列表中播放音乐的媒体播放器。播放器程序可能会有一个或多个允许用户选择播放音乐的活动。但是音乐的回放过程本身不会在一个活动里进行，因为用户希望在退出播放器界面后音乐还能继续播放。为了使音乐在后台继续播放，播放器活动可以启动一个服务在后台运行。即使启动这个服务的活动退出，音乐播放服务也能继续运行。

可以连接到（绑定到）一个正在运行的服务（如果服务尚未运行，就启动这个服务）。连接后，就可以通过服务提供的接口与其进行通信。对于音乐播放服务来讲，它可能提供播放、暂停、回退、停止、重播等操作的接口。

与活动和其他组件类似，服务运行在进程的主线程中。这样它们就不会阻塞其他组件或用户界面，它们通常是运行一个子线程来进行耗时的任务（例如音乐播放）。

3. 广播接收（Broadcast receivers）

广播接收者只接受广播并对其做出反应。大多数的广播是由系统代码发出的——例如，时区变化、低电量、拍照，或者用户改变语言设定。应用程序也可以发出广播——例如通知其他应用程序数据下载完成，可以使用了。

应用程序可以有任意数量的广播接收器对任意其认为重要的广播进行响应。所有的广播接收器均由 BroadcastReceiver 基类衍生。

广播接收器不显示用户界面。但是它可以启动一个活动来对接收到的信息进行响应或者通知警告用户。通知（Notification）可以以各种方式引起用户注意——使背景灯闪烁，使设备振动，播放声音等。它们通常在状态条上显示一个永久的图标，用户可以拉下状态条获得通知。

4. 内容提供者（Content providers）

内容提供者提供可被其他程序使用的特定的数据。数据可以存储在文件系统中、SQLite 数据库中或其他任何可用的介质中。内容提供者由 ContentProvider 基类派生，实现了一系列的方法使其他程序获取和存储该数据。但是应用程序不会直接调用这些方法，而是使用 ContentResolver 对象，调用这个对象的方法。ContentResolver 能与任何内容提供者通信，它与提供者合作来管理所有涉及到的进程间通信。

在任何时候，应用程序对某个组件提出操作请求，Android 都会确认该组件是否正在运行，如果没有在运行，则启动它。如果正在运行，则检测是否有类需要实例化，如未实例化，则为类创建实例。

5. 意图（intent）

内容提供者从 ContentResolver 那里得到请求后，将会被激活。另外的三种组件——活动，服务、广播接收器则是靠 intent（意图）的异步消息来激活。意图是承载了这种异步消息内容的对象。对于活动和服务，它用来给请求命名，并指定操作此数据的 URI。例如，它可能携带让某个活动为用户展现一张图片或者让用户编辑文本的请求。对广播接收器，Intent 对象为将要广播的内容命名。例如，它可能会向有兴趣的接收器发布照相键被按下的广播。

4.1.3.2　活动的生命周期

1．活动的状态

Android 应用程序的每个活动在存活期间都会处于如图 4-7 所示的几种状态之一。

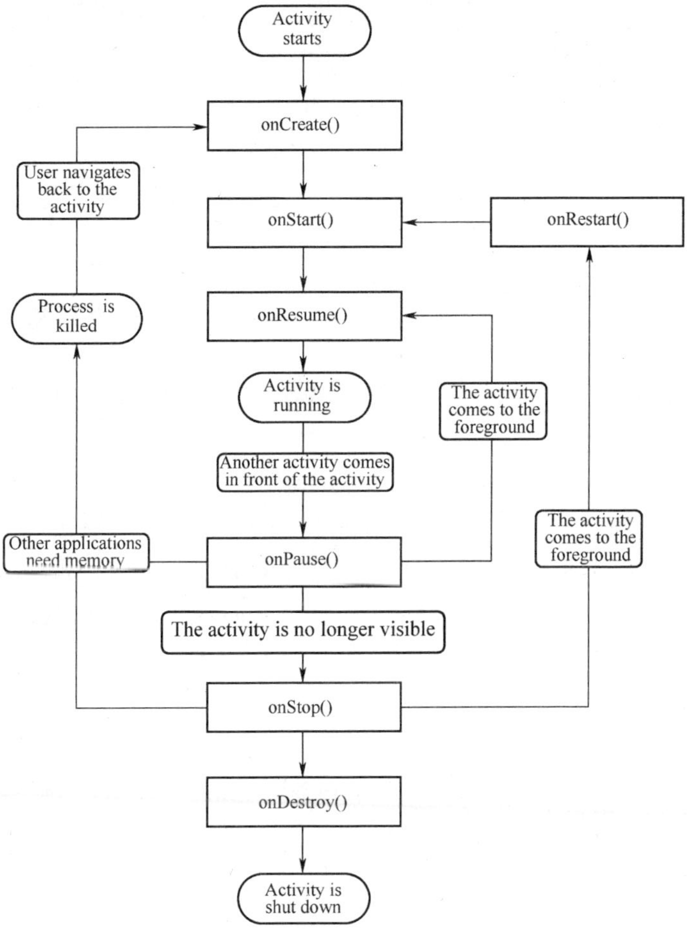

图 4-7　Android 应用程序活动生命周期

活动本质上有三个状态：

- 当活动在前台时（在当前任务的活动栈的栈顶）是激活或者运行的。该活动处于运行状态并且响应用户操作。
- 当活动失去用户焦点，但依然可见时，它处于暂停状态。就是说，另一个透明或不覆盖整个屏幕的活动覆盖在该活动之上，因此一部分暂停的活动界面还是可以显示出来。暂停的活动依然是活着的（它保持着所有的状态和成员信息并且保持着和窗口管理器的联系），但会在系统内存资源极度缺乏的情况下被强制关闭。

- 当一个活动被另一个活动完全覆盖时，则处于停止状态。停止的活动保留着所有的状态和成员信息。但是，因为处于不可见的状态，它的窗口被隐藏了起来，并且在系统内存资源极度缺乏的状况下会被强制关闭。
- 如果一个活动处于暂停或停止状态，系统会强制其完成工作并退出或简单地结束其所在进程来释放内存。当它再次启动时，它必须重新启动并恢复到之前的状态。

应用程序处于哪个状态是由系统管理并控制着的。但是系统会通过以下方法，在状态改变时通知活动：

```
void onCreate(Bundle savedInstanceState)
void onStart()
void onRestart()
void onResume()
void onPause()
void onStop()
void onDestroy()
```

所有这些方法都是挂钩的，可以重写状态变化时的动作。所有活动都必须实现 onCreate()，从而在对象第一次实例化后进行初始化设置。许多活动还需要实现 onPause() 来确认数据变化或者用来准备停止与用户的交互。

总的来说，这 7 种方法定义了活动的整个生命周期。有三种嵌套循环，可以对生命周期的这几个状态进行监控：

- 从调用 onCreate()开始，一直到调用 onDestroy()结束，活动在 onCreate()中进行所有全局状态的初始化，在 onDestroy()中释放所占用的资源。例如，一个活动启动了在后台从网络下载数据的线程，活动可能会使用 onCreate()创建线程，使用 onDestroy()停止线程。
- 活动的可见生命周期是 onStart()和对应的 onStop()调用之间的时间。在该期间，用户可以在屏幕上看到这个活动，即便该活动可能不在前台，没有和用户进行交互。在这两个方法调用之间，可以维护呈现给用户的资源。例如，可以在 onStart()中注册一个 BroadcastReceiver 来监控界面的变化，然后在用户不可见时在 onStop()中注销它。活动在可见和隐藏状态的切换过程中，onStart()和 onStop()会被调用多次。
- 活动的前台生命周期是 onResume()和对应的 onPause()调用之间的时间。在该期间，活动处在其他活动之上，并和用户进行交互。活动可以在暂停和继续之间多次切换——例如，当设备休眠或启动新活动时，onPause()会被调用，收到活动返回结果或意图时，onResume()会被调用。

表 4-1 描述了这些状态方法的详情和在整个活动生命周期中的位置。

注意表 4-1 中“可否强制结束”列，表示系统可否在该方法结束后，不执行任何其他代码，强制杀死该进程。有三个方法（onPause()、onStop()和 onDestroy()）是可以强制结束的，这是因为 onPause()是这三个方法中第一个被调用的，也是唯一一个允许在进程被结束之前调用的方法，onStop()和 onDestroy()则可能不行。所以，将数据（例如用户修改信息）存入稳定存储的过程应在 onPause()中完成。

表 4-1　活动生命周期的方法

方法	描述	可否强制结束	下一步
onCreate()	活动启动时调用。在这个方法里应用程序应该完成所有常规的静态配置——建立 view、将数据绑定到列表等。这个方法调用时如果有先前状态可用，会接收到一个包含之前状态的 Bundle 对象	否	onStart()
onRestart()	活动被停止之后，重新启动之前被调用	否	onStart()
onStart()	活动对用户可见之前被调用	否	onResume() 或 onStop()
onResume()	在活动和用户交互之前被调用。该活动在栈顶，响应用户的输入	否	onPause()
onPause()	在系统要开始继续其他活动时被调用。这个方法典型的用法是将未保存的数据保存起来，停止动画或其他占用 CPU 的动作等。该方法应该尽快完成，因为完成后下一个活动才能开始	是	onResume() 或 onStop()
onStop()	在活动对用户不可见时被调用。这种情况一般发生在活动被销毁时或者另一个活动（已存在的或新启动的）被继续且覆盖了该活动时	是	onRestart() 或 onDestroy()
onDestroy()	在活动被销毁之前被调用。这是活动接到的最后一个系统状态消息。当活动完成之后或系统为了节省空间将这个实例暂时销毁时被调用	是	无

如果该列表示为“否”，则该方法的调用防止其所在进程被杀死。就是说在 onPause()方法完成之后到 onResume()被调用之前这段时间之内，进程是可以被杀死的。onResume 调用时直到下一次 onPause()完成之前，进程是不可以被杀死的。

在接下来的“4.1.3.5 进程的生命周期”一节中要提到，即使是在技术上被定义为不可被杀死的进程，在某些情况下也会被杀死——但只在极端缺乏资源的情况下才会发生。

2. 保存活动状态

当系统，而不是用户，为了释放内存而关闭一个活动时，用户希望在再次启动该活动时，能够回到之前的状态。

要捕获活动被结束时的状态，可以实现活动的 onSaveInstanceState()方法。Android 会在销毁该活动实例之前调用该方法——就是说，在 onPause()之前调用。Android 传递给这个方法一个 Bundle 对象，从而可以以“名称-值”对这样的形式记录这个活动的状态。当这个活动再次被启动时，Bundle 对象会传递给 onCreate() 方法，以及在 onStart() 之后调用的方法——onRestoreInstanceState() 。因此可以通过这两种方法还原活动的状态。

与 onPause()和之前提到的其他方法不同，onSaveInstanceState()和 onRestoreInstanceState()不是生命周期的方法。它们不会总是被调用。例如，活动在被系统认定，满足销毁的条件时，才会调用 onSaveInstanceState()，但是如果是用户要求关闭该活动（例如按下 BACK 键），将实例实际销毁时，该方法不会被调用。但在这种情况下，也没有保存状态的必要。

因为 onSaveInstanceState()不是一定会被调用的，因此只能用它保存过渡状态，而不能用来保存稳定数据。如果要保存稳定数据，请使用 onPause()。

3. 协调活动

当一个活动启动了另一个活动时，这两个活动都经历了生命周期的变化。前一个活动暂停或停止，新活动启动。有些情况下，可能需要协调这些活动。

生命周期回调方法的顺序已经定义好，特别是当这两个活动在同一个进程中时：当前活动的onPause()方法被调用。然后，新活动的 onCreate()、onStart()和 onResume()方法依次被调用。最后，如果旧活动在屏幕上不再可见，它的 onStop()方法也会被调用。

4.1.3.3 服务的生命周期

服务可以以下两种方式使用：

- 服务可以启动并允许运行，直到有组件将它停止或它自己停止。在这种模式中，它通过调用 Context.startService()来启动，通过调用 Context.stopService()停止。服务能通过调用Service.stopSelf()或 Service.stopSelfResult()停止自身服务。停止一个服务只需要调用一次stopService()，而不管调用了多少次 startService()。
- 对服务的调用，可以使用服务自身定义和导出的接口。客户端建立一个到服务对象的连接，然后使用这个连接对服务发出请求。这样的连接使用 Context.bindService()建立，使用 Context.unbindService()断开。多个客户端可以绑定到一个服务。如果服务还未被启动，可以用 bindService()启动它。

这两种方式并不是独立无关的。可以绑定到一个使用 startService()启动的服务。例如，一个后台的音乐播放服务可以调用 startService()并传递一个包含要播放的音乐的意图来启动服务。稍后，当用户想对播放器进行控制或获取正在播放的音乐的信息时，活动就需要调用 bindService()来建立到这个服务的连接。在这种情况下，stopService()不会真的停止服务，而是要等到最后一个绑定被解除。

和活动一样，服务也有一系列的生命周期方法，可以用来对其状态的改变进行监视。但是方法的数量要比活动少，只有三个，并且方法的属性是公共的，而不是保护的：

```
void onCreate()
void onStart(Intent intent)
void onDestroy()
```


实现后，可以监控服务的这两个生命周期。

（1）服务的整个生存时间是从 onCreate()被调用到 onDestroy()中完成。和活动一样，服务在onCreate()被调用时进行初始化设置，在 onDestroy()中完成所有资源的释放。例如，音乐播放服务会在 onCreate()中为音乐的播放建立新的线程，然后在 onDestroy()中结束该线程。

（2）服务的动作时间是从 onStart()的调用开始的。传递给 startService()的 Intent 对象会在该方法中被处理。音乐播放服务会解析这个意图，找到要播放哪个歌曲，然后开始播放。

服务没有像活动那样的停止回调方法——onStop()方法。无论服务是由 Context.startService()还是由 Context.bindService()启动，onCreate()和 onDestroy()方法都会被调用。但是，系统只会在由startService()启动时才调用服务的 onStart()方法。

如果服务允许别人绑定到它，还需要实现以下几个回调方法：

- IBinder onBind(Intent intent)
- boolean onUnbind(Intent intent)
- void onRebind(Intent intent)

onBind()方法获得传递给 bindService 的 Intent 对象，onUnbind()方法获得传递给 unbindService()的 Intent 对象。如果服务允许绑定，onBind()返回客户端用以和服务交互的信道。onUnbind()方法可以在新的客户连接到服务时让系统调用 onRebind()。

图 4-8 演示了服务的回调方法。虽然使用 startService 和 bindService()启动服务稍有不同，但是请记住，所有服务无论是怎么启动的，都会允许客户端绑定，因此所有的服务都有可能会被调用到 onBind()和 onUnbind()方法。

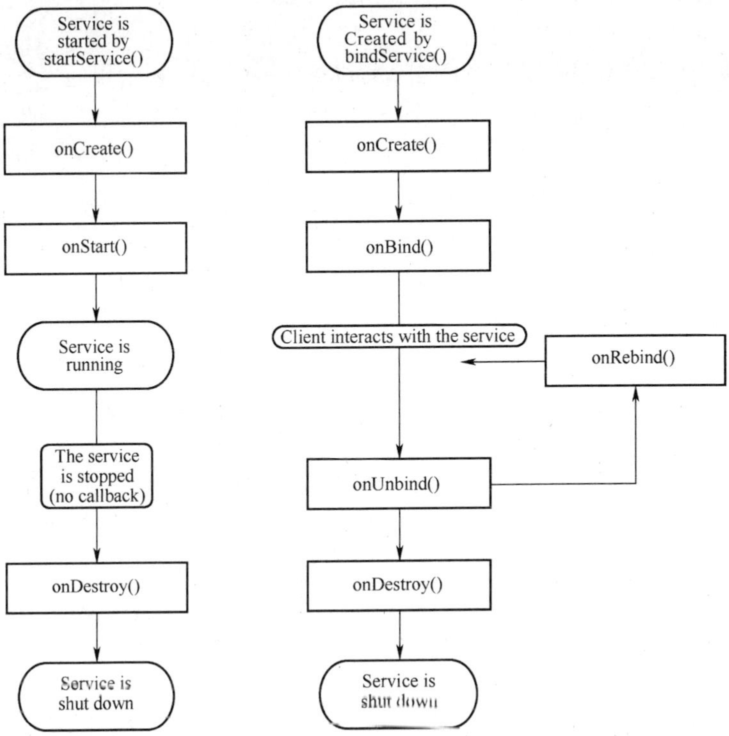

图 4-8　服务生命周期

4.1.3.4　广播接收器的生命周期

广播接收器只有一个回调方法：void onReceive（Context curContext, Intent broadcastMsg）。

当广播消息到达接收器时，Android 调用它的 onReceive()方法并且将一个包含有广播信息的 Intent 对象传递给该方法。广播接收器只有在执行该方法时才会被激活。onReceive()方法完成之后，它就不再活跃。

一个拥有活动着的广播接收器的进程是不会被杀死的。但是如果一个进程只有非活动着的组件，它可以在任何时间因内存紧缺而被系统杀死。

对广播消息的响应是一个耗时的事件，因此应该单独给广播接收器启动一个线程运行，而不是在用户交互的主线程中运行。如果 onReceive()在线程中被调用并返回，整个进程，包括新线程就被认为是非活动的（除非进程中有其他活动的应用程序组件），而且有被杀死的危险。解决方法是，启动一个服务，然后让服务做这个耗时的工作，这样系统就知道该进程中还有活动的工作。

下一节将讲述更多有关进程被结束的条件。

4.1.3.5　进程的生命周期

Android 系统试图让应用程序进程的运行持续最长的时间，但是最终当内存不足时，还是需要将老的进程杀死。为了判断哪些进程可以被杀死，哪些不可以，Android 将每个进程按照其运行的组件和组件的状态，将它们放置到一个“重要程度排行表”中。最不重要的进程可以最先被杀死，然后是次不重要的，依此类推。“重要程度排行表”中有五级重要程度。下面就按重要程度列出这五级判断标准。

（1）前台进程是需要和用户交互的进程。如果进程符合以下情况，即被认定为前台进程：

- 一个正在运行与用户交互的活动（即活动的 onResume()方法已经被调用）进程。
- 一个正在运行与用户交互的服务进程。
- 一个正在执行服务对象的生命周期回调方法（onCreate()、onStart()或 onDestroy()）的进程。
- 一个正在运行其 onReceive()方法的 BroadcastReceiver 对象的进程。

任一时刻只会有很少的前台进程存在。只有当内存不足，连这些进程也无法运行的时候才会杀死它们。通常在这种状况下，设备就到了内存紧缺状态，结束一些前台进程是为了保证用户界面的响应。

（2）可见进程是没有任何前台组件，但是仍然可以影响用户可见界面的进程。进程符合以下条件之一的，即被认定为可见进程：

- 进程拥有一个不在前台的活动，但是该活动仍然对用户可见（活动的 onPause()方法被调用了）。例如当前台活动没有完全覆盖住旧活动的对话框时，这种情况就可能发生。
- 进程拥有一个绑定到可见活动的服务。

可见进程也被视为极其重要的进程，除非为了保证前台进程的运行，否则可见进程是不会被杀死的。

（3）服务进程是包含着一个由 startService()方法启动的服务，并且不满足前两种情况的进程。虽然服务进程不与任何用户可见部分直接相关，但它们通常是在做一些用户关心的事（例如在后台播放音乐或从网上下载数据），所以除非内存不足以运行前台和可见进程，否则系统是不会杀死服务进程的。

（4）后台进程是包含着用户不可见活动（活动的 onStop()方法被调用后）的进程。后台进程不直接影响用户体验，而且随时可以结束以回收内存，供前台进程、可见进程和服务进程使用。通常同一时间会有很多运行着的后台进程，因此它们被存放在 LRU（最近使用）列表中，以保证最后被用户使用的活动进程最后一个被杀死。如果活动实现了其生命周期方法捕获了当前状态，那么结束它所在进程不会对用户体验产生不良的影响。

（5）空进程是不包含任何活动的进程。保留空进程的唯一理由是将它们作为缓存，以提升组件下次启动、运行时的速度。系统经常会结束这样的进程以平衡在进程缓存和底层内核缓存之间的系统资源。

Android 会依据进程中正在活动的组件的重要程度，将进程排在它所能处在的最高级别里。例如，一个进程包含一个服务和一个可见进程，那么此进程就被视为可见进程，而不是服务进程。

此外，进程的级别有可能在有其他进程依赖的情况下上升。一个正服务于其他进程的进程的排位不会低于它正在服务的进程。例如，进程 A 中的一个内容提供者正在为一个进程 B 中的客户服务，或者进程 A 中的服务属于进程 B 的一个组件，那么至少进程 A 与 B 的重要性相同。

由于运行着服务的进程排位比运行着后台活动的进程高，相比于只是简单地新建一个线程进行耗时的操作——特别是进行可能会超过活动生命时间的操作，新建一个服务是更好的选择。例如在后台播放音乐和拍照后将照片上传到网上。使用服务确保了操作会持续“服务进程”那么长的时间。就像“4.1.3.4 广播接收器的生命周期”一节提到的那样，这也是广播服务器会借助一个服务进行耗时的操作，而不是将其简单地放到新的线程中的原因。

4.2 基于 i.MX51 的怡鼎 Android 系统使用介绍

4.2.1 发布包的使用

4.2.1.1 发行包内容

准备一台 Ubuntu Linux PC 机，将怡鼎 Android 开发包 iding_android.tar.gz（一般是以一个压缩包的形式发布）拷贝到某个目录，例如/opt，接下来解开该包：

```
$ cd /opt（任意目录）
$ tar xzvf iding_android.tar.gz
$ cd imx-android-iding/code
$ tar xzvf IDING.tar.gz
```

解开包后，可以得到以下内容：

- U-Boot 启动加载器镜像
  - Bootloader：u-boot.bin
  - Kernel：uImage
- Android 文件系统（NAND 方式启动）
  - INITRAMFS：NAND/uramdisk.img
  - SYSTEM/DATA/CACHE 分区合并镜像：NAND/android_root.img
  - RECOVERY 分区镜像：NAND/android_recovery.img
- Android 文件系统（SD 方式启动）
  - INITRAMFS：SD/uramdisk.img
  - SYSTEM 分区镜像：SD/system.img
  - DATA 分区镜像：SD/userdata.img（空文件）

RECOVERY 分区镜像: SD/recovery.img

4.2.1.2 安装并设置必要的工具

使用 ATK（飞思卡尔开发的 Windows 下的下载烧写工具，它可以将镜像从 PC 下载至设备存储器上，可以在怡鼎的开发包中找到）将 Bootloader、内核及 Android 文件系统烧写入 NAND 设备或者 SD 卡。请按照 ATK 的用户手册来安装。当前 ATK 的版本为 1.68。

如果需要使用 TFTP 去下载内核或者使用 NFS 挂在 Android 文件系统，请配置好它们。

这里假设这两个服务器的默认工作目录为：

```
TFTP Server: /opt/tftproot
NFS Server: /opt/nfsroot
```

4.2.1.3 准备好 U-Boot 启动加载器

使用怡鼎发布包中的镜像在开发板上运行 Android 之前，需要一个能够加载内核并且通知内核哪个设备作为 Android 系统的根文件系统的启动加载器（Bootloader：U-Boot）。并将该启动加载器放置到 i.MX51 可以识别的可启动硬件设备中。在怡鼎的开发板上提供了两种可启动的硬件设备：NAND Flash 以及 MMC/SD 卡。

1. 烧写 U-Boot 到 NAND Flash

使用 ATK 工具烧写 Bootloader 到 NAND 设备。在开始烧写之前，请改动硬件启动选择开关(DIP switch)：

- CPU Board: SW701 3/4 ON，其他的 OFF
- CPU Board: SW700 1/2 ON，其他的 OFF

并使用 USB 连接线，连接开发板的 USB OTG（J1301）端口和 Windows PC 机的 USB 端口。

怡鼎 MX51 开发板如图 4-9 所示。

图 4-9　怡鼎 MX51 开发板

打开开发板电源。如果 ATK 安装正常，会在 PC 设备管理器上看到如图 4-10 所示的设备。

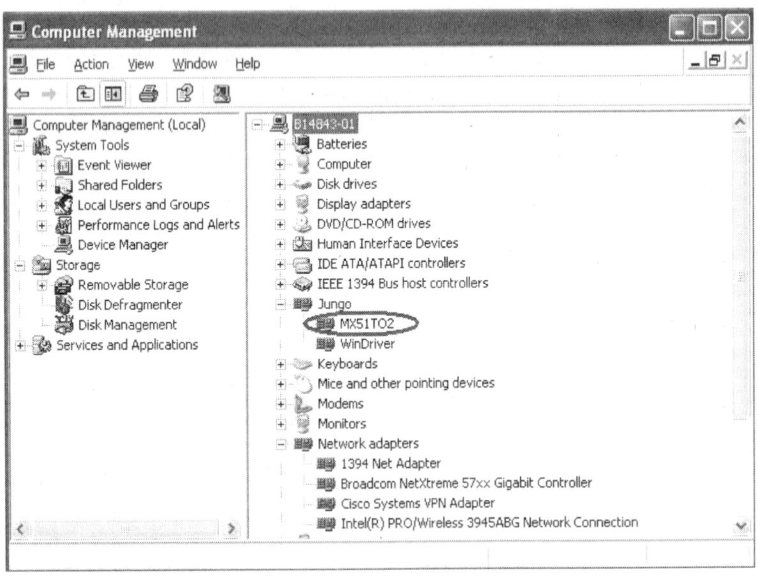

图 4-10　资源管理器中的设备

在 Windows PC 上启动 ATK，如图 4-11 所示，选择 IMX51_TO3、DDR、USB。

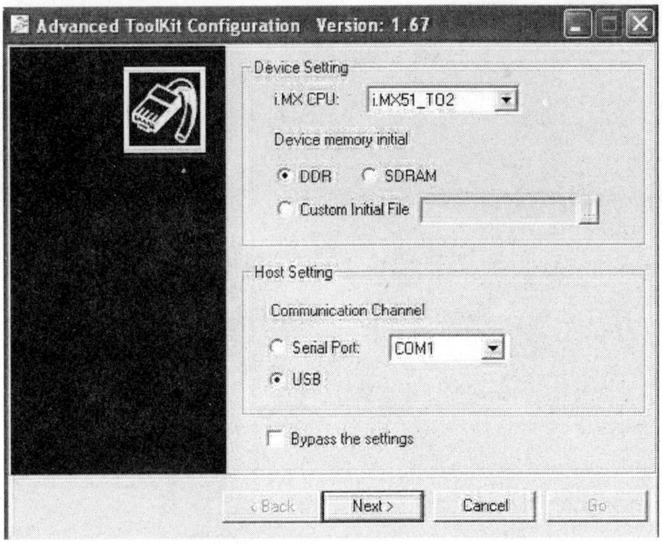

图 4-11　ATK 启动界面

单击 Next 按钮进入下一步，如图 4-12 所示。

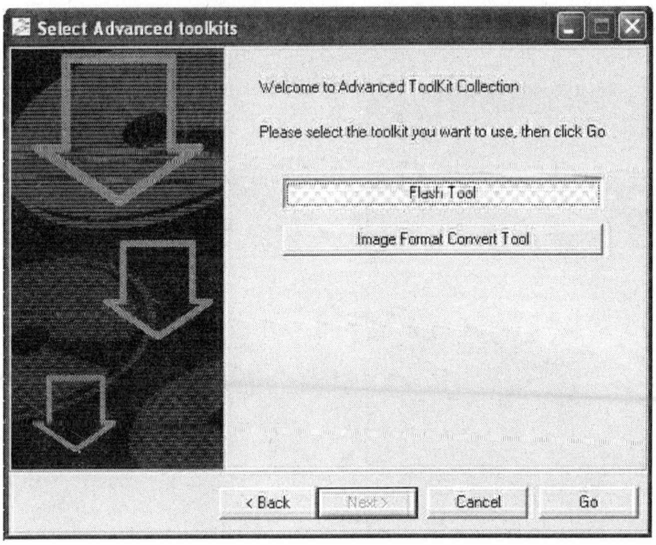

图 4-12　选择 ATK 的子工具 Flash Tool

选择 Flash Tool，单击 Go 按钮，如图 4-13 所示。

选择 Erase、BBT、NAND，设置 SIZE 为 0x80000000。然后单击 Erase 按钮先擦除 NAND Flash，如图 4-14 所示。

擦除 NAND Flash 后，烧写 Bootloader 到 NAND。选择 Program、BBT、NAND，设置 Address 为 0x00000000，浏览找到 bootloader 镜像文件（见“预编译镜像”），然后单击 Program 按钮，如图 4-15 所示。

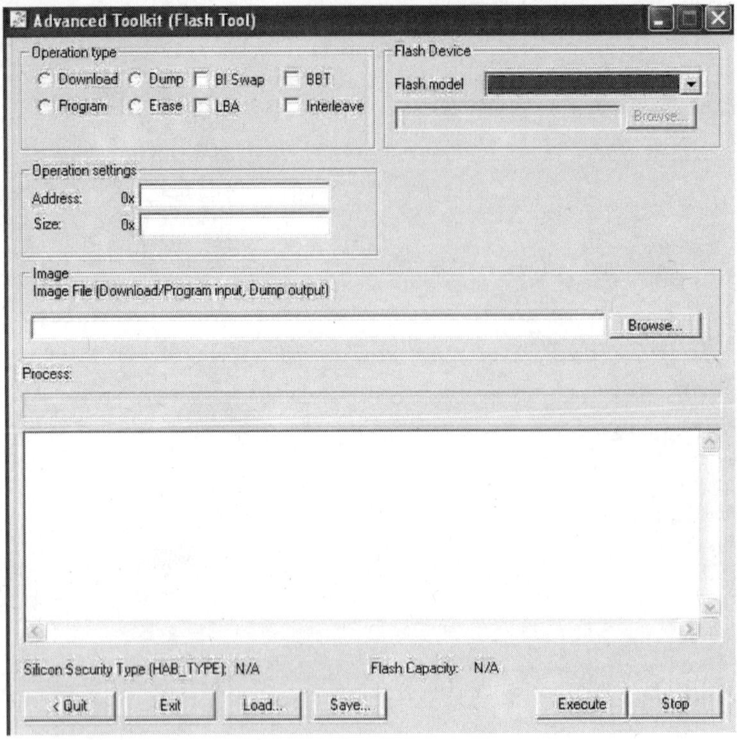

图 4-13　子工具 Flash Tool 界面

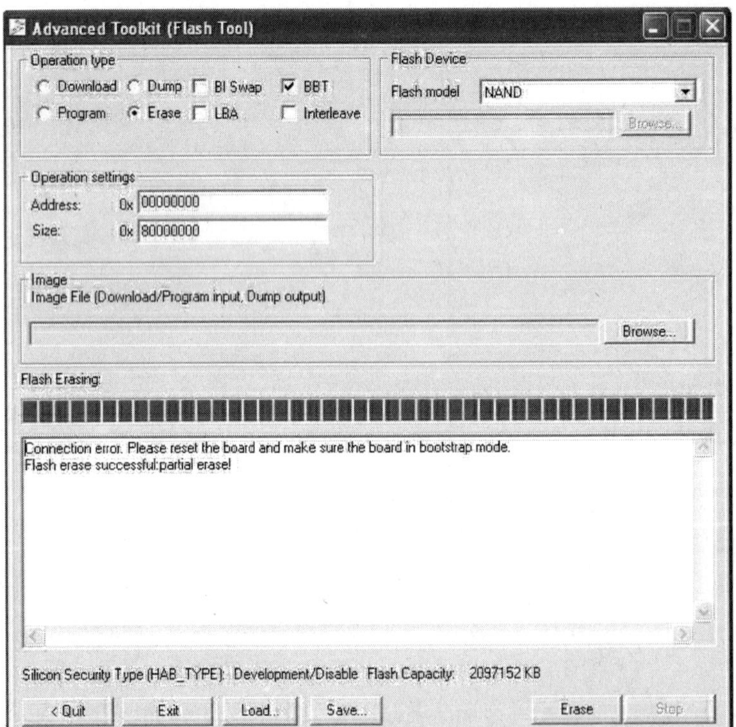

图 4-14　擦除 NAND Flash

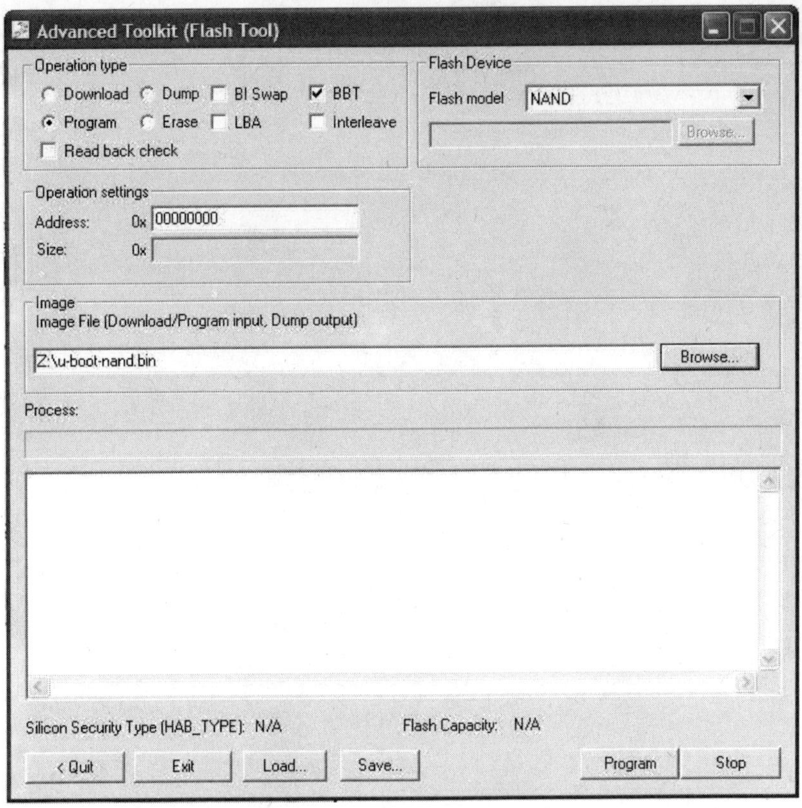

图 4-15　烧写 bootloader 到 NAND

如果一切顺利，请退出 ATK，重启开发板。

2. 烧写 U-Boot 到 SD 卡

有两种方式烧写 U-Boot 到 SD 卡。

（1）使用 ATK 工具（Windows PC）。与上面使用 ATK 工具一样，需要首先配置硬件启动开关，使 ATK 和开发板通信。（请参考“烧写 U-Boot 到 NAND Flash”一节）与烧写到 NAND Flash 的过程类似，烧写 SD 卡的过程差别如下：

- 无需做擦除操作。
- 选择 MMC/SD 设备作为烧写设备。
- 使用支持 MMC/SD 卡的没有头部填充的 U-Boot 镜像，并设置地址为 0x400（1KB 地址），这样不会将 MMC/SD 卡头部 512B 的分区表记录（MBR）擦除，从而保留了当前 MMC/SD 卡的分区结构，如图 4-16 所示。

（2）使用 dd 命令（Linux PC）。将 MMC/SD 卡或者相应的读卡器插入 Linux PC 机。如果插入后，Linux 自动加载了当前存在的分区，请将这些分区卸载。使用 dd 命令将不带填充头部的 U-Boot 镜像直接烧写到偏移量为 1KB 的地址上。这里假设 MMC/SD 卡的设备节点为/dev/sdb。

```
$ dd if=u-boot-nopadding.bin of=/dev/sdb bs=1K seek=1
```

如果使用带 1KB 填充头部的 U-Boot 镜像，并希望保留分区表，请用以下命令烧写：

```
$ dd if=/dev/sdb of=./mbrbackup bs=512 count=1 （取出分区表记录）
$ dd if=u-boot.bin of=/dev/sdb
$ dd if=./mbrbackup of=/dev/sdb （恢复分区表记录）
```

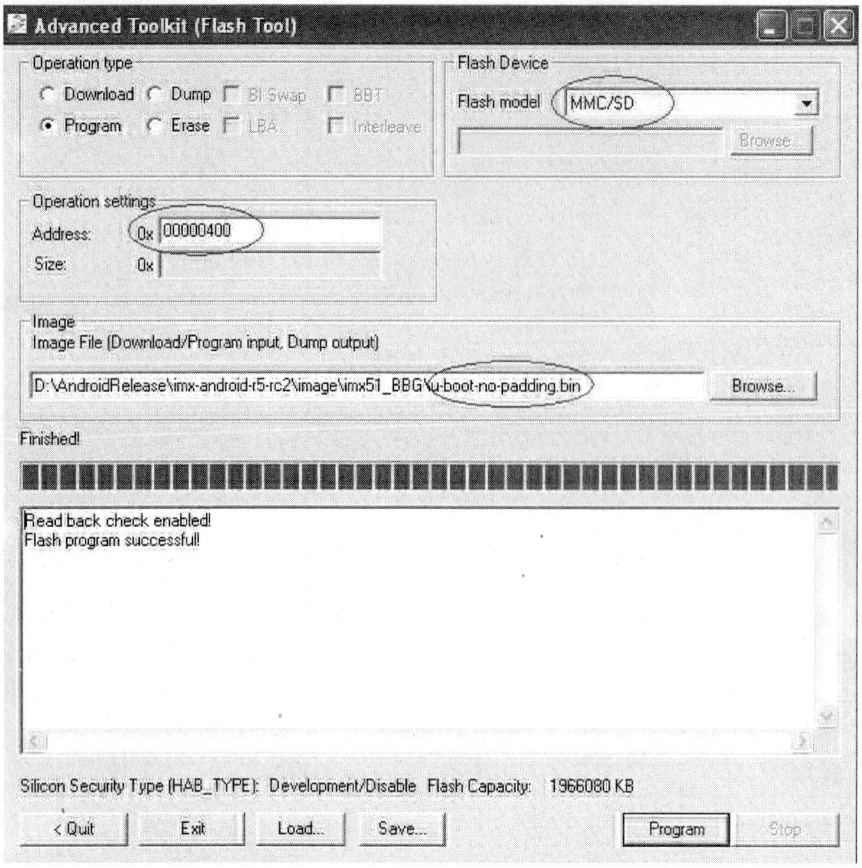

图 4-16　烧写 U-Boot 到 SD

4.2.1.4　运行怡鼎 Android

运行 Android，有以下三种方式：

- 网络运行。对于开发阶段的调试，通常使用 TFTP 协议下载内核，使用 NFS 挂载整个 Android 文件系统。但对于此启动方法，Bootloader 还是需要存放在 NAND（或者 SD 卡）外部设备上，然后配置 Bootloader 去下载内核。
- NAND 设备运行。可以将 Bootloader、内核及 Android 文件系统都存放在 NAND 设备上。从 NAND 设备上启动。如果需要一个简单的方式将这些文件烧写到 NAND 设备上，请使用 ATK 工具（见下文）。
- MMC/SD 卡运行。也可以将 Bootloader、内核及 Android 文件系统都存放在一张 SD 卡上，方便做演示和测试。

以下逐一介绍这三种运行 Android 的方式。在启动 Android 之前，请确保已经将 U-Boot 烧写到 NAND 或者 SD，能够正常启动。

1．通过 TFTP/NFS 启动

（1）准备好 Kernel 以及 Android 文件系统。

需要将内核镜像拷贝或移动到 TFTP 服务指定的加载目录下。

将 Android 文件系统拷贝到 NFS 服务指定的根目录下：

```
$ cp uImage /opt/tftproot/
```

Android 文件系统拷贝：

```
$ cd /opt/imx-android-iding/image/
$ tar xzvf ./android_fs.tar.gz
$ cd android_fs
$ rm -rf /opt/nfsroot/*
$ cp -r * /opt/nfsroot/*
```

注意：由于 Android 的 NFS 文件系统已经包含了 SYSTEM/CACHE/DATA 分区，所以无须在启动中挂载它们，请将 init.rc 中有关这三个分区的 mount 指令注释掉。

（2）通过 U-Boot 启动。

首先，配置开发板的启动参数开关：

- CPU Board: SW701　所有 OFF。
- CPU Board: SW702 – 4/8 ON; SW703 – 5/8 ON; SW700 1/2 ON。

将开发板上的串口，通过串口线连接到 PC。打开 PC 上的终端程序（如 Windows 的 terminal，Linux 的 minicom）配置好串口通信参数：COM1/115200/8bit/No parity/1 bit STOP/no flow control，打开开发板电源。如果 U-Boot 启动正常，应该可以看到显示如图 4-17 所示的信息。

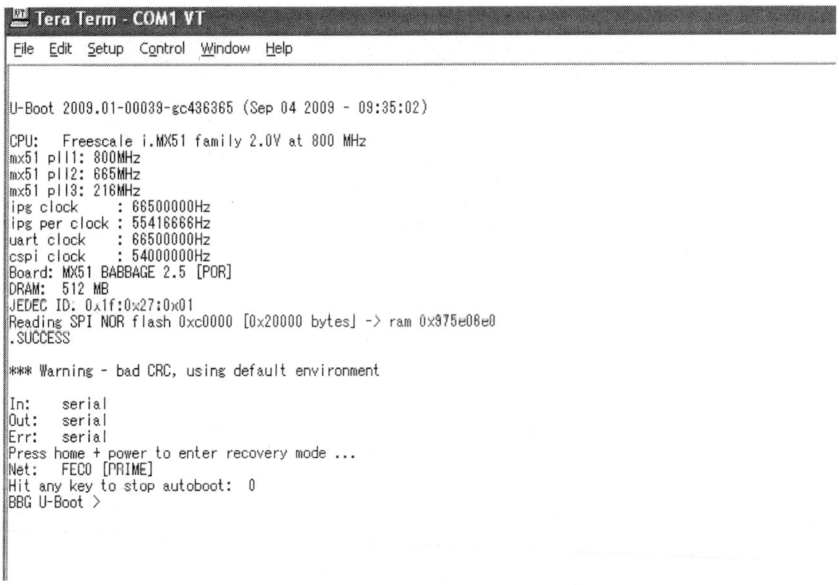

图 4-17　U-Boot 启动界面

（3）配置 U-Boot。

需要配置 U-Boot，使其知道从哪个 TFTP 服务器下载哪个内核镜像，如果已经传递合适的内核参数，告诉内核从哪个 NFS 服务器挂载文件系统。例如：

```
BBG U-Boot > setenv ethaddr 00:04:9f:00:ea:d3
BBG U-Boot > setenv fec_addr 00:04:9f:00:ea:d3
BBG U-Boot > setenv bootcmd 'dhcp;run bootcmd_nfs'
BBG U-Boot > setenv bootcmd_nfs 'run bootargs_base bootargs_android bootargs_nfs; bootm'
BBG U-Boot > setenv bootargs_base 'setenv bootargs console=ttymxc0,115200'
BBG U-Boot > setenv bootargs_nfs 'setenv bootargs ${bootargs} ip=dhcp root=/dev/nfs nfsroot=${serverip}:${nfsroot},v3,tcp'
BBG U-Boot > setenv bootargs_android 'setenv bootargs ${bootargs} init=/init androidboot.console=ttymxc0 video=mxcdi0fb:RGB666,800x480M-16@60 calibration'
```

```
BBG U-Boot > setenv loadaddr 0x90800000
BBG U-Boot > setenv bootfile uImage
BBG U-Boot > setenv serverip 10.192.224.244
BBG U-Boot > setenv nfsroot /opt/nfs_root/android_bbg
BBG U-Boot > saveenv
```

如果需要了解以上配置的含义，参见“理解 U-Boot 的配置”。

如果需要了解更多内核启动参数，参见“理解内核启动参数”。

重新启动开发板，将可以从 TFTP/NFS 启动 Android。

注意：Android 第一次启动时通常会比之后的启动慢很多，这是由于所有的 Framework、应用程序的 APK 文件会被翻译成 dex 格式的文件。

2. 通过 NAND 启动

（1）使用 ATK 工具烧写镜像。

烧写 uImage/uramdisk.img/recovery.img/android_root.img 到 NAND Flash。硬件配置请参考“烧写 U-Boot 到 NAND”。

uImage：运行 ATK，选择 Program、BBT、NAND，设置 Address 为 0x300000，在 Image 输入框中浏览或填入 uImage 文件及其路径，然后单击 Program 按钮，如图 4-18 所示。

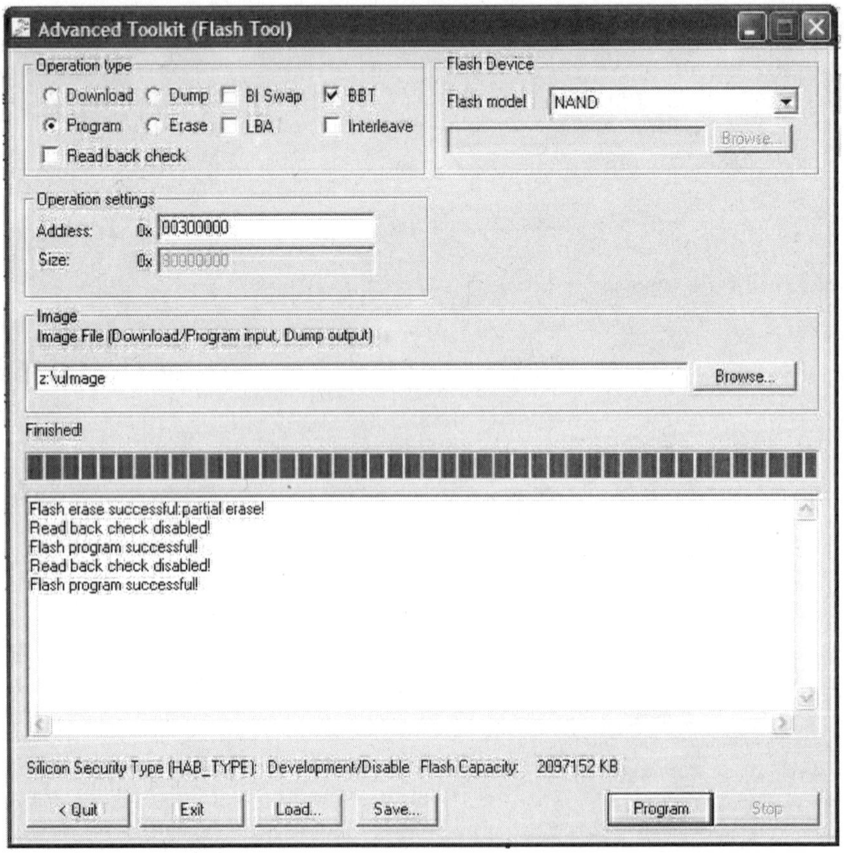

图 4-18　烧写内核镜像

uramdisk.img：选择 Program、BBT、NAND，设置 Address 为 0x600000，在 Image 输入框中填入 uramdisk.img 文件名及其路径，然后单击 Program 按钮，如图 4-19 所示。

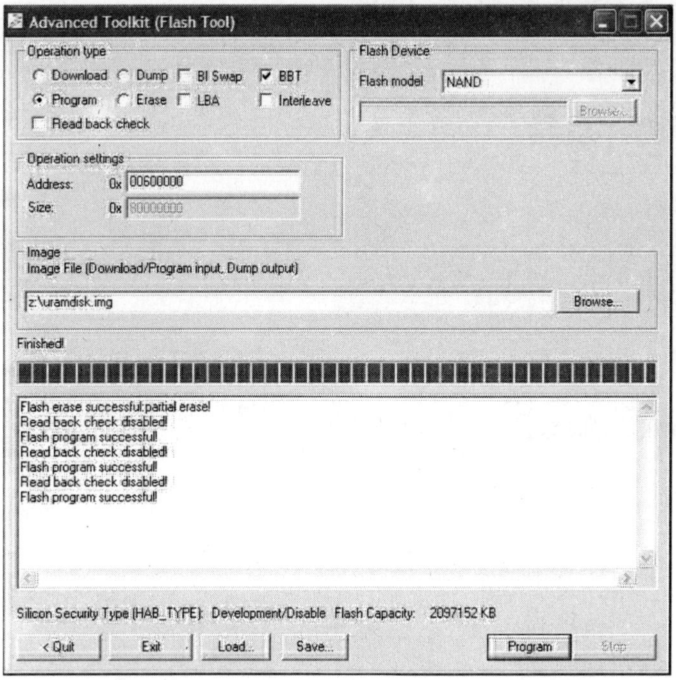

图 4-19　烧写 ramdisk 镜像

android_recovery.img：选择 Program、BBT、NAND，设置 Address 为 0x800000，填入 android_recovery.img 文件的路径和名称，然后单击 Program 按钮，如图 4-20 所示。

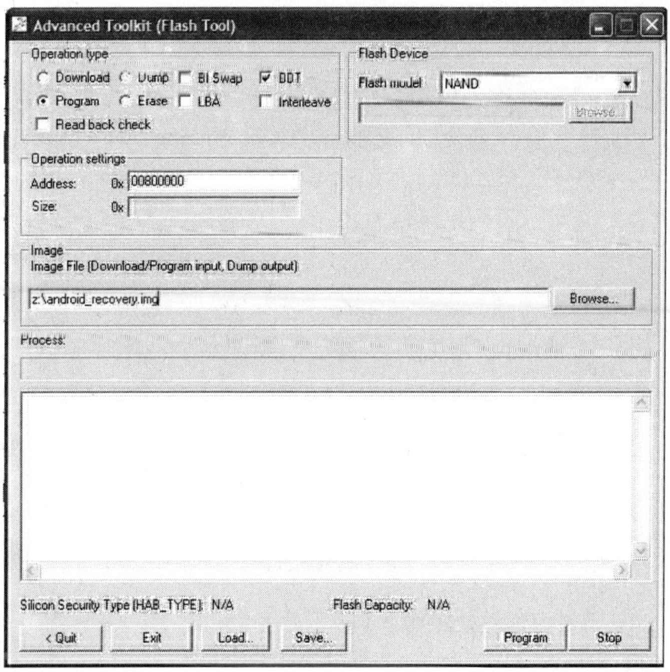

图 4-20　烧写 recovery 分区镜像

i.MX Android 支持 NAND Flash 的文件系统镜像格式默认为 UBI raw（通常命名为

android_root.img)，选择 Program、BBT、NAND，设置 Address 为 0x1c00000，输入镜像的路径及名称，然后单击 Program 按钮。如图 4-21 所示。

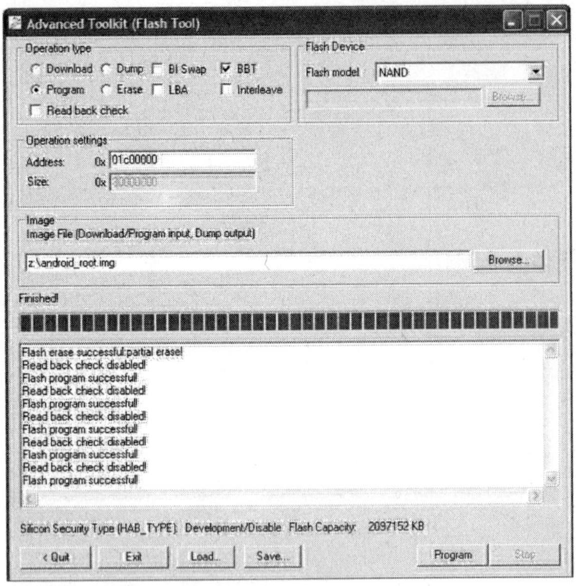

图 4-21　烧写主文件系统镜像

现在所有的镜像都已经烧写到 NAND Flash，请关闭开发板电源，退出 ATK。

（2）通过 U-Boot 启动。

首先，配置开发板的启动参数开关：

- CPU Board: SW701　所有 OFF
- CPU Board: SW702 – 4/8 ON; SW703 – 5/8 ON; SW700 1/2 ON

将开发板上的串口，通过串口线连接到 PC。打开 PC 上的终端程序（如 Windows 的 terminal，Linux 的 minicom），配置好串口通信参数：COM1/115200/8bit/No parity/1 bit STOP/no flow control，打开开发板电源。如果 U-Boot 启动正常，应该可以看到以下信息：

```
MX51 U-Boot > setenv bootcmd 'run bootcmd_nand'
MX51 U-Boot > setenv nand_read_kernel 'nand read ${loadaddr} 0x300000 0x250000'
MX51 U-Boot > setenv nand_read_rd 'nand read ${rd_loadaddr} 0x600000   0x4B000'
MX51 U-Boot > setenv bootcmd_nand 'run bootargs_base bootargs_android bootargs_nand; run nand_read_kernel; run nand_read_rd; bootm ${loadaddr} ${rd_loadaddr}'
MX51 U-Boot > setenv bootargs_base 'setenv bootargs console=ttymxc0,115200'
MX51 U-Boot > setenv bootargs_nand 'setenv bootargs ${bootargs} ubi.mtd=3'
MX51 U-Boot > setenv bootargs_android 'setenv bootargs ${bootargs} init=/init androidboot.console=ttymxc0 calibration'
MX51 U-Boot > setenv loadaddr 0x90800000
MX51 U-Boot > setenv rd_loadaddr 0x90B00000
MX51 U-Boot > saveenv
```

如果需要了解以上配置的含义，参见“理解 U-Boot 的配置”。

如果需要了解更多内核启动参数，参见“理解内核启动参数”。

重新启动开发板，将可以从 NAND 启动 Android。

3．通过 SD 卡启动

确保 U-Boot 已经烧写入 SD 卡，参考“烧写 U-Boot 到 SD 卡”。i.MX Android 系统需要制作一个带几个特定分区的 SD 卡。该 SD 卡的结构如图 4-22 所示。"/data"、"/cache"是可读写的，并且在“恢复出厂设置”操作后会被擦除。在正常启动的情况下，SYSTEM 目录会被 uRamdisk 挂载在 /system 目录下；在 recovery 模式下，根文件系统将会从 RECOVERY 分区挂载。

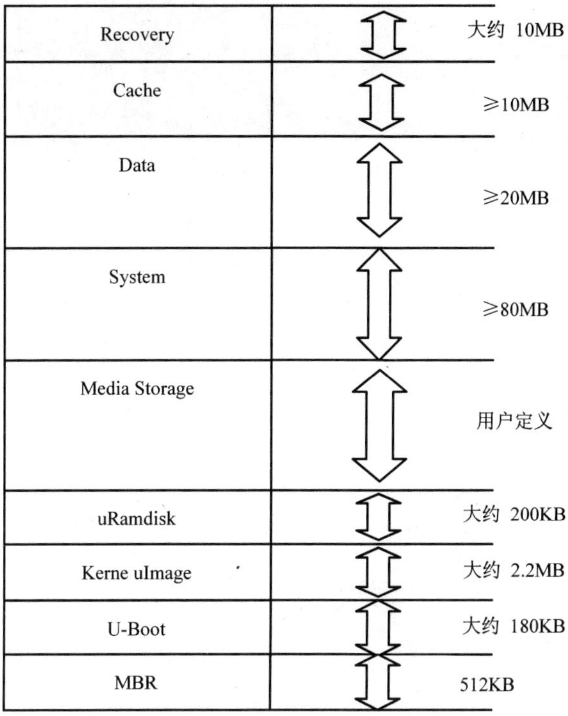

图 4-22　SD 卡分区结构

（1）烧写 kernel 和 ramdisk 到 SD 卡。内核镜像需要使用 uImage，而 ramdisk 使用 uramdisk.img。通过 Linux PC，使用 dd 命令烧写 uImage、uramdisk.img 到 SD 卡：

```
$ dd if=your_kernel_uImage of=/dev/sdb bs=1M seek=1
$ dd if=your_uramdisk of=/dev/sdb bs=4M seek=1
```

（2）创建 SD 卡分区表。使用 fdisk 命令创建 SD 卡分区表，如表 4-2 所示。参见“SD 卡分区结构”。

表 4-2　SD 卡分区表

分区 类型/索引	设备节点	文件系统	内容
Primary 1	/dev/sdb1	VFAT。挂载在"/sdcards"	媒体文件（用户数据）
Primary 2	/dev/sdb2	EXT4。挂载在"/system"	Android 文件系统
Extended 3	/dev/sdb3	N/A。扩展分区	N/A
Logic partition in Extended	/dev/sdb5	EXT4。挂载在"/data"	Android 数据分区
Logic partition in Extended	/dev/sdb6	EXT4。挂载在"/cache"	Android 缓存分区
Primary 4	/dev/sdb4	EXT4。只在 Recovery 模式下挂载在"/"	Recovery 模式下的根分区

（3）格式化 SD 卡分区。格式化所有分区的步骤如下：

```
$ mkfs.vfat /dev/sdb1
```

```
$ mkfs.ext4 /dev/sdb2
$ mkfs.ext4 /dev/sdb4
$ mkfs.ext4 /dev/sdb5（DATA 分区默认为空分区，只需要格式化）
$ mkfs.ext4 /dev/sdb6（CACHE 分区默认为空分区，只需要格式化）
```

（4）烧写镜像。

烧写 system.img 到 SYSTEM 分区：

```
$ dd if=system.img of=/dev/sdb2
```

烧写 recovery.img 到 RECOVERY 分区：

```
$ dd if=recovery.img of=/dev/sdb4
```

（5）通过 U-Boot 启动。

首先，配置开发板的启动参数开关：

- CPU Board: SW701 所有 OFF
- CPU Board: SW702 - 1 ON; SW703 - 8 ON; SW700 1/2 ON

将开发板上的串口，通过串口线连接到 PC。打开 PC 上的终端程序（如 Windows 的 terminal，Linux 的 minicom），配置好串口通信参数：COM1/115200/8bit/No parity/1 bit STOP/no flow control，打开开发板电源。如果 U-Boot 启动正常，应该可以看到以下信息：

```
BBG U-Boot > setenv bootcmd 'run bootcmd_SD1 bootcmd_SD2'
BBG U-Boot > setenv bootcmd_SD1 'run bootargs_base bootargs_android bootargs_SD'
BBG U-Boot > setenv bootcmd_SD2 'mmc read 0 ${loadaddr} 0x800 0x1280;mmc read 0 ${rd_loadaddr} 0x2000 0x258;bootm ${loadaddr} ${rd_loadaddr}'
BBG U-Boot > setenv bootargs_base 'setenv bootargs console=ttymxc0,115200'
BBG U-Boot > setenv bootargs_SD 'setenv bootargs ${bootargs}'
BBG U-Boot > setenv bootargs_android 'setenv bootargs ${bootargs} init=/init androidboot.console=ttymxc0 video=mxcdi0fb:RGB666,800x480M-16@60 calibration'
BBG U-Boot > setenv loadaddr 0x90800000
BBG U-Boot > setenv rd_loadaddr 0x90B00000
BBG U-Boot > saveenv
```

如果需要了解以上配置的含义，参见“理解 uboot 的配置”。

如果需要了解更多内核启动参数，参见“理解内核启动参数”。

重新启动开发板，将可以从 SD 卡启动 Android。

4. 理解 U-Boot 的配置

U-Boot 启动后，会自动寻找并运行 bootcmd 这个环境变量。在上面的例子中，该环境变量为 dhcp;run bootcmd_nfs，因此 U-Boot 会通过 dhcp 获取自身的 IP 地址，然后运行 bootcmd_nfs 变量。bootcmd_nfs 环境变量被定义为 run bootargs_base bootargs_android bootargs_nfs; bootm，因此 uboot 会通过运行 bootargs_base、bootargs_android、bootargs_nfs 这三个环境变量来改变默认的内核参数变量 bootargs。

bootcmd_nfs 等价于：setenv 'bootargs console=ttymxc0,115200 init=/init androidboot.console= ttymxc0 video=mxcdi0fb:RGB666,800x480M-16@60 ip=dhcp root=/dev/nfs nfsroot=10.192.224.244:/opt/nfs_root/android_bbg,v3,tcp;tftpboot 0x90800000 uImage;bootm。

一般情况下，你只需要修改该例中的以下三个参数，就可以使 Android 正常启动：

- ethaddr：MAC 地址。
- serverip：TFTP/NFS 服务器的 IP 地址。

- nfsroot：NFS 的根目录。

Kernel 的启动参数如表 4-3 和表 4-4 所示。

表 4-3 内核启动参数

kernel 参数	意义	常用参数	使用场景
console=	内核控制台	console=ttymxc0	所有场景
androidboot.console=	Android 控制台	androidboot.console=ttymxc0	所有场景（只有 Android 会用到，加上该参数，使能控制台 job control）
init=	第一个 init 程序位置	init=/init	所有场景
ip=	ip 获取方式	ip=none 或者 ip=dhcp 或者 ip=静态 ip 地址	ip=none：无网络 ip=dhcp：使用 DHCP 协议获取 ip ip=静态 ip：使用静态 ip 地址
nfsroot=	指定 NFS 的路径	rootfs=ip_address:/opt/nfsroot,v3,tcp	在 TFTP/NFS 运行场景下使用，并且配合"root=/dev/nfs"参数
root=	根文件系统设备	root=/dev/nfs 或者 root=/dev/mmcblk0p2	在 TFTP/NFS 运行场景下使用，或者在 SD 运行场景下使用（在没有 initramfs 的场景下使用）
rootfstype=	根文件系统类型	rootfstype=ext4	在 SD 运行场景下配合"root=/dev/mmcblk0p2"使用
video=	显示分辨率、bpp 及刷新率	video=mxcfb:1024x768M-16@60	使用 DVI 作为显示设备
video	使用 WVGA 作为显示设备	video==mxcdi0fb:RGB666,800x480M-16@60	使用 WVGA 作为显示设备
calibration	需要系统做触摸屏校止	calibration	使用触摸屏设备时使用

表 4-4 常见的内核启动参数

启动方式	内核启动参数
通过 NFS 启动，WVGA 显示	init=/init console=ttymxc0 androidboot.console=ttymxc0 root=/dev/nfs nfsroot=10.192.224.244:/opt/nfsroot rw ip=dhcp calibration video=mxcdi0fb:RGB666,800x480M-16@60
通过 NFS 启动，DVI 显示	init=/init console=ttymxc0 androidboot.console=ttymxc0 root=/dev/nfs nfsroot=10.192.224.244:/opt/nfsroot rw ip=dhcp video=mxcdi0fb:RGB24,1024x768M-16@60
通过 NAND 启动	init=/init console=ttymxc0 androidboot.console=ttymxc0 ubi.mtd=3 rw calibration video=mxcdi0fb:RGB666, 800x480M-16@60

4.3 Android 系统的开发环境及编译

Android 源代码由很多项目组成（详见"源代码结构"一节）。可以通过浏览器来查看 GitWeb 形式的 Android 源代码仓库：http://android.git.kernel.org。如果需要开发移植 Android 系统，需要下载整个源代码，约有 2.1GB，并且对源代码进行配置、编译。这样需要准备好一台有 6GB 的硬盘剩余空间的 Linux PC 主机。这里推荐使用 Linux Ubuntu 9.04（32bit x86）发行版。

4.3.1 搭建 PC 开发环境

安装一台 Ubuntu 的主机，需要从www.ubuntu.com下载 Ubuntu 的安装镜像（.iso），并且通过刻录 DVD 或者 CD 将镜像刻录成盘，通过光盘启动来安装 Ubuntu。或者可以通过 Ubuntu USB 启动盘制作工具（Windows 下的 Unetbootin，及 Ubuntu 下的 USB Creator）将安装镜像导入 U 盘或者移动硬盘，然后选择从 USB 设备启动安装，详细的安装方法请参考 Ubuntu 官方网站。

编译 Android 源代码，需要在主机上安装以下程序包：

- Git 1.5.4 或以上版本，GNU Privacy Guard (gnugp)
- JDK 5.0，update 12 或更高版本。Java 6 目前还不支持
- Flex
- Bison
- Gperf
- libsdl-dev，libesd0-dev，libwxgtk2.6-dev（可选）
- build-essential
- zip
- curl

安装这些程序包的命令如下：

```
$sudo apt-get install git-core gnupg sun-java5-jdk flex bison gperf libsdl-dev libesd0-dev libwxgtk2.6-dev build-essential zip curl libncurses5-dev zlib1g-dev
```

如果已经安装有 sun-java6-jdk，请将当前的 Java 默认运行环境和配置设置到 JDK 5.0：

```
$sudo update-java-alternatives -s java-5-sun
```

4.3.2 获取 Android 官方代码

1. 安装 Repo 工具

Repo 是一个易用的管理 Android 源代码的工具。它用来下载、同步、上传 Android 项目源代码。请按照以下步骤安装、初始化和配置 Repo。

确保在账户的 HOME 目录下有~/bin 这个目录，如果没有，请创建之：

```
$ cd ~
$ mkdir bin
$ echo $PATH
```

下载 repo 脚本，设置权限：

```
$ curl https://android.git.kernel.org/repo >~/bin/repo
$ chmod a+x ~/bin/repo
```

2. 初始化 Repo

新建一个空目录以存放源代码：

```
$ mkdir mydroid
$ cd mydroid
```

运行 repo init 下载最新版本的 Repo 工具。必须指定 manifest*的 URL：

```
$ repo init -u git://android.git.kernel.org/platform/manifest.git
```

运行完 repo init 之后，它会要求输入你的真实姓名和电子邮件地址来配置 Repo。

初始化及配置结束后，会看到以下信息：

```
repo initialized in /mydroid
```

并且在/mydroid 目录下，会生成.repo 目录，所有的 manifest git 的内容会保存在该目录下。

- Android 源代码由很多项目的代码仓库组成。manifest 文件保存了这些代码仓库的位置、版本等信息。
- 该配置是专门针对代码贡献者的，他们需要使用 Gerrit code-review 工具来提交代码改动。因此一个和 Google 账号相关联的电子邮件账号（不必是 Gmail 账号）是必需的。真实姓名则会在你的代码改动被接受后，显示在提交的代码中。

3．下载源代码

下载默认 manifest 文件中指定的源代码仓库：

```
$ repo sync
```

请耐心等待命令执行结束。Android 源文件将会被下载到 mydroid 目录下。

4.3.3 应用怡鼎补丁

将怡鼎的开发包解压缩到/opt/imx-android-iding/目录下。并执行以下命令和脚本，运行补丁程序：

```
$ cd ~/myandroid
$ . /opt/imx-android-iding/code/iding/and_patch.sh
$ c_patch /opt/imx-android-iding/code/iding imx_iding
```

“/opt/imx-android-iding/code/iding”里包含全部的 PATCH，“imx_iding”是 PATCH 所应用分支的名称，可以使用任何分支名称来替代“imx_iding”。

所有命令执行完毕，并成功后，终端上会显示：

```
****************************************************************
Success: Now you can build android code for FSL i.MX platform
****************************************************************
```

4.3.4 Android 源代码结构

本节将会简单介绍 Android 的源代码结构。由于目录繁多，这里将不会深入介绍到每个目录。Google 提供的源代码包含 Android 的编译脚本、目标代码、主机编译工具、仿真环境。

/mydroid 顶层目录的内容如下所示。

```
mydroid/
|-- Makefile（全局的 Makefile）
|-- bionic（Bionic libc 库）
|-- bootable（引导加载器，recovery 系统）
|-- build（编译，配置所需要的脚本和工具）
|-- dalvik（Java 虚拟机）
|-- development（程序开发所需要的模板和工具）
|-- external（外部程序库）
|-- frameworks（Android 应用程序框架）
|-- hardware（硬件相关的库）
|-- kernel_imx（i.MX Linux 2.6 的源代码）
|-- packages（应用程序）
|-- prebuilt（预编译的主机及目标机程序、工具）
|-- sdk（SDK）
|-- system（Android 根目录相关）
`-- device（各厂商配置、编译脚本及闭源二进制）
```

bionic 目录展开的内容如下所示。

```
bionic/
|-- Android.mk
|-- libc（C 库）
|-- libdl（动态链接库）
|-- libm（数学计算库）
|-- libstdc++（CPP 库）
|-- libthread_db（线程调试工具）
`-- linker（动态链接器）
```

bootable 目录展开的内容如下所示。

```
bootable/
|-- bootloader（启动加载器）
|     `-- uboot-imx（i.MX U-BOOT）
|-- diskinstaller（目标板，分区镜像安装工具）
`-- recovery（Android 恢复、更新系统）
```

build 目录展开的内容如下所示。

```
build/
|-- buildspec.mk.default
|-- cleanspec.mk
|-- core（编译系统的 make 脚本，core 中的 Makefile 是整个 Android 编译所需要的真正的 Makefile，它被顶层目录的
Makefile 引用）
|-- envsetup.sh（编译环境设置脚本）
|-- libs
|-- target（包含模拟器和默认目标板的编译配置环境）
`-- tools（编译过程中主机所需要的工具）
```

development 目录展开的内容如下所示。

```
development/
|-- apps（Android 应用程序的模板，这些工程为开发者学习提供了很大便利，可以作为模板使用）
|-- build（编译脚本模板）
|-- cmds
|-- data
|-- docs
|-- emulator（仿真相关）
|-- host（包含 Windows 平台的一些工具）
|-- ide
|-- pdk
|-- samples（一些示例程序）
|-- simulator（大多是目标机器的一些工具）
|-- testrunner（测试工具，CTS 会使用到）
`-- tools
```

external 目录展开的内容非常多，这里举一些作为例子。

```
external/
|-- alsa-lib（ALSA 音频系统程序库）
|-- apache-http（apache http 服务器）
|-- bluetooth
|     |-- bluez（bluez 蓝牙协议栈）
|     |-- glib（gnome 程序库，用于 bluez 和 dbus）
|     `-- hcidump（蓝牙协议分析工具）
|-- dbus（dbus 消息总线和活动系统）
|-- fsl_imx_lib（i.MX IPU/VPU 程序库）
|-- opencore（PacketVideo 多媒体核心框架）
|-- openssl（Security Sockets Layer 网络协议层，用于为数据通信提供安全支持)
|-- oprofile（oprofile 应用层工具）
|-- ppp（点对点协议后台程序）
```

```
|-- skia（完整的 2D 图形库）
|-- sqlite（轻量级数据库）
|-- webkit（网络浏览器引擎）
|-- wpa_supplicant（802.11x 无线网络管理）
`-- zlib（压缩算法库）
```

frameworks 目录展开的内容如下所示。

```
frameworks/
|-- base（整个 Android 应用程序框架，包括 UI 系统、各类服务组件等）
|-- opt（可选组件）
`-- policies（各种设备的系统策略实现，目前包括 mid 和 phone）
```

packages 目录展开的内容如下所示。

```
packages/
|-- apps
| |-- AlarmClock（闹钟应用程序）
| |-- Browser（网络浏览器）
| |-- Calculator（计算器应用程序）
| |-- Calendar（日历应用程序）
| |-- Camera（相机应用程序）
| |-- Contacts（联系人应用程序）
| |-- Email（电子邮件应用程序）
| |-- GoogleSearch（谷歌搜索应用程序）
| |-- HTMLViewer（HTML 查看器）
| |-- IM（即时通讯应用程序）
| |-- Launcher（应用程序启动器）
| |-- Mms（短消息应用程序）
| |-- Music（音乐播放器）
| |-- PackageInstaller（应用程序包安装工具）
| |-- Phone（电话应用程序）
| |-- Settings（系统设置应用程序）
| |-- SoundRecorder（录音器）
| |-- Stk（SIM 卡工具包）
| |-- Sync（和主机同步工具）
| |-- Updater（更新工具）
| `-- VoiceDialer（语音电话）
`-- providers
|-- CalendarProvider（日历内容提供者）
|-- ContactsProvider（联系人内容提供者）
|-- DownloadProvider（下载内容提供者）
|-- DrmProvider（DRM 内容提供者）
|-- GoogleContactsProvider（谷歌联系人内容提供者）
|-- GoogleSubscribedFeedsProvider（谷歌新闻源内容提供者）
|-- ImProvider（即时通讯内容提供者）
|-- MediaProvider（多媒体内容提供者）
`-- TelephonyProvider（电话系统内容提供者）
```

prebuilt 目录展开的内容如下所示。

```
prebuilt/
|-- Android.mk
|-- android-arm（基于 ARM 的目标板的预编译程序和配置文件）
|-- common
`-- linux-x86（主机预编译工具）
```

system 目录展开的内容如下所示。

```
system/
|-- bluetooth
```

```
| |-- bluedroid
| `-- brfpatch
|-- core
| |-- Android.mk
| |-- README
| |-- adb（Android 调试桥工具）
| |-- cpio（制作启动分区工具）
| |-- debuggerd（进程调试守护进程）
| |-- fastboot（fastboot 协议实现）
| |-- include（各个库接口的头文件）
| |-- init（init 进程）
| |-- libctest
| |-- libcutils（C 工具库）
| |-- liblog（日志工具库）
| |-- libmincrypt（简化的加解密工具）
| |-- libnetutils（网络工具，包含 DHCP 客户端）
| |-- libpixelflinger（像素处理工具）
| |-- libzipfile（zip 工具库）
| |-- logcat（日志打印工具）
| |-- logwrapper（日志重定向系统工具）
| |-- mkbootimg（制作启动镜像工具）
| |-- netcfg（网络配置工具）
| |-- rootdir（根文件系统默认配置）
| |-- sh（shell）
| |-- toolbox（通用工具，类似于 busybox）
| `-- vold（设备卷管理守护进程）
`-- wlan（各无线网卡厂商的驱动和应用程序库）
```

4.3.5 源代码编译

在编译整个 Android 之前，需要先配置和编译内核，以便 Android 中的一些组件可以使用内核的头文件。

```
$cd ~/mydroid/kernel_imx
```

导出环境变量：

```
$export ARCH=arm
$export CROSS_COMPILE=$export CROSS_COMPILE=~/myandroid/prebuilt/linux-x86/toolchain/arm-eabi-4.4.0/bin/arm-eabi-
```

配置内核：

```
$make imx51_iding_defconfig
```

编译内核：

```
$make uImage
```

编译整个 Android 的源代码过程如下：

```
$cd ~/mydroid
$make PRODUCT-imx51_bbg-eng
```

编译的过程比较耗时，请耐心等待，一般情况下会花 2～3 个小时。编译结束后，系统将会在~/mydroid/out/target/product/imx51_bbg/下生成所有 Android 系统需要的文件、目录以及可以应用到目标系统上的文件系统镜像：

```
$ ls ~/mydroid/out/target/prodcut/imx51_bbg/
data/          installed-files.txt   obj/          ramdisk.img
recovery/      recovery.imgroot/           symbols/
system/        system.img            userdata.img
```

- installed-files.txt：文本文件，记录安装到 system/目录的所有文件，及其大小的列表。

- data/ -> userdata.img：用户数据目录及其对应的镜像，默认是空目录。在系统运行的时候，该目录才会被使用。它存放着解压缩后的应用程序以及应用程序的数据。
- system/ -> system.img：系统文件目录及其对应的镜像，它是 Android 系统的核心目录。它包含系统核心的应用程序、系统应用程序、动态链接库以及配置文件。
- recovery/ -> recovery.img：恢复系统的文件目录及其对应的镜像，作为 Android Recover 系统的根文件系统。在 Android 系统进入恢复模式时，内核会加载该文件系统为根文件系统，并执行文件系统中的恢复程序，来执行如下几种恢复模式：

（1）恢复出厂设置：恢复 Android 系统出厂时的配置。

（2）应用 SD 卡中的补丁包：该补丁包中可包含一系列的需要更新的文件以及一个更新脚本，该脚本可以执行诸如格式化目标系统存储器、烧写文件系统镜像、拷贝文件等命令。

- root/ -> ramdisk.img：系统默认的根文件系统，包含 init 初始化进程，init 启动配置脚本。在系统启动时 system/、data/分区就是由 init 进程加载的。
- obj/：所有项目编译过程中产生的二进制目标文件和链接后带符号的可执行及链接库文件，以及应用程序的 apk 文件等。
- symbols/：带有符号的二进制文件。编译系统会将该目录下的二进制文件做 strip，去除符号以减少二进制文件的尺寸大小，然后将这些文件安装到 root/、system/目录下。

如果 Android 源代码目录中的代码已经被编译过，希望重新从头开始编译整个源代码时，请先清理源代码：

```
$cd ~/mydroid
$make clean
```

如果希望单独编译某一个项目，可以利用 Android Build 系统中的 mm 命令。例如，要单独编译 adb 服务，首先需要配置 Android 编译系统的环境变量：

```
$ cd ~/mydroid
$ soure build/envsetup.sh
$ choosecombo
Build for the simulator or the device?
1.      Device
2.      Simulator

Which would you like? [1] <= 选择 1
Build type choices are:
1.      release
2.      debug

Which would you like? [1] <= 选择 1
Which product would you like? [generic] <= 输入 imx51_bbg

Variant choices are:
1.      user
2.      userdebug
3.      eng

Which would you like? [eng] <= eng
============================================
PLATFORM_VERSION_CODENAME=REL
```

4 Chapter

```
PLATFORM_VERSION=2.2
TARGET_PRODUCT=imx51_bbg
TARGET_BUILD_VARIANT=eng
TARGET_SIMULATOR=false
TARGET_BUILD_TYPE=release
TARGET_BUILD_APPS=
TARGET_ARCH=arm
HOST_ARCH=x86
HOST_OS=linux
HOST_BUILD_TYPE=release
BUILD_ID=FRF85B
============================================
```

进入需要重新编译的项目目录：

```
$ cd system/core/adb
```

单独编译该项目：

```
$ mm
```

这种编译方式有利于对某个项目改动后的增量编译。编译后的可执行文件或者链接库会被安装到 out/target/product/imx51_bbg/root 或 system 下。

4.4 Linux 内核及驱动程序

在开始讲解内核移植之前，首先介绍一下 Linux 内核以及内核驱动程序的开发。

4.4.1 Linux 内核简介

Linux 是最受欢迎的自由电脑操作系统内核。它是一个用C 语言写成，符合POSIX 标准的类UNIX操作系统。Linux 最早是由芬兰黑客林纳斯 • 托瓦兹为尝试在英特尔x86架构上提供自由免费的类 UNIX操作系统而开发的。该计划开始于1991 年，这里有一份林纳斯 • 托瓦兹当时在Usenet新闻组comp.os.minix 登载的帖子，这份著名的帖子标示着 Linux 计划的正式开始——“在计划的早期有一些Minix 黑客提供了协助，而今天全球无数程序员正在为该计划无偿提供帮助。”

技术上说 Linux 是一个内核。“内核”指的是一个提供硬件抽象层、磁盘及文件系统控制、多任务等功能的系统软件。一个内核不是一套完整的操作系统。一套基于 Linux 内核的完整操作系统叫作Linux 操作系统或GNU/Linux。

4.4.1.1　架构

Linux 是一个宏内核（monolithic kernel）系统。它的简化架构图如图 4-23 所示。设备驱动程序可以完全访问硬件。Linux 内的设备驱动程序可以方便地以模块化（modularize）的形式设置，并在系统运行期间可直接装载或卸载。

Linux 不是微内核（microkernel）架构的事实曾经引起了林纳斯 •托瓦兹与安德鲁 •斯图尔特 •塔能鲍姆（Andy Tanenbaum）之间一场著名的争论。

4.4.1.2　可移植性

尽管林纳斯 • 托瓦兹的初衷不是使 Linux 成为一个可移植的操作系统，今天的 Linux 却是全球被最广泛移植的操作系统内核。从掌上电脑iPAQ到IBM S/390（一种可以同时跑成千上百个 Linux 的大型机），甚至有人成功地将 Linux 内核在新力出品的游戏机PS2及PS3和微软出品的游戏机Xbox上使用。Linux 也是 IBM超级计算机Blue Gene的操作系统。直至 2008 年 11 月，全球前 500 大超级计算机（TOP 500）有高达 87.8%的比例采用 Linux 作为操作系统，最快的超级计算机IBM Roadrunner 正是采用 Linux 的。

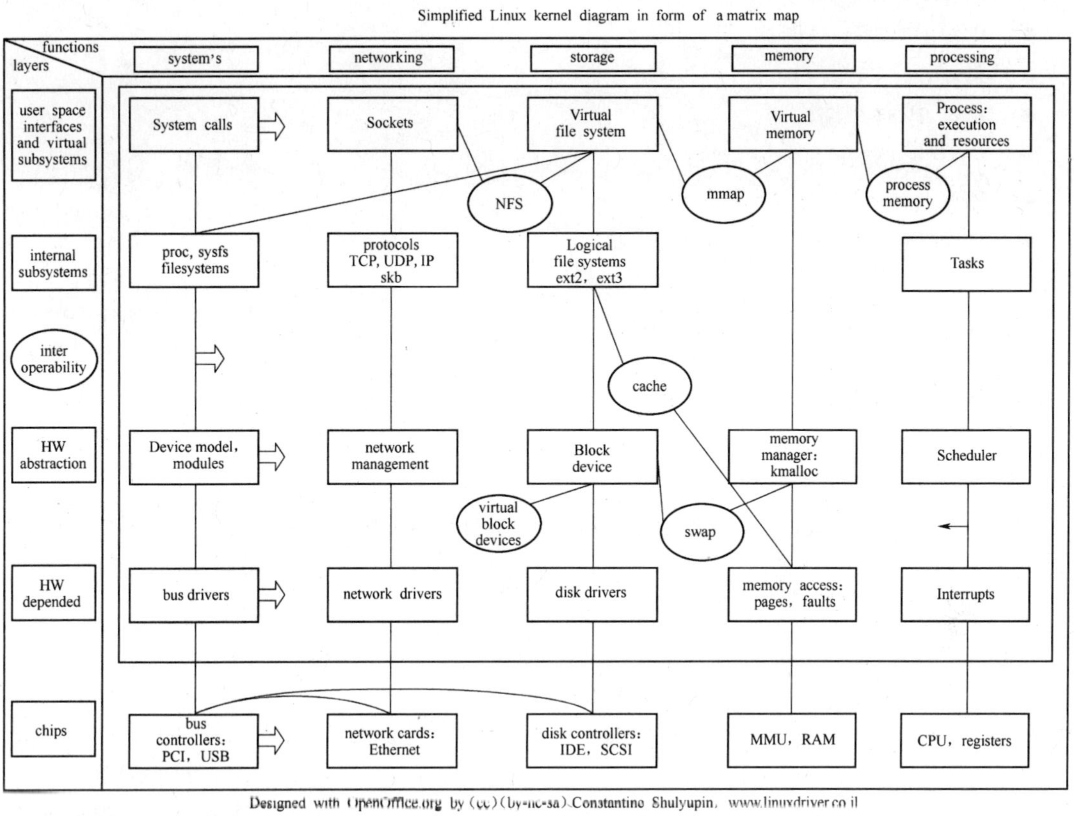

图 4-23　Linux 内核结构图

Linux 目前可以在以下结构上运行：

- Acorn 体系结构。
- Argonaut RISC Core（ARC）体系结构。
- ARM体系结构。
- Atmel AVR32 体系结构。
- ETRAX CRIS体系结构。
- Fujitsu FR-V体系结构。
- Alpha 体系结构。
- Renesas Technology H8系列。
- Intel IA-64 Itanium，Itanium II。
- IBM的S/390（31位）。
- IBM 的zSeries与System z9大型主机（64位）。
- x86体系结构。
- M32R 体系结构。
- MIPS体系架构。

- Freescale 68K 架构。
- NEC v850e。
- Power 体系结构。
- PowerPC 体系结构。
- SPARC体系结构。
- SuperH 体系结构。
- IBM的 AS/400。
- Playstation 2。
- Blackfin ADSP BF5xx。

4.4.1.3 专利权

原先托瓦兹将 Linux 置于一个禁止任何商业行为的条例之下，但之后改用GNU 通用公共许可证第二版。该协议允许任何人对软件进行修改或发行，包括商业行为，只要其遵守该协议，所有基于 Linux 的软件也必须以该协议的形式发表，并提供源代码。

托瓦兹曾经公开声称将 Linux 置于 GNU 通用公共许可证之下是他一生中所做的“最好的决定”。

4.4.1.4 固件争议

许可证争议的一个重点是 Linux 使用固件二进制包以支持某些硬件设备。理察·马修·斯托曼认为这些东西让 Linux 某部分成为非自由软件，甚至以此散布 Linux 更会破坏 GPL，因为 GPL 需要完全可获取的源代码。

4.4.1.5 加载式内核模块许可证

另一个争论点就是加载式内核模块（Loadable Kernel Module，LKM）是否算是智能财产权下的派生创作，意即 LKM 是否也受 GPL 约束？托瓦兹本人相信 LKM 仅用一部分“公开”的内核接口，因此不算派生创作，因此允许一些仅有二进制包裹的驱动程序或不以 GPL 声明的驱动程序用于内核。但也不是每个人都同意，且托瓦兹也同意很多 LKM 的确是纯粹的派生创作，也写下“基本上，内核模块是派生创作”这样的句子。另一方面托瓦兹也说过：有时候一些驱动程序原先并非为 Linux 设计，而是为其他操作系统而作（意即并非为 Linux 作的派生创作），这是个灰色地带……这“的确”是个灰色地带，作者个人相信一些模块可视为非 Linux 派生创作，在于它们并不是针对 Linux 设计，也因此不会遵守 Linux 定下的行为准则。

4.4.2 Linux 驱动程序简介

在介绍 Android 内核移植之间，简单介绍一下 Linux 的内核驱动架构，以及 i.MX51 Android 系统中常用的设备驱动实现。

4.4.2.1 Linux Kernel 驱动架构简介

Linux 内核的驱动架构比较复杂，这里利用嵌入式平台上常用的平台设备、驱动（Platform Devices/Drivers）来简单介绍该设备驱动架构。

平台设备驱动架构描述了一个伪总线，用来处理连接在其上的设备。它常被用来编写 SoC 处理器中的 IP 设备的驱动，但它比之前的 PCI 和 USB 总线架构要简单、小巧。

1. 平台设备（Platform Devices）

平台设备通常被定义为那些在系统中相对自主独立的设备。这包括传统的基于端口的设备、主控桥接的外围总线以及集成到系统芯片的控制器。它们的共同点通常是直接从 CPU 总线寻址。少数情况下，一个平台设备会通过一些其他类型的总线连接，但它的寄存器仍然是直接寻址的。

平台设备结构包含用于和驱动绑定的名称以及一个资源（例如地址、IRQ 号）列表。它的结构如下：

```
struct platform_device {
const char    *name;
u32           id;
struct device dev;
u32           num_resources;
struct resource      *resource;
};
```

2．平台设备驱动（Platform Drivers）

平台设备驱动遵循标准驱动模型，设备的发现和枚举在驱动外处理，驱动为此提供 probe()和 remove() 方法。它也支持电源管理和使用标准接口的关闭通知。驱动结构定义如下：

```
struct platform_driver {
int (*probe)(struct platform_device *);
int (*remove)(struct platform_device *);
void (*shutdown)(struct platform_device *);
int (*suspend)(struct platform_device *, pm_message_t state);
int (*suspend_late)(struct platform_device *, pm_message_t state);
int (*resume_early)(struct platform_device *);
int (*resume)(struct platform_device *);
struct device_driver driver;
};
```

请注意，probe()方法应该验证特殊的硬件设备是否存在。探测过程可以使用设备的资源，包括设备时钟和设备的平台数据（platform_data）。平台驱动程序用以下方法注册自己：

```
int platform_driver_register(struct platform_driver *drv);
```

或者，在通常情况下，设备是不可以热插拔的，这样 probe() 方法可以在编译时放入 init 代码段，以减少运行时内存的开销：

```
int platform_driver_probe(struct platform_driver *drv,
                int (*probe)(struct platform_device *))
```

3．设备枚举

根据平台设备驱动规则，平台相关（通常是板级启动代码）的启动代码会利用以下两种方法注册平台设备：

```
int platform_device_register(struct platform_device *pdev);
int platform_add_devices(struct platform_device **pdevs, int ndev);
```

总的原则是只注册那些实际存在的设备，但有一些额外的设备可能被注册。例如，一个内核可以配置为使用外部网络适配器，该适配器可能不会在所有硬件上；或该设备为集成控制器，但在某些硬件上，没有外设挂在该集成控制器上。

在某些情况下，启动固件将导出当前硬件的设备描述表。如果没有这样的表，系统设置代码要建立正确的设备，就需要针对特定的硬件平台配置内核。这样的板级特定内核，在嵌入式系统的开发和定制中比较常见。

在很多情况下，内存与平台相关的 IRQ 等资源对于设备驱动的正常工作来说是不够的，板级设置代码通常会使用该设备的 platform_data 结构来提供额外的信息。嵌入式系统通常需要一个或多个时钟设备，这些时钟设备会保持关闭，直到设备被打开使用。

4. 设备命名和驱动绑定

平台设备结构中，platform_device.dev.bus_id 是该设备的规范名称。它的建立由两部分组成：

- platform_device.name：用来匹配驱动。
- platform_device.id：该设备实例号。如果为“-1”，说明只有一个。

这两部分一般是串联在一起的，因此“serial/0”指定了 bus_id 为“serial.0”，而“serial/3”则指定了 bus_id 为“serial.3”；它们都会使用名为“serial”的平台设备驱动。

驱动绑定是由驱动核心自动执行的，并且是当它找到设备和驱动匹配时调用驱动 probe()方法来实现的。加入 probe 方法成功，则绑定成功。这里有三种不同的方法来找到对应的匹配：

- 当一个设备被注册时，该总线的驱动检查匹配。平台设备应该在系统启动的早期注册。
- 当一个驱动程序使用 platform_driver_register()注册时，对于所有未绑定的设备，检查总线以找到匹配。驱动通常在启动后期注册，或者模块加载时注册。
- 使用 platform_driver_probe() 注册一个驱动时，和第二种情况类似，但是该驱动程序只会对在其之后注册的设备做探测。

介绍完了平台设备驱动结构，下面来了解一些常用的驱动及其实现。

4.4.2.2 GPIO 按键设备驱动

Android 官方内核里包括 GPIO 键盘驱动。GPIO 键盘是通过 GPIO pin 脚来链接按键或者按键矩阵。驱动在用户按键时对 GPIO 引脚状态进行判断，或者进行矩阵扫描，以确定哪些按键按下，并汇报给内核。它分为以下 3 部分：

1. gpio_event 驱动

该驱动为 GPIO 键盘事件驱动，定义了一个通用的驱动框架，在输入型键盘和矩阵型键盘设备注册时，它创建对应的 input 设备结构，并将驱动和设备绑定，然后调用对应的驱动初始化函数。

2. gpio_input 驱动

该驱动支持 GPIO 输入型键盘驱动，也就是每个按键都只对应一个 GPIO pin 脚。GPIO 的输入电平的变化代表了按键的按下或者释放。

该设备驱动初始化的时候，加载键盘设备的键值映射表（Keymap）。请求每个按键对应的 GPIO（gpio_request()），并将这些 GPIO 设置成输入模式（gpio_direction_input()）。然后为每个 GPIO 注册同一个中断服务程序（request_irq()），并设置触发条件为上升沿和下降沿。最后申请并初始化一个定时器。用户按键时，由于轻重、快慢等物理因素，导致 GPIO 的电信号在中断触发时会有不稳定的抖动状况，这时需要一个定时器来延时探测该 GPIO 状态，并获得稳定的按键状态。

当用户按下或者释放按键后，该按键的 GPIO 触发中断，中断处理程序判断该按键是否需要做抖动处理。如果不需要，直接通过 gpio_get_value() 获取该 GPIO 的值，根据键盘设备定义的 GPIO 极性来判断该键盘是按下还是释放。然后调用 input_event() 将该按键事件汇报给内核。如果该按键需要做抖动处理，则启动上面初始化过的定时器，并让定时器在键盘设备要求的抖动探测延时后启动。定时器处理函数将在延时后再次判断该按键的状态，如果按键确实有之前中断中描述的状态，则通过 input 系统汇报给内核。

在使用该设备驱动前，需要定义一些结构来描述 GPIO 键盘设备。这里以 trout 平台开关和拍照按键设备为例。

```
static struct gpio_event_direct_entry trout_keypad_nav_map[] = {
{ TROUT_POWER_KEY,                    KEY_POWER        },
```

```
{ TROUT_GPIO_CAM_BTN_STEP1_N,     KEY_CAMERA-1 },
        { TROUT_GPIO_CAM_BTN_STEP2_N,     KEY_CAMERA     },
};

static struct gpio_event_input_info trout_keypad_nav_info = {
.info.func = gpio_event_input_func,
.flags = 0,
.type = EV_KEY,
.keymap = trout_keypad_nav_map,
.keymap_size = ARRAY_SIZE(trout_keypad_nav_map)
};

static struct gpio_event_info *trout_keypad_info[] = {
&trout_keypad_nav_info.info,
};

static struct gpio_event_platform_data trout_keypad_data = {
.name = "trout-keypad",
.info = trout_keypad_info,
.info_count = ARRAY_SIZE(trout_keypad_info)
};

static struct platform_device trout_keypad_device = {
    .name = "gpio-event",
    .id = 0,
    .dev = {
                .platform_data   = &trout_keypad_data,
    },
};
```

键盘的键值映射结构：trout_keypad_nav_map 定义了从 GPIO pin 脚号到内核键值的映射表。例如 TROUT_POWER_KEY（GPIO 引脚号定义）-> KEY_POWER（内核电源按键扫描码）。

键盘基本信息：trout_keypad_nav_info 中.info.func 为初始化 GPIO input 驱动的函数，这里赋值为 gpio_input.c 中的 gpio_event_input_func；.flags 定义了 GPIO 是高电平还是低电平为按键按下事件；.type 定义了该键盘的输入类型；.keymap 为键值映射表，赋值为上面的 trout_keypad_nav_map；.keymap_size 定义了键值映射表的大小。

平台数据结构：trout_keypad_data 定义了传递给 gpio_input 驱动的平台数据结构。.name 为键盘名称；.info 为键盘基本信息的集合；.info_count 为基本信息集合中的结构数量。

设备结构：trout_keypad_device 定义了平台设备结构。.name 必须和 gpio 键盘输入设备驱动名称一致，为“gpio-event”；.dev.platform_data 则被赋值为以上定义的平台数据结构地址。

定义完这些结构，就可以将 trout_keypad_device 通过 platform_device_register()注册到内核中。这样 GPIO 键盘驱动就能加载并操作该键盘。

3．gpio_matrix 驱动

该驱动和 gpio_input 类似。只是它在某个行 GPIO 中断产生后，会禁止所有行输入的 GPIO 中断。并把每一列的 GPIO 配置成输入模式，然后一次读取每行 GPIO 的状态，记录下当前有按键按下的行。然后依次将每列的 GPIO pin 脚的属性改成输出（改变该列的 GPIO 状态），并记录下是否有某一行的 GPIO 状态由于列的 GPIO 状态的改变而改变。扫描完所有列后，驱动统计在列扫描中变化的行、列值，获取响应的按键，并汇报给内核。

因此在定义矩阵型 GPIO 键盘设备时，需要定义行和列的 GPIO pin 脚，及它们对应的键值映射，例如：

```
static unsigned int trout_col_gpios[] = { 35, 34, 33, 32, 31, 23, 30, 78 };
static unsigned int trout_row_gpios[] = { 42, 41, 40, 39, 38, 37, 36 };
#define KEYMAP_INDEX(col, row) ((col)*ARRAY_SIZE(trout_row_gpios) + (row))

static const unsigned short trout_keymap[ARRAY_SIZE(trout_col_gpios) * ARRAY_SIZE(trout_row_gpios)] = {
[KEYMAP_INDEX(0, 0)] = KEY_BACK,
[KEYMAP_INDEX(0, 1)] = KEY_HOME,
......
[KEYMAP_INDEX(7, 6)] = KEY_D
};

static struct gpio_event_matrix_info trout_keypad_matrix_info = {
.info.func = gpio_event_matrix_func,
.keymap = trout_keymap,
.output_gpios = trout_col_gpios,
.input_gpios = trout_row_gpios,
.noutputs = ARRAY_SIZE(trout_col_gpios),
.ninputs = ARRAY_SIZE(trout_row_gpios),
.settle_time.tv.nsec = 40 * NSEC_PER_USEC,
.poll_time.tv.nsec = 20 * NSEC_PER_MSEC,
.flags = GPIOKPF_LEVEL_TRIGGERED_IRQ | GPIOKPF_REMOVE_PHANTOM_KEYS |GPIOKPF_PRINT_UNMAPPED_
KEYS /*| GPIOKPF_PRINT_MAPPED_KEYS*/
};
```

这里用 trout_col_gpios 和 trout_row_gpios 来定义列、行的 GPIO pin 脚号。trout_keymap 定义了矩阵中每个按键的键值映射。键盘基本信息结构也与 gpio_input 设备类似。然后可以将该基本信息结构放入 trout_keypad_info 结构中，和输入型 GPIO 键盘一样注册该设备。

4.4.2.3 Framebuffer 设备驱动

Framebuffer 设备提供了一种对图形硬件的抽象。它表现为帧缓冲视频硬件，并且允许应用软件通过定义良好的图形硬件接口来访问图形设备。这使得软件无须了解复杂的低级别的硬件寄存器配置。

Framebuffer 驱动程序可以通过选择内核配置的 Framebuffer 项来使能。并且 Framebuffer 还包括对字体和启动 logo 的支持，并且这些支持都依赖于虚拟终端（VT）将串行中断切换到图形模式下。Framebuffer 设备可以通过/dev/fb*设备节点来访问，一般情况下 fb0 是主要的 Framebuffer 设备，fb1 是 overlay 的 Framebuffer 设备。

i.MX51 对显示的支持主要依靠 SoC 内部的 IPU 模块实现。因此内核中使用 IPU IP 模块来实现 Framebuffer 显示设备驱动，以支持 LCD、TVOUT、DVI 等设备。

1. Framebuffer 的功能

除了提供物理显存分配和 LCD 配置，Framebuffer 通用的 API 也在 i.MX51 驱动中获得支持，例如配置颜色表、贴图以及内存映射等。

Framebuffer 设备是一种显示内存设备，类似于/dev/mem。用户可以读写显存、移动读写指针位置以及利用 mmap 将显存映射到应用层。

该设备实现了一系列的 ioctl，允许用户查询和设置硬件设备信息与属性。

这些 ioctl 如下：

- 获取显示设备的基本信息。这些信息包括设备名、显存组织方式以及它的地址和长度。
- 获取和修改显示设备的可配置参数，例如可见性、虚拟尺寸、颜色深度、颜色表格式以及时序等。
- 获取和配置颜色表。
- 所有这些硬件抽象都是为了使应用程序能更好、更方便地适应各种显示设备。

除了以上 ioctl 接口，Framebuffer 的设备驱动还实现了以下功能：

- 初始化显示设备接口配置。
- 初始化 IPU DMA 通道，以使像素数据能够传输到显示设备（如 LCD 面板）上。
- 分配额外的显存以支持双缓存的使用。
- 根据启动参数或者默认配置来配置显示尺寸。
- 配置像素格式，例如 RGB16、24、32。
- 配置显示输出接口的信号时序和信号极性。
- 配置调色板和颜色装换。
- 电源管理。

2. Framebuffer 设备驱动代码

i.MX51 IPUv3 同步显示 Framebuffer 驱动：

```
drivers/video/mxc/mxc_ipuv3_fb.c
```

Framebuffer 子系统代码：

```
drivers/video/fbmem.c
```

3. Framebuffer 内核配置

- CONFIG_MXC_IPU (Device Drivers -> MXC support drivers -> Image Processing Unit Driver)：支持 IPU（Image Process Unit）驱动。
- CONFIG_FB (Device Drivers -> Graphics support -> Support for frame buffer devices)：在内核中支持 Framebuffer 子系统。
- CONFIG_FB_MXC (Device Drivers -> Graphics support -> MXC Framebuffer support)：选择 i.MX framebuffer 需要的相应 Framebuffer 子系统中的模块支持。
- CONFIG_FB_MXC_SYNC_PANEL (Device Drivers -> Graphics support -> MXC Framebuffer support -> Synchronous Panel Framebuffer)：支持 i.MX 同步显示输出驱动。

4.4.2.4 MMC/SD 设备驱动程序

MMC/SD/SDIO 主控驱动实现了标准 Linux MMC/SDHC 以及加强 MMC/SD（eSDHC）主控驱动接口。该驱动有以下功能：

- 对 MMC/SD 和 SDIO 卡的 1 位或 4 位操作。
- 支持卡的插拔探测。
- 支持标准的 MMC 命令。
- 支持 PIO 和 DMA 模式的数据传输。
- 电源管理。

Linux 系统拥有一个 MMC 总线驱动，它实现了 MMC 总线的协议。MMC 块设备驱动处理文件系统的读写，并使用底层的 MMC 主控设备驱动来向设备发送 SDHC 或者 eSDHC 命令。图 4-24 显示了整个 MMC 驱动架构及各个驱动所在的层次。

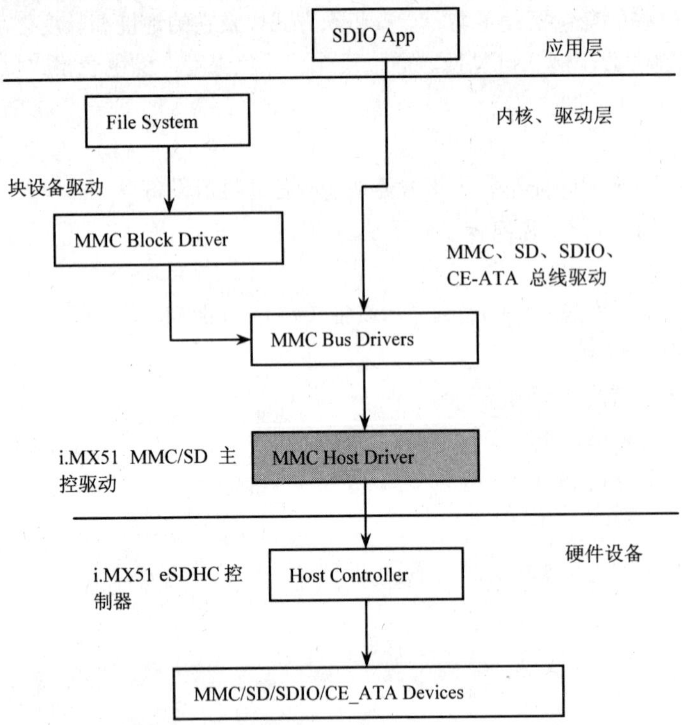

图 4-24 MMC/SD 驱动架构

i.MX51 MMC 主控驱动实现标准的 init、 exit 和 set_ios 接口，以及以下功能：

- 初始化函数 sdhci_drv_init()：注册设备驱动结构。
- 设备探测函数（probe）：sdhci_probe 和 sdhci_probe_slot。它初始化和注册 MMC 设备特殊的结构，注册总线协议驱动。驱动会查看内存和终端号资源，并配置 IOMUX 使能 eSDHC I/O 引脚，同时复位硬件。
- sdhci_set_ios()：配置总线宽度、电压值、时钟速率。
- sdhci_request()：处理读写操作。它配置操作块数和块大小。配置一个 DMA 通道、分配 DMA 缓存并启动该 DMA 传输。
- 插拔中断处理函数 sdhci_cd_irq()：当卡插拔时被调用。
- 命令中断处理函数 sdhci_irq()：当 eSDHC 的命令处理完毕或者有错误时，该函数处理该中断。类似 CRC、缓存饥饿或者溢出错误。
- DMA 中断处理函数 sdhci_dma_irq()：在 DMA 数据传输完成后被调用。它通过调用 mmc_request_done() 函数通知 MMC 子系统驱动一个传输请求已经完成。

驱动源代码如下：

```
drivers/mmc/host/mx_sdhci.c
```

在内核配置中，要使能它，请确保有以下配置宏定义：

- CONFIG_MMC (Device Drivers -> MMC/SD Card support)：MMC/SD 子系统。
- CONFIG_MMC_BLOCK (Device Drivers -> MMC/SD Card Support -> MMC block device driver support)：MMC 块设备驱动，用于挂载文件系统。
- CONFIG_MMC_IMX_ESDHCI (Device Drivers -> MMC/SD Card Support -> Freescale i.MX Secure Digital Host Controller)：i.MX MMC 驱动。

4.4.2.5 USB 设备驱动程序

i.MX51 USB 驱动实现了一个标准的支持 ARC USB-HS OTG 控制器的 Linux USB 驱动。USB 总线提供了通用和广泛的 PC 和外设之间的互联接口。它支持热插拔、端口扩展，以及任何使用和 USB 相同类型端口的设备。

ARC USB 控制器和 EHCI（Enhanced Host Controller Interface）相兼容，并有以下功能：

- 支持高速、全速的主机端口驱动（HOST1）。
- 支持高速、全速的 OTG 端口驱动。
- 主机端模式，支持 HID（Human Interface Devices）、MSC（Mass Storage Class）以及 PTP（Still Image）驱动。
- 设备模式，支持 MSC、MTP 和 CDC（Communication Devices Class）驱动。
- 嵌入式 DMA 控制器驱动。

ARC USB 驱动中，主机端实现了硬件特殊的接口函数，外设端实现了 gadget 框架函数。这些结构定义如下：

（1）Host 端口。

```
static struct usb_ep_ops fsl_ep_ops = {
.enable = fsl_ep_enable,
.disable = fsl_ep_disable,
.alloc_request = fsl_alloc_request,
.free_request = fsl_free_request,
.queue = fsl_ep_queue,
.dequeue = fsl_ep_dequeue,
.set_halt = fsl_ep_set_halt,
.fifo_status = arcotg_fifo_status,
.fifo_flush = fsl_ep_fifo_flush,
};
```

（2）OTG 端口。

```
static struct usb_gadget_ops fsl_gadget_ops = {
.get_frame = fsl_get_frame,
.wakeup = fsl_wakeup,
.vbus_session = fsl_vbus_session,
.vbus_draw = fsl_vbus_draw,
.pullup = fsl_pullup,
};
```

- fsl_ep_enable：配置一个 endpoint，并使能之。
- fsl_ep_disable：关闭一个 endpoint。
- fsl_alloc_request：为 endpoint 分配一个请求结构。
- fsl_free_request：释放分配的请求结构。
- arcotg_ep_queue：向 endpoint 中提交一个 I/O 请求。
- arcotg_ep_dequeue：取消一个 I/O 请求。
- arcotg_ep_set_halt：将 endpoint 配置成关闭。
- arcotg_fifo_status：获取当前传输完成的字节数。
- fsl_get_frame：获取当前传输的数据帧的索引。
- fsl_wakeup：将 USB 控制器从睡眠状态唤醒。
- fsl_vbus_session：在 VBUS 有供电时被调用，通知控制器。

- fsl_vbus_draw：获取连接的设备通过 VBUS 供电时需要多大的功耗。
- fsl_pullup：当 USB 数据线被上拉时调用，处理连接和断开连接。

1. 源代码结构

（1）USB 驱动代码。

- drivers/usb/host/ehci-hcd.c：Host 端驱动程序。
- drivers/usb/gadget/arcotg_udc.c：外设端驱动程序。
- drivers/usb/otg/fsl_otg.c：OTG 驱动程序。
- drivers/usb/otg/otg_fsm.c：OTG 有限状态机驱动（Finite State Machine from OTG spec）。

（2）USB 平台相关代码。

- usb_dr.c：DR OTG 端口设备初始化代码。
- usb_h1.c：HOST1 端口设备初始化代码。
- usb_h2.c：HOST2 端口设备初始化代码。

（3）USB 平台通用代码。

- isp1504xc.c：ULPI PHY 驱动。
- utmixc.c：内部 UTMI transceiver 驱动。
- usb_common.c：USB 平台通用 PHY、transceiver 接口封装驱动。

2. 内核配置选项

要使能各种 USB 设备驱动，需要选择以下配置（所有的配置都在 Device drivers -> USB support 菜单下）：

- CONFIG_USB：支持内核中 USB 子系统。
- CONFIG_USB_EHCI_HCD (Support for Host-side USB -> EHCI HCD (USB 2.0) support)：USB Enhanced Host Controller Interface 驱动，支持 USB 2.0。
- CONFIG_USB_EHCI_ARC (Support for Host-side USB -> EHCI HCD (USB 2.0) support -> Support for Freescale controller)：支持 Freescale 高速 USB OTG 控制器。
- CONFIG_USB_EHCI_ARC_H1 (Support for Host-side USB -> EHCI HCD (USB 2.0) support -> Support for Freescale controller -> Support for Host1 port on Freescale controller)：使能 USB 控制器的 Host1 端口。
- CONFIG_USB_EHCI_ARC_H2 (Support for Host-side USB -> EHCI HCD (USB 2.0) support -> Support for Freescale controller -> Support for Host2 port on Freescale controller)：使能 USB 控制器的 Host2 端口。
- CONFIG_USB_EHCI_ARC_OTG (Support for Host-side USB -> EHCI HCD (USB 2.0) support -> Support for Freescale controller -> Support for DR host port on Freescale controller)：使能控制器的 OTG 端口。
- CONFIG_USB_STATIC_IRAM (Support for Host-side USB -> EHCI HCD (USB 2.0) support -> Support for Freescale controller -> Use IRAM for USB)：使用 IRAM 代替 DDR RAM 作为 USB 的结构和缓存存储。
- CONFIG_USB_EHCI_FSL_UTMI (Select transceiver for DR port (Internal UTMI))：选择 USB OTG 端口的收发器，内部 UTMI。
- CONFIG_USB_EHCI_ROOT_HUB_TT (Root Hub Transaction Translators)：支持 USB 根集

线器传输翻译驱动。

- CONFIG_USB_STORAGE (USB Mass Storage support)：支持 USB Mass Storage 设备。
- CONFIG_USB_HID (Device drivers > HID Devices > USB Human Interface Device (full HID) support)：支持 USB HID 设备。
- CONFIG_USB_GADGET (USB Gadget Support)：支持 USB Gadget 设备。
- CONFIG_USB_GADGET_ARC (USB Gadget Support > USB Peripheral Controller (Freescale USB Device Controller)：支持 Freescale USB ARC Gadget 驱动。
- CONFIG_USB_GADGET_ARC_OTG (USB Gadget Support -> Support for DR peripheral port on Freescale controller)：支持 USB OTG 端口的设备模式。
- CONFIG_USB_OTG (USB Gadget Support -> OTG Support)：支持通过 USB ID 引脚探测 OTG 是做主机还是设备。
- CONFIG_UTMI_MXC_OTG (USB Gadget Support -> USB OTG pin detect support for UTMI PHY)：支持 USB OTG 引脚探测，使能 UTMI PHY 的 OTG 功能。
- CONFIG_USB_ETH (USB Gadget Support > Ethernet Gadget (with CDC Ethernet Support)：支持以太网 Gadget 设备。
- CONFIG_USB_FILE_STORAGE (USB Gadget Support > File-backed Storage Gadget)：支持 Mass Storage Gadget 设备。

4.4.2.6 音频 CODEC 设备驱动 (SOC)

Linux Kernel 音频设备驱动是构建在 ALSA（Advenced Linux Sound Architecture）子系统上。并且对很多嵌入式系统来说，例如 i.MX51 平台，它们的音频驱动又是基于 ASoC（ALSA System on Chip）架构。

ASoC 架构使得编写嵌入式片上系统（SoC）中的音频驱动变得更加直观、方便。它有如下特性：

- 与平台无关的音频编解码器驱动。一个 Codec 驱动可以在不修改代码的情况下运行在很多平台和硬件上。
- 在 SoC 和 Codec 之间方便地配置 I2S/PCM 音频接口。每一个 SoC 的接口和 Codec 注册了音频接口的能力，并且在硬件参数配置明确的情况下，配对并做配置。
- 动态音频电源管理（DAPM）。DAPM 在运行时，会自动设置 Codec 的状态，使之处于最低功耗状态下。它包括内部电源模块的开启、关闭，并且依赖于内部音频通路和任何的活动音频流的状态。
- 降噪处理。Codec 的噪音可以在正确配置上下电时序的情况下降低到最小程度。当电源状态改变时，ASoC 会通知 Codec。
- 机器特殊控制：使机器可以为声卡添加特殊的控制（例如喇叭的音量控制）。

为了实现以上功能，ASoC 将嵌入式平台的音频系统基本分为三个组件：

- 音频编解码器（Codec）驱动。它是平台无关的，包含音频控制、接口能力、DAPM 定义以及 I/O 操作的驱动。
- 平台（Platform）驱动。它包含音频 DMA 引擎和平台支持的音频接口驱动（例如，I2S、AC97、PCM）。
- 机器（Machine）驱动。它处理 Machine 特定的控制器和音频事件（例如，在播放音频时开启增益）。

1. 源代码结构

在 i.MX51 平台下，实现了基于 i.MX51 的平台和机器驱动，以及几个常用的 Codec 的音频编解码器驱动。

```
sound/soc/imx/imx-ssi.c
sound/soc/imx/imx-pcm.c
```

实现了基于 i.MX51 SoC 的平台部分。imx-ssi.c 定义了 i.MX51 和 Codec 直接的音频接口 SSI。它提供了 SSI 的启动、关闭、配置参数以及设置时钟等接口。imx-pcm.c 定义了在 i.MX51 和 Codec 之间传输数据的 DMA 引擎的操作。

```
sound/soc/imx/imx-3stack-wm8758.c
```

实现了基于 wm8758 和 i.MX51 平台的机器部分。它连接 Codec 驱动和平台驱动，并且实现对 SSI 接口的调用配置，以及扩展耳机、扬声器打开、关闭等控制器。

```
sound/soc/codec/wm8758.c
```

实现了 WM8758 Codec 部分。该 Codec 直接由 WM8758 的厂商 Wolfson 公司提供。平台无关，可以直接使用。

如果需要在自己的 i.MX51 硬件平台上开发新的 Codec 驱动，请先在开源社区中找到相应的 Codec 部分的源代码，然后自己编写平台和机器部分。

2. 内核配置选项

想要在内核中加入该驱动，请确保以下内核配置被选中：

- CONFIG_SND_MXC_SOC (Device Drivers -> Sound card support -> Advanced Linux Sound Architecture -> ALSA for SoC audio support -> SoC Audio for the Freescale i.MX CPU)：使能 i.MX ASoC 的平台部分。
- CONFIG_SND_SOC_IMX_3STACK_WM8758 (Device Drivers -> Sound card support -> Advanced Linux Sound Architecture -> ALSA for SoC audio support -> SoC Audio support for IMX – WM8758)：使能 WM8758 在 i.MX51 中的平台机器部分。该配置还会选中 CONFIG_SND_MXC_SOC_SSI 和 CONFIG_SND_SOC_WM8758。前者是定义 MCU 到 Codec 之间的音频接口，后者选中了 WM8758 的 Codec 驱动。

4.4.2.7 Ethernet 驱动 (FEC)

i.MX51 快速以太网控制器（FEC）驱动实现了完整的基于 IEEE 802.3/以太网 CSMA/CD 媒体访问控制和通道接口功能。FEC 需要一个外部的接口适配器和发送接收器来实现和以太网媒体控制器的接口。它支持半双工和全双工传输，以及 10Mbps 和 100Mbps 的网速。

1. FEC 驱动实现的功能

- 支持全双工传输。
- 支持对连接状态改变的探测。
- 支持自动协商（协商网络速度以及全双工或半双工）
- 支持各种传输特性，例如在冲突时自动重传以及 CRC 校验码生成。
- 支持从设备获取当前控制器状态，例如传输冲突。

2. FEC 驱动实现的方法

- 驱动模块初始化 fec_enet_module_init()：分配和初始化 net_device 网络设备结构。并注册到网络子系统。
- 发送 fec_enet_start_xmit()：该函数注册到网络子系统，并被其在需要发送网络包时调用。

- 接收 fec_enet_interrupt()：该函数为以太网中断服务程序，当有数据包到达网卡时，FEC 会产生中断，并调用该函数，将包传递给网络子系统。当有错误发生时，该中断服务程序还负责处理错误。
- 各种状态处理方法：例如 fec_timeout，负责重启控制器，并重新唤醒网络子系统中该设备传输队列。

3. 源代码结构

FEC 的源代码位于以下位置：

```
drivers/net/fec.c
```

4. 内核配置选项

要在内核中使能 FEC，请选择 CONFIG_FEC(Device Drivers->Network device support->Ethernet (10 or 100Mbit) -> FEC Ethernet controller)。

4.5 Android BSP 移植与开发

本节介绍如何移植 Android 官方的系统源代码到怡鼎 MX51 的硬件平台上，并且使得大部分功能能够在该硬件平台上实现。我们选取一些常用的组件进行讲解，而不会详细介绍每一个组件的移植及开发。这些组件包括：

- Bootloader 启动加载器
- Linux 内核
- 部分 Android HAL（硬件抽象层）

其余包括 OpenGL ES、OpenCORE 等组件的移植将不在本书的介绍范围内。

4.5.1 Bootloader

MX51 平台使用 U-Boot（www.denx.de）作为启动加载器来加载内核。

U-Boot，全称 Universal Boot Loader，是遵循 GPL（General Public License）条款的开放源码项目。U-Boot 支持 PowerPC、MIPS、X86、ARM、NIOS、XScale 等诸多常用系统的处理器。U-Boot 项目的开发目标，就是支持尽可能多的嵌入式处理器和嵌入式操作系统。

4.5.1.1 U-Boot 的特点

- 开放源码。
- 支持多种嵌入式操作系统内核：Linux、NetBSD、VxWorks、QNX、RTEMS、Artos 以及 LynxOS。
- 支持多个处理器系列，如 PowerPC、MIPS、X86、ARM、NIOS、Xscale。
- 较高的可靠性和稳定性。
- 高度灵活的功能设置，适合 U-Boot 调试、操作系统不同引导要求等。
- 丰富的设备驱动源码，如串口、以太网、SDRAM、FLASH、EEPROM、RTC、键盘等。
- 较为丰富的开发调试文档与强大的网络技术支持。

基于 Freescale 官方发布的 U-Boot 源代码，只需要修改一下默认的环境变量，就可以正常地加载 Android 的内核。

4.5.1.2 源代码结构

U-Boot 源代码在~/mydroid/bootable/bootloader/uboot-imx/目录下，结构为：

```
api/                    平台无关的 API 定义
board/                  支持的所有平台的板级源代码
CHANGELOG
CHANGELOG-before-U-Boot-1.1.5
common/                 U-Boot 通用的内部命令，环境变量的实现，外设的框架实现
config.mk
COPYING
cpu/                    支持的所有 CPU 的启动代码
CREDITS
disk/                   各种分区支持代码
doc/                    文档
drivers/                设备驱动源代码
examples/
fs/                     各种文件系统支持代码
include/                头文件
lib_arm/                ARM 体系结构的基础程序库
lib_avr32/
lib_blackfin/
libfdt/
lib_generic/            与体系结构无关的基础程序库
lib_i386/
lib_m68k/
lib_microblaze/
lib_mips/
lib_nios/
lib_nios2/
lib_ppc/
lib_sh/
lib_sparc/
MAINTAINERS
MAKEALL
Makefile                总的 Makefile
mkconfig
nand_spl/               支持 NAND 设备的第二级加载器
net/                    网络的支持
onenand_ipl/            支持 ONENAND 的第一级加载器
post/
README
rules.mk
tools/                  常用工具
```

和 i.MX51 相关的关键源代码如下：

```
$ ls ./cpu/arm_cortexa8/mx51/:
cache.c         crm_regs.h      generic.h           interrupts.c
iomux.c         Makefile        mxc_nand_load.S
serial.c        timer.c
```

- cache.c：i.MX51 L2 Cache 使能函数实现。
- crm_regs.h：i.MX51 时钟控制管理器的寄存器定义。它定义的寄存器用于各路时钟的打开与关闭，及时钟速率的控制。
- generic.h：定义了一些通用的函数，包括时钟的操作，CPU、以太网卡初始化后需要调用的操作。

- interrupts.c：中断控制器的实现。i.MX51 U-Boot 上并未用到中断处理。
- iomux.c：定义 I/O MUX pin 脚的设置函数。
- Makefile：编译配置文件。
- mxc_nand_load.S：NAND 启动加载器。i.MX51 NAND 启动方式有一些特殊，CPU 在启动时，会将 NAND Flash 中头 4KB 的数据拷贝到内部缓存中，并运行该 4KB 的代码。所以需要一个放置在 NAND 头部 4KB 的加载代码将存放在 NAND 4KB 后的 U-Boot 代码拷贝到主存中以完成接下来的启动。
- serial.c：串口驱动。
- timer.c：时间计数驱动。

```
$ ls ./board/freescale/mx51_bbg/
board-imx51.h          config.mk          flash_header.S
lowlevel_init.S        Makefile           mx51_bbg.c
u-boot.lds
```

- board-imx51.h：定义一些常用的板级宏定义。
- config.mk：定义连接脚本和加载基地址。
- flash_header.S：定义了 i.MX51 Flash header 结构。Flash header 是 i.MX51 启动加载 bootloader 需要首先检查的结构体，它由 i.MX51 ROM 定义。它包括 U-Boot 镜像内偏移、运行入口地址、设备配置描述（DCD，可以将一些 DDR 内存的硬件配置作为 DCD 放置到 Flash header 中，使得 U-Boot 启动之前，主存已经初始化完成）等数据。
- lowlevel_init.S：i.MX51 芯片内部模块的初始化代码，包括 AIPS、MAX、M4IF 等的配置。
- Makefile：编译配置文件。
- mx51_bbg.c：板级初始化代码。包括芯片、开发板版本的检测；初始化 MMU；所有设备的 I/O Mux 的配置；电源设备初始化等待。
- u-boot.lds：U-Boot 连接脚本文件。

```
./include/configs/mx51_bbg_android.h
```

该文件为 U-Boot 支持 Android 的默认配置文件，下面会介绍如何生成该文件。

4.5.1.3　U-Boot 启动流程分析

i.MX51 的启动首先是从其内部的 ROM 发起，通过读取外部启动模式引脚配置（见 4.2.1.3 节中提到的硬件启动选择开关），ROM 载入启动设备中的第一段 U-Boot 启动代码。该代码的入口地址是 reset。它是第一段运行的 U-Boot 代码。

Reset 的入口函数为_start():start.S，它完成如下工作：

- 设置 CPU 的特权模式为 SVC32。
- 刷新 L1 数据和指令缓存，关闭 MMU。
- 调用板级 lowlevel_init()：lowlevel_init.S。
  - 配置 L2 Cache 控制器。
  - 配置 AIPS 控制器（AHB 连接到 IPS 的接口）。
  - 配置 MAX 控制器（MAX 是连接多个不同层次的主从 AHB 总线的控制器，负责仲裁多个主总线对从总线的请求）。
  - 配置 M4IF 控制器（M4IF 是管理多个主端口对连接在其上的各种存储设备的访问，并对冲突访问进行仲裁）。

  - 配置各类时钟的源以及频率。
- 为 U-Boot 分配程序堆栈。
- 在 board_mmu_init():mx51_bbg.c 中打开内存管理单元（MMU），并且将 Internal ROM/RAM、GPU、IPU、CSx 等 IP 模块的物理地址区域映射到相应的虚拟地址。
- 最后调用 start_armboot():lib_arm/board.c。

注意：AHB 是 ARM 核和其他外部 IP 的高速连接总线。IPS 为 Freescale 的专利，用来连接外设和寄存器控制器的系统总线。

start_armboot()完成以下工作：

- 调用 init_sequence 数组中的初始化函数，它们包括：
  - CPU 初始化，包括使能 L1/L2 Cache。
  - 调用 board_init():board/freescale/mx51_bbg/mx51_bbg.c。初始化硬件平台，包括：
    - 获取 SoC、Board 的版本，作为传递给内核的参数。
    - 设置 machine id 以及 DDR 配置，存放在稍后传递给内核的参数中。
    - 配置 UART、NAND、FEC、I2C 的 pin 脚 IOMUX 以及 PAD。
  - 利用 GPT 模块初始化 U-Boot 需要的时钟。
  - 初始化 UART。
  - 调用 checkboard():board/freescale/mx51_bbg/mx51_bbg.c。探测 SoC 的版本和当前启动设备。
- 初始化 MMC 设备驱动引脚配置。
- 从默认环境变量存放设备上读取环境变量，如果失败，则从配置文件中读入默认环境变量。最后将环境变量拷贝到内存。
- 调用 board_late_init():board/freescale/mx51_bbg/mx51_bbg.c。初始化 PMIC，打开所有芯片、外设所需要的供电。
- 调用 eth_initialize():net/eth.c 来初始化 FEC 以太网设备，并从环境变量中获取 MAC 地址。
- 进入主循环 main_loop():common/main.c，等待用户输入。

U-Boot 启动后，可以根据环境变量对相应的设备进行初始化和配置，并将内核从某个设备上下载到内存。然后设定好内核运行环境，再将 PC 指针指向内核起始代码，运行内核。

4.5.1.4 修改默认配置

```
#define     CONFIG_EXTRA_ENV_SETTINGS                    \
        "netdev=eth0\0"                                  \
        "ethprime=FEC0\0"                                \
        "uboot_addr=0xa0000000\0"                        \
        "uboot=u-boot.bin\0"                  \
        "kernel=uImage\0"                     \
        "rd_loadaddr=0x90B00000\0"   \
        "nfsroot=/opt/eldk/arm\0"                  \
        "bootargs_base=setenv bootargs console=ttymxc0,115200\0"\
        "bootargs_nfs=setenv bootargs ${bootargs} root=/dev/nfs "\
            "ip=dhcp nfsroot=${serverip}:${nfsroot},v3,tcp\0"\
        "bootcmd_net=run bootargs_base bootargs_nfs; "   \
            "tftpboot ${loadaddr} ${kernel}; bootm\0"    \
        "bootcmd=run bootcmd_android\0"                  \
        "bootargs_android=setenv bootargs ${bootargs} ip=dhcp init=/init mxcdi0fb:RGB666,800x480M-16@60\0"     \
```

```
"bootcmd_android=run bootargs_base bootargs_android; "\
        "mmc read 0 ${loadaddr} 0x800 0x1800; "\
        "mmc read 0 ${rd_loadaddr} 0x2000 0x200; "\
        "bootm ${loadaddr} ${rd_loadaddr}\0"\
```

拷贝 U-Boot 中 i.MX51 的默认的配置文件 include/configs/mx51_bbg.h 并建立新配置文件 include/configs/mx51_bbg_android.h，并定义 CONFIG_EXTRA_ENV_SETTINGS 环境变量，如上述代码所示。最后在 U-Boot 的顶层目录下的 Makefile 中找到 mx51_bbg_config 行，添加 mx51_bbg_android_config 行，并修改成：

```
mx51_bbg_android_config \
mx51_bbg_config          : unconfig
@${MKCONFIG} $(@:_config=) arm arm_cortexa8 mx51_bbg freescale mx51
```

这样就新建了一个支持 Android 系统的 U-Boot 默认配置文件，接下来就可以配置、编译源代码了。

4.5.1.5 配置及编译

要编译出内核加载器的二进制文件 u-boot.bin，需要执行以下步骤：

```
$ export CROSS_COMPILE=~/myandroid/prebuilt/linux-x86/toolchain/arm-eabi-4.4.0/bin/arm-eabi-
$ make mx51_bbg_android_config
$ make
```

编译完成后，u-boot.bin 文件将会生成在 U-Boot 的顶层目录下。生成的 u-boot.bin 的具体使用方法请参考 4.2 节“基于 i.MX51 的怡鼎 Android 系统使用介绍”。

4.5.2 Android 内核移植

由于 Android 的内核是维护在 Google 自己的代码仓库中，并未提交到 Linux 内核官方代码仓库中（当然 Google 也在努力将 Android 内核的改动提交到 Linux 社区，可能不久的将来，Linux 内核就能直接支持 Android 系统），因此，在拿到某个基于 ARM 或者 x86 体系架构的硬件平台（如 i.MX51 SDK 开发平台，只提供基本的 Linux 内核和 Gnome Mobile 文件系统）内核代码时，需要做一些移植工作，使得该平台的内核可以支持 Android 系统的运行。这些移植工作包括：在当前的内核中加入运行 Android 所必需的内核组件，调整现有的内核设备驱动以适应 Android 对设备驱动的要求。

4.5.2.1 Android 通用内核模块移植

本节会重点介绍在 Freescale 发布的 i.MX51 内核代码上移植 Android 组件以及调整相应的设备驱动，使得 Android 能够正常地在 i.MX51 平台上运行。在接着阅读之前，可以在 Freescale 的官方网站获得 i.MX51 SDK（Software Development Kit）的开发包，从中提取 SDK 内核（参考 SDK 开发包中的用户文档），然后按照下面介绍的内容，自己来 DIY 一下 Android 内核移植。

移植内核的一般步骤为：

- 获取 Android 官方内核代码，并提取所必需的内核组件。
- 将这些 Android 内核组件添加到 SDK 的内核代码中。
- 修改设备驱动。
- 重新配置内核。

所有的 Android 内核的改动，都可以从 Android 的 git 仓库中获取。

（1）下载 Android 官方通用内核。

使用 git 克隆内核源代码：

```
$ git clone git://android.git.kernel.org/kernel/common.git
```

或者

```
$ git clone http://android.git.kernel.org/kernel/common.git
```

此时可以在当前./common 目录下查看 Android 通用内核源代码，也可以通过浏览器直接访问以下地址，查看源代码：

```
http://android.git.kernel.org/?p=kernel/common.git;a=summary
```

（2）导出相应内核版本。

目前 Google 官方的 Android 内核改动是基于以下几个内核版本：2.6.27、2.6.29 以及 2.6.32，因此使用哪一个 Android 的内核版本做移植，需要根据 i.MX51 SDK 中的内核版本来选择。比较常见的做法是，选择最接近并略高于 SDK 的内核版本。如果 SDK 使用的是 Linux 2.6.28 的内核，请导出（checkout）标签为 android-2.6.27 的版本。如果使用 Linux 2.6.31 的内核，请选择 android-2.6.29。

```
$ cd ./common
$ git checkout android-2.6.27
```

或者

```
$ git checkout android-2.6.29
```

（3）导出 Android 内核 patch。

根据导出的内核版本，查看需要合并到 i.MX BSP 内核的 patch：

```
$ git log v2.6.27..HEAD
```

或者

```
$ git log v2.6.29..HEAD
```

然后生成 patch（补丁）：

```
$ git format-patch v2.6.27..HEAD
```

或者

```
$ git format-patch v2.6.29..HEAD
```

此时，所有的 Android 基于原始的内核版本的 patch 将生成在当前目录下，大概有 200~300 个 patch。它们是以数字开头的.patch 文件。

（4）补丁内容。

Android patch 非常之多，大致可以分为以下几类：

1）Android 必需的内核模块。

① Binder。Binder 驱动实现了 Android 系统上的进程间通信（IPC）的内核部分。Binder 在内核空间对不同进程需要通信，对共享的请求进行翻译和处理，以取得所有进程似乎处于同一个命名空间的效果。例如 A 进程要使用 B 进程的服务，B 进程首先注册此服务，A 进程通过 binder 获取该服务的句柄。此后 A 进程就可以通过该句柄使用该服务。

② early suspend。

③ wake lock。Early suspend 和 wake lock 驱动实现了在内核电源管理上的扩展。

默认的 Linux 内核支持几种省电模式，其中一种叫挂起（suspend）。在该模式下，CPU 处于低功耗状态下，大部分的 CPU 供电和时钟被切断，外设断电或处于低功耗状态，而内存处于自刷新状态。当系统在挂起状态下被某些特定中断唤醒时，系统重新恢复到原先状态下。早期挂起（Early suspend）在系统 suspend 之前会调用注册在其上的早期挂起（early suspend）回调函数，以关闭例如 LCD、Console 之类的设备。然后判断当前的 wake lock 状态，如果有 wake lock 禁止系统进入挂起模式，则不调用内核默认的挂起模式，而是只做之前的早期挂起的动作。

Wake lock 也是 Android 内重要的电源管理内核组件。它提供创建、销毁、锁及解锁等接口给内核驱动和应用层，使得 Android 的应用程序、服务组件可以定制相应的系统电源管理策略，也可以使得内核驱动来强制管理某些策略。

④ low memory killer。OOM（Out Of Memory）Killer 的 Android 实现。在内存资源紧缺时，内核会按照该驱动提供的策略，来杀死最不重要的进程来释放内存。

⑤ Android panic。Android 对内核 panic 的扩展，使其能够将内核消息 dump 到 NAND 等设备。

⑥ USB Gadget（ADB, Mass Stoarge）。Android 的 USB 设备驱动，支持 ADB（Android Debug Bridge）及 Mass Storage。它支持 USB 设备驱动在这两种服务之间动态切换。

当有 PC 和设备的 USB 链接时，Android 系统会通知用户，告之是否需要将 SD 卡上的文件分区导出到 PC 作为移动设备分区，以便用户访问。如果用户不导出，则默认的 USB 设备驱动服务是 ADB。

⑦ Physical memory allocator。在系统中保留一部分物理内存，由该驱动管理。该驱动提供一系列接口给应用程序来分配连续的物理内存块。该内存分配管理器用于 GPU/VPU 等应用服务层。系统启动后，会在/dev 目录下建立/dev/pmem_adsp 及/dev/pmem_gpu 两个设备节点，前者提供连续物理内存给多媒体中间件作为编解码中间过程的缓冲区；后者则给图形系统中每个 Surface 实例分配连续的物理内存，来作为前景、背景缓冲区。程序通过访问这两个设备文件来申请、释放一块连续的物理内存，并且都以 2^n 为单位，最小操作的内存大小为一个页：4K。

⑧ Anonymous shared memory。匿名共享内存实现。该驱动实现了匿名的共享内存，与 ramfs 类似，只是它无需挂载，导出整个文件系统结构。

2）Bluetooth 蓝牙功能的加强。该增强内容是从更高版本的内核中获取的。

3）MMC/SD 卡驱动加强。挂起、恢复等操作时，对 MMC/SD 卡状态检查等的增强。

4）Yaffs2 文件系统。Yaffs2 是比较理想的支持 NAND 设备的文件系统。但是由于该文件系统的维护者未能使它提交到内核官方代码仓库中，所以 SDK 中使用最新的 UBIFS 替代。因此可以不需要 Yaffs2 的支持，而改用 UBIFS。

5）网络加强。增加了 socket 的应用接口以及一些权限变化。

6）从高于此内核版本（kernel.org）的内核中获取的补丁。

（5）在 i.MX Kernel 上打补丁。

有两种方式打补丁：

1）生成一个总的 patch。先使用 git 生成一个总 patch：

```
$ git diff v2.6.27..HEAD > android_kernel.patch
```

或者

```
$ git diff v2.6.29..HEAD > android_kernel.patch
```

使用 vim 编辑该 patch 文件，删除某些不需要的改动，例如：YAFFS2 文件系统的支持（SDK 上使用 UBIFS，而不是 YAFFS2），MMC/SD 的增强。可以直接找到对应文件的 'diff –git a/<file> b/<file>'行，从该行开始删除对该文件的改动。

```
$ vim android_kernel.patch
```

然后将该补丁文件应用到 SDK 内核中：

```
$ cd <你的 SDK 内核路径>
$ git apply –p1 android_kernel.patch
```

如果有冲突（conflict），解决之，然后继续执行 git apply 命令。

2）按照 commit 生成对应的 patch。使用 git format-patch 来生成一系列的 patch 文件，然后依次使用 git apply，应用到 SDK 的内核中。

Git apply 成功之后，需要将这些 GIT 工作树（working tree）中的改动提交到 Git 仓库中：

```
$ git add .
$ git commit –a
```

之后 Git 会要求填写 commit 日志。完成后，之前 apply 的改动会生成一个 commit，放在当前分支的改动顶层。

4.5.2.2　MX51 平台设备驱动调整

1. 定义 PMEM 设备

PMEM 驱动在之前的通用内核模块移植中，以及加入到我们的内核中。根据 Linux 设备驱动模型，还需要注册相应的 pmem 设备。在 i.MX51 平台上，需要在板级初始化，设备注册代码（例如 arch/arm/mach-mx5/mx51_babbage.c）中定义两个 pmem 设备：pmem_adsp 和 pmem_gpu。前者用于视频编解码，在 OpenMAX 中，视频解码组件会使用该 pmem 节点分配 VPU 解码后需要输出到 IPU 的显示缓冲内存。后者用于 SurfaceFlinger，在 Surface 实例中，分配前、背景缓冲区。

它们的具体定义如下：

```
static struct android_pmem_platform_data android_pmem_pdata = {
        .name = "pmem_adsp",
        .start = 32M,
        .size = PMEM_SIZE,
        .no_allocator = 0,
        .cached = 0,
};

static struct android_pmem_platform_data android_pmem_gpu_pdata = {
        .name = "pmem_gpu",
        .start = 32M,
        .size = PMEM_GPU_SIZE,
        .no_allocator = 0,
        .cached = 1,
};

struct platform_device mxc_android_pmem_device = {
        .name = "android_pmem",
        .id = 0,
.dev = {
    .platform_data = &android_pmem_pdata,
},
};

struct platform_device mxc_android_pmem_gpu_device = {
        .name = "android_pmem",
        .id = 1,
.dev = {
    .platform_data = &android_pmem_gpu_pdata,
},
};
```

以上代码定义了 mxc_android_pmem_device 和 mxc_android_pmem_gpu_device 两个平台设备，它们各自对应的平台设备的数据结构为 android_pmem_pdata 和 android_pmem_gpu_pdata。该结构类型为 android_pmem_platform_data，成员定义如下：

- name：设备节点名，对应于/dev/pmem_xxx 的名称。
- start：该 pmem 设备管理的物理内存的起始地址。
- size：该 pmem 设备管理的物理内存的大小。
- no_allocator：指定使用 pmem 驱动中的内存管理分配器。
- cached：管理的内存在建立页表时，是否标识该页为可缓存的（cachable）。如果内存是可缓存的，则 CPU 通过 L1 Cache 来加速内存访问，否则，直接访问 DDR。

在这里，size 的值是宏定义：PMEM_SIZE/PMEM_GPU_SIZE，它们是由 Kconfig 在内核做配置时指定的，并且可配置，默认都是 32MB。start 被初始化为 0。当系统启动后，内核会通过分析当前总物理内存大小和 pmem 设备 size 值来算出 start 值。

定义好了平台设备结构，就可以在内核启动时使用 platform_device_register()函数来注册设备。这样便有了两个 pmem 设备，并且设备的操作都由 pmem 驱动来完成。

2. 定义 Android USB (adb/massstorage) 设备

和定义 PMEM 设备一样，要使得 Android USB Gadget 驱动被上层使用，需要在板级初始化代码中定义并注册一个平台设备：

```
static struct android_usb_platform_data android_usb_pdata = {
        .vendor_id          = 0x15a2,
        .product_id         = 0x0c01,
        .adb_product_id = 0x0c02,
        .version            = 0x0100,
        .product_name       = "Android Phone",
        .manufacturer_name = "Freescale",
        .nluns = 3,
};

struct platform_device android_usb_device = {
        .name     = "android_usb",
        .id       = -1,
.dev = {
      .platform_data = &android_usb_pdata,
},
};
```

android_usb_platform_data 结构的定义如下：

- vendor_id：USB 设备厂商标识。0x15a2 是 Freescale 的设备厂商标识。
- product_id：产品标识。可以自定义。
- adb_product_id：ADB 设备产品标识。可以自定义。
- version：版本号。
- product_name：产品名称。
- manufacturer：制造商名称。
- nluns：Mass storage 能够导出的最大设备卷数目。

该平台设备结构通常需要在内核启动时注册，以便驱动可以正常工作。

3. i.MX cache 访问驱动

i.MX51 平台上使用 GPU 2D 加速驱动来实现 HWblt（copybit），该硬件加速在 SurfaceFlinger 做 page flip 时将当前要显示的帧与前一帧未改变区域，从当前前景使用硬件拷贝到背景上，之后 SurfaceFlinger 将背景刷新到显示屏。因此基于此实现，需要一个可以从应用层调用的接口去刷新前景内存的 cache。这里提供了 cache 操作驱动：drivers/misc/fsl_cache.c，提供 ioctl 接口，调用 dma_flush_region 来实现 cache 的刷新。

4. 带校正的触摸屏驱动

Android 的输入设备服务对触摸屏的支持并不够完善，它不提供校正程序。这就意味着，Android 能够接收的触摸屏设备事件中，坐标值必须和屏幕上的像素值一一对应。实际上，大部分触摸屏设备在做 A/D 转换后的坐标值范围会比屏幕的像素范围大得多。这就需要触摸屏驱动能够在获取设备原始数据后，按照某种算法转换到屏幕坐标域，然后输出给上层。

我们需要在 i.MX51 触摸屏驱动中加入一个校正算法，并提供接口给应用程序来设置校正值。并且，Android 上层服务要求点击和释放触摸屏的事件到达时，设备驱动能够输出一个 BTN_TOUCH 的事件。

这里使用简单的三点触摸屏校正算法（具体算法理论介绍，请参考相应文章）。简单地讲，通过定义显示屏幕上任意的三个点（dx[0-2], dy[0-2]），并获得相对应的用户输入值（tx[0-2], ty[0-2]），用以下算法得出 7 个校正值 delta_x[0-6]，delta_y[0-6]，delta：

```
delta = (tx[0] - tx[2]) * (ty[1] - ty[2])
                - (tx[1] - tx[2]) * (ty[0] - ty[2]);
delta_x[0] = (dx[0] - dx[2]) * (ty[1] - ty[2])
                - (dx[1] - dx[2]) * (ty[0] - ty[2]);
delta_x[1] = (tx[0] - tx[2]) * (dx[1] - dx[2])
                - (tx[1] - tx[2]) * (dx[0] - dx[2]);
delta_x[2] = dx[0] * (tx[1] * ty[2] - tx[2] * ty[1]) -
                dx[1] * (tx[0] * ty[2] - tx[2] * ty[0]) +
                dx[2] * (tx[0] * ty[1] - tx[1] * ty[0]);
delta_y[0] = (dy[0] - dy[2]) * (ty[1] - ty[2])
                - (dy[1] - dy[2]) * (ty[0] - ty[2]);
delta_y[1] = (tx[0] - tx[2]) * (dy[1] - dy[2])
                - (tx[1] - tx[2]) * (dy[0] - dy[2]);
delta_y[2] = dy[0] * (tx[1] * ty[2] - tx[2] * ty[1]) -
                dy[1] * (tx[0] * ty[2] - tx[2] * ty[0]) +
                dy[2] * (tx[0] * ty[1] - tx[1] * ty[0]);
```


这 7 个校正值通过校正服务程序写入到触摸屏驱动中，然后使用以下算法，在得到用户输入的触摸屏坐标点（x', y'）后，转换到显示屏的坐标点（x, y）：

x = (delta_x[0] * x' + delta_x[1] * y' + delta_x[2])/delta;

y = (delta_y[0] * x' + delta_y[1] * y' + delta_y[2])/delta;

在驱动（drivers/input/touchscreen/mxc_ts.c）中添加一个 7 个元素大小的 calibration 数组，对应于（delta_x[0], delta_x[1], delta_x[2], delta_y[0], delta_y[1], delta_y[2], delta），并使之作为模块参数，可以方便应用程序通过/proc 文件系统写入校正值：

```
static int calibration[7];
module_param_array(calibration, int, NULL, S_IRUGO | S_IWUSR);
```

然后在获得触摸屏坐标点后，做校正、转换：

```
x = calibration[0] * (int)ts_sample.x_position +
        calibration[1] * (int)ts_sample.y_position +
        calibration[2];
x /= calibration[6];
if (x < 0)
    x = 0;
```

```
y = calibration[3] * (int)ts_sample.x_position +
      calibration[4] * (int)ts_sample.y_position +
      calibration[5];
y /= calibration[6];
if (y < 0)
      y = 0;
```

最后在 input_sync()之前添加 BTN_TOUCH 事件：

```
input_event(mxc_inputdev, EV_KEY, BTN_TOUCH,
                        ts_sample.contact_resistance);
```

驱动修改完成后，还需要写一个触摸屏校正服务程序。在系统启动时，运行该程序，使用户点击三个坐标点，以获得校正值，并写入驱动。这样驱动在有校正值的情况下才会输出 Android 期望的数据。

4.5.2.3 Android 内核配置

在 i.MX51 内核的默认配置下，Android 还需要以下驱动和内核选项：

- Android Physical Memory Driver (PMEM)
- Android low memory killer
- Android anonymous shared memory (ashmem)
- Android Power Management wake lock (kernel & user api)
- Android Power Management early suspend
- Switch class (switch driver class)
- Android USB gadget driver for ADB and Mass stoarge
- Android alarm driver
- Android Binder driver
- Android Logger driver
- Android Raw Console driver

在移植过程中，首先完成对 i.MX51 内核的默认配置，然后手工对 Android 内核进行配置、运行：

```
$ make menuconfig
```

并在以下菜单中，选择或者去除相应选项：

```
General Setup ->
[*] Initial RAM filesystem and RAM disk
（使能 INITRAMFS 做为 ROOT）
[*] Enable the Anonymous Shared Memory Subsystem
（使能匿名 share memory）
Power Management options ->
[*] Wake lock
（使能 wake lock 驱动）
[*] Wake lock stats
（wake lock 驱动状态记录）
[*] Userspace wake locks
（应用层 wake lock 接口）
[*] Early suspend
（Early suspend，以及相应的 early suspend 用户访问接口）
User-space screen access (Console switch on early-suspend) ->
Device drivers ->
Misc devices ->
```

```
[*] Android pmem allocator
（提供给应用层接口的物理内存分配器）
（32）Memory size reserved for Android pmem driver
（给 VPU 预留的物理内存大小）
（32）Memory size reserved for Android GPU pmem driver
（给 GPU 预留的物理内存大小）
<*> Binder IPC Driver
（Binder IPC 驱动，用于进程间通信及服务的跨进程调用）
<*> Low Memory Killer
（Android 版本的 OOM Killer）
[*] RAM buffer console
（基于内存的 console）
[*] Enable verbose console messages
（记录所有级别的日志）
[ ] Enable error correction --->
[ ] Start ram console early
<*> Freescale Cache manipulate driver
（提供 cache 刷新操作的应用层接口）
USB support ->
USB gadget support ->
（Android ADB/Mass stoarge USB gadget 设备驱动）
USB Gadget Drivers (Android Gadget) -->
<*> Switch class support ->
（Switch 设备类驱动）
Real Time Clock ->
[*] Android alarm driver
（Android 闹钟驱动）
```

对应的内核配置选项（宏）：

```
CONFIG_BLK_DEV_INITRD=y
CONFIG_ASHMEM=y
CONFIG_HAS_WAKELOCK=y
CONFIG_HAS_EARLYSUSPEND=y
CONFIG_WAKELOCK=y
CONFIG_WAKELOCK_STAT=y
CONFIG_USER_WAKELOCK=y
CONFIG_EARLYSUSPEND=y
CONFIG_CONSOLE_EARLYSUSPEND=y
CONFIG_ANDROID_PARANOID_NETWORK=y
CONFIG_ANDROID_PMEM=y
CONFIG_BINDER_IPC=y
CONFIG_LOW_MEMORY_KILLER=y
CONFIG_LOGGER=y
CONFIG_ANDROID_RAM_CONSOLE=y
CONFIG_ANDROID_RAM_CONSOLE_ENABLE_VERBOSE=y
CONFIG_FSL_CACHE=y
CONFIG_USB_ANDROID=y
CONFIG_MMC_UNSAFE_RESUME=y
CONFIG_SWITCH=y
CONFIG_RTC_INTF_ALARM=y
```

配置好内核后，就可以按照之前介绍的内核编译方式编译内核，并在平台上运行 Android 内核。

4.5.3 Android HAL 移植与实现

4.5.3.1 ALSA 音频 HAL 移植

Linux 默认的音频设备驱动子系统为 ALSA（Advanced Linux Sound Architecture），因此 Android 也提供了对 ALSA 设备驱动访问的支持，这些支持组件的结构如图 4-25 所示。

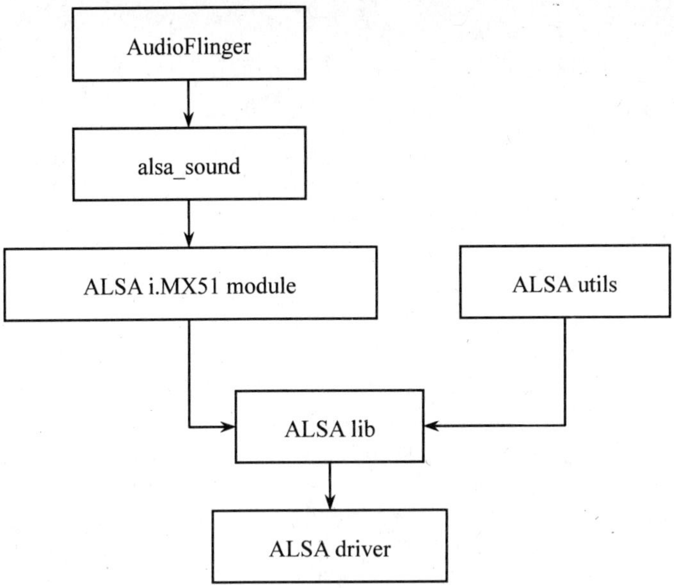

图 4-25 Audio HAL

（1）external/alsa-lib/：ALSA 应用层函数库。它对底层音频设备驱动做了一层封装，应用程序可以使用统一的和底层设备驱动接口实现无关的接口来实现音频的操作。

（2）external/alsa-utils/：ALSA 实用工具，包括播放、抓取音频工具，混音设置工具等。这些工具在 Android 上通常用来测试音频设备驱动。

（3）hardware/alsa_sound/：Android ALSA 的硬件抽象层。该 HAL 实现了 Android 音频服务所需要的硬件设备接口。包括：设置播放、抓取的音量；设置当前系统的音频输入输出模式（例如，耳机播放，电话麦克风播放，蓝牙耳机播放等的应用场景音频输入输出模式）；打开、关闭音频输出设备；打开、关闭音频输入设备；设置音频设备参数（包括通道、格式以及采样频率）；读取、写入操作数据流。所有这些接口的实现，最终都会调用硬件平台相关的 ALSA 模块。

（4）hardware/imx5x/modules/alsa/alsa_imx5x.cpp：需要实现的硬件平台相关的 ALSA 模块。它通过调用 alsa-lib 中定义的接口完成和设备驱动的交互。

ALSA 平台相关的 HAL 代码（alsa_imx5x.cpp），需要实现以下内容：

（1）定义 HAL 硬件模块结构，使得 alsa_sound HAL 在加载平台相关模块时，找到对应的模块信息，并打开正确的模块设备。

```
static hw_module_methods_t s_module_methods = {
    open                    : s_device_open
};

extern "C" const hw_module_t HAL_MODULE_INFO_SYM = {
```

```
    tag              : HARDWARE_MODULE_TAG,
    version_major    : 1,
    version_minor    : 0,
    id               : ALSA_HARDWARE_MODULE_ID,
    name             : "i.MX51 ALSA module",
    author           : "Freescale Semiconductor",
    methods          : &s_module_methods,
    dso              : 0,
    reserved         : {0,},
};
```

（2）定义音频设备默认配置参数。由于音频设备驱动都有一个默认的最佳硬件配置，所以，在平台相关的代码中定义这样的默认参数结构，包括播放和抓取两个设备的参数。

```
static alsa_handle_t _defaults[] = {
    {
        module       : 0,
        devices      : IMX51_OUT_DEFAULT,
        curDev       : 0,
        curMode      : 0,
        handle       : 0,
        format       : SND_PCM_FORMAT_S16_LE, // AudioSystem::PCM_16_BIT
        channels     : 2,
        sampleRate   : DEFAULT_SAMPLE_RATE,
        latency      : 200000, // Desired Delay in usec
        bufferSize   : 6144, // Desired Number of samples
        modPrivate   : (void *)&setDefaultControls,
    },
    {
        module       : 0,
        devices      : IMX51_IN_DEFAULT,
        curDev       : 0,
        curMode      : 0,
        handle       : 0,
        format       : SND_PCM_FORMAT_S16_LE, // AudioSystem::PCM_16_BIT
        channels     : 2,
        sampleRate   : DEFAULT_SAMPLE_RATE,
        latency      : 250000, // Desired Delay in usec
        bufferSize   : 2048, // Desired Number of samples
        modPrivate   : (void *)&setDefaultControls,
    },
};
```

结构中的成员意义如下：

- devices：指定的是哪种设备，输入还是输出。
- format：支持的 PCM 数据格式。
- channels：指定支持几个声道。
- sampleRate：支持的默认采样率。
- latency：帧与帧之间的传输延时，会在初始化时计算出来。
- bufferSize：总的 PCM 数据流的缓冲大小。

这些默认参数会在 AudioFlinger 没有指定合适参数时，默认在初始化设备时使用。

（3）实现 open/close/init/route 的 alsa 设备接口。Init 接口实际上没有什么工作可以做。可以在其中加入一些数据结构的初始化。

Open 接口打开 ALSA 的 PCM 设备，设置软硬件设备参数，通过 ALSA Mixer 设置默认音频设备使用的场景。

Close 接口关闭 PCM 设备。

Route 接口使用 ALSA Control/Mixer 来设置当前音频设备使用的场景。

这些接口都使用 ALSA Lib 的 snd_pcm 接口来操作设备，具体的实现请参考代码。

（4）定义音频设备使用场景的切换设置。

由于移动设备上有各种丰富的音频输出设备和使用场景，所以需要提供给 Android 一个可以设置当前使用哪个输入输出设备的实现。例如以下代码利用 ALSA control 实现了耳机和外置喇叭的切换：

```
void setDefaultControls(uint32_t devices, int mode)
{
    ALSAControl control("hw:00");

    if (devices & AudioSystem::DEVICE_OUT_SPEAKER ||
        devices & AudioSystem::DEVICE_OUT_EARPIECE) {
        control.set("Speaker Function", "on"); // on
    } else {
        control.set("Speaker Function", "off"); // off
    }
}
```

完成以上硬件平台相关的设备模块的移植、开发，就可以很容易地使得 Android 支持不同的音频 codec。

4.5.3.2 Framebuffer 显示移植

前面提到的 Android 显示系统使用 page flip，前景、背景切换的方式来实现快速显示。因此需要在 LCD 显示驱动中实现 pan_display（FBIOPAN_DISPLAY）这个接口，还需要修改 Android 的显示 HAL 来利用 pan_display 显示。

将 hardware/libhardware/modules/gralloc/framebuffer.cpp 中 fb_post 函数中的以下代码：

```
if (ioctl(m->framebuffer->fd, FBIOPUT_VSCREENINFO, &m->info) == -1) {
        LOGE("FBIOPUT_VSCREENINFO failed");
        m->base.unlock(&m->base, buffer);
        return -errno;
}
```

修改为：

```
if (ioctl(m->framebuffer->fd, FBIOPAN_DISPLAY, &m->info) == -1) {
        LOGE("FBIOPUT_VSCREENINFO failed");
        m->base.unlock(&m->base, buffer);
        return -errno;
}
```

4.5.3.3 Video 播放实现

在之前 Android 核心组件章节中，介绍了 Android 的多媒体框架 OpenCORE 及其四大组成部分，其中 PVPlayer 引擎负责音视频的播放。i.MX51 平台提供了 IPU library 应用层程序库来使用 IPU 做 Color Space Convert 转换、数据帧放大、缩小以及旋转、数据的显示等丰富的功能，因此我们使用该程序库来实现 Android 上的视频播放。将 Codec（OpenMAX 其中一个 Node）解码出来的帧数据，通过 Android Surface output 实例调用 IPU library 交给 IPU 来显示。

在介绍 Android surface output 基于 i.MX51 的实现之前，首先介绍一下 Android 系统框架中视频播放的实现，以及 IPU library 的功能。

Android 视频播放框架，如图 4-26 所示。

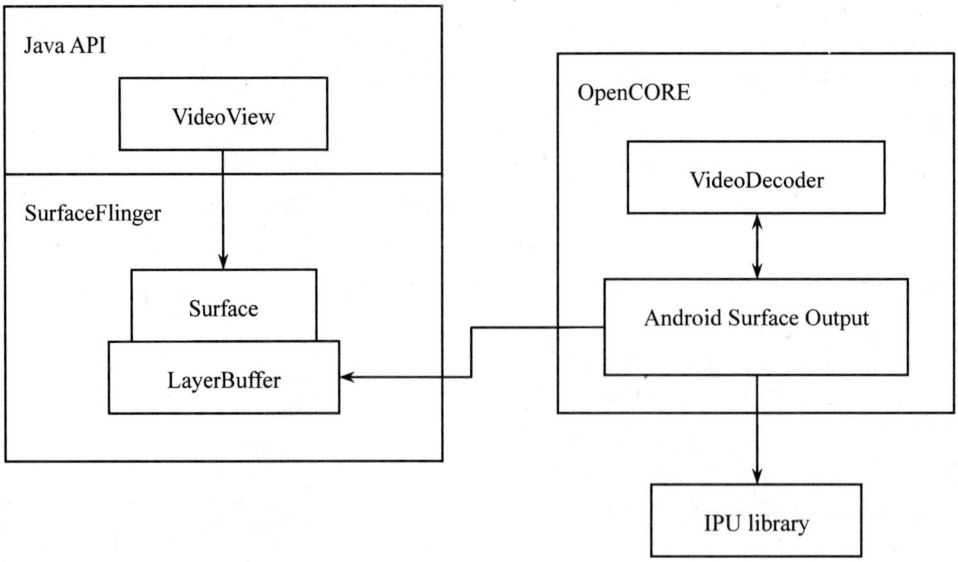

图 4-26　Android 视频播放框架

对于 Android 的应用程序来讲，要播放一个视频需要创建视频视图 VideoView。VideoView 有些不同于其他 UI 层面的视图，除了和 UI 视图一样会在同一个窗口中共享 Surface 实例并在其缓存上绘制图形外，VideoView 还会在该缓存中绘制一个以黑色填充的洞，并且创建一个新的在其窗口之上的 Surface（Z 轴坐标大于当前窗口）。该新建 Surface 创建一个 LayerBuffer，该 LayerBuffer 实例实际上只给 Android Surface Output 提供一些区域大小等信息。真正处理和在屏幕上显示视频数据的则是 OpenCORE 中的视频解码组件，它通过调用 Android Surface Output 来写入解码后的帧数据。因此 VideoView 实际上是在 Android 图形系统中准备好了一个播放视频的容器，新建的 Surface 会保证 SurfaceFlinger 做 Surface 混合时，将视频数据覆盖在 VideoView 在窗口上绘制的洞区域。而真正视频输出则由 OpenCORE 负责。整个视频输出的结构图如图 4-26 所示。

1. IPU Library

i.MX51 多媒体应用处理器的图像处理单元 IPU（Image Process Unit），是 i.MX51 核心的 IP，拥有诸如显示输出（TV、LCD）、图像缩放、图像旋转、颜色空间转换（例如 YUV->RGB）；摄像头数据抓取、预览等强大的功能。因此，操作系统的视频处理（输出、抓取）都会使用 IPU 来实现。当前 i.MX51 Linux 内核中，IPU 的实现及组件结构图如图 4-27 所示。

在内核层，操作 IPU 核的驱动 IPU core driver，负责所有的 IPU 寄存器的操作；Framebuffer 显示驱动则调用 core driver 实现 LCD、DVI 等设备的 UI 显示输出；V4L2 则利用 core driver 实现视频的输出和抓取；IPU dev driver 则将一些 IPU 的功能单独导出给应用层使用。

在应用层，IPU library 对 IPU dev driver 导出的功能接口做封装，方便应用层的使用。封装实现的接口如下：

- mxc_ipu_lib_task_init()：初始化 IPU 任务链。设置输入视频源，输出设备的内存区域指针及参数，包括长、宽、图像格式、旋转等。
- mxc_ipu_lib_task_buf_update()：在 IPU 任务链初始化后，该函数更新 IPU 任务链的输入源、输出目地的内存区域支持，以达到用新帧填充、刷新到显示设备的目的。

- mxc_ipu_lib_task_uninit()：结束 IPU 任务链，停止 IPU 工作。

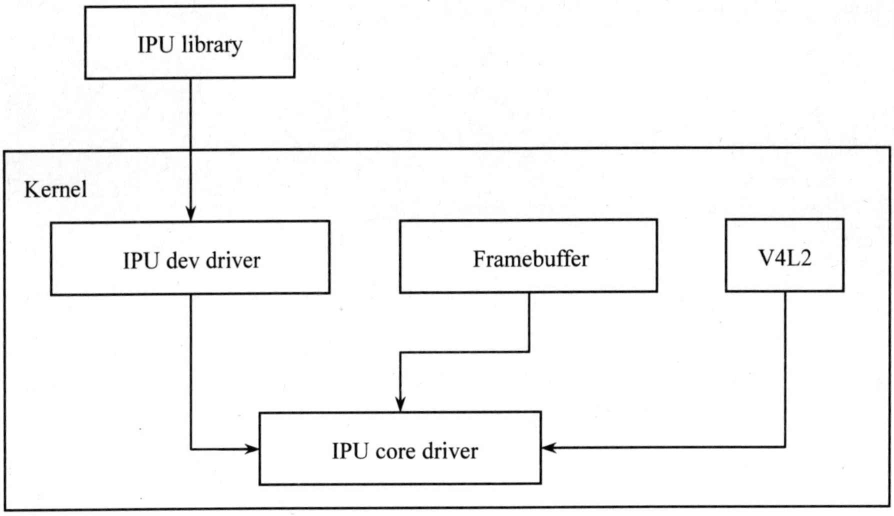

图 4-27 IPU library

2. 移植工作

在 Video Decoder 解码一帧数据后，它会调用 Android Surface Output 的 WriteFrameBuf 函数去显示该帧。在 Google 开放的源代码中，WriteFrameBuf 是通过 Surface 的 postBuffer 函数来显示一帧数据，该函数则通过 LayerBuffer 的 invalidation 函数刷新。在移植时，可以将这部分代码忽略，而直接加入使用 IPU library 的代码。

如果调用 WriteFrameBuf 时，IPU 显示通道并未初始化，则首先通过 Surface 的 getDestRect 获取视频输出区域的矩形区域参数及旋转方向的信息，然后调用 mxc_ipu_lib_task_init() 请求 IPU 将解码后的帧数据做 resize、rotate 后输出到 Surface 的区域之上。具体代码详见 external/opencore/android/android_surface_output.cpp，这里列出一些关键性的代码。

```
AndroidSurfaceOutput::writeFrameBuf():
// 利用 Surface，获取视频输出区域的参数
mSurface->getDestRect(&left, &right, &top, &bottom, &rot) == 0)
// 8 pixel 行对齐。IPU 输出帧的行必须做 8 pixel 对齐
if(((right - left)&0x7) != 0){
    if((right&0x1)!=0)
            right -= ((right - left)&0x7);
    else
            left += (right - left)&0x7;

// 设置输出参数
mIPUOutputParam.width = right - left;
mIPUOutputParam.height = bottom - top;
mIPUOutputParam.fb_disp.pos.x = left;
mIPUOutputParam.fb_disp.pos.y = top;
mIPUOutputParam.rot = rot;

// 设置解码帧的物理地址，也就是给 IPU 的输入地址
mIPUInputParam.user_def_paddr[0] = mInPhyAddr[0];
```

```
mIPUInputParam.user_def_paddr[1] = mInPhyAddr[1];

// 调用 IPU 任务初始化函数，并传递以上参数
mIPURet = mxc_ipu_lib_task_init(&mIPUInputParam,
                NULL,&mIPUOutputParam,
                NULL,OP_STREAM_MODE|TASK_PP_MODE,
                &mIPUHandle);
if (mIPURet < 0) {
    LOGI("mxc_ipu_lib_task_init failed mIPURet %d!\n",mIPURet);
    return PVMFFailure;
}
mOverlayInited = true;
```

如果调用 WriteFrameBuf 时，IPU 已经做过以上初始化，则直接调用 mxc_ipu_lib_task_buf_update() 函数，通知 IPU 将输入改为当前解码出来的数据帧的内存地址，并显示更新。代码如下：

```
AndroidSurfaceOutput::writeFrameBuf():
// 传递当前帧数据物理地址 framePhyAddr
mIPURet = mxc_ipu_lib_task_buf_update(&mIPUHandle,
                    framePhyAddr,NULL,NULL,NULL,NULL);

if (mIPURet < 0) {
    LOGI("mxc_ipu_lib_task_buf_update failed mIPURet %d!\n",mIPURet);
    mxc_ipu_lib_task_uninit(&mIPUHandle);
    mOverlayInited = false;
    mInPhyIndex = 0;
    memset(&mIPUHandle, 0, sizeof(ipu_lib_handle_t));
    return PVMFSuccess;
}
```

当系统停止视频播放时，CloseFrameBuf() 将被 Cleanup 函数调用，在这里加入关闭 IPU 任务的代码：

```
AndroidSurfaceOutput::CloseFrameBuf():
mxc_ipu_lib_task_uninit(&mIPUHandle);
mOverlayInited = false;
mInPhyIndex = 0;
```

Android 的视频显示的移植，除了使用 IPU library 外，还可以利用 Linux V4L2 的视频输出子系统驱动来实现该 overylay 模块。由于 i.MX51 Linux 内核已经支持利用 IPU 做视频输出的 V4L2 驱动，因此这种移植方式也比较方便。Overy 模块的具体实现方法请参考代码：hardware/libhardware/modules/overlay/overlay.cpp。

4.5.3.4 Camera HAL 实现

Android 的摄像功能由几部分实现，如图 4-28 所示。

（1）UI Camera 客户端：负责提供接口给应用程序调用摄像服务。

（2）Camera Service：摄像功能后台服务，负责接收客户端的请求，调用硬件相关的 Camera 模块。

（3）Camera module：硬件相关的摄像模块，由不同的平台各自实现，以满足 Camera Service 的需求。i.MX51 平台使用 V4L2 架构调用 IPU/CSI 驱动来实现摄像头功能。因此，i.MX51 Android 的摄像模块利用 V4L2 通用接口来实现。

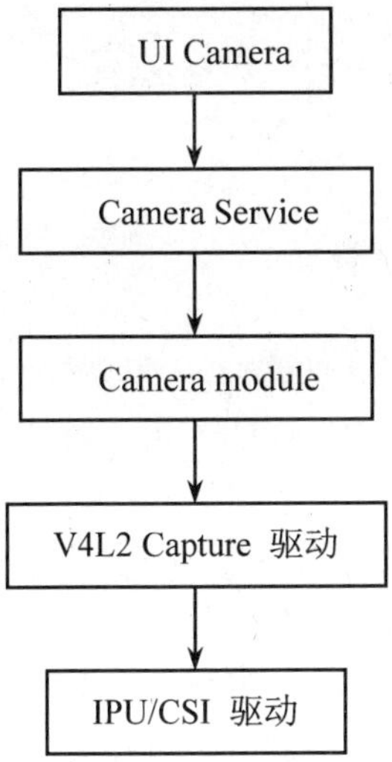

图 4-28 Android Camera 架构

在自己的平台上移植 Android 摄像功能前，首先确定该平台的摄像驱动是架在哪个 Linux 内核驱动子系统上，当然大多数都是基于 V4L2 子系统。然后再根据该驱动的特性来开发 Camera module，实现 Camera Service 要求的接口。

实现 Camera module，需要编写一个继承自 CameraHardwareInterface 的类 CameraHal，并实现以下接口：

- openCameraHardware：实例化 CameraHal 类，并返回。
- release：关闭之前打开的 V4L2 摄像头驱动设备文件，并释放相应的资源。
- startPreview（启动 preview）
  - 打开 V4L2 摄像驱动设备文件；
  - 调用 VIDIOC_S_OUTPUT 的 ioctl 接口，设置当前要 preview 到的显示设备；
  - 调用 VIDIOC_S_CROP 的 ioctl 接口，设置摄像头抓取窗口的大小；
  - 调用 VIDIOC_S_FMT 的 ioctl 接口，设置 preview 到显示设备上的窗口大小；
  - 调用 VIDIOC_S_PARM 的 ioctl 接口，设置 preview 的刷新率；
  - 调用 VIDIOC_OVERLAY 的 ioctl 接口，启动 CSI 的硬件 preview 功能。将摄像头获取的数据直接输出到显示屏上。
- stopPreview（关闭 preview）：调用 VIDIOC_OVERLAY 的 ioctl 接口，停止 preview。
- takePicture（拍摄照片）
  - 如果当前正在做 preview，则先关闭 preview；
  - 调用 VIDIOC_S_FMT 的 ioctl 接口，设置拍照的格式（YUV420）、大小、以及照片字节大小；
  - 调用 VIDIOC_S_CROP 的 ioctl 接口，设置摄像头抓取窗口的大小；
  - 动态分配一块照片大小的内存，调用 read，从设备中读取拍照的数据；
  - 调用 codec 组件提供的 JPEG 压缩接口，对该照片数据进行压缩；
  - 调用 setCallBacks 设置的数据类型回调函数，并传递压缩后的照片数据的内存地址和 CAMERA_MSG_COMPRESSED_IMAGE 消息，使 Camera 客户端可以处理该照片。

- cancelPicture（取消拍摄）：无实现。
- autoFocus（自动对焦）：由于当前的 Camera Sensor 没有自动对焦功能，所以该接口并未实现。
- startRecording（启动录像）
  - 调用 VIDIOC_S_FMT 的 ioctl 接口，设置录像的格式和长宽；
  - 调用 VIDIOC_S_PARM 的 ioctl 接口，设置录像的刷新率；
  - 调用 VIDIOC_REQBUFS 的 ioctl 接口，向内核驱动申请录像输出的缓冲，一般为 3 个；
  - 调用 VIDIOC_QUERYBUF 的 ioctl 接口，查询每个由上面的 REQBUFS 申请到的缓冲，并获取这些缓冲的大小，物理、虚拟地址。
  - 调用 VIDIOC_QBUF 的 ioctl 接口，将这几个缓冲交给驱动做数据填充；
  - 调用 VIDIOC_STREAMON 的 ioctl 接口，启动录像，通知硬件开始填充缓冲。
  - 启动后台线程，循环调用 VIDIOC_DQBUF 将填充完的缓冲拿出，并将数据通过数据类型的回调函数，拷贝到上层。之后再将该缓冲重新做 QBUF 操作，进入硬件填充队列。循环往复，直到客户端调用 stopRecording。
- stopRecording（取消摄像）
  - 调用 VIDIOC_STREAMOFF 的 ioctl 接口，停止硬件录像；
  - 停止 recording 后台线程；
  - 关闭 V4L2 摄像设备。
- setCallbacks（设置回调）：设置相应的客户端的消息通知和数据回调函数。
- getParameters（获取参数）：返回 CameraParameters 摄像设备参数实例。
- setParameters（设置参数）：设置并判断设置参数合法性。这些参数包括 preview 及拍照的格式、尺寸。

实现以上的功能接口，一个基本的 Camera 功能就能在 Android 上运行起来，并实现预览、拍照和录像。

4.5.3.5 WiFi 移植

怡鼎 MX51 的开发板采用的 WiFi 芯片是 AR6100，该芯片的驱动在 Freescale 的 SDK 发布包中已经实现，因此在这里无需移植。但是要使 Android 的 WiFi 服务能够操作该 WiFi 芯片，还需要对硬件抽象层（HAL）进行移植。图 4-29 描述了 Android WiFi 实现的框架图。

可以看到实现 WiFi 需要改动的部分主要有：WiFi 中间层（libhardware_legacy）、wpa_supplicant 服务程序以及 WiFi 驱动。

WiFi 驱动由内核驱动模块、固件和一些协助应用程序组成。驱动会使用 Linux 固件子系统去下载 WiFi 固件，但由于 Android 系统没有 udev 之类的内核消息处理后台，所以需要一个应用层的类似 udev 的协助程序，也就是 libhardware_legacy 下的 WiFi 服务，根据 WiFi 驱动的加载消息来下载固件。

Android 使用 wpa_supplicant 后台服务程序，通过 WEXT 接口去访问 WiFi 驱动，所以只要是和 wpa_supplicant 兼容的 WiFi 驱动，都可以被移植到 Android 之上。

WiFi 的中间层管理着 WiFi 的打开、关闭等操作，并且作为一个 wpa_supplicant 的封装层。

1. WiFi 内核驱动移植

去除使用内核固件子系统下载固件的代码，使用用户层协助程序下载固件。

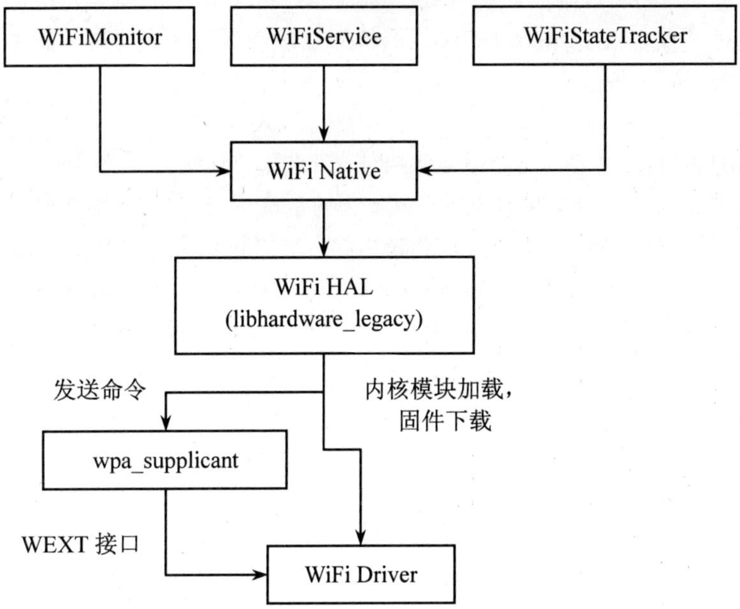

图 4-29　Android WiFi 架构

2. wpa_supplicant 后台移植

- 修改 wpa_supplicant 源代码中的 Android.mk，使得 wpa_supplicant 项目可以被编译，并且加入 WEXT 的支持：

```
WPA_BUILD_SUPPLICANT := true
CONFIG_DRIVER_WEXT = y
```

- 修改 wpa_supplicant 项目中的配置文件：external/wpa_supplicant/wpa_supplicant.conf。将无线设备名称从 tiwlan0 修改成 wlan0。
- 在 init.rc 中添加 wpa_supplicant 服务的启动命令：

```
service wpa_supplicant /system/bin/wpa_supplicant \
  -Dwlan0 -iwlan0 -c/data/misc/wifi/wpa_supplicant.conf -q
  user wifi
  group wifi inet keystore
  Socket wpa_wlan0 dgram 660 wifi wifi
  oneshot
```

2. WiFi 中间层移植

修改 libhardware_legacy/wifi/wifi.c，包括：驱动名称；驱动内核模块路径；加载内核模块的方式；内核模块加载、卸载时调用、杀死固件下载协助服务程序等。具体改动请参考 libhardware_legacy/wifi/wifi_unifi.c。

4.5.4　常见问题

本节介绍在移植内核以及 HAL 的过程中，可能会碰到的常见问题。

4.5.4.1　设备节点

Android 系统有自己的设备节点建立规则，因此与通常情况下使用 udev 来建立节点有所不同。这会导致有些移植的底层应用在打开某个设备节点时失败。

在 Android 下，通常块设备会被创建到/dev/block/下，例如，SD/MMC 卡设备节点被建立为

/dev/block/mmcblk0；ALSA 音频驱动设备节点会被创建到/dev/snd/下；Framebuffer 设备节点会被创建到/dev/graphics/下，例如，fb0 创建到/dev/graphics/fb0。具体的设备节点的建立规则，参见 Android 源代码中 system/core/init/devices.c 的源文件。

4.5.4.2 Initramfs

Android 系统通常会使用 Initramfs 技术来快速启动根文件系统。并利用该根文件系统内的 init 进程去加载后续的文件系统，以及启动后续的进程和服务。Initramfs 通常是被 bootloader 加载到某个内存区域，并通过启动 TAG 传递给内核。内核启动后，它会将该内存区域的 initramfs 作为 ramdisk 加载，并运行该 ramdisk 内的 init 进程。如果不希望使用 initramfs，可以简单地将 Android 源代码编译出来的/system 文件系统拷贝到根文件系统下的 system 目录，删除 init.rc 中有关挂载 system、data 以及 cache 分区的命令行，并将整个根文件在内核启动时加载。

4.5.4.3 键盘配置

Android 系统在检测到有键盘输入设备时，会尝试加载文件系统中/system/usr/keylayout/下的.kl 键盘排布文件来做键值映射。它根据映射表将从内核接收到的键值（Scan code）转换成相应的 Android 自定义的按键。

i.MX51 怡鼎平台的键盘配置文件，存放在 device/fsl/imx5x/mxckpd.kl 文件中，如表 4-5 所示。

表 4-5 键盘映射

内核 Scan code	Android 按键	唤醒有效？*	定义
28	MENU	WAKE_DROPPED	菜单按键
158	HOME	WAKE	主屏按键
139	BACK	WAKE_DROPPED	回退按键
353	DPAD_CENTER	WAKE_DROPPED	轨迹球按键
105	DPAD_DOWN	WAKE_DROPPED	轨迹球下
106	DPAD_UP	WAKE_DROPPED	轨迹球上
103	DPAD_LEFT	WAKE_DROPPED	轨迹球左
108	DPAD_RIGHT	WAKE_DROPPED	轨迹球右
59	VOLUME_UP		增大音量
60	VOLUME_DOWN		减小音量
61	CALL	WAKE_DROPPED	电话
62	ENDCALL	WAKE_DROPPED	结束电话（电源）

注意：唤醒是否有效，指的是当设备从挂起状态被某个按键唤醒后，该按键的事件是否会被传递给上层的 Android 事件处理队列中。如果是 WAKE_DROPPED，则丢弃该唤醒按键事件，否则处理该事件。

4.6 Android 应用程序开发

本节详细介绍如何搭建 Android 应用程序开发环境，以及开发应用程序的初步介绍。最后给出几个多媒体、3D 以及浏览器方面应用的例子。

4.6.1 搭建应用程序开发环境

4.6.1.1　安装基本工具

Android 开发环境一般只在 Windows、Linux 以及 MAC OS X 的 PC 主机上搭建。首先确保计算机上安装有 JDK（Java Development Kit，下载地址：http://java.sun.com/javase/downloads/index.jsp）。在接下来介绍的应用程序开发环境中，会使用最常用的集成开发环境 Eclipse 以及安装于其上的 Android 插件 ADT（Android Development Tools）。这也是 Google 推荐的集成开发环境（IDE）。除了 JDK 外，还需要在主机上安装 Eclipse（推荐使用 3.4 或更高版本）。如果还未安装 Eclipse，请从它的官方网站上下载：

http://www.eclipse.org/downloads/

这里推荐下载安装 Eclipse 的 Java 或者 RCP（Rich Client Platform）版本。如果是 Eclipse 3.5，推荐使用 Eclipse Classic 版本。

4.6.1.2　安装 Android SDK

首先需要下载 Android SDK starter 安装包。该包并没有包括所有的开发环境，只有核心的 SDK 工具，利用这些工具，可以下载所需要的 SDK 组件。通过 Android 官方主页，可以获取 Android SDK starter：http://developer.android.com/sdk/index.html。并且确保下载的是与主机操作系统兼容的包。

下载完 SDK 安装包后，将其解压缩到指定的路径下。默认情况下它会在指定的路径下生成 android-sdk-<machine-platform>目录。记录下该目录的路径，在之后的 ADT 插件配置中会用到它。

另外，可能需要设置系统的默认 PATH 环境变量，加入 SDK 主要工具的路径。将 SDK 目录下的 tools/目录加入环境变量，这样可以直接运行 Android Debug Bridge（ADB）以及其他一些命令行工具，而无需提供全路径。

在 Linux 系统上，请编辑文件~/.bash_profile 或者~/.bashrc。找到设置 PATH 环境变量的命令行，并且将 SDK 下 tools/目录加入该行。如果文件中并无 PATH 环境变量的设置，请添加之：

```
export PATH=${PATH}:<your_sdk_dir>/tools
```

在 Windows 系统上，右击“我的电脑”，并选择“属性”命令。在“高级”选项卡下，单击“环境变量”按钮。在弹出窗口中双击 Path 变量，并添加 tools/的全路径。

4.6.1.3　添加 Android 平台及其他组件

Android SDK/AVD 管理器是一个可以将组件添加到 SDK 环境下，并管理 Android 虚拟设备的工具。该工具默认安装在 SDK 中。

接下来，请使用 Android SDK/AVD 管理器下载必要的组件。

SDK 中能够提供的组件分为以下几种：

- SDK 工具（已经在 Android SDK starer 安装包中）：包含全部的开发、调试以及测试应用程序的工具。请阅读./tools/下的开发向导文档来了解详细内容。
- Android 平台：SDK 里提供了至今为止发布的所有 Android 产品平台，包括 1.5（cupcake）、1.6（donut）、2.0（Eclair）、2.2（Froyo）。每个平台包含完整的 Android 库、系统镜像、实例代码、模拟器皮肤，以及指定版本的工具。

  在本书出版时，Android 的最新版本是 2.2（Froyo），所以本书的代码是基于 Android 2.2 开发的。
- SDK 附加程序：提供了特殊的 Android 外部开发库环境或者自定义的 Android 系统镜像。

Android SDK 提供了 Google API 附加程序，它提供给应用程序强大的接口去访问 Google Map 服务。

- USB 驱动：提供了安装在 Windows PC 上的 USB 驱动文件，安装后该驱动后，就可以在真实设备上运行和调试应用程序。如果不打算在真实的 Android 设备上调试应用程序，可以不使用该驱动。如果在 Mac OS X 或者 Linux 下，则无需这样的驱动。
- 应用程序例子：包含各个开发平台的例子代码和应用程序。
- 文档：包含最新的 Android 框架 API 的文档。

表 4-6 显示了 SDK 安装环境，图 4-30 显示了 SDK 的管理器界面。

表 4-6　SDK 安装环境

开发环境	SDK 组件	注释
基本环境	基本工具	如果安装了 SDK starter，该组件就已经安装。开发 Android 应用程序离不开这个组件
	平台	至少需要安装一个 SDK 平台组件，才能编译应用程序，并且配置一个 Android 虚拟设备来运行应用程序。 可以先下载最新版本的平台。之后，如果需要在其他版本的平台上发布应用程序，就必须安装其他版本的 SDK 平台
推荐环境	文档	文档组件对开发应用程序很有帮助，使用它可以在离线状态下在 Eclipse 里查看 API
	应用程序例子	应用程序例子组件提供了源代码供用户阅读学习，在 Eclipse 下打开运行或者在自己的应用中复用这些代码。 请注意，很多例子是重复的，只是针对不同的平台版本。因此在下载时，请选择使用的 API 版本和所用平台版本一致的应用程序例子
	Usb 驱动	如果是在 Windows PC 机上开发 Android 应用，该驱动是必要的。Mac OS X 和 Linux 系统默认自带驱动
全部环境	Google APIs	Google API 附加组件提供给应用程序访问 Google Map 的外部程序库。可以轻松地显示和操作地图数据
	附加的 SDK 平台	如果想发布应用程序，需要下载其他版本的平台组件，以确保应用程序可以支持从低版本到高版本的各个平台。需要在发布应用程序之前，在不同版本的平台 AVD 虚拟机上测试应用程序

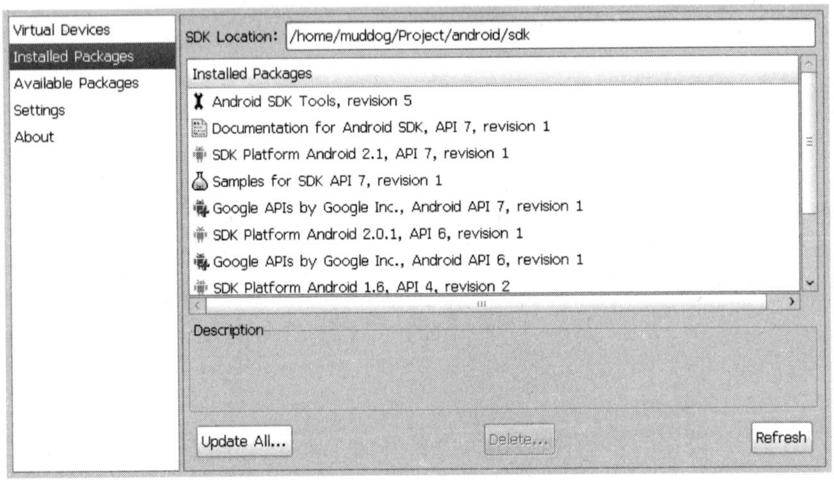

图 4-30　SDK 管理器界面

下载需要的组件，请使用 Android SDK、AVD 管理器的图形界面<sdk>/tools/android 程序，如图 4-30 所示。单击 Avaliable Packages，查看 Android SDK 的仓库中能够下载的组件，并且选择需要的组件，单击 Install Selected 按钮安装。通过查看 Installed Packages 列表，可以看到已经安装的组件。

4.6.1.4 安装 ADT 插件

Android 提供了一个在 Eclipse 集成开发环境上的第三方插件 ADT（Android Development Tools）。该插件提供了强大的、集成式的开发 Android 应用程序的环境。它扩展了 Eclipse 的能力，使得用户可以快速地建立起 Android 的应用程序项目，创建 UI，添加基于 Android 框架 API 的组件，调试应用程序，以及制作带签名（或签名）的 APK 文件，以发布应用程序。总之，使用 ADT 在 Eclipse 下开发、是我们最为推荐的、最快的开发方式。

要安装 ADT，确保 Eclipse 已经安装成功。根据不同的 Eclipse 版本，需要执行如表 4-7 所示的动作，安装界面如图 4-31 所示。

表 4-7 ADT 安装方式

Eclipse 3.5 (Galileo)	Eclipse 3.4 (Ganymede)
选择 Help > Install New Software，填写 ADT 软件仓库地址： https://dl-ssl.google.com/android/eclipse 单击 Add 按钮 如果任何 ADT 有效，选择并安装 重启 Eclipse	选择 Help > Software Updates... 选择 the Installed Software tab. 填写 ADT 软件仓库地址：https://dl-ssl.google.com/android/eclipse 单击 Update...按钮 如果任何 ADT 有效，选择并单击 Finish 按钮 重启 Eclipse

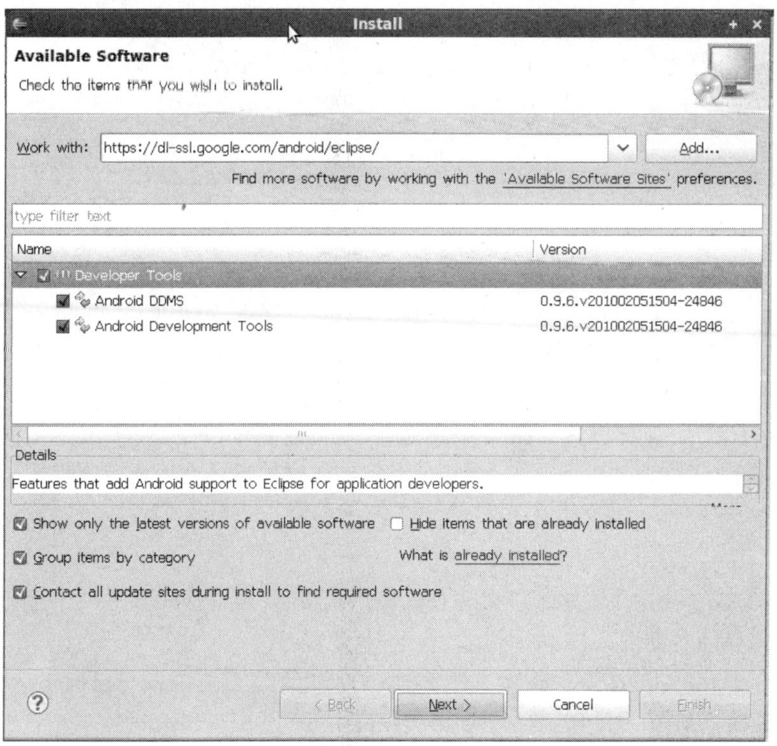

图 4-31 ADT 安装过程 1

重新启动之后，更新 Eclipse 设置指向 SDK 目录，选择 Window > Preferences... (Mac OSX：Eclipse > Preferences)。

在左侧列表中，选择 Android。

对于在主面板中 SDK 的定位，单击 Browse...按钮并找到 SDK 的目录。单击 Apply 按钮，然后单击 OK 按钮，如图 4-32 所示。

ADT 安装完成后，就可以使用 Eclipse 开发 Android 应用程序了。

接下来，从最简单的 Hello World 应用程序开始，介绍基本的开发流程，以及如果开发多媒体、3D 以及基于浏览器的应用程序。

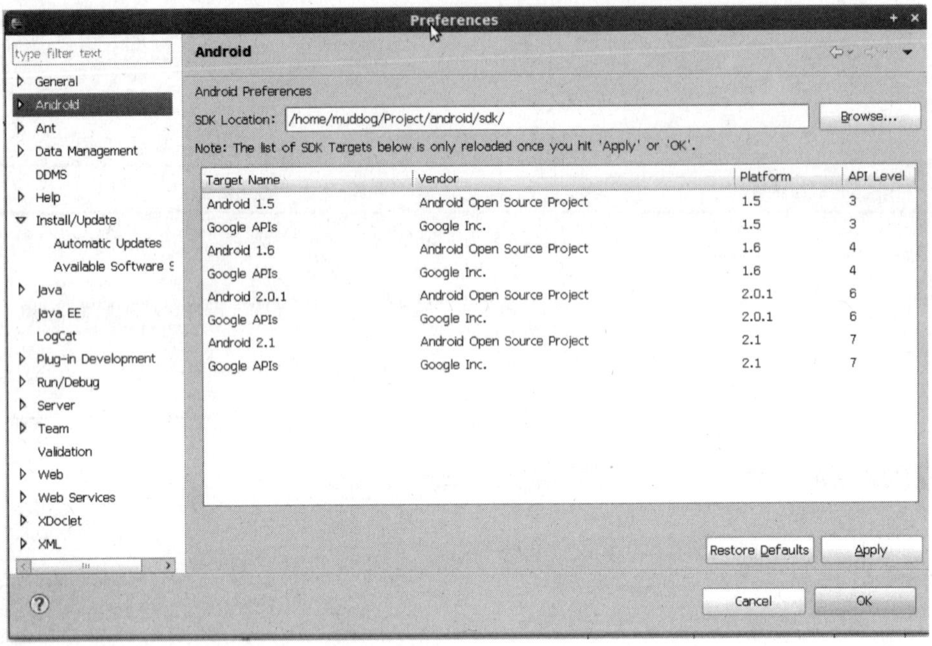

图 4-32　ADT 安装过程 2

4.6.1.5　配置虚拟设备

在 Android 模拟器中调试和运行应用程序，需要首先创建一个虚拟设备（Virtual Device）。创建设备，可以从 Eclipse 的“窗口”菜单中单击 Android SDK and AVD Manager，打开 AVD 管理器。或者直接运行 SDK/tools/android 程序。然后添加一个虚拟设备，设置名称，运行的平台版本，模拟的 SD 卡大小，以及 LCD 的尺寸。具体设置如图 4-33 所示。

配置完 AVD 后，单击 Create AVD 按钮完成创建。之后就可以在该虚拟设备上运行应用程序了。

4.6.2　Hello World 应用程序

本节开始编写第一个 Android 应用程序。这里以最简单的例子来讲解：在窗口上显示一个按钮，单击该按钮弹出带有标题和消息的对话框。

打开 Eclipse IDE 程序。单击 File 菜单，新建一个项目。在弹出的项目建立向导窗口中选择 Android Project，单击 Next 按钮，如图 4-34 所示。

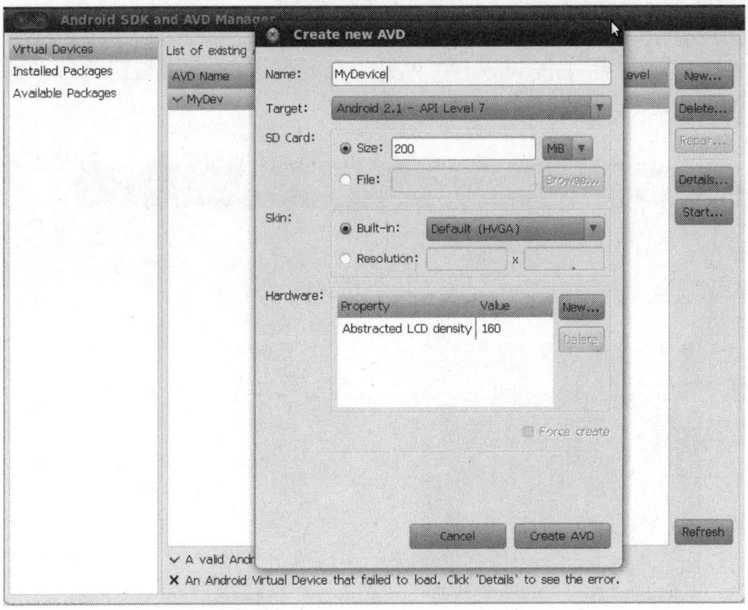

图 4-33　SDK 配置虚拟设备

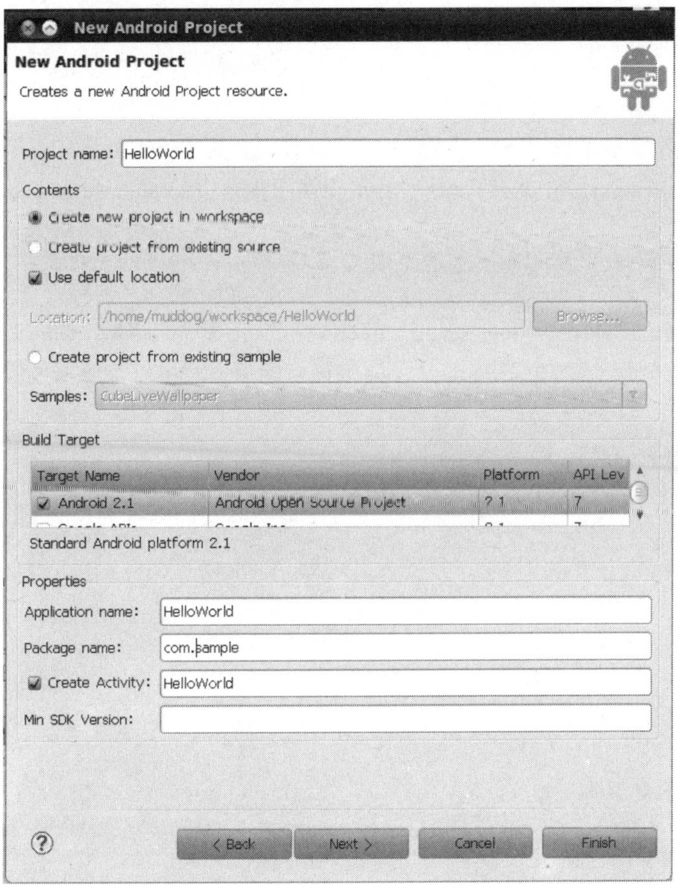

图 4-34　建立 Hello World 项目

在建立新项目对话框中（如图 4-35 所示），填入项目名称、目标 SDK 平台版本（图中为 Android 2.1）、应用程序名称、包名以及建立一个名为 HelloWorld 的 Activity。然后单击完成按钮。将看到图 4-35 所示的开发界面。

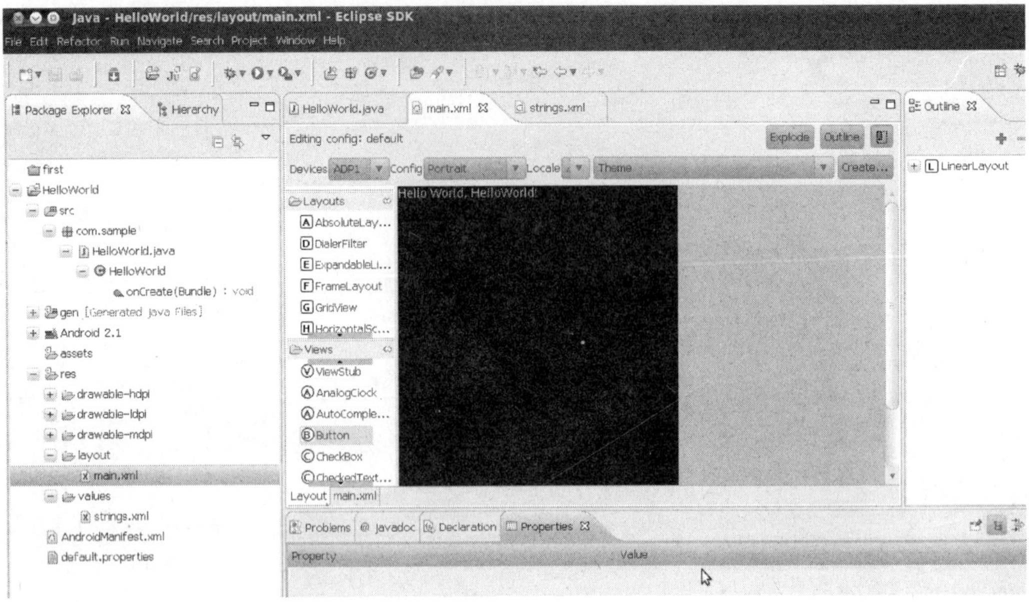

图 4-35　Hello World 开发界面

接下来单击 res/layout/main.xml，出现图 4-35 所示的主窗口 Layout 视图。从 Views 列表中，拖动 Button 视图到主窗口视图。然后编辑 main.xml 文件，修改 Button 视图描述中的 android:text 属性为@string/hello。

```
<Button android:text="@string/hello" android:id="@+id/Button01" android:layout_width="wrap_content" android:layout_height="wrap_content"></Button>
```

@string/hello 标识了一串字符串，记录在 res/values/string.xml 中。可以在程序的 XML 描述文件和应用程序代码中使用该标识，这样只需要修改 string.xml 中该字符串的值，就可以方便地使所有引用该字符串的地方显示新值。

```
<string name="hello">Hello World, HelloWorld!</string>
```

然后为该按钮添加单击响应处理代码。参见下面代码，深色部分为在向导生成的代码中添加响应处理：

```
package com.sample;

import android.app.Activity;
import android.os.Bundle;
import android.view.View;
import android.view.View.OnClickListener;
import android.app.AlertDialog;

public class HelloWorld extends Activity implements OnClickListener {
    /** Called when the activity is first created. */
    @Override
    public void onCreate(Bundle savedInstanceState) {
        super.onCreate(savedInstanceState);
```

```
        setContentView(R.layout.main);

        View btn = this.findViewById(R.id.Button01);
        btn.setOnClickListener(this);
    }

    @Override
    public void onClick(View v) {
        if (v.getId() == R.id.Button01) {
            new AlertDialog.Builder(this)
                .setTitle(R.string.title)
                .setMessage(R.string.message)
                .show();


        }

    }
}
```

由于我们希望处理按钮的消息，HelloWorld 这个活动类必须实现 OnClickListener 接口。因此这里导入 android.view.View.OnClickListener 类，并重载 onClick() 方法。在活动类的 onCreate() 方法中，将按钮实例通过 findViewById()方法获取，调用实例的 setOnClickListener() 方法来设置当前的活动实例为事件监听者。这样在活动类中重载的 onClick() 方法就能在系统收到按钮单击事件时被调用。在 onClick() 方法中，首先通过视图实例来判断事件的接收者是否是该按钮，如果“是”则创建一个 AlertDialog 实例，并显示带有标题和信息的对话框，如图 4-36 所示。

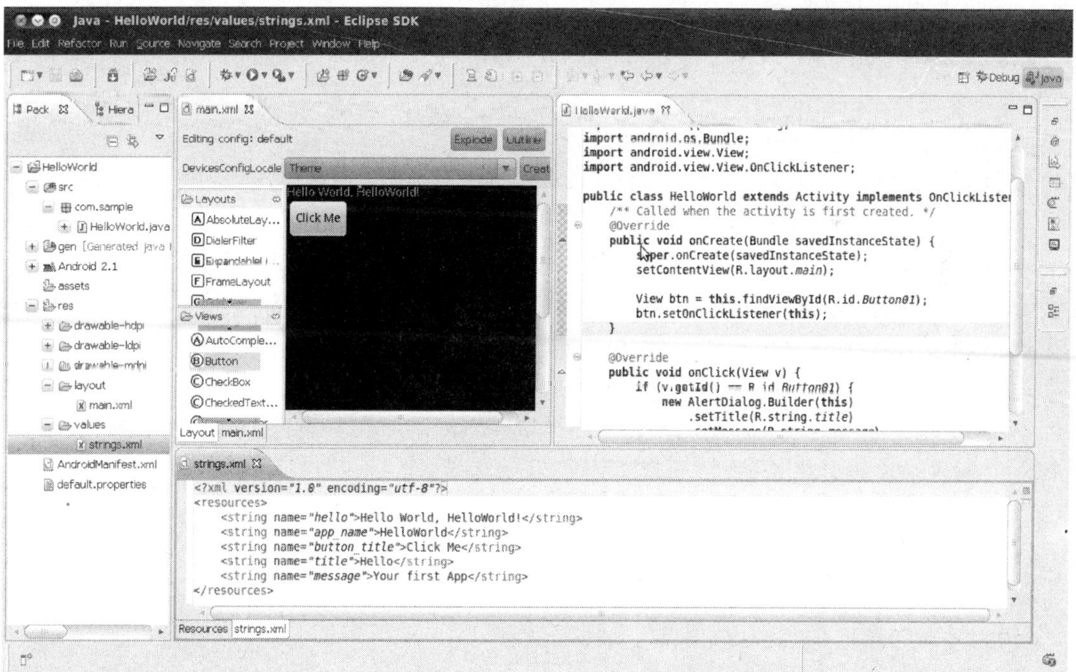

图 4-36　Hello World 界面设计

以上代码使用到了几个新的字符串，在 string.xml 中添加之：

```
<string name="button_title">Click Me</string>
```

```
<string name="title">Hello</string>
<string name="message">Your first App</string>
```

运行该程序，单击菜单中的 Run 命令，选择 Android Application。稍等片刻，会看到 Eclipse 打开了 Android 模拟器，并运行该应用程序，如图 4-37 所示。

图 4-37　HelloWorld 运行界面

单击 Click Me 按钮，应用程序会显示以“Hello”为标题，“Your first App”为信息的对话框。

4.6.3　多媒体播放应用程序

如何运用 Android 多媒体播放器，在自己的应用程序中播放一些动画视频，是本节要讨论的。这里以网上的一个开源小程序 VideoPlayer 为例（可以从http://davanum.wordpress.com/2009/12/04/android-%E2%80%93-videomusic-player-sample-take-2/处下载到源代码，并新建一个 Android 项目，将源代码 import 入项目中），来讲解 Android 多媒体播放的应用。在本节中还会接触到一些 Android 开发中的基本技术。

VideoPlayer 很简单，在活动窗口上显示一个文字输入框，让用户输入多媒体文件的路径和文件名。用户可以输入 SD 卡上的文件路径，也可以是网络上的多媒体文件 URL。应用程序在读取用户输入的路径后，在文本框下方区域播放视频。在视频播放区域有四个按钮，分别是 Play、Pause、Reset、Stop，可以控制视频的播放。

4.6.3.1　修改 AndroidManifest.xml

AndroidManifest.xml 是每个应用程序必需的，是向 Android 系统提供自身信息的文件，且需要放入应用程序发布包，并在运行前提供给系统。

该文件主要包含以下功能：

- 说明应用程序的 java 数据包，数据包名是应用程序的唯一标识。
- 描述应用程序的组件。

- 说明应用程序的组件运行在哪个进程下。
- 声明应用程序必须具备的权限，用于访问受保护的部分 API，以及与其他应用程序的交互。
- 声明应用程序其他的必备权限，用于组件之间的交互。
- 列举应用程序运行时需要的环境配置信息，这些声明信息只在程序开发和测试时存在，发布前将被删除。
- 声明应用程序所需要的 Android API 的最低版本级别，如 1.0、1.1、1.5。
- 列举应用程序所需要链接的库。

VideoPlayer 属于 org.apache.android.media 包；需要访问 Internet 的权限，以便获取多媒体文件；活动名（activity android:name）是.VideoViewDemo；活动的启动方式（intent-filter）是通过 LAUNCHER 启动器来启动，也就是应用程序列表中单击启动。

```
<manifest xmlns:android="http://schemas.android.com/apk/res/android"
package="org.apache.android.media">
<uses-permission android:name="android.permission.INTERNET" />
<application android:name="VideoViewApplication" android:label="VideoViewApplication">
        <activity android:name=".VideoViewDemo" android:label="Media/VideoView">
                <intent-filter>
                        <action android:name="android.intent.action.MAIN" />
                        <category android:name="android.intent.category.DEFAULT" />
                        <category android:name="android.intent.category.LAUNCHER" />
                </intent-filter>
        </activity>
</application>
</manifest>
```

详细的 AndroidManifest.xml 文件格式及用法，请参见 Android Dev Guider。

4.6.3.2 添加界面资源

首先在 Layout 界面下为 main.xml 添加以下界面元素：

- EditText 多媒体文件路径输入框。标识：path；宽度：填充窗口（fill_parent）；高度：根据内容调整（wrap_content）。
- VideoView 视频视图。标识：surface_view；宽度：填充窗口；高度：填充窗口。
- ImageButton 图像按钮。这里需添加 4 个图像按钮，标识分别为 play、pause、reset、stop；宽度和高度都是根据内容调整。
- LinearLayout 线性布局。该布局作为以上 4 个按钮的容器。方向：垂直；高度：根据内容调整；宽度：填充窗口。

可以通过可视化界面拖拽相应的布局和视图到界面上，并修改属性。也可以直接在 main.xml 里加入以下 xml 标签：

```
<EditText android:id="@+id/path"
                android:layout_width="fill_parent"
                android:layout_height="wrap_content"
            />
    <VideoView android:id="@+id/surface_view"
                android:layout_width="fill_parent"
                android:layout_height="fill_parent">
    </VideoView>
    <LinearLayout
            android:orientation="horizontal"
            android:layout_height="wrap_content"
```

```
        android:layout_width="fill_parent"
        >
    <ImageButton android:id="@+id/play"
                 android:layout_height="wrap_content"
                 android:layout_width="wrap_content"
                 android:src="@drawable/play"/>

    <ImageButton android:id="@+id/pause"
                 android:layout_height="wrap_content"
                 android:layout_width="wrap_content"
                 android:src="@drawable/pause"/>
    <ImageButton android:id="@+id/reset"
                 android:layout_height="wrap_content"
                 android:layout_width="wrap_content"
                 android:src="@drawable/reset"/>
    <ImageButton android:id="@+id/stop"
                 android:layout_height="wrap_content"
                 android:layout_width="wrap_content"
                 android:src="@drawable/stop"/>
</LinearLayout>
```

然后在./res/drawable 目录下添加以上 4 个图像按钮的图片文件（可以是 png 或 jpeg 格式），名称对应@drawable/xxxx。

4.6.3.3 建立源代码文件

在./src/org.apache.android.media 中新建一个 VideoViewDemo.java 文件，并添加以下代码：

```
/**
 * Licensed to the Apache Software Foundation (ASF) under one
 * or more contributor license agreements. See the NOTICE file
 * distributed with this work for additional information
 * regarding copyright ownership. The ASF licenses this file
 * to you under the Apache License, Version 2.0 (the
 * "License"); you may not use this file except in compliance
 * with the License. You may obtain a copy of the License at
 *
 * http://www.apache.org/licenses/LICENSE-2.0
 *
 * Unless required by applicable law or agreed to in writing, software
 * distributed under the License is distributed on an "AS IS" BASIS,
 * WITHOUT WARRANTIES OR CONDITIONS OF ANY KIND, either express or implied.
 * See the License for the specific language governing permissions and
 * limitations under the License.
 */
package org.apache.android.media;

import java.io.File;
import java.io.FileOutputStream;
import java.io.IOException;
import java.io.InputStream;
import java.net.URL;
import java.net.URLConnection;

import android.app.Activity;
import android.os.Bundle;
import android.util.Log;
```

```
import android.view.View;
import android.view.View.OnClickListener;
import android.webkit.URLUtil;
import android.widget.EditText;
import android.widget.ImageButton;
import android.widget.Toast;
import android.widget.VideoView;

public class VideoViewDemo extends Activity {
private static final String TAG = "VideoViewDemo";

private VideoView mVideoView;
private EditText mPath;
private ImageButton mPlay;
private ImageButton mPause;
private ImageButton mReset;
private ImageButton mStop;
private String current;

@Override
public void onCreate(Bundle icicle) {
        super.onCreate(icicle);
        setContentView(R.layout.main);
        mVideoView = (VideoView) findViewById(R.id.surface_view);

        mPath = (EditText) findViewById(R.id.path);
        mPath.setText("http://daily3gp.com/vids/747.3gp");

        mPlay = (ImageButton) findViewById(R.id.play);
        mPause = (ImageButton) findViewById(R.id.pause);
        mReset = (ImageButton) findViewById(R.id.reset);
        mStop = (ImageButton) findViewById(R.id.stop);

        mPlay.setOnClickListener(new OnClickListener() {
                public void onClick(View view) {
                        playVideo();
                }
        });
        mPause.setOnClickListener(new OnClickListener() {
                public void onClick(View view) {
                        if (mVideoView != null) {
                                mVideoView.pause();
                        }
                }
        });
        mReset.setOnClickListener(new OnClickListener() {
                public void onClick(View view) {
                        if (mVideoView != null) {
                                mVideoView.seekTo(0);
                        }
                }
        });
        mStop.setOnClickListener(new OnClickListener() {
                public void onClick(View view) {
                        if (mVideoView != null) {
```

```
                    current = null;
                    mVideoView.stopPlayback();
                }
            }
        });
        runOnUiThread(new Runnable(){
            public void run() {
                playVideo();

            }

        });
    }

    private void playVideo() {
        try {
            final String path = mPath.getText().toString();
            Log.v(TAG, "path: " + path);
            if (path == null || path.length() == 0) {
                Toast.makeText(VideoViewDemo.this, "File URL/path is empty",
                        Toast.LENGTH_LONG).show();

            } else {
                // If the path has not changed, just start the media player
                if (path.equals(current) && mVideoView != null) {
                    mVideoView.start();
                    mVideoView.requestFocus();
                    return;
                }
                current = path;
                mVideoView.setVideoPath(getDataSource(path));
                mVideoView.start();
                mVideoView.requestFocus();

            }
        } catch (Exception e) {
            Log.e(TAG, "error: " + e.getMessage(), e);
            if (mVideoView != null) {
                mVideoView.stopPlayback();
            }
        }
    }

    private String getDataSource(String path) throws IOException {
        if (!URLUtil.isNetworkUrl(path)) {
            return path;
        } else {
            URL url = new URL(path);
            URLConnection cn = url.openConnection();
            cn.connect();
            InputStream stream = cn.getInputStream();
            if (stream == null)
                throw new RuntimeException("stream is null");
            File temp = File.createTempFile("mediaplayertmp", "dat");
            temp.deleteOnExit();
```

```
                String tempPath = temp.getAbsolutePath();
                FileOutputStream out = new FileOutputStream(temp);
                byte buf[] = new byte[128];
                do {
                        int numread = stream.read(buf);
                        if (numread <= 0)
                                break;
                        out.write(buf, 0, numread);
                } while (true);
                try {
                        stream.close();
                } catch (IOException ex) {
                        Log.e(TAG, "error: " + ex.getMessage(), ex);
                }
                return tempPath;
        }
    }
}
```

添加完代码后，在 Eclipse 没有报错的情况下，可以在模拟器中运行该应用程序，效果如图 4-38 所示。

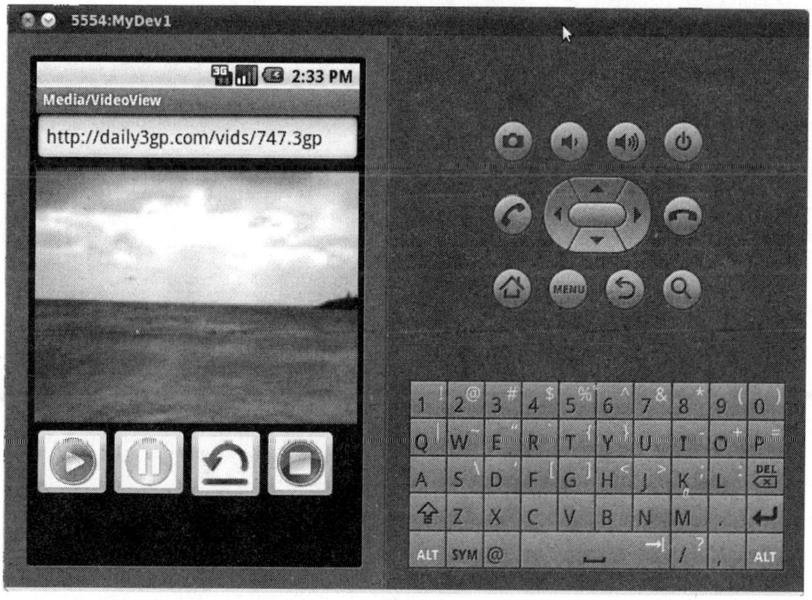

图 4-39　VideoPlayer 运行界面

注意：如果想让模拟器访问互联网，请确保主机可以在没有代理的情况下访问互联网，并且在 AVD 管理器中添加 GSM Modem 到虚拟设备中。

4.6.3.4　代码分析

首先，在活动的 onCreate 方法中，根据 UI 视图标识来获得视图实例，并设置这些视图的单击消息处理函数。这里利用视图类的 setOnClickListener 方法，将临时创建并重载 onClick 方法的 OnClickListener 实例作为参数。在重载的 onClick 方法中，添加相应的处理代码。例如，Play 按钮单击事件处理函数，调用 playVideo 方法播放视频；Pause 按钮单击事件处理函数，调用 VideoView 实例的 pause() 方法，暂停当前播放；Stop 按钮单击事件处理函数，调用 VideoView 实例的

stopPlayback() 方法，停止播放。

活动中私有的 playVideo() 方法首先从 EditText 中获取需要播放的多媒体文件路径，如果路径长度为零，或者转换成字符串失败，则创建 Toast 警告界面，通知用户路径有误：

```
Toast.makeText(VideoViewDemo.this, "File URL/path is empty",
        Toast.LENGTH_LONG).show();
```

如果路径输入无误，则查看新输入的路径和之前的路径是否一致，如果一致，则直接调用 VideoView 实例的 start() 继续播放。如果是新地址，则调用 VideoView 实例的 setVideoPath() 及 start() 播放新文件：

```
mVideoView.setVideoPath(getDataSource(path));
mVideoView.start();
```

这里 getDataSource 也是活动的一个方法。它解析用户输入的文件路径，如果是 SD 卡上的本地文件，则直接返回用户输入的字符串。如果是存放在网络上的文件，则首先使用 URL 类建立到远程的链接：

```
URL url = new URL(path);
URLConnection cn = url.openConnection();
cn.connect();
```

然后从链接中下载整个文件到本地的临时文件中，该临时文件的创建过程如下：

```
File temp = File.createTempFile("mediaplayertmp", "dat");
temp.deleteOnExit();
```

这样网络上的文件就被下载到本地，getDataSource 返回该临时文件的绝对路径。这样 VideoView 的 setVideoPath 就能得知播放哪个本地视频文件了。

这个例子很简单，当然 Android 中的多媒体组件很多，还有可以在后台播放的 MediaPlayer 等。详细的 API 请参考 Android 开发手册。

4.6.4 浏览器应用程序

Android 默认使用开源的 WebKit 浏览器。WebKit 和一般的移动设备上的浏览器不同，它不会转换页面去显示精简后的在低配置移动设备下的页面，而是显示和桌面一样的效果。WebKit 作为 Android 中重要的组件，可以让应用程序通过 SDK API 来使用。以下介绍几种常见的在应用程序中使用浏览器的例子。

4.6.4.1 通过 intent 调用 Web 视图

如果想在应用程序中打开某个 URL，使用户浏览该页面，最简单的方法是使用 intent。通过它向系统申请对一个 URL 的访问，系统会根据请求来创建 WebKit 视图。

下面介绍一个简单的程序，它显示一个按钮，用户单击该按钮后转到新浪首页。

建立该程序项目很简单，只需要在默认窗口上创建一个按钮 Button01。在该按钮的消息响应函数中，创建一个新的类型为 ACTION_VIEW 的 intent，并将需要用户访问的 URL 通过 setData 方法传递给 intent。最后调用 startActivity 来执行该 intent。代码入下：

```
package com.sample.webintent;

import android.app.Activity;
import android.content.Intent;
import android.net.Uri;
import android.os.Bundle;
import android.view.View;
import android.view.View.OnClickListener;
```

```
import android.widget.Button;

public class WebIntent extends Activity
{
    Button btn;

    public void onCreate(Bundle savedInstanceState)
    {
        super.onCreate(savedInstanceState);
        setContentView(R.layout.main);
        btn = (Button) findViewById(R.id.Button01);
        btn.setOnClickListener(new OnClickListener() {
            public void onClick(View v)
            {
                Intent intent = new
                    Intent(Intent.ACTION_VIEW);
                Uri uri =
                    Uri.parse("http://www.google.com/");
                intent.setData(uri);
                startActivity(intent);
            }
        });
    }
}
```

添加代码之后，请将下面的行加入到 AndroidManifest.xml 文件，为应用程序添加 Internet 访问权限：

```
<uses-permission android:name="android.permission.INTERNET"></uses-permission>
```

4.6.4.2 直接使用 WebView 视图

第二个例子是直接在代码中使用 WebView 视图组件。

在活动 onCreate 方法中创建 WebView 视图实例，并且将其绑定到当前活动窗口中。然后通过获取 WebSettings 实例来打开 JavaScript 的支持：

```
WebSettings settings = webview.getSettings();
settings.setJavaScriptEnabled(true);
```

最后同样是访问、加载 google.com 页面。

完整代码如下：

```
package com.sample.webviewexample;
import android.app.Activity;
import android.os.Bundle;
import android.webkit.WebView;
import android.webkit.WebChromeClient;
import android.webkit.WebSettings;
import android.webkit.JsResult;

public class WebviewExample extends Activity
{
    WebView webview;
    @Override
    public void onCreate(Bundle savedInstanceState)
    {
        super.onCreate(savedInstanceState);
        webview = new WebView(this);
        WebSettings settings = webview.getSettings();
```

```
            settings.setJavaScriptEnabled(true);

            setContentView(webview);
            webview.loadUrl("http://www.google.com");
        }
    }
```

应用程序运行效果如图 4-39 所示。

图 4-39 直接使用 Web 视图的运行界面

4.6.4.3 扩展 WebView

WebView 可以让用户自定义 JavaScript 接口来扩展和处理特殊应用。接下来看一个稍微复杂一些的例子，自定义一个 JavaScript 接口，并自定义一个调用该接口的网页，来通过 intent 调用其他活动。

首先添加一个在自定义 JavaScript 接口调用时启动的活动 WebviewJSActivity。在项目./src 目录中新建 WebviewJSActivity.java 文件，建立该类。并在 main.xml 的 Layout 中添加一个按钮 Button01，以及该按钮事件响应 onClick。源代码如下：

```
package com.sample.webviewsample;
import android.app.Activity;
import android.os.Bundle;
import android.view.View;
import android.view.View.OnClickListener;
import android.widget.Button;

public class WebviewJSActivity extends Activity {
 Button aButton;
 @Override
 public void onCreate(Bundle savedInstanceState)
 {
        super.onCreate(savedInstanceState);
        setContentView(R.layout.main);
        aButton = (Button) findViewById(R.id.Button01);
        aButton.setOnClickListener(new OnClickListener() {
```

```
            public void onClick(View v) {
                WebviewJSActivity.this.finish();
            }
        });
    }
}
```

将该活动注册到 AndroidManifest.xml 中：

```
<activity android:name=".WebviewJSActivity"></activity>
```

接着创建一个新的活动，以及自定义 JavaScript 接口。并在该接口中直接发起一个 intent，调用 WebviewJSActivity 活动：

```
Intent nintent = new Intent(WebviewExample.this,WebviewJSActivity.class);
startActivityForResult(nintent,0);
```

完整代码如下：

```
package com.sample.webviewsample;
import android.app.Activity;
import android.content.Intent;
import android.os.Bundle;
import android.os.Handler;
import android.util.Log;
import android.webkit.WebChromeClient;
import android.webkit.WebSettings;
import android.webkit.WebView;
import android.webkit.WebViewClient;
import android.webkit.JsResult;

public class WebViewSample extends Activity
{
WebView webview;
private Handler handler = new Handler();
@Override
public void onCreate(Bundle savedInstanceState)
{
    super.onCreate(savedInstanceState);
    webview = new WebView(this);
    setContentView(webview);

    WebSettings settings = webview.getSettings();
    settings.setJavaScriptEnabled(true);
    webview.setWebChromeClient(new WebChromeClient() {
        public boolean onJSAlert(WebView view, String url,
                    String message, JsResult result)
        {
            return true;
        }
    });
    webview.addJavascriptInterface(new JSInterface(),
    "jsinterface");
    webview.loadUrl("file:///android_asset/local.html");
}

public class JSInterface {

    public void specialClick() {
```

```
                handler.post(new Runnable() {
                        public void run() {
                                Intent nintent = new
                                Intent(WebViewSample.this,
                                                WebviewJSActivity.class);
                                startActivityForResult(nintent,0);
                        }
                });
        }
}

@Override
protected void onActivityResult(int requestCode,
                int resultCode, Intent intent)
{
        super.onActivityResult(requestCode, resultCode, intent);
        switch(requestCode)
        {
        case 0:
                if (resultCode == RESULT_OK)
                {
                        Log.v("WEBVIEW","Got Results");
                }
                break;
        }
}
}
```

自定义的 JavaScript 接口被定义在 JSInterface 类中，使用 Webview 的 addJavascriptInterface() 方法注册自定义接口：

```
webview.addJavascriptInterface(new JSInterface(), "jsinterface");
```

该方法的第一个参数是自定义接口类 JSInterface，第二个参数是接口名称"jsinterface"。该接口名称将会作为 JavaScript 中调用的类名，因此可以在网页中通过 window.jsinterface 的对象调用 specialClick() 方法：

```
<a href="#" onClick="window.jsinterface.specialClick();">Click Me</a>
```

要验证一下自定义 JavaScript 接口，还需要编写一个简单的 HTML 页面文件，并将它保存到项目文件夹中。

例如，将以下 HTML 文件保存在 assets 目录下，取名为 local.html：

```
<html>
<head>
<title>Webview sample</title>
<script type="text/javascript">
alert("JavaScript Alert");
document.writeln("Line Generated By JavaScript");
</script>
</head>
<body>
<a href="#" onClick="window.jsinterface.specialClick();">Click Me</a>
</body>
</html>
```

可以在应用程序中通过以下路径加载该文件：

```
file:///android_asset/local.html
```

这样代码中的 WebviewExample 活动在创建时就能加载该页面，并且显示一个可以单击的 Click Me 超链接。

启动 WebViewSample 活动，并加载 local.html 后，会看到 JavaScript Alert 对话框。结束该对话框后，显示 local.html 内容，其中包括 Click Me 超链接。单击 Click Me 之后，WebviewJSActivity 活动将被调用，显示一个按钮。单击按钮即可关闭该活动，如图 4-40 所示。

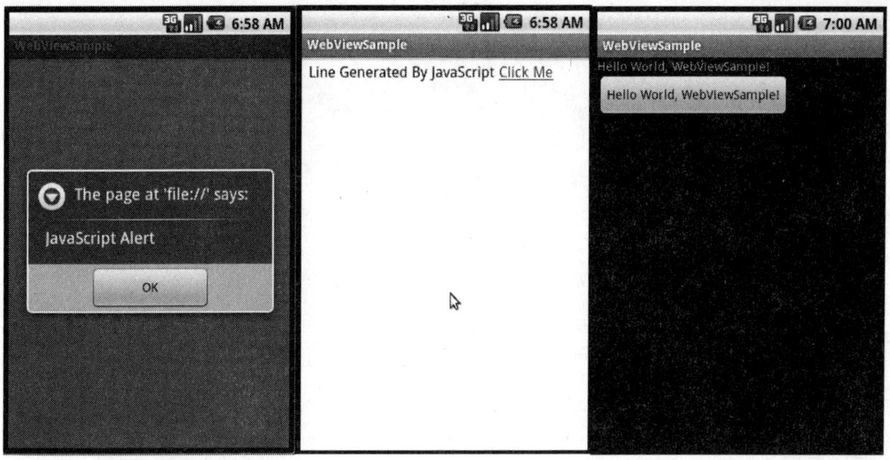

图 4-40　扩展 WebView 运行界面

以上三个浏览器的应用例子从最简单的调用 Webkit 显示页面，到自定义 WebView 引擎中 JavaScript 的接口，讲解了如何使用 Webkit 引擎来加载和解析页面。更多复杂的用法请参考 Android SDK。

4.6.5　3D 应用程序

参考 Androd SDK 中 ApiDemo 的一个例子程序 GLSurfaceView，并简单修改代码来介绍如何利用 OpenGL ES 实现 3D 程序的开发。该例子代码位于

```
./sdk/samples/android-<x>/ApiDemos/src/com/example/android/apis/graphics/GLSurfaceViewActivity.java
```

目录下。其中 x 是对应的 SDK 平台版本，例如 Android 2.1，x 为 7。

这里是在窗口上绘制一个旋转中的立方体，该立方体的六个立面都用渐变色彩填充。

4.6.5.1　创建立方体类

首先创建一个 Java 文件 Cube.java，并定义一个立方体类 Cube。代码如下：

```
/*
 * Copyright (C) 2007 The Android Open Source Project
 *
 * Licensed under the Apache License, Version 2.0 (the "License");
 * you may not use this file except in compliance with the License.
 * You may obtain a copy of the License at
 *
 *      http://www.apache.org/licenses/LICENSE-2.0
 *
 * Unless required by applicable law or agreed to in writing, software
 * distributed under the License is distributed on an "AS IS" BASIS,
 * WITHOUT WARRANTIES OR CONDITIONS OF ANY KIND, either express or implied.
 * See the License for the specific language governing permissions and
```

```
 * limitations under the License.
 */

package com.sample.cube;

import java.nio.ByteBuffer;
import java.nio.ByteOrder;
import java.nio.IntBuffer;

import javax.microedition.khronos.opengles.GL10;

/**
 * A vertex shaded cube.
 */
class Cube
{
    public Cube()
    {
        int one = 0x10000;
        int vertices[] = {
                -one, -one, -one,
                one, -one, -one,
                one,  one, -one,
                -one,  one, -one,
                -one, -one,  one,
                one, -one,  one,
                one,  one,  one,
                -one,  one,  one,
        };

        int colors[] = {
                0,    0,    0,  one,
                one,    0,    0,  one,
                one,  one,    0,  one,
                0,  one,    0,  one,
                0,    0,  one,  one,
                one,    0,  one,  one,
                one,  one,  one,  one,
                0,  one,  one,  one,
        };

        byte indices[] = {
                0, 4, 5,    0, 5, 1,
                1, 5, 6,    1, 6, 2,
                2, 6, 7,    2, 7, 3,
                3, 7, 4,    3, 4, 0,
                4, 7, 6,    4, 6, 5,
                3, 0, 1,    3, 1, 2
        };

        // Buffers to be passed to gl*Pointer() functions
        // must be direct, i.e., they must be placed on the
        // native heap where the garbage collector cannot
        // move them.
        //
```

```
        // Buffers with multi-byte datatypes (e.g., short, int, float)
        // must have their byte order set to native order

        ByteBuffer vbb = ByteBuffer.allocateDirect(vertices.length*4);
        vbb.order(ByteOrder.nativeOrder());
        mVertexBuffer = vbb.asIntBuffer();
        mVertexBuffer.put(vertices);
        mVertexBuffer.position(0);

        ByteBuffer cbb = ByteBuffer.allocateDirect(colors.length*4);
        cbb.order(ByteOrder.nativeOrder());
        mColorBuffer = cbb.asIntBuffer();
        mColorBuffer.put(colors);
        mColorBuffer.position(0);

        mIndexBuffer = ByteBuffer.allocateDirect(indices.length);
        mIndexBuffer.put(indices);
        mIndexBuffer.position(0);
    }

    public void draw(GL10 gl)
    {
        gl.glFrontFace(gl.GL_CW);
        gl.glVertexPointer(3, gl.GL_FIXED, 0, mVertexBuffer);
        gl.glColorPointer(4, gl.GL_FIXED, 0, mColorBuffer);
        gl.glDrawElements(gl.GL_TRIANGLES, 36, gl.GL_UNSIGNED_BYTE, mIndexBuffer);
    }

    private IntBuffer     mVertexBuffer;
    private IntBuffer     mColorBuffer;
    private ByteBuffer    mIndexBuffer;
}
```

其中 vertices 数组定义了立方体的六个顶点坐标<x, y, z>，六个顶点的定义顺序如图 4-41 所示。

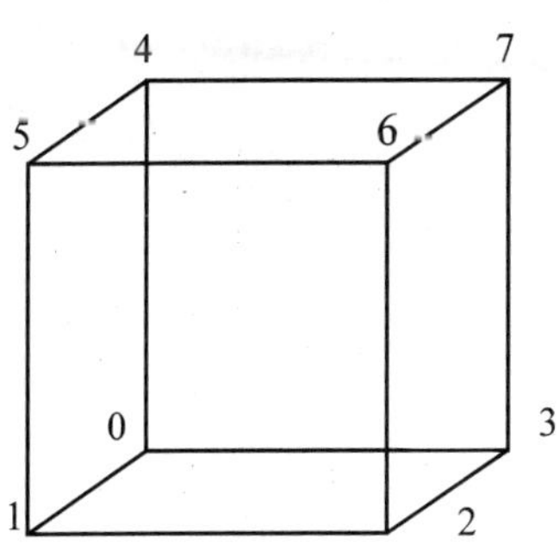

图 4-41　立方体顶点顺序

因此，代码中定义的立方体中心位于原点坐标处，例如，0 号顶点坐标为<-0x10000, -0x10000, -0x10000>。

colors 数组定义了六个顶点的颜色值，格式为 RGBA：R（Red 红色），G（Green 绿色），B（Blue 蓝色），A（Alpha 透明度）。数组的每一行描述了一个顶点的颜色值；每一列对应 RGBA 中的一个值。OpenGL 会依照定义的顶点颜色值，自动填充面上的颜色。

indices 数组定义了用来组成该立方体的六个面的 12 个三角形。该数组的每一行用顶点号描述了一个三角形，从 0 号顶点和“0，1，5，4”的面开始，顺时针描述。因此我们看到“0，4，5”，然后是“0，5，1”，接着是从 1 号顶点开始……依次描述全部六个面。

这三个数组被 ByteBuffer 转换成 IntBuffer 类型，以便接下来的 OpenGL ES 接口调用。

Cube 类的 draw() 方法中，实现了对立方体的绘制。

```
gl.glFrontFace(gl.GL_CW);
```

设置以 indices 数组描述的顺时针的面为正面，并显示该正面。这样使得立方体的外立面得以显示。

然后调用 glVertexPointer：

```
gl.glVertexPointer(3, gl.GL_FIXED, 0, mVertexBuffer);
```

将定点信息传递给 GL：

```
gl.glColorPointer(4, gl.GL_FIXED, 0, mColorBuffer);
```

将顶点颜色信息传递给 GL：

```
gl.glDrawElements(gl.GL_TRIANGLES, 36, gl.GL_UNSIGNED_BYTE, mIndexBuffer);
```

将三角形描述信息传递给 GL，并绘制。

有了 Cube 类，就可以实例化它，并传递 GL 实例。让 Cube 实例自己在当前 GL 上下文中绘制立方体。

4.6.5.2　创建渲染类

要使立方体能够自动旋转，需要一个渲染引擎。它每隔一段事件，改变立方体的旋转角度，重新绘制。这里新建一个 Java 文件 CubeRender.java，并从 GLSurfaceView.Renderer 类继承一个名叫 CubeRender 的子类。并重载 onDrawFrame() 方法，每一帧对当前的立方体进行旋转。在该子类中，实例化一个 Cube 立方体对象 mCube 和一个全局的角度变量 mAngle 来记录上次的旋转角度。

全部代码如下：

```
/*
 * Copyright (C) 2007 The Android Open Source Project
 *
 * Licensed under the Apache License, Version 2.0 (the "License");
 * you may not use this file except in compliance with the License.
 * You may obtain a copy of the License at
 *
 *      http://www.apache.org/licenses/LICENSE-2.0
 *
 * Unless required by applicable law or agreed to in writing, software
 * distributed under the License is distributed on an "AS IS" BASIS,
 * WITHOUT WARRANTIES OR CONDITIONS OF ANY KIND, either express or implied.
 * See the License for the specific language governing permissions and
 * limitations under the License.
 */

package com.sample.cube;

import javax.microedition.khronos.egl.EGL10;
import javax.microedition.khronos.egl.EGLConfig;
import javax.microedition.khronos.opengles.GL10;

import android.opengl.GLSurfaceView;

/**
```

```
 * Render a pair of tumbling cubes.
 */

class CubeRenderer implements GLSurfaceView.Renderer {
    public CubeRenderer(boolean useTranslucentBackground) {
        mTranslucentBackground = useTranslucentBackground;
        mCube = new Cube();
    }

    public void onDrawFrame(GL10 gl) {
        /*
         * Usually, the first thing one might want to do is to clear
         * the screen. The most efficient way of doing this is to use
         * glClear().
         */

        gl.glClear(GL10.GL_COLOR_BUFFER_BIT | GL10.GL_DEPTH_BUFFER_BIT);

        /*
         * Now we're ready to draw some 3D objects
         */

        gl.glMatrixMode(GL10.GL_MODELVIEW);
        gl.glLoadIdentity();
        gl.glTranslatef(0, 0, -3.0f);
        gl.glRotatef(mAngle,        0, 1, 0);
        gl.glRotatef(mAngle*0.25f,  1, 0, 0);

        gl.glEnableClientState(GL10.GL_VERTEX_ARRAY);
        gl.glEnableClientState(GL10.GL_COLOR_ARRAY);

        mCube.draw(gl);
        mAngle += 1.2f;
    }

    public void onSurfaceChanged(GL10 gl, int width, int height) {
        gl.glViewport(0, 0, width, height);

        /*
         * Set our projection matrix. This doesn't have to be done
         * each time we draw, but usually a new projection needs to
         * be set when the viewport is resized.
         */

        float ratio = (float) width/height;
        gl.glMatrixMode(GL10.GL_PROJECTION);
        gl.glLoadIdentity();
        gl.glFrustumf(-ratio, ratio, -1, 1, 1, 10);
    }

    public void onSurfaceCreated(GL10 gl, EGLConfig config) {
        /*
         * By default, OpenGL enables features that improve quality
         * but reduce performance. One might want to tweak that
         * especially on software renderer.
```

```
         */
        gl.glDisable(GL10.GL_DITHER);

        /*
         * Some one-time OpenGL initialization can be made here
         * probably based on features of this particular context
         */
         gl.glHint(GL10.GL_PERSPECTIVE_CORRECTION_HINT,
                   GL10.GL_FASTEST);

         if (mTranslucentBackground) {
             gl.glClearColor(0,0,0,0);
         } else {
             gl.glClearColor(1,1,1,1);
         }
         gl.glEnable(GL10.GL_CULL_FACE);
         gl.glShadeModel(GL10.GL_SMOOTH);
         gl.glEnable(GL10.GL_DEPTH_TEST);
    }
    private boolean mTranslucentBackground;
    private Cube mCube;
    private float mAngle;
}
```

在 GLSurfaceView 建立时，onSurfaceCreated()被调用，在这里初始化 OpenGL。

- glDisable(GL10.DITHER)：关闭抖动操作。对于可用颜色较少的系统，可以以牺牲分辨率为代价，通过颜色值的抖动来增加可用颜色数量。实际上，若机器的分辨率已经相当高，激活抖动操作根本就没有任何意义。
- gl.glHint(GL10.GL_PERSPECTIVE_CORRECTION_HINT, GL10.GL_FASTEST)：指定颜色和纹理坐标的插值质量为使用速度最快的模式。
- gl.glEnable(GL10.GL_CULL_FACE)：去除背面，不显示。
- gl.glShadeModel(GL10.GL_SMOOTH)：指定绘制两点间其他点颜色的过渡模式为平滑模式。
- gl.glEnable(GL10.GL_DEPTH_TEST)：开启更新深度缓冲区的功能。如果通过比较后深度值发生变化了，会进行更新深度缓冲区的操作。

注意：以上 OpenGL 的操作详细描述请参见 OpenGL API 文档。

当 GLSurfaceView 的大小发生变化时，onSurfaceChanged()会被调用，在这里调整 GL 的投影参数。

- gl.glViewport(0, 0, width, height)：设置可视空间为四个参数描述的点画出来的四边形，这是 OpenGL 所能用的空间。
- gl.glMatrixMode(GL10.GL_PROJECTION)：使用投影方式将三维坐标转换为二维坐标并把它放在显示器上。
- gl.glLoadIdentity()：初始化以上投影方式。
- gl.glFrustumf(-ratio, ratio, -1, 1, 1, 10)：要把三维的东西投影到二维平面，并显示出来，需要设置以下参数——显示平面大小，可见的三维的最近和最远距离。前四个参数建立了一个四边形，告诉 OpenGL 把图形显示在该范围。后两个参数告诉 OpenGL 显示平面中可以显示的三维空间最近和最远的位置。

重载的 onDrawFrame() 方法，实现了立方体的旋转和绘制。

- gl.glMatrixMode(GL10.GL_MODELVIEW)：设置模型视图矩阵将场景中的物体进行视模变换，得到人眼坐标系下的场景图象。
- gl.glTranslatef(0, 0, -3.0f)：将图形沿 Z 轴迁移 3 个坐标单元。
- gl.glRotatef(mAngle, 0, 1, 0)：以 Y 轴旋转 mAngle 描述的角度。
- gl.glRotatef(mAngle*0.25f, 1, 0, 0)：定义 X 轴旋转 mAngelx0.25 描述的角度。
- gl.glEnableClientState(GL10.GL_VERTEX_ARRAY);
- gl.glEnableClientState(GL10.GL_COLOR_ARRAY);

  上述两个方法使能顶点和颜色描述，在后面 Cube 实例中设置。
- mCube.draw(gl)：调用 Cube 实例绘制立方体。
- mAngle += 1.2f：更新当前旋转角度。

4.6.5.3 建立主活动

有了渲染引擎去处理立方体的显示行为以后，就可以建立一个可以运行的活动：GLSurfaceViewActivity。并在该活动中启动渲染引擎。新建一个 GLSurfaceViewActivity.java 文件，并编写如下代码：

```
/*
 * Copyright (C) 2007 The Android Open Source Project
 *
 * Licensed under the Apache License, Version 2.0 (the "License");
 * you may not use this file except in compliance with the License.
 * You may obtain a copy of the License at
 *
 *      http://www.apache.org/licenses/LICENSE-2.0
 *
 * Unless required by applicable law or agreed to in writing, software
 * distributed under the License is distributed on an "AS IS" BASIS,
 * WITHOUT WARRANTIES OR CONDITIONS OF ANY KIND, either express or implied.
 * See the License for the specific language governing permissions and
 * limitations under the License.
 */

package com.sample.cube;

import android.app.Activity;
import android.opengl.GLSurfaceView;
import android.os.Bundle;

/**
 * Wrapper activity demonstrating the use of {@link GLSurfaceView}, a view
 * that uses OpenGL drawing into a dedicated surface.
 */
public class GLSurfaceViewActivity extends Activity {
    @Override
    protected void onCreate(Bundle savedInstanceState) {
        super.onCreate(savedInstanceState);

        // Create our Preview view and set it as the content of our
        // Activity
        mGLSurfaceView = new GLSurfaceView(this);
```

```
            mGLSurfaceView.setRenderer(new CubeRenderer(false));
            setContentView(mGLSurfaceView);
        }

        @Override
        protected void onResume() {
            // Ideally a game should implement onResume() and onPause()
            // to take appropriate action when the activity looses focus
            super.onResume();
            mGLSurfaceView.onResume();
        }

        @Override
        protected void onPause() {
            // Ideally a game should implement onResume() and onPause()
            // to take appropriate action when the activity looses focus
            super.onPause();
            mGLSurfaceView.onPause();
        }

        private GLSurfaceView mGLSurfaceView;
    }
```

代码很简单，只需要在活动创建时实例化一个 GLSurfaceView，并将其绑定到当前活动之上，设置 CubeRender 实例为其渲染引擎即可。

现在可以启动模拟器查看效果了，如图 4-42 所示。

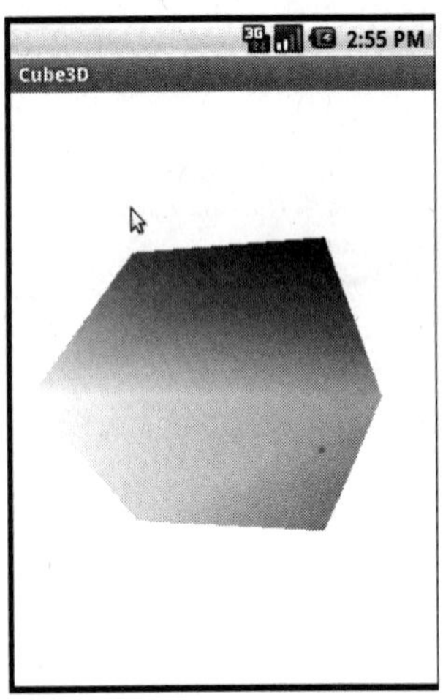

图 4-1　3D 立方体运行界面

4.7　本章小结

本章首先给出 Android 最基本的知识：系统架构、核心组件以及应用程序的基础概念。并将系统架构分成几层来介绍，然后讨论每一层上重要的核心组件的作用和原理，以及 Android 系统最上层的构建应用程序的组件以及它们的生命周期。对 Android 系统有一个概括性的了解后，介绍了如何使用怡鼎 Android 开发包，并将该开发包中的 bootloader、内核以及文件系统在硬件环境下运行起来，以使读者对 Android 有一个直观的认识。

能够顺利运行 Android 系统之后，讲解了如何从源代码级别生成整个 Android 运行所需要的系统，以及编译源代码所需要的开发环境。然后是对内核的简介和一些常用设备驱动功能、源代码位置、内核中的配置的介绍。有了这部分知识，读者就可以开始尝试将官方的 Android 源代码移植到自己的硬件平台。

移植以 i.MX51 的硬件平台为基础，针对底层讲解了 Bootloader 的配置编译，内核通用设备驱动的移植，针对 i.MX51 硬件平台的特殊改动以及对应的内核配置。针对中间层，讲解了几种硬件模块抽象层（HAL）的移植，包括 ALSA、Framebuffer、Video Playback、Camera 以及 WiFi。这里还列出了移植中常见的问题，以供参考。

最后一节介绍了 Android 应用程序开发环境的建立，包括 Android SDK 以及 Eclipse 上的 ADT 的安装和配置。并从最简单的 HelloWorld 应用程序开始，讲解了如何在 Eclipse IDE 中开发一个简单的应用程序，包括应用程序项目的建立、界面视图的修改、资源的使用、用户事件的处理以及应用程序属性的变动。最后是一些高级的应用程序功能：利用多媒体视图组件来播放多媒体文件；利用浏览器视图来加载网页，或者扩展浏览器视图来丰富应用程序的功能；利用 OpenGL 组件制作较炫的 3D 应用。希望这些例子能够帮助读者理解 Android 最基本的应用程序开发，以便在此基础上开发更为复杂的应用程序。

4.8　参考文献

- Google Android SDK 在线文档：http://developer.android.com/sdk/
- （美）伯内特著．Android 基础教程．张波等译．北京：人民邮电出版社，2009.
- （美）科波特（Corbet,J.）等著．Linux 设备驱动程序（第三版）．魏永明，耿岳，钟书毅译．北京：中国电力出版社，2006.
- （美）博韦，西斯特著．深入理解 LINUX 内核（第三版）．陈莉君，张琼声，张宏伟译．北京：中国电力出版社，2007.
- Freescale Android SDK 用户手册

如今已经是 Cortex-A8 的时代